U0925403

2025

招标采购人员

专业能力评价辅导教材

招标采购合同管理

中国招标投标协会　编著

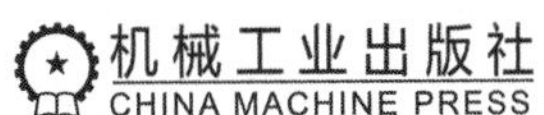

《招标采购合同管理》是招标采购人员专业能力评价测试的专业技术科目，系统阐述了招标采购合同的法律基础与合同管理实务，全面介绍了建设工程合同、国内外买卖合同、服务合同，以及其他相关合同的主要内容，包括合同文本、条款起草、合同签订与履行、风险防范、争议解决等合同管理要义。

图书在版编目（CIP）数据

招标采购合同管理 / 中国招标投标协会编著.
北京 ：机械工业出版社，2025. 5. -- ISBN 978 - 7 - 111
- 78321 - 3

Ⅰ. F284

中国国家版本馆 CIP 数据核字第 2025JL5314 号

机械工业出版社（北京市百万庄大街 22 号　邮政编码 100037）
策划编辑：李　浩　　　　责任编辑：李　浩　章承林
责任校对：王荣庆　陈　越　责任印制：常天培
北京联兴盛业印刷股份有限公司印刷
2025 年 6 月第 1 版第 1 次印刷
184mm×260mm · 20.5 印张 · 1 插页 · 479 千字
标准书号：ISBN 978-7-111-78321-3
定价：90.00 元

电话服务　　　　　　　　　网络服务
客服电话：010-88361066　　机　工　官　网：www. cmpbook. com
　　　　　010-88379833　　机　工　官　博：weibo. com/cmp1952
　　　　　010-68326294　　金　　书　　网：www. golden-book. com

机工教育服务网：www. cmpedu. com

《招标采购合同管理》

参编人员

主　　　　编： 谭敬慧

副　主　编： 李启明　郭　宪　冯志祥　陈　琦

主要编写人员： （按姓氏笔画排序）

王子豪　冯志祥　苏艳超　李启明

陈南山　陈　琦　贤力讷　赵韫卿

郭　宪　郭　珩　童起宏　谭敬慧

审　核　人　员： （按姓氏笔画排序）

冯志祥　毕丽艳　朱宏亮　李小林

李　强　李德华　杨飞雪　杨　晶

张作智　岳小川　郝　利　袁炳玉

焦洪宝

前　言

2022 年 9 月，人力资源和社会保障部会同有关部门联合发布《中华人民共和国职业分类大典（2022 年版）》（以下简称《大典》）。其中，第二大类专业技术人员首次列入招标采购专业人员，明确界定了招标采购人员（以下简称招采人员）属于经济系列专业技术职业。依据《大典》对招采人员的职业定位与专业能力要求，结合招标采购体制机制改革发展趋势，中国招标投标协会（以下简称中招协）组织研究制定了包含初、中、高三个等级的招采人员专业能力评价制度，编写了《招标采购人员专业能力测评大纲》。为了鼓励和帮助广大招采人员系统提升专业能力水平并积极响应评价，中招协组织行业专家编写了招采人员专业能力评价辅导教材。

招采人员专业能力评价辅导教材对于全面提升招采人员专业能力水平、帮助招采人员响应专业能力测评、助力创新规范招标采购制度体系，有着以下三个方面的积极作用。

首先，进一步完善招采人员的专业知识能力结构体系。专业知识能力结构是提升招采人员专业水平的重要基础，2007 年，国家发展改革委和人事部启动实施招标采购职业水平评价制度。中招协组织行业专家，根据招标采购职业服务能力价值定位，综合市场经济、项目与合同管理、采购技术、经济理论和法律制度基础，研究构建了招采人员专业知识能力结构体系，制定了全国招标师职业水平评价考试大纲，先后编写出版了 2009 年版和 2012 年版全国招标师职业水平考试辅导教材。2015 年招标师职业水平制度向职业资格制度转轨，中招协又组织编写了 2015 年版全国招标师职业资格考试大纲与考试辅导教材。经过招标采购行业理论与实践工作者 10 多年协同研究和持续实践，初步构建形成了以招标采购理论与法律基础、项目管理、合同管理和招标采购实务为主干框架的招采人员专业知识能力结构体系。

近年来，随着国家进一步深化要素市场化改革、建设全国统一大市场和高标准市场体系，招标采购领域的一系列创新政策制度与标准规范相继制定实施，网络化、数字化、智能化技术迅猛发展并深度融合，促进招标采购交易体系全面转向“数智化、专业化、标准化、绿色化、协同化和规范化”发展。由此，迫切要求招采人员加快更新、优化完善专业知识能力结构。本套评价辅导教材旨在帮助广大招采人员实现这个基本要求。

其次，有效提升招采人员的专业实务能力。按照《大典》的职业定位要求，招采人员能够综合应用相关基础理论、专业技术和法律知识，应用电子交易工具，分析理解并按照采购需求目标，完成招标采购工作任务，包括研究策划招标采购方案，编制招标采购文件，协同组织和管控发标、开标、评标、定标、公示、签订和履行合同全过程，以及咨询解答和研究处理相应交易问题的专业实务能力。按照招采人员的职业定位要求，需要清晰定义和匹配适应招标采购不同专业类别和初、中、高三个层级的专业实务能力需求。为此，本套评价辅导教材有望助力优化招标采购行业服务分专业和分层级的职业队伍结构，有效提升招采人员的招标采购专业实务能力。

再次，创新和完善招标采购职业价值理念。秉承依法诚信、廉洁公正、精准专业、创造价值的服务理念，坚持探索招标采购理论引导创新完善制度和分类分层监督体系，规范多元采购方式和组织形式实践；坚持招标采购社会公共属性和自然专业属性的双重价值目标，坚守依法公平竞争的交易程序，兼顾专业个性采购绩效，坚持科学评估和提高项目专业质量、效率与全生命周期成本效益目标；坚持全面融合数智化技术，助力创新完善招标采购交易体制机制；坚持统分结合原则，建立和遵守公共招标采购交易基本共性制度规则，分类适应和精准定制不同主体、不同客体和不同应用场景的专业交易规则和个性需求；协同建设和完善招标采购法律政策制度与标准体系。本套评价辅导教材为普及招标采购职业价值理念有望发挥积极作用。

招采人员专业能力评价辅导教材共分四册，分别为《招标采购专业理论与法律基础》《招标采购项目管理》《招标采购合同管理》《招标采购专业实务》。

《招标采购专业理论与法律基础》是招采人员专业知识能力结构的基础理论课程，系统介绍了招采人员需要具备的经济学、管理学基础理论和法律基础知识，以及招标采购相关主要法律法规。其中，经济学基础理论主要包括市场结构与定价原理、博弈论、委托代理理论、交易成本理论、公共选择理论等。管理学基础理论主要包括战略管理、需求与计划管理、供应链管理等，特别对绿色供应链采购做了专题介绍。法律基础知识包括招标采购法律制度体系，以及与招标采购相关的法律法规。

《招标采购项目管理》是招采人员专业知识能力结构中的管理技术课程，系统介绍了项目管理的基本原理、任务及工具，以及工程建设项目管理、货物项目管理和服务项目管理的主要内容，同时以招标采购活动为项目管理对象，系统阐述了招标采购项目管理的特点、管理流程、风险控制，以及绩效评价。

《招标采购合同管理》是招采人员专业知识能力结构中的商务法律课程，阐述了招标采购合同的法律基础，介绍了建设工程合同、国内外买卖合同、服务合同以及其他相关示范合同文本的主要内容订立和履行管控合同的要素，以及合同风险防范和争议解决等要义。

《招标采购专业实务》是招采人员专业知识能力结构中的核心实务课程，系统阐述招标采购法律制度的基本规则，结合招标采购交易最新政策要求、规范标准、示范文本、案例实务分析，介绍了项目采购需求分析管理，策划编制招标采购方案与招标采购文件，组织发标、投标、开标、评标、定标、公示、签约和履行合同等全过程实务操作、创新实践和监管要点；全面介绍了电子招标采购全流程交易规则特点；非招标方式采购和集中采购组织形式的采购交易流程规则；简述了政府采购和外资项目招标采购相关政策要求和交易规则，期望帮助招采人员提升专业实务操作能力。

招标采购人员专业能力评价四类辅导教材的撰写与出版，得到了国家发展改革委和国务院有关部门的精心指导，得到了相关省市招标投标协会、高等院校、招标采购单位、招标代理机构、行业有关专家学者的大力支持与帮助，在此一并表示衷心感谢！

受作者水平局限，该评价辅导教材难免存在疏漏和不足，真诚希望广大读者给予批评指正，以便我们进一步补充更正和完善。

联系方式：

邮箱：ctba2005@163.com

电话：010-88653342

可扫描下载招采人员评价APP，查询招采人员能力评价辅导教材、测评资讯等信息。

中国招标投标协会

目　录

第 1 章　招标采购合同管理概论

招标采购合同管理是合同当事人通过对合同订立及履行的全过程管理，以实现合同目的及招标采购项目需求的活动。招标采购合同管理包括招标采购合同方案编制、招标采购合同订立、招标采购合同履行以及其他管理活动。招标采购人在进行合同管理的过程中亦可采取合同规划方案、合同分析与控制、合同数据管理等多种管理方法。

随着现代科学技术与合同管理方法的发展，招标采购合同管理需要继续完善科学的合同管理体系与制度，培养具有丰富经济技术和法律知识的合同管理人才。

本章主要围绕招标采购合同的概念和分类、招标采购合同管理的概念和内容、招标采购合同管理的方法、招标采购合同管理的基本现状和发展、招标采购人员合同管理的目标和价值体现等内容进行介绍。

1.1　招标采购合同的概念和分类

1.1.1　招标采购合同的概念和特点

（1）招标采购合同的概念

招标采购是一个专用复合词，既指使用公开招标、邀请招标、询比、谈判、竞价等竞争交易方式完成采购的交易活动，也指通过市场竞争方式实现资源要素的流动和配置的交易过程。

合同，又称契约、合约，我国《民法典》中的合同是指民事主体之间设立、变更、终止民事法律关系的协议。

招标采购合同则是招标采购人采用公开招标、邀请招标、询比、谈判、竞价等竞争交易方式完成采购交易活动后，订立的明确相互权利义务关系的协议。

招标采购合同按照标的划分，可以分为工程采购合同、货物采购合同和服务采购合同三大类。本书第 4 章到第 8 章分别介绍了三类中包含的建设工程合同、国内货物买卖合同、国际货物买卖合同、服务合同和其他相关合同的管理。

（2）招标采购合同的特点

从普遍意义看，招标采购合同具备以下特点：

1）招标采购合同是民事法律行为。民事法律行为是指民事主体实施的能够设立、变更、终止民事权利义务关系的行为。民事法律行为以意思表示为核心，并且按照意思表示的内容产生法律后果。合同作为一种民事法律行为，应当是合法的，只有在合同当事人作出意思表示符合法律规定时，才能产生法律上的约束力，并受法律保护。如当事人违反法律、行政法规强制性规定或者违背公序良俗，即使双方已经达成协商一致，也不能产生当事人预期的法律效果。需要注意的是，招标采购合同中特许经营合同是较为特殊的一类合同，该类合同既包括民事法律行为，又包括行政法律行为，属于复合法律关系。

2）招标采购合同是平等民事主体意思表示一致的协议。合同的成立必须有两个或两个以上的当事人相互之间作出意思表示，并达成共识。因此只有当事人在平等自愿的基础上意思表示完全一致时，合同才能成立。

3）招标采购合同以设立、变更、终止民事权利义务关系为目的。当事人订立合同都有一定的目的，即设立、变更、终止民事权利义务关系。只有当事人达成的协议生效以后，才能产生法律上关于设立、变更、终止民事权利义务的约束力。

4）招标采购合同涉及的法律规范复杂且专业性强。招标采购合同具有不同于一般合同的特点。由于招标采购活动的标的涉及不同行业领域，相应缔约行为不仅适用《民法典》及相关司法解释，同时还受到《招标投标法》《政府采购法》《建筑法》《公路法》《电力法》等招标采购相关行业法律规范的规制。因此，招标采购合同涉及的法律规范复杂且专业性强。关于招标采购合同的法律基础理论详见本书第 3 章。

5）招标采购合同程序性要件突出，亦属招标采购合同管理特点之一。签订合同前须履行招标采购程序是招标采购合同区别于其他合同的重要特点，故招标采购合同订立程序更为复杂。

1.1.2 招标采购合同的分类

按照招标采购的标的划分，一般情况下，招标采购合同分为工程采购合同、货物采购合同和服务采购合同。

(1) 工程采购合同

工程采购合同是合同当事人为了完成特定的工程项目建设任务而订立的合同。其合同的重要目的是明确交易活动中各自的权利义务关系。工程采购合同按照标的通常包括工程总承包合同、施工合同、专业分包合同、劳务分包合同等，以下分别予以介绍。

1）工程总承包合同是发包人与总承包人为了完成特定范围的工程总承包任务、明确各自权利义务而订立的合同。工程总承包的范围包括工程项目的勘察设计、采购、施工、竣工、试验、试运行等全过程的承包或若干阶段的工程承包。在我国，工程总承包模式包括设计—施工（Design-Build，DB）和设计—采购—施工（Engineering-Procurement-Construction，EPC）等。工程总承包合同的发包人一般也称建设单位，总承包人则为具有相应资质证书的企业或联合体。

2）施工合同是发包人和承包人就完成具体工程项目的建设施工、设备安装、设备调试、工程保修等工作内容，明确各自权利和义务而订立的合同。工程施工合同是建设工程合同的主要类型，是工程建设质量控制、进度控制、投资控制和安全控制等的主要依据。工程施工合同的发包人一般是项目业主即建设单位，承包人是具备相应资质等级的企业，并在其资质等级许可的范围内从事建筑活动。

3）专业分包合同是承包人和分包人为了完成特定的专业工程分包建设任务、明确各自权利义务而订立的合同。专业分包合同当事人包括具有相应资质的总承包人与具有相应资质的专业承包人。总承包人与专业分包人之间关于分包工程的法律责任承担具有法定的特定连带性。《建设工程质量管理条例》第 27 条规定："总承包单位依法将建设工程分包给其他单位的，分包单位应当按照分包合同的约定对其分包工程的质量向总承包单位负责，总承包单位与分包单位对分包工程的质量承担连带责任。”

4）劳务分包合同是承包人和分包人为了完成劳务作业、明确各自权利义务而订立的合同。劳务分包合同当事人包括具有相应资质的总承包人、专业承包人或专业分包人，以及具有相应资质的劳务分包人。劳务分包合同当事人之间根据《建设工程质量管理条例》第 27 条的规定，就分包工程的法律责任同样具有法定的特定连带性。

(2) 货物采购合同

货物采购合同是合同当事人为实现材料或设备买卖、明确相互权利义务关系而订立的合同。采购方即需求方，可以是机关、事业单位和企业等主体；供货方可以是材料、设备的供应商或生产厂家，也可以是代销方。货物采购合同中的货物是指各种形态和种类的物品，包括原材料、燃料、设备、产品等。而与工程建设有关的货物，则是指构成工程不可分割的组成部分且为实现工程基本功能所必需的设备、材料等。

根据采购标的物分类，货物采购合同包括材料采购合同、通用设备采购合同以及其他设备采购合同。按照货物来源地不同，货物采购合同可以分为国内货物采购合同和国际货物采购合同。

货物采购合同的法律关系以买卖合同法律关系为主，具有买卖合同的通常特点，但实践中，部分设备材料的采购也有通过融资租赁方式进行的，该类货物采购合同则具有融资租赁合同的特点。

(3) 服务采购合同

服务采购合同是合同当事人为完成商定的服务内容采购、明确各自权利义务而订立的合同。其中服务是指服务提供方根据客户的某种需求，将其所具有的知识、经验、技术、知识产权或者劳务等资源提供给客户，使客户获得帮助和价值的活动。服务采购一般包括招标采购代理服务、监理服务、工程咨询服务、物业服务、投资运营等，其招标采购范围原则上包括除工程和货物以外的事项。

服务采购合同的标的物具有特殊性，通常需要通过成果作品、绩效考核等事项体现服务价值。服务采购也可以是通过资金、专业技能等方面的优势和资源提供投资、运营、管理、咨询以及其他有价值的活动。服务提供方开展服务活动，最终需要将客户提供的数据和背景与自身所拥有的知识经验和有关资源相结合，提交具有科学性、实用性和有价值的服务成果。

1.2　招标采购合同管理的概念和内容

1.2.1　招标采购合同管理的概念和特点

(1) 招标采购合同管理的概念

招标采购合同管理是合同当事人通过对合同订立、履行、变更、保全、终止、违约和争议处理等进行全过程管理，实现合同需求和合同目的的过程。具体包括对合同进行规划、计划、组织、协调、审查、监督和控制等工作。其中招标采购合同的订立、履行、变更、保全、终止等为招标采购合同管理的重点事项，而招标采购合同的规划方案、合同分析与控制、合同数据管理等是招标采购合同管理的主要方法。

除合同当事人外，招标采购合同管理还包括行政主管部门对合同主体资格、合同内容、合同订立和履行等的审查、监督、管理和处理等工作。行政主管部门主要从监管的角度进行招标采购合同管理。例如，对合同当事人进行资质管理，对合同订立的程序和规则进行控制，维护公开、公平、公正的原则，使招标采购合同的订立和履行能够依法实施且符合市场经济要求。

招标采购合同管理有利于维护合同主体在合同履行过程中的合法权益，提高市场竞争力，提升经济效益，实现合同主体的可持续发展。

(2）招标采购合同管理的特点

在招标采购项目全生命周期中，为了完成招标采购项目的总体目标，众多的采购项目参与方（招标采购人与投标供应商）之间，基于采购标的的不同，可能产生不同的合同法律关系，比如工程合同法律关系、货物买卖合同法律关系、保函法律关系、招标代理法律关系等。通过订立招标采购合同，可以确定采购交易的对价、履行期限、质量标准、安全健康、绿色环保等合同目标，并明确当事人各方的权利、义务和责任。因此，招标采购合同管理是采购项目管理的重要内容，贯穿于采购项目实践全过程，具有全程性、系统性、动态性、专业性特征。招标采购合同管理涉及各种合同风险的管控，直接关系到合同当事人的履行效率和效益，其特点体现在以下方面：

1）合同订立程序严格。相比其他合同，招标采购合同的程序性要件突出，订立程序比一般合同订立程序复杂，包括发布招标采购公告、资格预审公告或投标邀请书，发出招标采购文件，现场踏勘，编制及递交投标响应文件，组建评标委员会，开标，评标，评标结果公示，定标，发出中标或成交通知书，合同签署，备案以及发布公告等，严格执行要约邀请、要约与承诺的缔约方式。

2）监督管理要求特殊。招标采购合同根据项目类型、特点、性质等的不同，对其有不同的监管要求。如：建设工程合同，其中对依法必须招标的项目要求使用标准文本；属于政府采用资本金注入方式投资的特许经营项目，应当按照《政府投资条例》有关规定履行审批手续；属于企业投资的特许经营项目，应当按照《企业投资项目核准和备案管理条例》有关规定，履行核准或者备案手续。

3）异议投诉处理机制特定。招标采购合同订立过程中设立了异议投诉机制，即投标人、供应商或其他利害关系人认为招标采购活动不符合规定的，有权向招标采购人提出异议、质疑或者依法向有关行政监督部门投诉。该机制有助于维护招标采购当事人的合法权益，确保招标采购活动的公平、公正和高效。目前在《招标投标法》及其实施条例、《政府采购法》及其实施条例、《工程建设项目招标投标活动投诉处理办法》、《政府采购质疑和投诉办法》等法律法规和部门规章中对具体的处理机制均进行了规定。

4）合同管理数据繁杂。招标采购合同管理涉及大量信息，需要及时收集、处理和利用，同时建立合同数据管理系统，高效开展合同管理。

5）合同管理能力要求高。招标采购合同管理不仅要求管理者熟悉企业运营法律法规，还应熟知招标采购的专业法律法规。现行招标采购领域的法律法规、标准、规范和合同文本众多，且在不断更新和增加，合同管理人员应当掌握基本合同法律知识，同时具备及时学习最新技术和法律规范的能力，并结合招标采购实际情况开展合同管理工作。

在招标采购合同履行过程中，通过合同需求管理和规划分析控制等方法，可以帮助合同当事人发现、预见并解决可能出现的问题，避免纠纷的发生，从而节省不必要的争议解决费用。同时借助有理有据的书面合同和履约记录，当事人可以通过合理合法地启动索赔程序，实现节约成本、预防风险和提高收益的目的。

1.2.2　招标采购合同管理的内容

（1）招标采购合同管理的阶段

通常合同周期从订立之日起到权利义务履行完毕终止，而招标采购合同管理的周期与采购项目的时间周期有关，主要包括合同方案、合同订立和合同履行等阶段。这几个阶段相对独立存在，具有各自不同的内容和特点，同时各个阶段之间又密切联系、不可分割，共同构成一个完整的管理过程。

1）合同方案阶段。为了确保招标采购工作的顺利进行，须结合整个采购项目的目标期待、自身特点及内外部条件，在招标工作开始实施前，对招标采购过程中所有的合同拟定、订立、履行管理作出统筹计划与安排。该阶段合同管理内容主要包括以下方面：初步合同方案、招标采购总体合同结构分解、构建招标采购合同体系、计划与配置招标采购合同要素、设置合同管理机构和配备合同管理专业人员、有效设计合同管理程序。

2）合同订立阶段。合同管理并非在合同订立之后开始，招标采购过程中形成的大部分文件，一般均成为对合同当事人有约束力的合同文件组成部分。故招标采购阶段应保证合同文件的完整性、准确性、严密性、合理性与可行性。该阶段合同管理的主要内容有：编制资格预审文件（采用资格预审时）；编制招标采购文件，组织进行资格预审、依法组织招标采购；组织现场踏勘（必要时）；潜在投标人编制投标方案和投标响应文件；开标、评标和定标；做好合同分析和审查工作；组织合同谈判和签订；落实履约担保；必要时进行合同备案等。

3）合同履行阶段。合同履行阶段是合同管理的重要阶段，包括履行过程中和履行后的合同管理工作，主要内容有：合同管理责任体系及其分解，合同工作分析和合同解释与风险预告，合同成本控制、进度控制、质量控制及安全、健康、环境管理等，合同变更管理，合同索赔管理，合同争议管理，合同终结报告，审计以及质保期的保修管理等。

（2）招标采购合同管理制度

招标采购项目的合同管理应当确保专门化、专业化、数据化和可协调化，设立专门的合同管理机构，配备专职人员具体负责合同管理工作，明确合同管理过程中企业或项目内外部的分工、协调与配合，建立和完善合同管理制度，实现合同管理的规范化、科学化和法律化。合同管理制度具体包括以下方面：

1）合同管理目标制度。合同管理目标是各项合同管理活动应达到的预期结果和最终目的。合同管理的目的是合同主体通过自身在合同订立和履行过程中进行的规划、计划、组织、指挥、监督和协调等工作，促使合同主体或项目内部各部门、各环节互相衔接、密切配合，进而使人、财、物、信息等要素得到合理组织和充分利用，保证合同主体经营管理活动的顺利进行，提高项目管理水平，增强市场竞争力。

2）合同管理质量责任制度。合同管理质量责任制度是具体规定合同主体内部承担合同管理任务的部门和合同管理人员的工作范围、履行合同中应负的责任以及拥有的职权的管理制度。这一制度有利于合同主体内部合同管理分工协作、明确责任、落实任务、逐级分解、人尽其责，从而调动合同管理人员以及合同履行中涉及的有关人员的积极性，促进整个项目管理工作正常开展，保证招标采购合同目的最终实现。

3）合同会签评审和审查制度。为了保证招标采购合同订立后得以全面履行，在合同正式订立之前，由负责合同谈判与签订的业务部门会同项目的其他部门共同研究，讨论对合同条款的具体意见，进行评审会签。而为了保证订立的合同合法有效，还应该在订立前完成合同主体内部的审查、批准手续。合同审查是指将准备签署的合同在合同主体相关部门会签后，交给合同管理部门或法律顾问进行审查。合同批准是由合同主体的主管或法定代表人签署意见，同意对外正式订立合同。

实行合同评审会签制度，有利于调动合同主体各部门的积极性，发挥各部门的管理职能作用，群策群力，集思广益，以保证合同履行的可行性，并促使合同当事人或项目各部门之间的相互衔接和协调，确保合同全面、切实地履行。通过严格评审机制，使合同的订立建立在合法有效的基础上，减少纠纷，维护合同当事人的合法权益。

4）合同印章管理制度。为了保证订立的合同具有约束力，合同双方通常在合同中将加盖公司印章以及法定代表人或授权代表签字作为生效条件。在公司所有印章中，公章通常被认为效力最高，是公司法人权利的象征。除公章外，公司通常会刻制合同专用章，专用于对外合同签署，是合同主体在经营活动中对外行使权利、承担义务、订立合同的凭证。此外，工程项目中还存在项目部印章，本意是为了便于项目内部管理，但实践中存在大量项目部印章滥用的情形，产生大量关于项目部印章对公司是否具有约束力的争议。因此，合同双方对印章的登记、保管、使用等都要有严格的规定。比如：合同印章应由合同管理员保管、签印；印章只能在规定的业务范围内使用，实行专章专用，不能超越范围使用；不得为空白合同文本加盖合同印章；不得为未经审查批准的合同文本加盖合同印章；严禁与合同洽谈人员勾结，利用合同专用章谋取个人利益。出现上述情况，要追究印章管理人员的责任。

5）合同数据管理制度。合同数据管理包括合同信息统计和合同文件管理。合同信息统计是指运用科学方法，利用统计数字，反馈合同订立和履行情况，通过对统计数字的分析，总结经验教训，为合同主体经营决策提供重要依据。合同信息统计的内容包括统计范围、统计标准、填报规定、报送期限和部门等。例如，承包人一般对中标率、合同谈判成功率、合同签约率、索赔成功率和合同履行率等进行统计管理。

合同文件管理是指对招标采购合同在订立和履行中的往来函件和资料的系统管理，由于往来函件和资料较多，必须实行档案化、信息化、数据化管理。首先应建立文档编码及检索系统，每一份合同、往来函件、会议纪要和图纸变更等文件均应进入计算机系统，并设置特定的文档编码制度予以执行，以便根据计算机设置的检索系统进行保存和调阅；其次应建立文档的收集和处理制度，由专人及时收集、整理、归档各种招标采购信息，严格信息资料的查阅、登记、管理和保密制度；最后应建立行文制度、传送制度和确认制度，合同管理机构应制定标准化的行文格式，对外统一使用，相关文件和信息经过合同管理机构准许后才能对外传送，经由信息化传送方式传达的资料由受送达方以书面的或同样信息化的方式加以确认的，确认结果由合同管理机构统一保管。

6）合同监督考核和激励制度。合同当事人应建立合同订立、履行的监督激励制度，通过检查及时发现合同履行管理中的薄弱环节和矛盾，并提出改进意见，促进合同主体各部门的协调配合，提高合同主体的经营管理水平。通过定期的检查和考核，对合同履行管理工作完成好的部门和人员给予表扬鼓励；对成绩突出并有重大贡献的人员，给予物质奖励和精神激励；对玩忽职守、严重渎职或有违法行为的人员要给予行政处分、经济处罚，情节严重、触及刑法的要追究刑事责任。实行激励制度有利于增强相关部门和有关人员履行合同的责任心和积极性，是保证合同全面履行的有力措施。

7）合同管理评估制度。合同管理评估制度是对合同管理活动及其运行过程行为的评价规范，主要内容包括合法性、规范性、实用性、系统性和科学性。健全的合同管理评估制度是保障合同管理效果的关键。因此，建立一套有效的合同管理评估制度是十分必要的。

1.3　招标采购合同管理的方法

招标采购合同管理的方法就是对招标采购合同的形成、订立和履行进行规划、计划、组织、协调、监督和控制等的方法，主要包括合同规划方案法、合同分析与控制法、合同数据管理法等。

1.3.1　合同规划方案法

合同规划方案法简称合同方案法，其核心是合同规划。合同规划方案即合同方案，是指在工程、货物、服务采购项目中，为了招标采购工作的顺利进行，在招标采购项目开始实施前，对招标采购过程中所有合同的形成、订立、履行管理作出统筹计划与安排的活动，是为实现整个项目的目标而作出的全局性、系统性安排，以保障整个采购项目合同的顺利订立和履行，减少合同争议和纠纷，从而保证整个项目目标的实现。

合同方案的内容主要包括招标采购合同总体需求分析、招标采购模式选择、合同类型选择、招标采购工作分解结构和合同分解结构等。现就合同方案有关内容介绍如下：

(1) 招标采购项目需求与管理模式选择

招标采购模式的选择取决于项目需求和目标，不同项目需求和目标可以选择不同的模式。以工程建设项目为例，不同的项目需求与管理模式有不同的合同结构，目前国内外普遍采用的项目需求与管理模式有设计—施工总承包采购模式（Design-Build，DB）、建设管理采购模式（Construction Management，CM）、设计—采购—施工总承包模式（Engineering-Procurement-Construction，EPC）、项目管理采购模式（Project Management，PM）等。

由于招标采购项目的多样性，现实中并不存在一成不变的采购模式。在项目招标采购前选择采购模式时，不仅要考虑采购模式本身的优缺点，更要依据招标采购项目自身的特点、参与方的特点以及项目所在地的市场环境状况，综合考虑并选择最适宜的模式，考虑的因素主要包括：招标采购项目的特点和性质（包括项目范围、项目复杂性、时间进度要求、合同计价方式等）、发包人需求（包括招标人的协调管理能力、投资预算和控制、价值工程研究等）以及发包人偏好（包括发包人责任大小、发包人对设计的控制、发包人承担风险的大小等）等。一般可采用模糊数学和层次分析法（AHP）来定量选择最适宜的采购模式。项目采购模式应在确定招标规划和方案时协同考虑和综合决策。

（2）合同类型选择

根据合同计价方式不同，合同类型通常包括总价合同、单价合同和其他价格形式的合同。在工程建设项目中，总价合同是指合同当事人约定以施工图、已标价工程量清单或预算书及有关条件进行合同价格计算、调整和确认的建设工程施工合同，在约定的范围内合同总价不作调整。单价合同是指合同当事人约定以工程量清单及其综合单价进行合同价格计算、调整和确认的建设工程施工合同，在约定的范围内合同单价不作调整。其他价格形式的合同包括成本加酬金合同、总价和单价混合合同、定额计价合同、指数费率合同以及合同当事人约定的其他计价形式的合同，其中成本加酬金合同是按照实际成本与一定数额或比例的酬金之和进行价格计算的合同类型。

合同的类型应根据项目的特点进行选择，如《建设工程工程量清单计价标准》（GB/T 50500—2024）第 3.4.2 条规定，发包人可根据工程的招标图纸设计深度、技术难度、建设规模、项目实施计划及工程量清单编制时间、计价风险等因素，选择采用单价合同或总价合同。因此在项目采购前，可参考标准列明的几个要素，确定选择何种合同类型。

（3）工作分解结构和合同分解结构

工作分解结构（Work Breakdown Structure，WBS）是将招标采购项目所规定的可交付成果和全部工作分解成便于管理的最小工作单元的工作过程。WBS 是制订整个项目时间计划、成本计划、资源需求的重要基础，也是确定合同分解结构的重要依据。

合同分解结构是指按照系统规则和要求将合同对象分解成互相独立、互相影响、互相联系的最小合同单元和招标合同单元的工作过程。合同分解结构应与整个项目的合同目标相一致。合同分解结构应保证整个项目的系统性和完整性；保证各分解单元间界限清晰、意义完整；易于理解和接受，便于应用；便于按照项目组织分工落实合同工作和合同责任。有关合同分解结构的具体内容和方法详见本书第 2 章。

1.3.2 合同分析与控制法

合同分析与控制法是对合同订立和履行进行统筹与控制管理的方法，主要包括合同分析和合同控制管理活动。

（1）合同分析管理

合同分析是在整个招标采购合同方案指导下，针对单个招标合同单元的“微观”要素分析并为合同控制确定依据。合同分析确定合同控制的目标，并结合招标采购项目的时间、质量、成本控制等计划，为合同控制提供相应的合同工作、合同对策、合同措施。合同分析应准确客观、简明清晰、协调一致、全面完整。

合同分析可分为合同订立阶段的分析和合同履行阶段的分析。合同订立阶段的分析主要是审查合同草案的合法性、完备性和公平性；合同履行阶段的分析主要是对已经生效的合同进行分析，明确合同目标，进行合同结构分解，分配和落实合同责任等，保证合同能够顺利履行。合同履行阶段的合同分析可分为合同统筹分析、里程碑事件分析、合同目的分析等工作内容。

1）合同统筹分析。统筹在经济发展和社会管理等方面强调的是对资源的整体规划、协调和优化配置，以达到最佳的效果和效益。因此合同统筹分析，可以理解为通过对合同的整体规划、市场要素协调和优化分析实现合同需求。

合同统筹分析的对象是合同的全部内容。通过合同的统筹分析，将合同条款和合同规定落实到带有全局性的具体问题上。对于工程施工合同来说，合同统筹分析的重点包括：主要合同责任及权利，工程范围，合同价格、计价方式和价格补偿条件，工期要求和顺延条件，合同双方的违约责任，合同变更方式、程序，工程验收方法，索赔，合同解除的条件和程序，争议的解决等。在分析中应对合同履行中的风险及应注意的问题作出特别的说明和提示。合同统筹分析的结果是项目具体实施的指导性文件，如形成各种表单，将它以最简单的形式和最简洁的语言表达出来，以便进行合同的结构分解和合同解释与风险预告。

2）里程碑事件分析。里程碑事件分析是在合同统筹分析的基础上，依据合同协议书、合同条件、规范、工作量表等，确定各级管理人员的合同工作，以及划分各责任人的合同责任。里程碑事件分析涉及合同当事人签约后的所有活动，其结果实质上是当事人的合同执行计划。

里程碑事件分析的结果是合同事件表，合同事件表反映了里程碑事件分析的一般方法，从各个方面定义了该合同事件。合同事件表的内容主要包括：事件编码、事件名称和简要说明、事件变更次数和最近一次的变更日期、事件内容说明、前提条件、本事件的主要活动、责任人（或负责人）、成本（或费用）、计划和实际的工期、其他参加者等。

3）合同目的分析。合同目的分析基于合同统筹分析和里程碑事件分析，结合合同实际履行情况，将项目实际执行情况和执行计划等进行对比分析，及时调整合同管理活动，促使项目各部门、各生产经营环节合理衔接，有序配合，实现合同目标。合同目的分析体现在：分析合同漏洞、调整进度计划、分析合同风险、制定风险对策、分解合同工作、解释争议内容并落实合同责任等。

（2）合同控制管理

合同控制是合同当事人为保证合同所约定的各项义务的履行及各项权利的实现，以合同分析的成果为基准，对整个合同实施过程进行全面监督、检查、对比和纠正的管理活动。所谓控制，就是合同主体为保证在实施中和变化条件下实现其目标，按照事先拟定的计划和标准，通过各种控制方法，对被控制对象实施中发生的各种实际值与计划值进行检查、对比、分析和纠正，以保证合同履行按预定的计划实施，顺利地实现预定的目标。典型的招标采购项目合同控制程序见图 1-1。

合同控制方法具体包括如下内容：

1）合同解释与风险预告控制方法。合同解释与风险预告又称“合同交底”，是指参与合同起草、编制、谈判和订立的合同管理人员将合同的内容、条款和要求贯彻给相关执行人员，确保他们清楚合同内容及要求并能够遵照其执行。其目的是促进合同订立过程中信

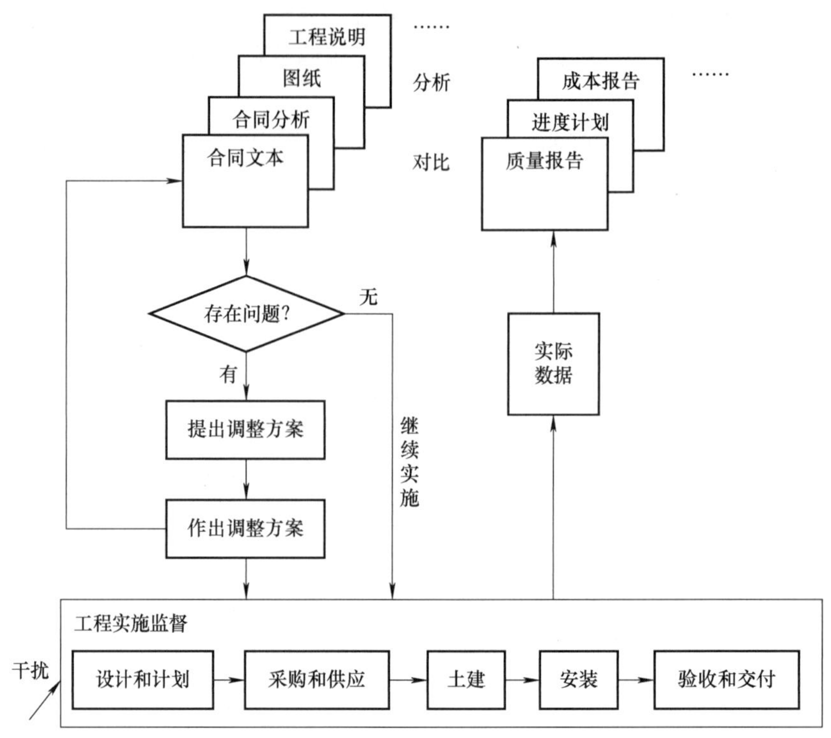

图 1-1　典型的招标采购项目合同控制程序

息的传递、合同风险的防范以及合同管理责任的分担，防止因对合同不熟悉、不理解或掌握不透彻而导致的违约行为。我国传统施工项目管理中，十分注重“图纸交底”，容易忽视“合同交底”，因此要在坚持“按图施工”的基础上强调“按合同施工”。合同管理人员应在合同统筹分析和里程碑事件分析的基础上，在工程开工前，逐级进行合同交底。合同交底应分解落实合同事件表、图纸、详细施工说明等，涉及的具体工作包括：工程质量、技术要求和实施中的注意点；工期要求；消耗标准；合同事件之间的逻辑关系；各工程小组或分包商责任界限的划分；不能依约完成合同义务的责任、影响和法律后果等。

2）合同过程评价控制方法。合同过程评价是指通过对合同实施情况进行跟踪、收集和整理，与合同目标和计划进行对比分析，确定项目偏离目标的程度，以便为下一步合同履行提供参考。在招标采购项目实施过程中，由于实际情况千变万化，极易导致合同履行与计划和设计目标相偏离，如果不及时采取措施，这种偏差可能最终影响项目目标的实现，因此需要对合同实施情况进行过程评价。合同的过程评价包括对合同的履行基础条件、合同履行资源、合同履行充分性、合同已履行部分的成本与效益状况、计划目标的实施可能性进行评价。通过合同实施情况追踪、收集、整理，能获得反映招标采购项目实施状况的各种信息资料和实际数据，如各种质量报告、实际进度报表、成本和收益报表、资金收支情况等。将这些信息与合同目标和计划进行对比分析，可以发现两者的差异。根据差异的大小确定项目实施偏离目标的程度，如没有差异或差异较小且影响较小，则可以按原计划继续实施项目。

3）合同偏差控制方法。合同偏差控制是指在合同实施情况跟踪的基础上，评价合同实施情况及其偏差，预测偏差的影响及发展的趋势，分析偏差产生的原因，并对该偏差采取调整措施予以控制管理。合同偏差表明项目实施偏离了招标采购项目的目标，应加以分析调整，否则这种差异会逐渐积累、越来越大，最终导致项目实施远离目标，使合同当事人受到损失，甚至可能导致项目的失败。合同偏差分析包括：合同执行差异的原因分析；合同偏差责任分析；合同实施趋向预测等。

根据合同偏差分析的结果，合同当事人应采取相应的调整控制措施。调整控制措施可包括组织措施，如增加人员投入，重新进行计划或调整计划，派遣得力的管理人员；技术措施，如变更技术方案，采用新的更高效率的施工方案；经济措施，如增加资金投入，对工作人员进行经济激励等；合同措施，如进行合同变更，签订新的附加协议、备忘录，通过索赔解决费用超支问题等。

1.3.3　合同数据管理法

2024 年 7 月 18 日，党的二十届三中全会审议通过的《中共中央关于进一步全面深化改革、推进中国式现代化的决定》在第二部分“构建高水平社会主义市场经济体制”中明确提出，建立健全统一规范、信息共享的招标投标和政府、事业单位、国有企业采购等公共资源交易平台体系，实现项目全流程公开管理。

政策文件的更新要求相关主体运用数字化手段强化合同管理，使管理者能够及时准确地获取相应的信息。合同数据管理可以通过数据管理系统实现，该系统是一个由人、计算机等组成的集合，进行信息的收集、传送、储存、加工、维护和使用。国内外已经开发了一些软件系统，有的是单独的招标采购项目合同数据管理系统，有的是包含在项目管理系统内，以及包含合同管理的建筑信息模型（Building Information Model，BIM）软件系统。

合同数据管理系统方法采用模块化设计来实现各项功能，该方法主要包括合同订立管理、合同履行管理、合同终结管理、合同查询统计、合同监管、标准合同文本管理、个人工作助理、应用与系统管理、系统接口等模块。各模块功能既相对独立又相互联系，共同构成一个有机整体，并运行该模块实现合同要素整合与合同目的管理的技术方法。

以工程建设项目为例，通过数据化管理可以加强项目管理决策的客观性，从而提高项目管理的效率和质量，节约管理成本。而工程合同数据管理则可包括市场调查、价格、时间、质量、资金等全方位信息管理。

（1）市场调查信息管理

市场调查信息管理包括项目信息、市场需求、政策法规等方面。其中项目信息包括项目规模、所在地区、相关行业、项目周期、项目的报审情况等。市场需求信息包括项目的市场前景、市场供求关系、市场价格波动情况、潜在供应商情况、竞争关系情况、类似项目等。政策法规信息主要包括工程项目所涉及的政策法规以及项目所在地区的相关法律法规等，需要实时跟进了解政策法规对项目的启动、运营等方面的影响。通过对工程项目的市场信息进行深入的调研，有助于了解项目的市场潜力和竞争环境。

（2）价格信息管理

招标采购的价格信息管理，包括收集市场采购价格、以往履行价格、政府发布价格等。以比较复杂的工程建设项目为例，现有的价格信息化管理系统主要包括工程造价软件、云平台、信息化建设等，这些系统在成本预测、成本控制、风险管理等方面都有优势。通过对工程项目的预算、成本核算等信息的管理，可以对工程项目的成本进行有效控制，及时发现成本超支的情况，采取相应措施进行调整，确保工程项目不超出预算，将项目成本控制在合理范围内。除价格信息管理系统外，价格信息管理还包括及时了解相关造价信息、计量计价规范等。

（3）时间信息管理

时间信息管理主要是对时间计划、履行信息的管理，包括工程项目的施工进度计划、劳动力计划、材料设备采购计划、管理人员进场计划等的报送与执行，通过控制进度情况，确保工程按时完成。

（4）质量信息管理

质量信息管理主要包括工程项目的质量检验、验收等信息的管理，通过对国家标准或行业标准等各类标准的信息收集，如验收标准、检验标准等，制作常见质量问题清单，收集了解各类质量相关奖项标准等，及时发现和纠正问题，确保工程质量达到标准要求。

（5）资金信息管理

资金信息管理包括企业内部的信息管理和外部的信息管理。内部的资金信息管理是指通过数据收集和分析，为决策者资金分配提供参考，及时作出调整决策，避免发生不该支付却提前支付或超额支付，该支付却不能支付的情形。外部的资金信息管理包括收集市场存贷款利率、支付方式和比例的政策要求等，合理利用资金和进行资金分配。

1.4 招标采购合同管理的基本现状和发展

1.4.1 招标采购合同管理的体系现状

随着招标采购领域法律法规的不断完善，国际贸易、国际工程及咨询服务实践取得的经验和教训，以及招标采购领域项目法人制度、招标投标制度、监理制度、合同管理制度、风险管理制度等基本制度的逐步发展和完善，市场主体的行为逐步规范化、法治化和国际化，合同管理在行业管理、企业管理及项目管理中的地位和作用日益突出和重要，招标采购合同管理取得了明显进步和显著成效。招标采购合同管理体系包括：合同法律法规、合同管理机构、合同管理人才队伍、合同管理制度、合同标准文本等。经过改革开放四十多年的不断建设和积累，我国目前已经初步建立了适合中国国情的招标采购合同管理体系，表现在以下方面：

（1）相对完善的合同管理法律法规体系

通过已经形成的《民法典》《建筑法》《招标投标法》《政府采购法》等法律，《招标投标法实施条例》《政府采购法实施条例》《建设工程质量管理条例》《建设工程安全生产管理条例》等行政法规，以及大量部门规章和规范性文件组成的较为完善的法律法规体系，为招标采购合同管理提供了法律依据和保障。

(2) 相对完善的招标采购管理制度体系

通过借鉴和参考国际项目管理的经验和惯例，并结合中国行业发展的实际情况，逐步建立了项目法人责任制度、招标投标制度、监理制度、质量监督制度、资质管理制度、担保制度、合同管理制度、风险管理制度等，为招标采购合同管理提供了制度环境。

(3) 相对完善的合同文本体系

通过借鉴和参考合同管理的国际经验和惯例，并结合中国行业发展的实际情况，出台颁布了包括勘察、设计、施工、监理、设备、材料、设计施工总承包等工程、货物和服务方面的系列标准招标采购文件和合同示范文本，为招标采购合同管理提供了可供实际操作的标准招标采购文件和合同示范文本。

(4) 招标采购模式不断丰富

目前建设项目领域主要采用传统的设计施工分离采购模式，在石油、化工等领域也出现了设计—施工、设计—采购—施工等工程总承包采购模式，在基础设施领域出现了特许经营等采购模式。政府鼓励推动招标采购模式的多元化发展。

(5) 合同管理得到更多重视

随着经济的不断发展完善，生产要素组合越来越多，在许多大型建设单位、总承包企业以及重点建设项目中，合同管理越来越得到重视，表现为：设立合同管理机构，配备专职的合同管理人员，建立合同管理制度，开发合同管理信息系统，合同管理水平和能力显著提高。

1.4.2　招标采购合同管理存在的问题

招标采购合同管理中，目前存在合同管理制度不规范、合同订立条件不具备、合同内容有缺失与缺陷、合同条款欠缺公平合理性、合同管理人员法律素养欠缺等问题，可能影响合同履行效果，同时波及项目经济效益和产品质量。合同管理存在的问题具体表现在以下方面：

(1) 合同管理制度尚待进一步规范

合同当事人一方不能从战略高度分析和认识合同管理对企业生存和发展的重要意义，缺乏对合同管理职能的重视，既没有设立专职的合同管理机构和人员，又没有建立严格的合同管理制度和规范的工作程序，将合同管理职能分解为技术、经营、质检等几大部门分别进行分散管理，无法从整体上分析和把握合同的确切状态及应采取的措施，导致合同管理存在漏洞，影响合同目的的实现。

(2) 合同订立条件尚待进一步关注

招标采购合同应在具备一定条件之后订立，如招标采购合同需求是否明确，工程项目立项、项目用地手续、工程规划许可等审批手续是否已取得等。当事人在招标采购合同条件不具备的情况下签约的，可能在履行中引发争议。如在未取得建设工程规划许可证等规划审批手续的情况下订立合同，不仅可能导致后续施工手续无法办理，进而造成项目难以实施，还可能对合同效力产生影响，引发合同效力争议。

(3) 合同内容缺失与缺陷

合同内容缺失与缺陷主要表现在合同内容不完备、文字表述不严谨等。合同内容不完备通常是因合同主体不使用或不合理使用合同范本、缺项漏项而导致。有些虽然使用合同范本，但在专用条款中几乎不作专门约定，或者约定的内容简单。如，对“不可抗力”的情形不约定或约定不明，一旦发生意外事件，双方很难就责任承担、时间延长和费用增加等达成一致。合同文字不严谨也容易发生歧义和误解，导致合同难以履行或引起争议。合同是当事人权利和义务的体现，因此，当事人在订立合同时必须对合同条款进行仔细推敲和字斟句酌，以免因招标采购合同文字表达不清、内容不准确而产生歧义和误解，引发矛盾和纠纷。

（4）合同条款尚待更加公允合理

合同的重要原则之一就是公平原则，商事交易过程中的重要评价指标包括商事合理性。以建设工程合同为例，由于市场竞争激烈，合同双方实际缔约地位通常很难平等，一方可能要求对方承担额外义务，或利用自己的优势地位和便利条件强行增加不公平条款等。该等不公平或不合理条款的存在，既严重违背了合同精神，也给合同履行埋下大量矛盾、隐患。

（5）合同管理人员法律素养尚待加强

合同管理人员的法律知识水平直接影响着合同管理水平的高低。由于合同管理的专业性强、知识面宽、法律法规意识和参与度要求高，因此需要具备丰富的实践经验、多方面知识和能力的专业人才。合同管理人员的法律意识和管理能力不足以及参与度低主要表现在：合同订立之前对合同相对方的履约能力缺乏必要的调查；合同订立时对合同内容表达模糊；合同履行过程中缺少相应的跟踪；合同文档和信息管理不健全，导致纠纷发生后没有相应的证据等。合同管理意识是市场经济意识、法律意识、项目管理意识的综合体现。合同法律意识薄弱导致的直接后果就是合同主体不能有效保护自身合法权益，蒙受权利损害或经济损失。

1.4.3 招标采购合同管理的发展趋势

从现代合同管理的角度看，合同管理的发展趋势就是要培养懂法律、会经营、善管理的合同管理人才队伍，建立科学、完善的合同管理模式、管理制度和全程、动态的合同管理体系，建立和完善合同管理信息系统，强化对合同形成、订立和履行的全过程的动态化监管和控制，实现项目总体目标和企业长远健康发展。招标采购合同管理发展趋势体现在以下方面：

（1）建立完善的合同管理制度和运行体系

合同管理涉及企业管理的诸多方面，仅靠合同管理机构难以完成管理职能，应建立完善的合同管理制度体系和运行机制，促使合同管理机构和其他部门之间协调配合，形成共管的局面，通过制度予以规范协调各方的工作，使合同的订立、履行和争议处理均处于有效的控制状态。如建立合同审查会签制度，一般合同由市场业务部门、技术部门、项目管理部门、合同管理部门等分别审查，重大合同须由安全管理部门、财务管理部门、法律部门以及主管审查，由参与审查的各部门和人员提出审查意见，对存在的问题进行整改后会签；建立合同联席会议制度，对于金额较大的投资项目，必须召开相关部门参加的联席会议，共同对合同内容进行审查和把关，形成科学的合同管理方法。

（2）建立完善的合同管理组织体系

合同管理涉及技术、经济、法律、管理等多方面知识，专业性很强，必须设立专门机构和人员从事该项工作。可以按照纵横两个方向设立合同管理机构，按照纵向关系可以在企业总部、分公司、子公司分级设立合同管理部门；按照横向关系可以在合同管理机构中再细分为合同管理小组，按合同的性质、类别和区域进行合同管理，可使合同管理机构覆盖企业的每个层次、每个方面，实行统一管理，对合同的立项、谈判、起草、订立、履行、变更、纠纷处理等行使监督、检查和指导的职责，在企业内部形成由各级法务机构组成的全方位合同管理体系。

（3）建立完善的合同管理人才体系

通过对外公开招聘、内部选拔等方式，培养一支懂法律、擅经营、精管理的合同管理队伍。同时，应加强对他们的业务培训，定期或不定期地对其进行法律、管理等知识培训，使其熟练掌握合同法律知识和签约技巧，提高他们的专业知识水平和实践技能。对合同管理人员要实行岗位责任制，建立竞争上岗机制。建立合同管理激励机制，对提出合理化建议、避免重大损失或给企业争取额外经济效益的人员予以奖励，以此激发和提高合同管理人员的工作积极性、主动性和创造性。

（4）建立更多的行业合同文本体系

由于招标采购合同特别是工程采购合同种类多、数量大，合同管理工作量大。合同主体应依照国家颁布实施的法律法规，借鉴国际合同管理有益经验，依据已经颁布的标准文本，参照示范合同文本，根据自身经营特点和需要，结合所从事招标采购项目的类型和特点，建立自己的标准合同文本体系。这对于规范合同当事人的行为、完善合同制度和合同内容、提高合同履约水平和效果，将起到重要的指导和规范作用。

（5）建立完善的信用评价体系

防范信用风险是目前国内企业在合同管理上应予重视的重要方面。应建立对企业或单位的合同管理水平、合同履约能力、合同履约状况和企业合同信誉度等方面进行量化、细化的综合评价考核机制，多与那些信用好、履约率高的企业或单位订立合同协议，对那些信用较差的企业在订立合同时应谨慎防范，加入防范信用风险的特别条款。

（6）建立完善的合同数据管理系统

随着信息化进程加快，单位或组织必须建立现代化数据管理系统，利用先进的计算机技术、网络技术，建立现代化的网络信息处理系统，实现合同的分类查询、统计，以及有效的统一管理。实现合同订立、履行、变更到终止等全过程合同管理环节的跟踪管理和闭环管理，并与项目的进度管理、成本管理、质量管理、财务管理等子系统相互集成，实现合同管理工作的信息化、智能化和网络化。

1.5　招标采购人员合同管理的目标和价值体现

1.5.1　招标采购人员合同管理的目标

（1）招标采购人员与合同管理

招标采购人员是指具备招标采购专业技术岗位工作的水平和能力，在建设单位、招标代理机构等机构从事招标采购业务的专业技术人员。招标采购人员在招标采购过程中的主要工作是依法开展招标采购活动，包括：编制招标方案、招标采购公告、招标资格预审文件；组织投标资格审查；编制招标采购文件和合同文本；组织答疑、现场踏勘、开标和评标活动；协助参与订立合同；采用其他方式组织采购活动；参与招标采购合同结算和验收；解决招标采购活动及其合同履行中的争议纠纷等。

以工程建设项目招标为例，招标公告的发布，标志着招标投标活动的开始，其后可以包括资格预审、投标、开标、评标、定标直至订立合同。合同订立后，招标采购文件和中标人的投标响应文件中的实质性内容将成为对合同当事人有约束力的合同文件。合同履约既是招标采购的目的，又是对招标采购成果文件的检验。合同履约管理是招标投标管理的延伸与深化，两者之间是一个有机的整体。一方面，通过招标采购选择资信好、履约能力强的企业，订立价格合理、方案优秀的合同；另一方面，通过对合同履约过程中出现问题的分析研究，将意见和建议充分反馈到招投标合同谈判与订立的过程中，以进一步完善招标投标程序，建立健全招标投标制度体系，促进高质量合同的订立，为合同履约奠定坚实的基础。

（2）招标采购人员合同管理的目标

招标采购人员的工作质量，不仅关系到整个招标投标活动的质量和水平，而且严重影响招标合同订立和履行的质量和水平，以及整个项目目标的实现。若招标工作存在失误或失败，将导致出现中标无效、合同无法签订、合同履行困难乃至发生合同争议等问题。招标采购人员合同管理的目标主要包括：

1）确保规范化的招标采购工作。招标采购人员应严格遵守国家和行业管理部门颁布的有关招标采购方面的法律法规、规章制度和相关政策，确保招标采购工作公开、公平、公正地开展，在招标采购工作中做到规范化、程序化、制度化、法治化。

2）编制高水平的合同规划方案，构建科学合理的合同结构体系。招标采购人员在编制招标方案时应做好整个项目的合同策划工作。针对招标采购项目的目标、特点和条件，对招标采购过程中所有的合同订立、管理作出统筹计划与安排，并形成全面系统、科学合理的招标采购项目的合同结构体系。

3）编制高质量的招标采购文件。招标采购人员应全面、准确理解招标人的意图和项目市场需求，遵循项目建设基本规律和程序，组织编制高质量的招标采购文件，为中标后形成对当事人有约束力的、高质量的合同文件奠定基础。

4）订立高质量的招标采购合同。招标采购人员通过规范化的招标投标工作，推荐使用合理的合同范本，主持或协助合同谈判并参与合同订立，协助合同双方订立高质量的招标采购合同。

5）加强合同履约情况跟踪。招标投标工作结束后，招标采购人员的工作并未完全结束。招标采购人员还需要加强中标后的合同履约情况跟踪，及时跟进了解中标合同履行情况，协助合同当事人实现合同和项目目标，并通过总结经验和教训不断提高招标投标工作的水平和质量。

1.5.2 招标采购人员合同管理的价值体现

（1）招标采购人员合同管理的要求

招标采购人员对招标采购合同的订立和履行有重大影响，不仅影响整个项目合同结构体系的科学性、合理性，合同订立的合法性、有效性，合同采购模式、招标合同单元、合同类型、招标方式等的优化选择，以及合同实际履行是否顺利，还影响合同价格、质量、进度等整个项目合同目标的实现。因此，招标采购人员合同管理具有以下特点：

1）招标采购人员合同管理应具有全局观和系统思维。招标采购人员要站在整个项目的全局高度，在招标采购项目实施前，对整个项目的最小合同单元、招标合同单元、合同结构及体系、合同要素配置、合同订立时序等进行系统规划和设计，体现招标采购人员合同管理的全局性、系统性和前瞻性。

2）招标采购人员合同管理应贯穿项目管理全过程。招标采购人员合同管理应覆盖合同订立前的整个招标投标管理，协助参与订立合同以及合同履行过程中的跟踪等。因此，招标采购人员合同管理要贯穿整个项目管理的全过程。

3）重视招标采购过程合同文件管理。招标采购人员的一项重要工作是做好合同形成前的招投标文件管理，通过编制高质量的资格预审文件、招标采购文件、合同文件，形成一份合法有效、公平合理的招标采购合同。

4）突出预防管理功能。合同订立前的前期招投标工作对后期的合同订立和履行具有决定性的影响。招标采购人员的工作包括分析、预测、预防可能出现的影响合同订立和履行的各种风险，采取合同预防措施和控制方法，防范后期可能出现的矛盾、隐患，减少及避免合同索赔和争议的发生。

（2）招标采购人员合同管理的价值体现

招标采购人员在招标工作中扮演着重要的角色，是实施招标工作的组织者，是招标资格预审文件、招标采购文件和合同文本的编制者，也是招标采购合同形成过程的参与者。招标采购人员的工作质量在很大程度上关系到合同管理的质量以及整个项目目标的实现。招标采购人员合同管理的价值体现在以下方面：

1）指导和规范招标采购当事人的招标采购行为。招标采购人员运用专业技能和知识，根据国家颁布的法律法规和相关规定，合理、合法、有序组织开展招标工作，保证招标工作的科学化、规范化和制度化，指导和规范采购双方当事人的招标投标行为。

2）保障并促成当事人订立公平合理的招标采购合同。招标采购人员运用自己的专业技能和经验，通过编制高水平的招标采购文件，推荐使用合理的合同范本，参与合同形成过程等活动，协助当事人双方订立条款公平、价格合理的招标采购合同。

3）促进当事人全面完成采购项目目标，实现采购项目价值增值。招标采购合同管理的目标与招标采购项目管理的目标是一致的，在预定的成本（投资）、预定的时间范围内完成并达到预定的质量和功能目标，实现项目安全、健康、节约资源能源和保护环境等目标。招标采购人员通过合理开展合同管理，协助各方当事人认真履行合同义务，并通过合同要求的技术方案优化、价值工程等方法，实现整个项目的价值增值。

4）合理平衡项目利益相关方的风险和利益，实现各方共赢。招标采购合同涉及众多的利益相关方，包括政府机关、事业单位、企业等，它们相互联系又相互影响，各方均有其利益诉求。招标采购人员通过合理开展合同管理，促使合同各方在对合同统一认识、正确理解的基础上，就实现项目总目标和履行合同达成共识；通过实施有效的合同策划和合同设计，使众多合同能互相协调、衔接，各方建立良好的信任合作关系；合同争议少，争议处理公平合理、符合惯例；在招标采购项目实施过程中和结束时使利益相关方满意，实现各方共赢和社会和谐。

1.6 招标采购人员的合同管理技能要求

招标采购合同管理工作政策性强、程序复杂、涉及法律规范多。以工程建设项目为例，其合同管理工作涉及技术、管理、法律、货物、金融贸易等众多学科知识，对招标采购人员的知识、能力和素质有较高要求，要求招标采购人员既要熟悉行业技术、材料设备等技术知识和实务操作，又要精通管理和法律知识，并要求招标采购人员在招标过程和合同争议处理等方面处事公正客观。招标采购人员要在招标采购实践中不断总结经验，通过继续教育和终身学习更新知识，不断提高职业素质和招标采购专业技术工作能力。具体而言，对招标采购人员的合同管理技能要求包括：

1）合同方案规划能力。招标采购人员应具有合同规划、编制及审查的全局观念和系统能力。

2）招标采购文件编制能力。招标采购人员应具有编制、审查招标方案、资格预审文件和招标采购公告、招标采购文件、招标采购合同文本等的能力。

3）招标采购活动组织能力。招标采购人员应具有组织投标资格审查、开标和评标等活动的能力。

4）谈判与订立合同能力。招标采购人员应协助招标采购中标合同的谈判，参与订立招标采购合同。

5）协调组织能力。招标采购人员应能够协调组织其他专业人员，解决合同订立和履行中的专业问题。

第 2 章　招标采购合同管理实务概要

通过理解和掌握招标采购合同管理的基本概念与方法，招标采购人员在完成招标采购合同管理任务之前，亦有必要结合项目特定的管理需求，分解提炼出项目的实务要点，从而实现合同管理目标。招标采购合同实务管理工作可按照招标采购合同方案、合同订立、合同履行的阶段划分，每个阶段招标采购合同管理工作的内容及步骤在实务活动中均有其不同的特点与要点。

本章围绕招标采购合同方案、合同的拟定和签订、合同履行与控制等具体事项和风险预防进行了具体分析与介绍，尤其对项目招标采购工作的统筹与计划、要素合同的拟定、合同管理要点的管理和控制进行了重点介绍。

2.1　招标采购合同方案

2.1.1　招标采购合同方案的相关概念

（1）招标采购合同方案的概念

招标采购合同方案是指在工程、货物、服务项目招标采购中，为了招标采购工作的顺利进行，结合对整个项目的目标期待、自身特点及内外部条件，对招标采购过程中需要订立的合同进行统筹计划与安排。通常情况下，招标采购合同方案针对整个项目进行，招标采购人应根据项目目标、建设条件、项目特点，结合项目管理模式和组织机构，进行项目功能定位、资金安排、专业技术和招标采购规范等方面的论证和初步规划。在此基础上，完成项目工作分解和评估，确定最小工作单元，并根据交易活动的特点，进一步确定招标采购合同单元组。随后，基于市场交易的习惯、资源现状和竞争充分度，通过分析合同类别、合同数量、合同相互关系等方面因素，确定招标采购合同单元，并完成合同结构体系安排，对合同的签订、履行等作出集约、高效的统筹安排，从而推进项目实施。

招标采购合同方案关系到项目建设的实质性推进、组织结构及管理体制，直接影响到合同各方权利、义务和工作的划分，招标采购合同方案成果文件是招标方案和项目方案编制的重要依据。

（2）招标采购合同方案中的相关概念

招标采购合同方案的编制应当围绕项目的整体目标展开，并通过初步规划和工作分解，确定最小工作单元和最小合同单元，并最终经过招标采购优化分析，确定招标采购合同单元以实现合同标段划分。

1）初步合同方案。所谓初步合同方案是指在项目招标采购交易活动中，根据项目的可行性研究报告和有关项目的背景资料，在收集和分析项目目标和总体需求的前提下，对项目功能定位、资金安排、专业技术、时间计划和招标采购思路等方面进行的初步统筹计划。初步合同方案中应包括项目总体需求分析和初步规划决策分析。初步合同方案是合同方案编制的首要工作，也是开启招标采购方案编制的基础工作内容，初步合同方案可以随着后续合同方案的深入而不断调整和完善。

2）最小工作单元。所谓最小工作单元是指在招标采购项目中，具备独立工作流程、能够单独实施的工作单元，具体体现为施工活动中的某项工作任务、设计活动中的某项专业设计工作，或者某货物的采购等。最小工作单元应该具备不可再分解性，不同行业领域、不同种类的招标采购项目，其最小工作单元不尽相同。

3）最小合同单元。所谓最小合同单元，是指在招标采购项目中，具备独立交易条件、可以独立作为合同内容的工作事项或事项的集合。在招标采购项目实践中，最小合同单元可能与最小工作单元相同，也可能是若干个最小工作单元的组合。

4）招标采购合同单元。所谓招标采购合同单元，是指以有利于招标采购项目中所有合同的管理为要求，在综合考虑经济效益、行业实践、市场竞争等因素的基础上，将最小合同单元进行优化组合，从而形成与所谓“标包”或“标段”相对应的合同单元。在招标采购项目实践中，招标采购合同单元可能与最小合同单元相同，也可能是若干个最小合同单元的优化组合。招标采购合同单元应由招标采购方案的编制人员共同确定。

5）招标采购合同单元组。所谓招标采购合同单元组，是在招标采购合同单元确定后，基于招标采购人集中进行招标采购活动以便集中签约或分别签约的需求，将具有相同或类似项目目标或项目特点的一批合同单元进行组合归纳而形成的合同组，被纳入招标采购合同单元组的合同可以通过一次招标采购活动完成其签订和管理工作。以铁路工程建设项目集中招标采购合同为例，经一次招标采购订立的整体工程项下多个标段的施工合同即可以构成招标采购合同单元组。

关于工作单元与招标采购合同单元组、合同单元的关系有以下相关内容。具备独立交易条件和可以独立作为合同内容的最小工作单元，即为最小合同单元；不能独立交易、不能独立作为合同内容的最小工作单元，应与其他最小工作单元一起，构成最小合同单元。以合同管理的高效、经济为原则，可以将某一个最小合同单元确定为招标采购合同单元，也可以将若干个最小合同单元合并组合作为招标采购合同单元组。确定最小工作单元和最小合同单元是确定招标采购合同单元的前提，合理确定招标采购合同单元是编制招标采购合同方案的根本目的。

（3）招标采购合同方案的价值

招标采购合同方案是为实现项目目标而作出的全局性统筹安排，对项目招标采购系列活动的系统性筹划。招标采购合同方案的根本价值在于通过将需要签订的合同进行合理优化组合，梳理形成清晰的合同体系。一方面找到在实现项目目标过程中存在的潜在风险并加以避免；另一方面对全部工作作出集约和高效的统筹安排，使全部工作能经济有序地推进，从而保证整个项目的目标和招标采购人经营目标的顺利实现。招标采购合同方案对整个项目实施管理的具体作用主要体现在以下三个方面：

1）有助于在实现项目目标和招标采购人经营目标的过程中节约成本、提高效率。在招标采购合同方案中，通过对工作的逐步分解并合理组合，确定最小合同单元或招标采购合同单元组，明确所涉及合同的种类、数量。在此基础上，根据各个合同的相互关系进行合理搭配组合，以确定招标合同单元。该过程以项目的实际情况为出发点，以高效、经济、优化为工作原则和标准，并以工作成果的形式加以固定，从而在保质保量的前提下有效降低成本，促进招标采购项目的顺利实施和按期完成。

2）有助于明晰招标采购各参与主体的权利义务界限，分清责任，发挥主观能动作用。招标采购合同方案是起草招标采购方案、招标采购文件和合同文件的基础资料来源，招标采购合同方案的成果最终通过具体的合同文件体现。招标采购合同方案的成果文件对招标采购过程中各参与主体的权利、义务、责任进行明确并以书面形式加以固定，为未来各主体分清工作界限、推进招标采购项目的进行打下基础。

3）有助于减少项目全过程中各参与主体之间的纷争。成功的招标采购合同方案能够使招标采购全过程中的合同结构更为清晰，有效防止合同体系的混乱以及各个合同单元之间内容的交叉重叠乃至冲突，能够明晰各参与主体的权利、义务、责任等，理顺各参与主体之间的法律关系和经济关系，从而有效降低纠纷发生的可能性。

（4）招标采购合同方案与招标采购方案的关系

招标采购合同方案对招标采购方案的制订有重要影响。所谓招标采购方案是指实施招标工作之前，通过分析项目的需求、目标以及技术特点、管理特征、市场实际等，依据有关法律政策、技术标准和规范，对项目招标采购活动进行的总体规划，包括项目实施的目标、计划和措施等。招标采购方案是项目具体招标采购工作的指导文件，其中应当包含招标采购合同方案成果文件中的相关内容。二者在编制顺序上存在区别，但也具备相互指引的作用。二者编制的合理性、科学性也相互作用、产生影响，最终决定着项目招标采购需求目标的实现与否。具体包括：

1）招标采购方案应在完成初步招标采购合同方案后开始编制。从实现项目目标的角度，无论是招标采购合同方案还是招标采购方案，从可行性论证阶段着手较为合理，而招标采购的初步合同方案一旦完成，招标采购方案编制的相关工作即可全面推进。

2）招标采购合同方案为招标采购方案的编制提供条件和基础。招标采购合同方案的阶段成果文件是招标采购方案编制的重要依据之一，是合理确定标包、划分标段的同步过程，也是招标采购方案编制工作顺利完成的前序工作，如关于标段和招标采购合同单元的划分、招标采购的批次和顺序的确定等。招标采购方案编制工作可以充分利用招标采购合同方案所形成的工作信息、资料以及成果文件。招标采购合同方案中确定的最小工作单元、最小合同单元、招标采购合同单元以及招标采购合同单元组是否分解合理、组合得当，直接影响着招标采购方案中相应环节或工作的编制安排是否科学合理。因此招标采购方案的实施效果是评价招标采购合同方案科学合理与否的重要依据。

（5）招标采购合同方案与项目管理方案的关系

招标采购合同方案是项目管理方案的重要组成部分。项目管理方案是为实现管理目标而进行的项目管理规划，是根据项目目标转换而来的定义明确、要求清晰、具有指导性的项目整体管理规划文件。项目管理规划方案是为保证项目的顺利推进与完成，对项目各项工作作出的系统性、综合性规划。项目管理方案与招标采购合同方案既有联系又有区别：

1）项目管理方案和招标采购合同方案均应建立在对项目进行工作分解的基础上。

2）项目管理方案内容是招标采购合同方案的基础条件。如项目管理方案所确定的项目时间计划、项目品质与标准、项目投资总额等要求，是招标采购合同方案的根本依据，是制订初步合同方案文件的原始基础。同时招标采购合同方案中的最小工作单元的确定应以项目管理方案为依据，且应当围绕项目管理方案所确定的项目目标确定招标采购合同单元。

3）招标采购合同方案直接影响项目管理方案目标的实现。项目管理方案的实际执行必须落实到与项目有关的合同微观层面，招标采购合同方案的成果文件又是合同体系与合同履行的纲领性文件，招标采购合同方案是否合理科学，直接影响项目的具体实施，并关系到项目管理方案目标能否顺利实现，因此应当在招标采购活动中予以充分重视。

2.1.2 招标采购合同方案的内容

招标采购合同方案的内容主要解决“规划什么”的问题。招标采购合同方案的内容必须以项目目标及招标采购人的需求为基础和原则，为最终实现整个项目的目标及招标采购人的需求而确定规划工作所指向的对象。从方案规划的流程看，招标采购合同方案的内容应涵盖项目前期调研、合同目标确定、合同体系设计、合同签订、合同履行以及跟踪评估的全过程。具体而言，招标采购合同方案的内容包括：招标采购项目目标和需求分析、初步合同方案、工作分解、合同数量及种类规划、合同体系确立、合同要素确定、合同订立及履行规划以及合同动态跟踪评估规划等。

招标采购合同方案的主要目的是确定招标采购合同单元，完成招标采购方案的编制，从而指导整个招标采购实践活动。招标采购合同方案的每一项内容，都应当以此为行为准则和主轴。在招标采购合同方案的内容中，目标分析是基础，每一项合同方案内容的确定和执行都应当围绕整个项目的目标展开。合同数量及种类规划是前提，通过数量和种类的规划，来解构合同结构进而建构合同体系。合同要素确定是关键，一方面结合合同结构与体系，合理分配合同当事人的权利义务及责任，进而确定合同条款；另一方面又关系着合同订立及履行的顺利程度。

2.1.3 招标采购合同方案编制的步骤

招标采购合同方案的编制步骤主要解决“如何策划”的问题。与招标采购合同方案的内容一样，招标采购合同方案的步骤也必须以项目整体目标及招标采购人的需求作为贯穿全局的主轴，每一步骤都应围绕其展开，包括初步合同方案、总体合同结构分解、建构招标采购合同体系、合同要素的计划与配置、合同订立顺序的确定五个步骤。招标采购合同方案的步骤参见图 2-1。

(1) 初步合同方案

初步合同方案编制包括合同总体需求分析和初步规划决策分析两个部分，具体包含以下内容：

招标采购合同的总体需求分析是指收集项目的意图、规模、环境条件、资金来源、技术条

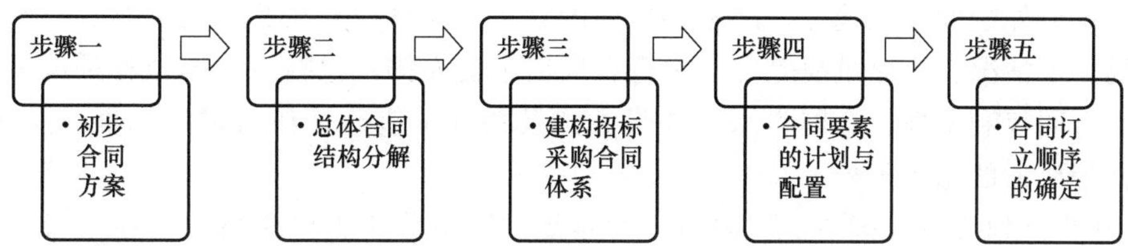

图 2-1　招标采购合同方案的步骤

件等信息，并进行相应的综合评估，剔除不合理的需求和意图，确定项目总体需求的活动。

初步规划决策分析是在总体需求确定的基础上，运用项目管理、价值工程等方法和工具，结合市场调查研究，综合分析招标采购项目的特性、利益相关方的价值追求、市场现有条件及发展动态以及内外部相关影响因素等，对项目建设的区划、时间安排、资金投放、技术定位等方面的初步决策分析活动。

1）合同总体需求分析的工作要点。招标采购合同总体需求分析应当围绕项目的总体需求展开。从工作流程及逻辑的角度而言，工作要点包括：招标采购项目总体目标的确定、基本信息的采集、相关市场信息的调研、相关法律政策的调研、项目总体需求的分析、合同总体需求要素的分析。

①总体目标的确定。招标采购项目的总体目标是招标采购人希望通过项目实现的利益追求和价值期待。明确总体目标，如投资总额控制目标、质量安全目标、时间目标等，是进行招标采购合同方案编制的首要步骤，也是开展其后各项工作的中心点。

②基本信息的采集。项目的基本信息通常包括项目的特征情况资料以及项目的报审情况资料。项目特征情况资料包括项目采购意图、投资规模及资金来源、标准及技术要求等，不同类型项目所需要的项目特征情况资料也存在不同。如：建设工程项目中通常还包括详细的建设意图、结构类型、建设标准、分包工程以及相关设计图纸等；设备等采购项目中则可能包括生产设备工艺流程及重要材料、设备的选型、标准及分类等。项目的报审情况资料包括项目背景、项目立项、可行性研究及有关审批、核准或备案手续等。

③相关市场信息的调研。市场信息调研应侧重对可能影响招标采购方式、招标采购范围以及后期合同履行的要素进行调查研究，主要内容包括市场供求关系情况、市场价格波动情况、潜在供应商情况、竞争关系情况等。市场信息调研一般可通过网络信息及刊物查阅、实地调查、已完成项目历史资料收集、类似项目参考等途径进行。

④相关法律政策的调研。招标采购全过程中的各方行为应当遵守招标采购相关法律法规、部门规章、地方性法规及政策的规定。对相关法律政策的调研是为了尽可能地避免在合同方案编制过程中，特别是在合同订立及履行的过程中出现违法情形。法律政策调研不仅应关注招标采购各相关主体资格、招标采购范围合法等规定，还应关注招标采购程序的规定。

⑤项目总体需求的分析。项目总体需求包括项目整体质量要求、进度要求、成本控制要求、绩效考核要求，以及相关的安全、安保、环境、保险、知识产权等要求。在对招标采购项目基本信息、市场信息、法律政策等进行充分调研后，应结合现实条件对项目的总体目标予以调整和优化配置，并进而根据调整后的总体目标确定项目的总体需求。

⑥合同总体需求要素的分析。建立在项目总体需求分析的结果之上，结合项目的工作

范围、自制或外购的方式选择、潜在供货商的对比、项目利益相关方的需求、市场供求情况、市场竞争情况、法律风险等方面进行合同需求的安排，包括对合同招标采购方式、合同标的、合同权利义务、合同类型、支付方式及条件、违约责任与索赔、争议解决方式、合同份数等要素的总体规划。

2）初步规划决策分析的工作内容。初步规划决策分析工作应当建立在项目目标和总体需求明确的基础上，因此应当在完成总体需求分析之后开展初步规划决策分析编制工作，围绕建设项目的资金筹集和投放计划、项目功能定位与用地规划要求、项目总体专业技术标准和品质、项目总体时间计划和招标采购可行性等方面进行分析、评估、决策。

3）初步合同方案的成果要求。完成合同总体需求和初步规划决策分析工作的标志是提交初步合同方案成果文件，为下一步工作提供基础和前提，该工作的成果文件形式可以称之为“初步合同方案书”。初步合同方案书应满足以下要求：

①初步合同方案书应当包含合同总体需求、合同类型、合同对技术品质和标准的要求、资金计划与对应付款方式和条件安排、合同里程碑计划和确定合同招标采购方式、是否属于依法必须进行的招标项目范围等方面内容。初步合同方案书应围绕招标采购项目的目标，体现合同约定工期、质量、安全、权利义务、支付、总体份数等要求。

②应结合项目所在地的法律政策环境和市场环境进行提炼，保证合同总体需求的合法合规性及可执行性。

③应具体明确，尽量采用定量描述，避免采用定性描述。

④应以书面形式记录，并将相应工作明确到具体的部门和人员。

4）开展初步合同方案编制工作的注意事项。初步合同方案是进行后期合同方案编制的前提和基础，为后续工作提供切实可行的程序和步骤指引。在进行初步合同方案编制时，应全面了解招标采购人的项目需求，并进行项目特征分析，进而为合同总体策划提供条件。需要注意的是，进行该项工作依赖于招标采购人提供全面翔实的项目信息、市场信息、功能需求、技术指标等信息资料。以工程建设项目为例，需要包括项目的功能需要、分区规划、品质定位、总体指标控制、目标客户价值理念等。当若干要素影响到合同方案时，可以采用价值工程法、决策树法等决策工具。

（2）总体合同结构分解

招标采购总体合同结构分解，是指在建构合同体系之前，通过明确项目总体目标以及合同总体需求，分析项目的技术特点、经济特点、管理特征等，并结合市场因素、竞争性因素等，依据有关法律政策、技术标准和规范，确定项目相应阶段合同种类、数量的过程。总体合同结构分解的目标是明确项目相关的所有合同的种类及数量，核心是确定招标采购合同单元。

经过招标采购总体合同结构分解，确定最小工作单元和最小合同单元，并最终划分招标采购合同单元，即确定招标采购合同单元的数量、类型以及所对应的合同目的。经过总体合同结构分解应达到的效果包括：

①明确项目相关所有合同的种类、数量，并确定合同主体。

②合同结构分解应分解至最小工作单元并优化重组成招标采购合同单元，招标采购合同单元构成的体系能完全覆盖项目所有工作。

③合同分解的成果应以书面形式固定，并可以采用网状结构、树状结构或表格等形式

表达。有关招标采购合同结构分解的方法和作用等内容，详见本章 2.1.4 小节。

(3) 建构招标采购合同体系

1) 招标采购合同体系的概念。招标采购合同体系是指根据项目的投资、进度、质量等目标要求，将已经分解完成的所有招标采购合同单元按照关键任务、合同依存度、逻辑顺序和时间顺序进行排列组合，不仅体现出招标采购合同单元项下作为组成部分的各最小合同单元，而且体现各招标采购合同单元之间的相互关系，从而形成以招标采购合同单元为关联、以最小合同单元为终端的相互衔接的合同网络关系，最终形成招标采购合同体系图作为成果文件。

建构招标采购合同结构体系的过程是对招标采购项目所涉及合同的种类、阶段工作目标等进行分析，并综合考虑有效管理、成本节约等因素，对全部合同开展梳理的过程，有助于明晰合同之间的逻辑结构，提高后续合同履行的效率和便于后期合同管理，其核心原则是合法性、经济性、系统性以及完整性。在建构合同体系时，应注意合同之间在逻辑上的严密性，以及每个合同与前后合同之间的履行次序问题，同时应保证项目管理的相应环节通过相应的合同来落实。

2) 建构招标采购合同体系的方法。以不同合同要素为核心进行合同体系结构的分解，是建构招标采购合同体系的方法，包括树状结构分解、责任分配矩阵等。

①树状结构分解。树状结构分解是指将全部合同根据合同之间的相互关系进行分解，形成树状结构图，进而搭设不同合同之间的体系结构。以工程建设项目为例，其合同结构分解示例见图 2-2。

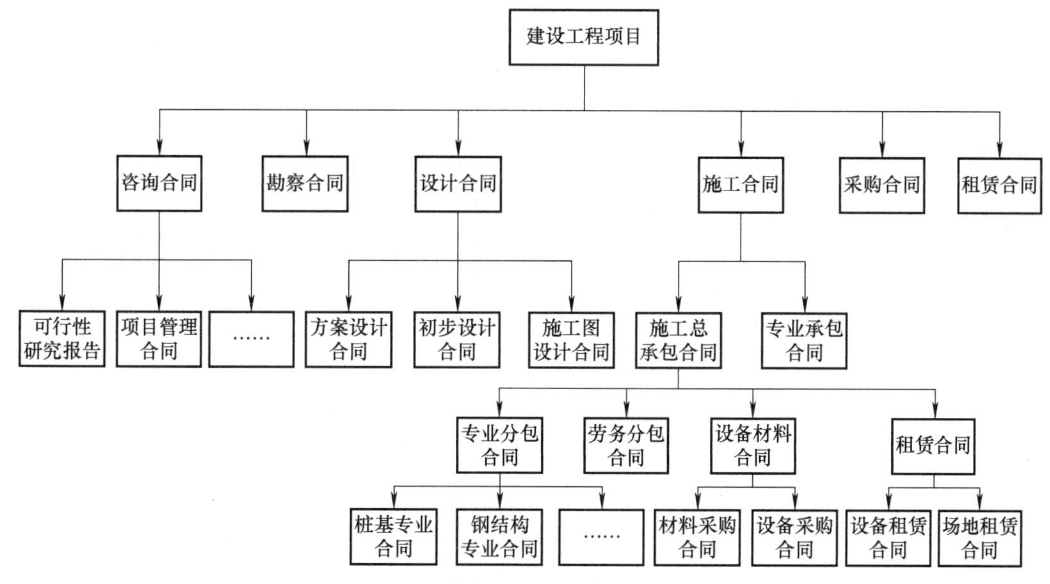

图 2-2　整体合同结构分解示例

招标采购合同树状结构分解的优点主要在于能直观地将项目所涉及的合同通过树状图清晰呈现，便于招标采购人全面了解招标采购合同的种类、数量以及相互关系，但树状图无法反映合同签订的先后顺序以及合同管理的责任主体，不利于招标采购人对招标采购合同进行进度管理和绩效管理。

②责任分配矩阵。责任分配矩阵是指按照合同体系中不同主体的责任进行分解，将所分解的工作任务落实到项目有关部门或个人，并明确表示出他们在组织工作中的关系、责任和地位。责任分配矩阵一般采用矩阵图，以组织单元为行，以合同单元为列，矩阵中明确了参与人员在每个合同单元中的责任，具体见表 2-1。

表 2-1 工程合同管理责任分配矩阵

任务	财务管理	法务管理	投资计划	成本管理	工程管理	招标采购代理
项目需求分析	—	—	主办	—	协办	参与
工作结构分解	—	参与	—	参与	主办	协办
合同结构分解	—	主办	—	参与	参与	协办
工程招标	参与	协办	—	协办	参与	主办
合同签约管理	参与	主办	—	—	—	协办
合同履约管理	参与	协办	—	参与	主办	参与
合同跟踪评估	参与	主办	—	参与	协办	参与

责任分配矩阵的优点在于能明确合同管理的主体，便于实现合同绩效管理目标，避免出现合同管理主体的混乱；但责任分配矩阵无法直观地体现各个合同之间的逻辑体系，可能无法满足招标采购合同的整体管理的需求。

3）招标采购合同体系的成果要求。招标采购合同体系的成果可以树状图或矩阵图的方式呈现，两种表现形式各有优势，树状图有助于体现招标采购项目所涉及合同的相互逻辑关系，矩阵图有助于明确各个合同的管理责任主体。完整的招标采购合同体系应能覆盖招标采购项目的功能、规模、质量、价格、进度等需求，使项目实施的组织、方法、手段等都更具有系统性和可行性。

（4）合同要素的计划与配置

招标采购合同要素，是指决定招标采购合同性质并反映具体交易活动实质内容或重要权利义务的关键要件和核心因素。合同要素是合同条款设置的重要依据，合同要素的配置，特别是具体合同的特殊要素的配置，直接影响着合同当事人的权利享有和义务承担，甚至影响着该合同目的的实现乃至招标采购项目整体目的的实现。在招标采购合同方案中，合同要素的配置应充分反映具体经济活动的特征，并公平、清晰地界定合同双方当事人所应承担的责任和义务，方能在项目建设过程中及时有效应对各种风险。如电梯供货安装合同，除应具备合同通常要素外，还应体现电梯供货安装活动的特征性条款，比如电梯井预留以及电梯安装前对电梯井的复测等。

合同要素的配置应结合具体经济活动的主体特点、市场资源现状、法律政策环境以及招标采购项目的目标进行。在进行合同要素的计划与配置时，应考虑到不同种类的合同有不同的应用条件、不同的权利和责任分配、不同的付款方式，合同双方当事人的风险也不同，应依具体情况选择合同类型，合理分配合同当事人的风险和权利义务，同时应对各个合同之间的衔接做好筹划，保证合同体系的整体性。合同要素的计划和配置成果文件应以合同要素提纲或合同要素计划配置书形式体现。在完成合同要素的计划与配置后，形成的成果文件可以称之为“合同要素计划分配书”。

以设计合同为例，合同要素提纲中至少应体现的合同要素参见表 2-2。其中设计依据、设计修改、设计例会、设计服务等合同要素的安排，直接体现了设计工作中的常见问题，应当在合同条款中予以单独约定。

表 2-2　设计合同要素

序号	合同要素	序号	合同要素
1	一般约定	11	知识产权
2	合同文件组成	12	保密
3	设计依据	13	保险
4	设计工作内容	14	违约责任
5	设计修改	15	合同变更
6	设计例会	16	合同解除
7	设计服务	17	法律适用
8	设计文件交付	18	争议解决
9	价格与支付	19	语言文字
10	设计责任	20	合同生效

(5) 合同订立顺序的确定

在建构合同体系的同时，应根据项目实施进度安排，结合各合同单元之间的逻辑关系和基础法律关系，明确招标采购合同单元之间的订立顺序。合同订立顺序的确定通常包括合同相互之间的联系、合同订立的逻辑前提以及合同订立的其他条件等。通过确定合同订立顺序，将整个项目合同管理工作按照时间轴进行分配，并由相应的部门和人员对订立顺序进行管理。合同订立顺序应严格按照法律法规规定，并结合项目特点和项目建设模式确定。表达合同订立顺序的方法主要为里程碑法，即按照项目中某些重要事件的开始或完成作为节点编制合同订立的先后顺序，并建立合同订立的里程碑计划或树状图。

里程碑计划是以招标采购项目中某些重要事件的开始或完成作为节点所编制的计划，以中间可实现的成果为依据。里程碑计划显示了项目为达到最终目标而必须经过的条件或状态序列，描述了项目每一阶段应达到的状态。里程碑计划可以用于表达项目合同订立顺序的计划安排。里程碑计划以合同分解为基础和前提，同时也可以作为表达合同结构分解的方法，具体见表 2-3。

表 2-3　××工程建设项目合同签约里程碑计划

合同	2023 年			2024 年			
	8 月	10 月	12 月	2 月	4 月	6 月	10 月
前期咨询	可行性研究咨询合同						
		招标代理合同					
勘察	勘察合同						
设计		方案设计合同					
			初步设计合同				
				施工图设计合同			

（续）

合同	2023年			2024年			
	8月	10月	12月	2月	4月	6月	10月
施工					施工总承包合同		
					专业承包合同		
						专业分包合同	
						劳务分包合同	
采购						材料采购合同	
						设备采购合同	
租赁					设备租赁合同		
					场地租赁合同		
咨询服务		造价咨询合同					
		设计咨询合同		施工监理合同			
	项目管理合同						

在完成合同订立顺序的逻辑关系分析和决策后，形成的成果文件可以称之为“合同订立顺序与条件建议书”。

（6）招标采购合同方案成果文件

招标采购合同方案的最终成果文件应至少包括六个部分内容：

1）项目概况。

2）初步合同方案。

3）项目合同结构与体系图。

4）合同要素计划分配书。

5）合同订立顺序及条件建议书。

6）成果文件的使用条件及使用提示。

此外，招标采购合同方案的各个阶段成果都应具有相应的内容和形式要求。招标采购人应将招标采购合同方案的阶段成果实行档案化管理，以保证档案资料的真实性、完整性以及可追溯性。

2.1.4 合同结构分解

拟订招标采购合同方案的管理要素较多，需要借助相应的管理工具，其中最主要的是合同结构分解。

（1）合同结构分解的概念和作用

合同结构分解是指对项目全生命周期内所需完成的工作按照合同管理的要求进行

分解，直至分解至最小合同单元，再根据最小合同单元的属性与相互关系等因素确定招标采购合同单元，并以招标采购合同单元为要素建立合同结构体系。合理划分项目招标采购合同单元是招标采购合同方案的关键所在。合同结构分解的作用与项目管理的工作结构分解的作用基本相似，即通过合同结构分解，实现项目所有合同的系统规划，明确最小合同单元之间的逻辑体系以及单个合同的成本、进度和质量控制，进而合理确定招标采购合同单元，最终通过合同管理实现对项目整体的投资、进度和质量进行控制的目标。

合同结构分解的关键在于确定招标采购合同单元，而招标采购合同单元的确定直接或间接取决于最小工作单元的分解和最小合同单元的确定，故合同结构分解建立在整个项目工作分解的基础上。

（2）工作结构分解

工作结构分解是合同总体结构分解的基础工作，也是确定合同单元的前提和条件。合同结构分解常用的方法就是通过工作分解，确定最小工作单元。工作结构分解是指按照项目发展的规律，依据一定的原则和规定，以可交付性成果为导向，对项目进行系统化、详细化的有层次分解。在工作分解结构中，结构层次越往下，项目组成部分的定义越详细，最后构成层次清晰、可作为组织项目具体实施的工作依据。从过程看，工作结构分解先将整体项目分解成阶段性任务，再将阶段性任务分解成具体工作，直至分解到最小工作单元。

工作结构分解是合同结构分解的基础工作和必经步骤。通过工作结构分解，将项目分解至最小工作单元；再根据项目的进度情况以及主体等因素，确定最小合同单元；再结合市场因素、竞争性因素、项目自身特点等内外条件，综合考虑并确定招标采购合同单元。由此可见，科学合理的合同结构分解依赖于工作结构分解的准确性和完整性。

工作结构分解有如下作用：

1）清晰梳理招标采购项目的全貌，详细说明为完成项目所必须完成的所有工作，为计划、成本、进度和质量控制奠定共同基础，是确定项目进度控制的基准。

2）清晰地表示各项目工作之间的相互关系，对各独立的工作单元，进行有针对性的成本、进度和资源需求量的估算，提高估算的准确度。

3）有助于准确界定项目工作的内容和范围，也有助于招标采购人确定项目管理人员和有效地管理项目。

工作结构分解可以从多种角度进行，通常包括：按产品的物理结构分解、按产品或项目的功能分解、按项目的实施过程分解、按项目的地域分布分解、按项目的各个目标分解、按建设单位的管理部门分解、按实施主体的管理职能分解等。以工程建设项目为例，可以按项目的实施过程进行分解，其第一层级工作结构分解见图 2-3。

图 2-3 显示的第一层级的工作结构分解相对简单，为了确定最小工作单元，还需要再进行分解。如将其中的工程施工再按照分部分项工程进行工作结构分解，则可以进一步细分成地基与基础、主体结构、建筑装饰装修、建筑给排水等，但上述分解仍不能确定最小工作单元，还需要进一步进行分解。以地基与基础工程中的土方工程和主体结构工程中的

钢结构工程为例，其最小工作单元详见图 2-4。

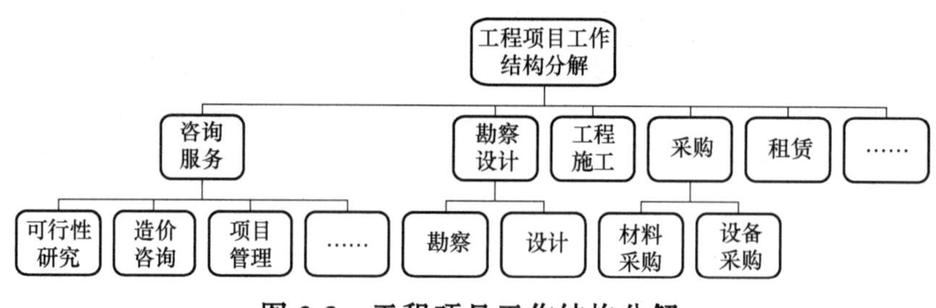

图 2-3　工程项目工作结构分解

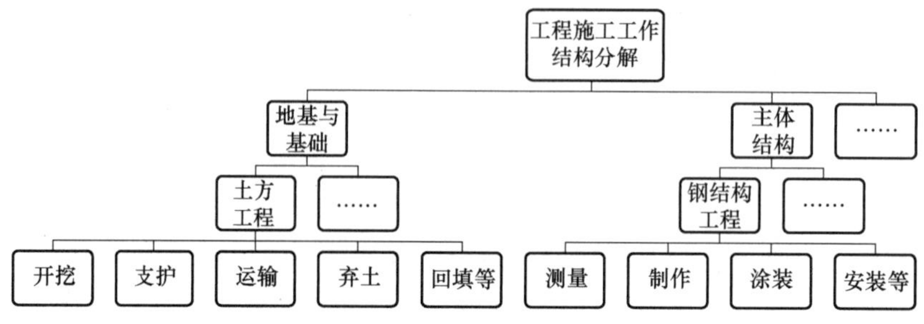

图 2-4　工程施工工作结构分解

在图 2-4 中，土方开挖、支护、运输、弃土、回填等是土方工程项下的最小工作单元，不能再进一步分解。同样，钢结构工程的最小工作单元为测量、制作、涂装、安装等，不能再进一步分解。通过工作结构分解，将招标采购项目分解至最小工作单元，主要是为后续确定合同单元做好准备。

(3) 确定合同单元

招标采购合同方案中的合同结构分解的方法通常包括项目进度分解法和项目主体分解法。项目进度分解法是指按照项目的实施过程，将项目合同分解至最小合同单元，并确定招标采购合同单元，进而按照履行的先后顺序建立时间轴，据此建立合同结构体系。项目主体分解法是指按照招标采购项目的不同履行主体，将项目合同分解至最小合同单元，并确定招标采购合同单元，进而按照合同履行主体建立合同结构体系。进行合同结构分解时，可以交叉使用项目进度分解法和项目主体分解法，以免遗漏合同单元。为避免同时使用上述两种分解法产生混乱，在建立项目合同结构体系时，应确定其中一种作为主要方法，另一种作为辅助方法。以工程建设项目全过程建设活动为例，其第一层级合同结构可以结合项目进度分解法和项目主体分解法进行分解，见图 2-5。

图 2-5 的合同结构分解建立在图 2-3 的基础上，把项目进度作为主要分解方法，结合项目主体特征进行综合分解。此外，图 2-5 合同结构分解仅完成了第一层级合同结构的分解，按照通常的经济合理高效的原则并结合实践，其尚未完成最小合同单元和招标采购合同单元的划分，比如设计合同还需要进一步分解为方案设计合同、初步设计合同和施工图设计合同等。在图 2-5 的基础上，以施工合同为例，尚需完成最小合同单元和招标采购合同单元的划分。

图 2-6 按照施工合同的工作内容，对合同结构进行了进一步细分，但其中部分合同仍

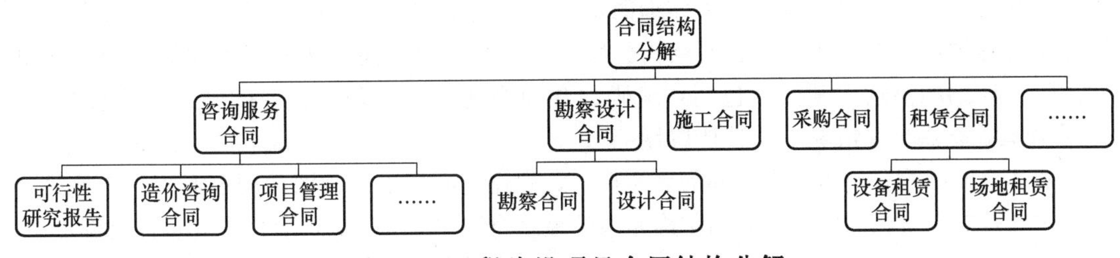

图 2-5　工程建设项目合同结构分解

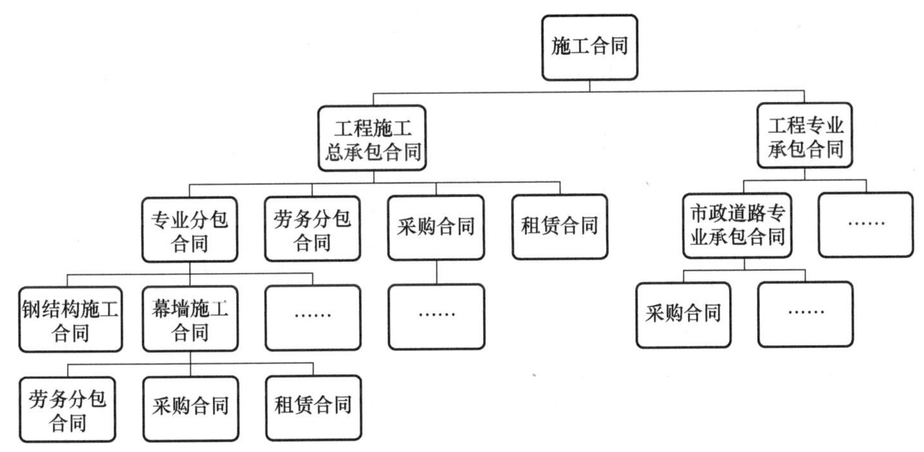

图 2-6　施工合同结构分解

未确定最小合同单元，还需要进一步分解。以采购合同为例，一般包括材料采购合同和设备采购合同，且材料采购合同和设备采购合同还应按照具体采购货物类别进一步分解，其最终的合同结构分解见图 2-7。

图 2-7 显示采购合同的一级合同结构可以分解为材料采购合同和设备采购合同，其二级采购合同则根据采购货物类别进行进一步分解，包括商品混凝土采购合同、钢材采购合同、电梯采购合同、空调采购合同等。

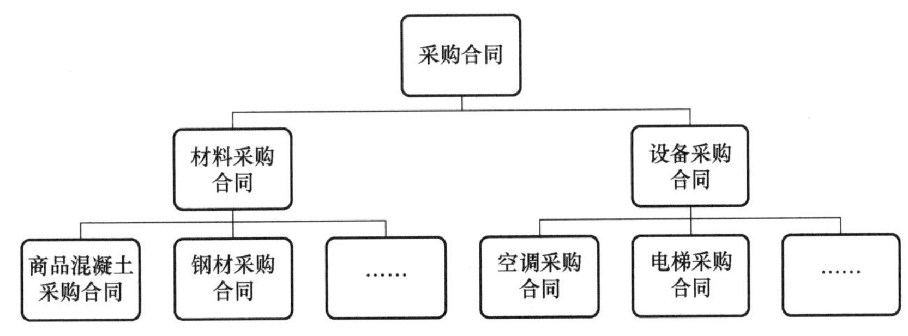

图 2-7　采购合同结构分解

(4) 合同结构分解的结果呈现与表达形式

招标采购总体合同结构分解的结果包括项目合同结构体系图表和合同结构体系说明。项目合同结构体系是以可交付成果为导向的合同层级分解。项目合同结构体系每向下分解一层，都代表着对项目工作进行更详细的定义。合同结构体系说明是指在创建项目合同结构体系过程中产生并用于支持合同结构分解的文件，是对合同结构分解组成部分的合同单元进行更详细的描述，其内容包括：编码、合同描述、成本预算、进度安排、质量标准、合同主体、资源配置情况以及其他属性等。

总体合同结构分解可以有不同的表达形式，常用的有层次结构图和列表形式。完整的合同结构分解层次结构图应保证合同结构体系的最终合同单元均为最小合同单元，详见图 2-8。

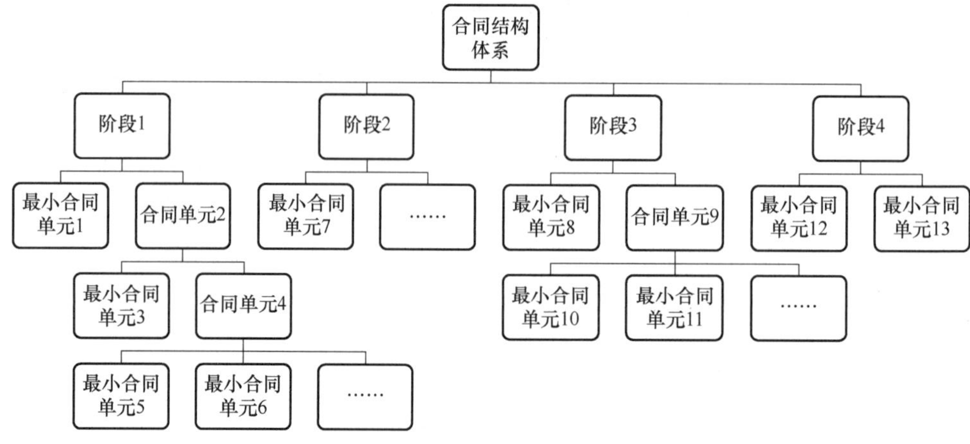

图 2-8 合同结构分解层次结构图

在图 2-8 中，合同结构体系以项目进度法为基础进行分解，根据项目不同阶段完成招标采购合同单元的分解。其中阶段 1 中的合同分解为最小合同单元 1 和合同单元 2，合同单元 2 进一步划分为最小合同单元 3 和合同单元 4，以此类推，直至分解为最小合同单元 5、最小合同单元 6 等。

总体合同结构分解的列表形式实质上是以列表形式体现合同结构分解的成果，其表现形式详见表 2-4。

表 2-4 合同结构分解的表现形式

<table>
<tr><td rowspan="13">合同结构体系</td><td rowspan="5">阶段 1</td><td colspan="3">最小合同单元 1</td></tr>
<tr><td rowspan="4">合同单元 2</td><td colspan="2">最小合同单元 3</td></tr>
<tr><td rowspan="3">合同单元 4</td><td>最小合同单元 5</td></tr>
<tr><td>最小合同单元 6</td></tr>
<tr><td>……</td></tr>
<tr><td rowspan="2">阶段 2</td><td colspan="3">最小合同单元 7</td></tr>
<tr><td colspan="3">……</td></tr>
<tr><td rowspan="4">阶段 3</td><td colspan="3">最小合同单元 8</td></tr>
<tr><td rowspan="3">合同单元 9</td><td colspan="2">最小合同单元 10</td></tr>
<tr><td colspan="2">最小合同单元 11</td></tr>
<tr><td colspan="2">……</td></tr>
<tr><td rowspan="2">阶段 4</td><td colspan="3">最小合同单元 12</td></tr>
<tr><td colspan="3">最小合同单元 13</td></tr>
</table>

（5）合同结构分解的新技术应用

合同结构分解的新技术，本节主要介绍 BIM 模型与精益思维理论。

1）BIM 模式。BIM 即建筑信息模型（Building Information Model，BIM），是基于数字化技术、可视化技术，集成和管理与建设项目有关信息的方法。BIM 模型采用 BIM 技术建立模型，集成了建筑、结构、建筑设备等三维（3D）信息模型，并集成了其他与建设项目有关的信息，有助于各参与主体直观、有效地理解建设项目情况，预先有效地分析和优化施工过程及资源配置，实现投资、时间和质量控制目标。

对于 BIM 模型的应用，国家发布了系列国家标准，包括《建筑信息模型应用统一标准》（GB/T 51212—2016）、《建筑信息模型设计交付标准》（GB/T 51301—2018）等，以及行业标准包括《建筑工程设计信息模型制图标准》（JGJ/T 448—2018）等，在应用过程中有助于项目全生命周期管理的规范化、标准化。

BIM 模型的特点包括：可应用于招标采购项目的全生命周期；涉及招标采购项目的所有参与主体和利益相关方；本身具有不同的层次和深度。如 3D 可视化、4D 施工方案和施工计划模拟、5D 动态预算管理等。

在招标采购合同方案中，采用 BIM 模型有利于全面系统地进行合同结构分解，避免遗漏项目重要节点，是进行招标采购合同方案的重要辅助工具，也是合同信息管理的重要手段。

2）精益思维理论。精益思维是指在管理或者生产等过程中，通过使用多种现代管理方法与技术，以最小的资源投入为前提，充分发挥人、财、物的效用，并充分利用时间与空间，尽可能创造出接近理论最大值的经济效益的新型思维。精益思维的主要特点包括：注重过程标准化，减少变化和不可预见性；注重绩效评价，并及时根据绩效分析做出方案调整；注重对方需求，以实现双赢为目标。

精益思维的原则包括三个方面：首先是减少浪费，即在各环节剔除一切多余和无用的组织、程序和资源投入；其次是确定项目关键节点，发现并消灭影响项目推进的冗余；最后是要求项目全流程的顺畅、不间断。

精益思维是进行招标采购合同方案的重要辅助手段之一。精益思维中蕴含的价值分析方法，以及不断改善项目的质量、成本和进度的要求，有助于在招标采购的全流程中发现关键节点和冗余，持续地减少乃至消除浪费和不确定性，最大限度实现招标采购全生命周期内各个环节和阶段的可预见性与可控制性，实现招标采购人的利益需求最大化，从而使招标采购合同方案更为科学。

（6）合同结构分解工作要点

合同结构分解作为招标采购合同方案的基本工作，在进行项目合同结构分解时，应注意以下几点：

1）合同结构分解要以分析项目总体需求为前提。项目总体需求分析是进行招标采购合同方案的前提和基础，为招标采购合同方案提供切实可行的基础资料和信息支持。在合同结构分解前应先行收集项目的建设意图、规模、环境条件、资金来源、技术条件等项目信息，并深入系统地分析招标采购项目的特性、利益相关方、市场条件和组织管理等内外部相关影响因素。

2）合同结构分解应以工作结构分解为基础。工作结构分解需要由招标采购人根据项目特征、内部管理机构设置、外部条件等完成，进行工作结构分解的具体执行部门通常为工程管理部门、合同管理部门等。招标采购人完成工作结构分解后，应按照合同结构分解需要提出特定需求。

3）合同结构分解应对项目具体内容进行详细的陈述，并保证特定单份合同的唯一性和特定性。具体而言，合同结构分解除了将项目分解为相互关联的招标合同单元之外，还需要对各合同的具体目的和要求进行详细描述，同时保证特定单份合同在工作分解结构中的唯一性和特定性，即特定单份合同只应该在项目合同结构体系的某个特定位置中出现，不能在不同层次的合同结构中重复出现，避免引起成本、进度和质量控制的混乱。

如图 2-7 中的商品混凝土采购合同，在合同结构体系中仅出现在材料采购合同项下，不能重复出现在其他位置。

4）合同结构分解应注重历史数据的收集、分析和归纳。同类型已完成项目对招标采购合同方案拟订有参考价值，在合同分解过程中应加以考虑和分析，并在总结已完成同类型项目的基础上，对项目进行合同分解。以工程建设项目为例，如对于江浙沪等地下水位及土壤含水量均较高地区的高层建筑，基坑降水合同通常需要单独分解；而对于北方地下水位较低地区的低层建筑，基坑降水合同可以不单独分解。

5）合同结构分解应考虑分配履行主体的权利义务。在应用合同结构分解的过程中，应该考虑具体合同的履行主体，以明确履行主体可能起到的作用。具体而言，应明确具体合同的履行主体，同时保持自上而下与自下而上的充分沟通，保证合同的落实和执行。以建设工程施工合同的分解为例，需要结合具体工程项目特点，以及施工总承包单位的技术和管理能力，合理确定专业工程分包、施工主材采购等工作分配，避免总承包单位技术和管理无法满足工程需求，进而影响工程总体进展。

6）合同结构分解应结合项目实施的限制条件。在招标采购合同方案的实施过程中，对可能遇到的一些限制性条件应加以考虑，特别是应考虑与项目实施直接相关的社会、经济、法律以及自然环境。如对地质、气候、水文条件要求较为苛刻的跨海桥梁项目，在合同结构分解时，还需要就气象、水文等信息的获取，单独与气象管理、海域管理等相关机构签署相关咨询服务合同。

7）合同结构分解需要对不确定因素进行必要假设。招标采购合同方案的实施总是依赖于一定的未来环境，为了满足招标采购合同方案的目标，通常将许多因素假设为真实、确定的，并对实施过程中有可能遇到的风险进行识别。比如招标采购合同方案中，通常需要先行确定具体工程建设项目的总体工期计划，以便于安排不同合同的签署次序。

8）确定招标采购合同单元时应易于高效管理，招标采购合同单元必须详细到可以对该合同内的具体工作进行成本、进度、质量、履行主体的规划和控制。如图 2-7 中的商品混凝土采购合同为招标采购合同单元，招标采购人可以依据生效的商品混凝土采购合同对商品混凝土的价格、供货周期、质量标准以及供应商的资信提出要求，以确保工程项目的顺利实施。

2.2 招标采购合同的拟定和订立

确定招标采购合同单元后，应根据招标采购合同单元拟定招标采购合同。在实践中，招标采购合同拟定的方法主要是合同要素拟定法。

2.2.1　合同要素拟定法

(1) 合同要素拟定法的概念

合同要素拟定法是指根据《民法典》中合同相关的一般原理及规定，特别是按照具体合同所反映的某项经营管理活动的特点分析确定合同要素，进而按照各要素之间的逻辑体系拟定合同的方法。对于具体合同而言，合同要素拟定法应予考虑的合同要素包括一般的合同要素和特殊的合同要素。

所谓一般的合同要素，是内容完整、形式合法的合同一般都具备的要素，如当事人的名称或姓名及住所、标的、违约责任、争议解决方法等。所谓特殊的合同要素，是指并非每个合同都应当具备，而是具体需要拟定的合同根据其交易活动的具体特点、市场现状、交易条件情况等，需要在合同条款中特别反映的要素。如施工合同中的变更、索赔等要素，货物采购合同中的技术规格、质量标准等要素。

(2) 合同要素拟定法的特点

合同要素拟定法的特点包括以下三个方面：

1）以合同要素作为合同各条款设定的依据。具有关键性影响或者作为不可或缺的组成部分的各要素，是确定合同中应当具备条款的出发点和依据。

2）通过各要素目标的覆盖达到合同整体目标的覆盖。合同要素拟定法是将各要素所涉及的权利义务进行合理分配，对所面临的风险进行合理防范或分担，从而实现整个合同目的的方法。

3）同时设定合同的一般条款与特殊要求条款。在根据合同要素拟定合同的过程中，一方面应根据合同法律的一般原理与要求，对合同的一般条款进行设定；另一方面还应根据所拟合同的实际情况与具体合同目的，设定该合同的特别条款。

(3) 合同要素的确定

对于一般的合同要素，通常根据法律法规的相关规定，结合交易习惯加以确定。如根据《民法典》第 470 条的规定，合同一般包括的条款有：当事人的姓名或者名称和住所，标的，数量，质量，价款或者报酬，履行期限、地点和方式；违约责任，解决争议的方法等。这些内容所对应的即一般的合同要素。

对于特殊的合同要素，通常需要根据行业实践中的交易惯例，并结合交易活动的具体条件确定。如：施工合同中的变更、暂停施工、价格调整、索赔等要素；国际货物买卖合同中的贸易术语、保险等要素；监理合同中的监理人工作范围、工作要求等要素。

2.2.2　招标采购合同拟定的步骤

合同拟定通常包括人员及工作方案准备、交易活动分析、环境调研、合同目标分析、合同风险分析、确定交易模式、选择合同文本以及合同条款拟定八个步骤。以建设工程施工合同为例，主要步骤如下：

(1) 人员及工作方案准备

人员准备工作包括合同拟定的工作人员组成，其知识结构、项目经验以及对具体交易活动的认知水平，直接关系着合同文本的质量。招标采购人在确定人员时，应结合具体交易活动的特点及自身人才储备情况，从招标采购人内部选任合适人员，或邀请第三方专业机构加入团队，如招标采购代理机构、律师事务所等。通常而言，理想的团队成员应当具备以下条件：

1）熟悉招标采购人内部管理现状、管理水平及职责分工。

2）精通具体交易活动，了解具体交易活动的特征，并具有相关经历经验。

3）了解相关市场环境。

4）熟悉相关法律法规。

5）文字能力强、沟通能力良好。

工作方案准备事项包括为了便于及时有效地完成合同拟定工作，招标采购人应根据项目情况及组成人员的特点，及时确定合同拟定工作方案，明确拟定计划、职责分工以及阶段目标等，以保证各司其职以及工作成果的可衡量、可评估，避免工作职责和范围的交叉或遗漏。合同拟定的工作方案，应主要包括人员分工、工作进度要求以及工作成果要求等，以作为控制合同拟定工作的管理依据。

（2）交易活动分析

交易活动分析包括交易目的分析、交易活动经济指标分析、交易活动技术要求分析等。其中，交易目的分析是指与交易活动有关的基本需求信息分析，如健康、质量、安全、安保、绩效、环境、保险、知识产权等要求；交易活动经济指标分析是指与交易活动经济收益有关的核心需求分析，如项目目标、投资规模及来源、投资收益测算等要求；交易活动技术要求分析是指与交易活动材料、工艺、工序等技术特征有关的需求信息分析，包括投资进度要求、质量标准要求、项目进度要求、项目结构类型、重要材料设备的选型、分包工程以及供应商等相关要求。总体而言，交易活动分析的目标在于帮助合同起草人员熟悉具体合同的合同目的、所反映的具体经济活动的特点等交易活动的规律和特征。

（3）环境调研

1）法律政策环境调研。法律政策环境调研是拟定合同之前的必经程序，主要针对适用于具体交易活动的法律政策的调查、分析和评估，包括可能涉及的法律法规、规章、其他规范性文件、产业政策、行业规定、技术规范、质量标准等规定的调研、分析和评估，尤其应重点调研对交易活动作出特殊规定和限制性规定的法律政策。法律政策环境调研可以通过类似案例分析、以往同类合同的跟踪等方式进行。

2）市场环境调研。市场环境调研主要从市场环境、价格水平、技术成熟度等方面进行调查，调查内容主要包括招标采购人从国内外以及项目所在地市场所能获得的同类项目、同类材料、同类设备、同类技术以及同类服务的供需情况和价格水平。以建设工程合同为例，需要了解项目所属的行业及所在地建设市场的具体政策和招标采购政府的监管、交易模式和特殊要求，计量和计价的规则，市场的劳动力人工成本、建材与施工机械的价格行情起落及趋势走向，评标专家库的组建情况及满足本项目的专业程度，网上电子招标采购操作情况等。

3）潜在供应商市场调研。潜在供应商市场调研是指在市场调查基础上，对市场上存在的潜在供应商进行的调查研究。严格而言，潜在供应商考察是潜在供应商调研的前期阶段，属于市场调查的组成部分。潜在供应商考察主要考察市场可提供的潜在供应商的基本情况，包括以往绩效或声誉等。以建设工程合同为例，可侧重于了解项目所在地承包人的声誉、类似项目业绩、资格资质、技术实力、管理水平以及报价水平等方面的信息，并对上述各方面信息进行综合分析。

(4) 合同目标分析

合同目标分析通过对项目所涉及合同的目标进行多层次、动态的分析，并在项目整体目标的导向下，从合同总体需求出发，以项目各项管理因素的协调与整合为基础进行合同目标分解，以实现招标采购合同单元的目标确定。

1）合同目标分析的意义。合同目标分析的意义在于保证具体合同目标围绕项目总体目标和合同总体需求开展，并通过具体合同条款来实现。以建设工程合同为例，合同目标通常应包括工程造价控制目标、工程质量目标、工程进度目标、工程安全目标、环境保护目标、安全文明施工目标等。

2）合同目标分析的原则。合同目标分析应遵循以下原则：

①合同目标的确定性，并有明确具体的结果或成果要求。

②合同目标的可衡量性，包括质量、数量、时间、成本等指标。

③合同目标的系统性，即阶段合同目标之间应相互衔接构成有机统一体。

④合同目标的可实现性，即合同目标的实现既有挑战性又有现实的实现可能。

⑤合同目标的整体性，合同目标应围绕项目整体目标和招标采购人经营目标开展。

(5) 合同风险分析

合同风险分析是指对与具体合同相关的风险进行分析和评估，包括对风险类型、风险种类、风险发生规律、风险后果以及风险控制措施的分析和评估。合同风险分析的目的在于帮助招标采购人确定具体合同中合同当事人之间合理的权利义务分配。

以建设工程合同为例，与合同相关的风险通常包括技术风险、经济风险、法律环境风险、政治环境风险、自然环境风险以及承包人资信风险等。合同风险分析可以借助对以往项目的经验分析。

(6) 确定交易模式

合同交易模式是指合同一方或双方当事人之间为实现具体合同目标设计的交易结构。确定合同交易模式是指根据合同目标，结合招标采购人自身的技术和管理水平，确定具体交易结构。不同的合同交易模式直接影响合同类型选择、合同风险分担以及具体的合同条款的拟定。选择合适的合同交易模式，对合同当事人的权利义务和风险承担产生直接影响，且对实现合同目标至为关键。

确定合同交易模式的方法主要为分析比较法，即在对合同目标、合同主体以及交易活动特征分析的基础上，通过比较以往类似交易活动的成功经验，确定合理的合同交易模式。以设计合同为例，合同交易模式可以就方案设计、初步设计与施工图设计分别签订合同，也可以根据招标采购人的要求将方案设计与初步设计合并签订合同，甚至将三个阶段的设计合并签订合同。招标采购人在具体的招标采购项目中，选择何种交易模式，取决于招标采购人自身管理水平、项目经济技术指标、投标响应人技术管理水平等，只有在对以往类似交易活动的成功经验充分分析的基础上，方能确定合理的交易模式。

(7) 选择合同文本

鉴于招标采购项目形式要素繁多，为保证合同要素的完备性、合法性，招标采购人应综合分析和参考与具体交易活动相关的国内外示范合同文本。以建设工程合同为例，目前常见的合同文本主要包括住房和城乡建设部与原国家工商行政管理总局于 2017 年 9 月 22 日颁布的《建设工程施工合同（示范文本）》（GF—2017—0201，以下简称《2017 版施工合同》），国家发展改革委等九部委于 2008 年 5 月 1 日施行的《标准施工招标文件》所载合同条款，国家发展改革委等九部委于 2011 年 12 月 20 日颁布的《简明标准施工招标文件》（2012 年版）、《标准设计施工总承包招标文件》（2012 年版）所附合同条款。此外，在国际上较有影响力的建设工程合同还包括 FIDIC（国际咨询工程师联合会）的《施工合同条件》、AIA（美国建筑师学会）合同条件、ICE（英国土木工程师学会）合同条件、NEC（新工程合同条件）等。

除施工合同文本外，在工程设计、全过程咨询等工程服务领域，2015 年 7 月 1 日施行的住房和城乡建设部与原国家工商行政管理总局印发的《建设工程设计合同示范文本（房屋建筑工程）》（GF—2015—0209）、《建设工程设计合同示范文本（专业建设工程）》（GF—2015—0210），以及 2024 年住房和城乡建设部与国家市场监管总局印发的《房屋建筑和市政基础设施项目工程建设全过程咨询服务合同（示范文本）》（GF—2024—2612）等合同文本可供选择使用。

在材料设备招标采购、勘察设计及监理招标采购活动中，则有 2018 年 1 月 1 日起施行的经国家发展改革委等九部委印发的《标准设备采购招标文件》《标准材料采购招标文件》《标准勘察招标文件》《标准设计招标文件》《标准监理招标文件》所附合同文本供参考选择。

在特许经营领域开展招标采购，常用合同文本还包括 2004 年 9 月 14 日原建设部发布的《城市供水特许经营协议示范文本》（GF—2004—2501）、《管道燃气特许经营协议示范文本》（GF—2004—2502）、《城市生活垃圾处理特许经营协议示范文本》（GF—2004—2505），2024 年 5 月 21 日国家发展改革委印发的《政府和社会资本合作项目特许经营协议（编制）范本（2024 年试行版）》。

需要注意，《招标投标法实施条例》第 15 条规定："编制依法必须进行招标的项目的资格预审文件和招标文件，应当使用国务院发展改革部门会同有关行政监督部门制定的标准文本。"以建设工程施工合同为例，在选用合同范本拟定招标采购合同时，需要注意以下事项：

①优先采用标准文件。

②保证合同各部分约定的协调统一，尤其是合同协议书与专用合同条款应前后一致。

③通用合同条款是对权利义务作出的一般约定，专用合同条款可依据具体情况进行相应的补充和完善约定。

④对专用合同条款的使用，原则上应当尊重通用合同条款的原则要求和权利义务的基本安排。

⑤应注意地方相关部门的强制性规定。

(8) 合同条款拟定

合同条款拟定应保证合同结构的完整性、合同内容的合法性、合同条款的可执行性以及合同条款与具体交易活动的对应性，避免粗放管理和合同条款的遗漏，并应注意以下九点：

1）界定合同性质。合同性质不同，法律所规定的合同成立或生效要件、合同各方主体权利义务关系及违约责任的承担方式将出现差异。合同条款的拟定，首先应对合同性质进行分析归类，进而准确确认合同的效力及合同各方的权利、义务及责任的划分。

2）体现交易特点。交易活动、交易条件与市场资源丰富程度的不同，对合同条款的确定产生巨大影响。拟定合同条款时，应体现具体交易活动的特点，并在相应合同条款中进行约定，如合同的主体资格、生效要件、付款方式及保密事项等条款内容。

3）明确合同标的。合同标的直接体现合同性质，并直接影响对合同履行成果的评价以及合同目的的实现。合同标的的描述应达到“准确、简练、清晰”的标准，切忌含糊不清。以建设工程施工合同为例，承包内容和承包范围是否明确，直接影响后续工期、质量、造价目标的控制以及合同当事人争议的发生。

4）设置便于合同履行的程序条款。合同条款的拟定还需要注意，对于极易引起争议的程序事项，应当在合同条款拟定时予以明确规范。例如：施工合同中进度款的计量支付条款，通常需要在条款中说明提出申请的时间、审批的时间、执行的时间等程序性条文，便于减少合同履行过程中的争议；设计合同中有关成果文件的提交、修改、委托人的审核确认，如就提交时间、方式及确认期限等程序事项有明确约定，亦可减少合同当事人履约争议与风险。

5）合理分担风险。风险和责任分配的公平与否直接影响合同的履行，进而影响合同目的的实现。在拟定合同条款时，切忌片面强调一方当事人的权利而忽略其义务，或片面强调一方当事人的义务而忽略其权利的情形。尤其建设工程合同起草过程中，应在承发包双方之间合理分担风险、分配责任，避免出现显失公平的情形，导致合同争议，进而影响合同目标的实现。如货物买卖合同中价格术语与风险转移条款，应当从买卖双方当事人对货物交付和保险的负担能力等方面进行安排，并配置相应的货物交付、运输以及保险等相关条款。

6）保证交易安全。订立书面合同的目的在于明确交易各方的权利义务关系，保证交易活动的安全实施。因此在拟定合同条款时，应特别注意合同条款的约定是否能保障交易顺利安全地实施，如当事人选择的付款期限和付款方式、合同履行的担保等条款是否存在不符合实际或无法保证交易安全的情形。

7）构建合同体系。合同作为承载合同当事人权利义务的主要法律文件，在合同内容上必须逻辑严谨、前后一致、具有体系性，不能存在合同前后内容相互矛盾、主合同内容和附件内容相互抵触等情形。否则，一旦产生纠纷，将面临无所适从的局面。此外，在拟定复杂合同时，应注意对合同前后内容产生矛盾或冲突时的处理原则作出约定。

8）厘清术语与用语。合同作为严肃的法律文件，在拟定合同条款时应严格规范用语，尤其是对于专业词汇和法律用语应保证用词的精准，避免因滥用和错用词汇，影响到合同效力以及当事人权利义务。如混淆“定金”与“订金”“权利”与“权力”“抵押”与“质押”“罚款”与“违约金”等。

9）确定纠纷处理与合同管辖。合同条款拟定时，应充分考虑合同纠纷的解决方案。因此，首先应明确合同当事人权利义务及违约责任约定；其次应明确纠纷解决方式，根据我国法律规定，合同争议解决方式包括和解、调解、仲裁、诉讼等，保证纠纷解决得及时性以及损失控制的有效性。

合同当事人在合同拟定时应明确合同争议解决方式，涉及诉讼程序的选择，应注意建设工程施工合同等特殊合同的专属管辖特性，避免错误约定了无管辖权的法院以致争议解决条款空置无法发挥作用的情形。

涉及仲裁，应在合同条款中明确单列仲裁条款，或达成单独的仲裁协议，并明确具体的仲裁机构名称。在选择采用仲裁方式时，应注意在仲裁协议中必须约定以下三项内容：

①要有明确的请求仲裁的意思表示。

②要有仲裁事项。

③需要选定一家仲裁委员会，不能选择两家或两家以上，亦不能同时约定可选择由人民法院解决。

总体而言，合格的合同应该至少具备以下特点：

①内容、形式与程序有效。

②各方权利义务均衡，风险分担合理。

③合同条款具有可操作性。

④合同结构合理、用语规范、逻辑严谨。

2.2.3 招标采购合同签订

合同签订是指合同当事人采用要约、承诺或其他方式建立合同关系的行为，也是动态行为和静态协议的统一，既包括合同当事人在达成协议之前接触和洽谈的整个动态过程，以及当事人参与招标采购被确定为中标人或成交供应商后订立中标合同的行为，当然也包括合同当事人达成合意、确定合同主要条款以及确定合同条款之后所形成的协议。在指导招标采购人与中标人或响应人双方签订合同过程中，应注意合同主体适格、合同内容审核、签约程序合法、授权代理人权限等四大事项。

（1）确认合同主体适格

签订合同前应严格审核合同相对方主体资格文件，重点审查合同相对方的工商营业执照、经营资质证书等经营许可证件，涉及合同付款的，还应审查银行开户许可等证照资料。在招标采购合同签订过程中，招标采购人除审核前述证照资料外，还应重点审查签约主体和投标主体的一致性。如《招标投标法实施条例》第56条规定："中标候选人的经营、财务状况发生较大变化或者存在违法行为，招标人认为可能影响其履约能力的，应当在发出中标通知书前由原评标委员会按照招标文件规定的标准和方法审查确认。"

（2）重视合同内容审核

签订合同前应仔细核验合同内容，重点审查合同的合法性、完整性、公平性以及体系性。涉及不同语言文字版本的，还应确认各个版本合同内容的一致性，并明确解释合同的基准版本为中文版本，避免出现不同合同文本之间的差异甚至矛盾，减少合同履行过程中的争议。在招标采购合同签订过程中，招标采购人还应注意实际签订的合同文本与招标采购文件及投标响应文件实质性内容的一致性。

（3）保证签约程序合法

考虑到部分招标采购项目的特殊性，招标采购人应确认签约程序的合法性，充分了解合同的外部审批程序，如政府有关行政主管部门的审查备案等。同时，招标采购合同的签订还应严格遵守《招标投标法》关于“招标人和中标人应当自中标通知书发出之日起三十日内，按照招标文件和中标人的投标文件订立书面合同”的规定。此外，为保证合同顺利履行，招标采购人还应熟悉自身内部审批流程，如对重大采购的审批限制等。

（4）明确授权代理人权限

签订合同时合同相对方通常由特定人员签字，具体包括法定代表人或相对方单独授权的代理人，需要重点审核授权代理人的身份，特别是该授权代理人有无权限签订相应的招标采购合同，包括审核法定代表人的身份证明、授权委托书等。其中授权委托书上应载明授权范围、授权期限，并由法定代表人签字、加盖单位公章。

2.3　招标采购合同的履行与控制

合同的履行与控制是合同当事人为保证合同所约定的各项义务的全面完成及各项权利的实现，以合同分析成果为基准，全面实施合同约定的各项责任和义务，并对整个合同履行过程进行全面监督、检查、对比和纠正的管理活动。合同履行与控制是保证工程项目按照预定计划实施，顺利地实现预定目标的核心。

招标采购合同履行与控制的主要内容包括合同目标管理、合同解释与风险预告管理、合同重点要素管理、合同跟踪与评价、合同终结报告、合同数据管理、合同纠纷管理与控制。

2.3.1　招标采购合同目标管理

招标采购合同目标管理，是指以招标采购合同的目标为导向，在招标采购合同从规划到签订、履行的全过程中，为实现合同目标而对所支配的人、财、物、时间、空间等作出一系列计划、组织、控制、协调等决策，从而达成预定目标，并以最终成果与合同目标的匹配程度为评价标准的过程。项目管理目标通过合同目标管理的实现而实现，合同目标管理的具体做法主要分为三阶段：第一阶段为合同目标的设置；第二阶段为安排合理和全面的权利义务；第三阶段为权利义务的实现过程。

合同目标管理应将合同整体目标逐级分解，转换为具体的权利义务，通过权利义务的实现达成合同目标。权利义务的设置应注意与招标采购人的项目目标管理相衔接，环环相扣，形成协调统一的权利义务体系。根据不同角度，合同目标管理可以分为投资总额目标管理、质量安全目标管理、进度目标管理等。

投资总额目标管理，是指招标采购人通过对投资项目的功能定位、项目规模、项目的品质与标准、项目进度等方面的筹划与控制，在保证实现项目目的的前提下对项目投资总额进行控制。

质量安全目标管理，是指招标采购人在招标采购项目进程中，确定或监督项目的质量安全标准、质量安全要求，并确定质量存在瑕疵、安全存在隐患时的修复责任，以及发生质量安全损害时的赔偿责任承担等。

进度目标管理，是指招标采购人对招标采购项目全生命周期的计划与执行，并将其与合同对价的支付直接关联，包括对整个项目合同总体进度的管理，也包括对单个招标采购合同单元、最小合同单元乃至最小工作单元的进度管理，如里程碑事件时间等。

除上述三种目标管理以外，根据合同的不同特征及具体合同情况，还涉及其他特定目标的管理。

2.3.2 招标采购合同解释与风险预告管理

作为招标采购合同的起草参与人员之一，应协助招标采购人完成对其合同管理人员的合同解释与风险预告管理工作。

（1）合同解释与风险预告的价值

合同解释与风险预告，又可以称为合同交底，是招标采购合同管理过程中关键的管理手段，也是正确理解、适用和履行合同的基础。合同交底的重点在于帮助合同执行人员明确合同各方尤其是己方的合同责任、义务和权利范围、合同的主要经济指标、合同存在的风险和履行中应注意的问题、各种行为的法律后果，以提高全员合同管理的意识，顺利实现合同目的。具体而言，合同交底在招标采购合同管理中的价值与作用主要体现在：

1）合同解释与风险预告有助于规范合同各方管理行为，促进项目目标的实现，帮助项目管理成员在了解整个合同内容和合同关系的同时，明确自己的工作职责与合同的责任、义务以及权利的对应关系，提高项目管理人员处理实际问题方法的有效性和正确性，促进项目目标的实现。

2）合同解释与风险预告是项目管理人员理解工作职责的需要。通过招标采购合同交底，可以让合同管理相关人员进一步了解己方的权利界限和义务范围、工作程序和法律后果，摆正自己在合同中的位置，有效防止因权利义务的界限模糊引起内外部的责任争议，提高合同执行的效率。

3）合同解释与风险预告有利于及时发现合同隐藏的问题，事先控制合同风险。合同管理相关人员在结合自身工作的基础上，发现合同中隐藏的问题及风险，以及合同条款间或者各个合同间彼此矛盾的规定，增强合同风险防范意识，并完善合同风险的事前控制。

4）合同解释与风险预告有助于落实招标采购合同管理体系。在此过程中，合同管理相关人员都必须认真学习和了解合同，认识自身工作职责及相应的合同责任、法律后果，提高工作人员在工作中自觉地执行合同管理的程序和制度的意识，并积极采取措施防止工作失误和偏差。

（2）合同解释与风险预告的工作事项

合同解释与风险预告包含的工作事项为以合同目标实现为原则、以合同分析为基础、以合同内容为核心的工作，涉及合同的全部内容，尤其是关系到合同目标能否顺利实施的核心条款。具体工作事项主要包括确定合同目标、确定合同标的物、明确合同要素、明确合同履行程序、落实合同资料整理，具体如下：

1）确定合同目标。合同目标是订立其他合同条款的指导原则，也是其他合同条款的有益补充。明确合同目标，有助于实际执行合同的人员明确完整地理解合同当事人的真实意思表示，避免割裂地理解合同条款，破坏合同的完整性，产生合同理解的分歧。因此对合同目标进行交底，有助于提高合同执行人员全面、正确履行合同的意识，保证合同体现当事人的真实意思。

2）确定合同标的物。合同标的物是直接体现合同当事人权利义务的物质载体。以货物采购合同为例，标的条款必须清楚地写明标的名称、规格、品牌等，使标的特定化，从而能够界定合同当事人的权利义务。明确合同标的，有助于合同当事人及具体合同执行人员准确履行合同。

3）明确合同要素。合同要素是对合同标的与权利义务的关键约定，主要涉及合同标的、数量、质量、价款或者报酬、履行期限、履行地点和方式、违约责任和争议解决方式等方面的内容。以设备采购合同为例，合同要素通常包括合同主体条款、设备数量和参数条款、设备质量标准条款、设备验收条款、设备价款及结算条款、设备的包装运输条款、设备交付条款、设备保险条款、违约责任条款、合同生效条款以及争议解决条款等。

4）明确合同履行程序。合同履行就是合同当事人履行合同义务的过程。在这一过程中，每一个履行合同义务的行为结合在一起，构成了合同履行的完整过程，这是合同的完全履行。当事人完成合同义务的整个行为过程，不仅包括当事人的依约交付行为，而且还应包括当事人为完成最终交付行为所实施的一系列准备行为。只有当事人双方按照合同约定或者法律规定，全面、正确地完成各自承担的义务，最后使合同债权得以实现，才能使合同法律关系归于消灭。考虑到合同管理的复杂性，进行合同履行程序的交底，有利于合同当事人正确、全面地履行合同，避免履行瑕疵。具体而言，合同履行程序的交底，主要是指组织合同管理人员对合同的履行时间尤其是时间节点进行分析，制定出合同执行计划表供合同执行人员参照执行的行为。

5）落实合同资料整理。合同履行是一个动态的过程，在合同履行过程中会产生大量的合同相关资料，此类资料对衡量和评价合同当事人的履约行为具有重大意义。此外，考虑到工程项目合同的复杂性，在合同履行过程中，当事人可能会对合同内容进行补充，对合同履行程序不断进行调整。此类补充和调整的事项均应形成书面形式，以便明确合同当事人的权利、义务和责任。因此，合同交底还应包括对合同执行人员的合同资料整理的交底，便于合同执行人员正确、全面地收集相关资料。

(3) 合同解释与风险预告的程序

合同当事人应制定明确的合同解释与风险预告程序，并加强程序的落实，对合同的履行形成以人为主体的责任制度。合同交底的程序为逐级进行交底，逐级分解合同任务。如合同签订人员和合同管理人员向第一级合同执行业务部门交底，第一级合同执行业务部门向下一级合同执行人员交底。在合同交底过程中，应注意形成书面文件。通常而言，合同解释与风险预告的程序包括：

1）编制合同解释与风险预告方案。在合同签订后，合同管理人员应针对项目组织管理体系中各部门的职能分工和责任划分编制方案。方案中应全面陈述合同背景、合同工作范围、合同目标、合同执行要点及特殊情况的处理、合同风险及防范措施、合同执行计划等，并回复各部门负责人提出的问题，最后形成书面的合同交底记录。

2）事项答疑。各部门负责人或由该部门的合同管理人员向本部门的合同执行人员进行交底，除对合同管理人员制定的合同解释与风险预告方案中的事项进行说明外，还应将合同中具体条款与执行人员的责任、义务、权利以及法律后果相对应，并解答执行人员提出的问题，最后形成书面交底记录。

3）意见反馈及合同完善。各部门将分别形成的交底记录反馈给合同管理人员，尤其要对合同执行计划、合同管理程序、合同管理措施和风险防范措施进行修改和完善，最后形成合同管理文件，下发各执行人员，明确其在工程项目中的管理内容。

2.3.3 招标采购合同重点要素管理

合同重点要素是指对合同目标的实现产生直接和决定性影响的合同要素，通常涉及合同主体、标的物的数量和质量、价款或报酬、履行期限、履行方式、履行地点、违约责任、争议解决方式等方面的内容。合同重点要素管理应结合不同的合同类别进行针对性管理，并按照不同要素由相应的职能部门或组织进行定向管理和动态跟踪。以工程建设项目为例，结合合同目标管理，合同重点要素管理主要包括价款管理、质量管理、进度管理、安全管理和环境保护管理等。

（1）价款管理

价款管理包括工程招标采购合同中的造价管理、货物招标采购合同中的合同价款管理、服务招标采购合同中的服务报酬管理。在合同重点要素中，涉及价款管理的主要包括合同价格条款、合同支付条款、合同变更条款、合同价格调整条款、合同结算条款等。

（2）质量管理

质量管理的要点包括质量要求管理、质量标准管理、质量修复责任管理和质量赔偿责任管理，其中质量要求管理和质量标准管理是质量管理的核心，质量修复责任管理和质量赔偿责任管理只有在供应商无法满足质量要求的情形下才有可能出现。工程、货物、服务的质量优劣直接影响合同目标的实现，尤其是工程招标采购合同中，工程质量的瑕疵不仅对合同当事人的权益产生影响，甚至还会对国家、社会公众的人身和财产安全产生重大影响。

（3）进度管理

进度管理是指合同当事人为按照合同要求在特定期限内完成合同约定的履行事项，对各阶段和节点进度进行相应安排和管理的活动，通常包括合同总体进度管理、合同阶段进度管理、合同进度责任管理、里程碑事件管理。合同总体进度管理是指对合同所需达到的总体进度目标的管理，应采取定量数据进行管理。以货物招标采购合同为例，货物招标采购合同的进度管理包括所有货物的整体交付进度以及单批次货物的交付进度。合同进度管理与各项合同工作内容的完成紧密相关，是达成合同目标的关键要素之一。

（4）安全管理

安全管理是指对合同履行过程中的安全事项进行的管理，通常包括安全管理主体落实、安全措施和技术管理、安全管理费用、安全责任追究管理等。如工程采购合同中的施工安全管理、运输安全管理等，其中尤其以施工安全管理为重点。安全管理是实现合同投资管理、质量管理、进度管理的保障。只有在合同履行过程的安全得以保障的前提下，合同的投资控制目标、质量管理目标、进度控制目标才有意义。

(5) 环境保护管理

环境保护管理是指对合同履行过程中可能存在的影响环境的要素进行的管理，通常包括环境保护指标管理、环境保护措施管理、环境保护责任追究等内容。随着社会经济发展和科学技术进步，现代人类活动对自然环境的影响越来越显著，如何平衡环境保护和社会经济发展成为世界性议题。在招标采购合同管理中，环境保护管理需要结合具体合同目标以及工程、货物、服务的特点确定环境保护指标。如项目实施过程中不得违反环境保护和土地管理的规定，应采取有效措施保护环境，节约用地，避免水土流失，并通过落实环境保护措施来避免环境事故。

2.3.4　招标采购合同跟踪与评价

合同跟踪与评价是指对整个项目合同执行情况进行跟踪、评估和改进的管理活动。合同跟踪以项目目标为依据，对实际进展信息进行收集，以项目合同为基准条件进行比较，对比分析今后招标采购合同管理方面需要的改进之处。合同跟踪的实施者可以是招标采购活动的实际操作者，也可以是咨询企业或管理部门的相关工作人员。在招标采购合同跟踪管理与评价中，应重点关注招标采购合同对合同目标的实现程度，并在后续招标采购活动中不断修正招标采购合同方案方法。

(1) 招标采购合同跟踪的内容

项目实施过程中，由于实际情况千变万化，导致合同履行与预定目标偏离，该偏差只有在合同履行过程中才能被发现。合同跟踪可以不断地发现这类偏离。了解合同履行情况，对提高招标采购工作管理的效率有重要意义。招标采购合同跟踪主要包括三个方面的内容。

1) 项目计划和目标的实现情况。合同跟踪是基于项目计划和目标实施的，因此招标采购合同跟踪应该紧紧围绕项目计划和目标进行。一方面是计划的实施情况，如生产作业实施情况、工程量完成情况等；另一方面是目标的实现情况，如项目的变更、调整与索赔等。项目的计划、跟踪和控制的对象，一般包括进度、成本、质量等目标。

2) 项目外部因素。项目外部因素主要包括政治、经济、社会、法规、政策制度、自然环境等方面，这些因素一般是不可控的。跟踪外部因素主要有两个目的：一是对应环境的变化，了解并分析其影响，并确定最终解决方案；二是为解决其他同类项目的合同问题提供基础信息和资料。

3) 项目内部因素。项目内部因素主要包括项目投入、资金使用情况、资源到位程度、设备运行情况、组织责任落实情况等。及时掌握这些信息，并与项目计划相比较，分析相应的影响大小。跟踪内部因素主要有两个目的：一是了解并分析实际偏差对合同履行的影响和必要时向项目管理者提出预警信号；二是为其他同类项目的资格要求、招标采购文件制定、评标、合同谈判提供基础信息资料。

合同跟踪完成后，应及时编制跟踪分析报告，沟通相关的管理信息。跟踪分析报告的内容主要包括：跟踪目的、起止时间、参加人员、跟踪内容、跟踪方法、跟踪结果、合同履行中的偏差、变更原因和改进建议等。跟踪分析报告应重点分析合同跟踪结果对招标采购活动的影响，评估可能需要采取改进措施的需求。跟踪分析报告应经过招标采购人审核评审后，传递至原合同管理团队及其有关部门，以供参考改进。

(2) 招标采购合同跟踪的方法

招标采购跟踪过程中可以应用的管理方法和手段比较多，在选择采用的方法时，应注意以下几点：

1）合同跟踪和信息管理的总体规划相协调。实践中，大量的合同跟踪活动不完善，或信息收集和信息管理不协调，使合同跟踪和信息管理的效率比较低，导致合同管理的整体效率不高。

2）合同跟踪的及时性。实践中，及时收集信息可以防止有用信息的丢失或扭曲。收集信息时应注意根据信息的紧迫程度、重要程度等进行分类，确定跟踪的强度和报告的频率。

3）信息的标准化和报表的规范化。对应项目的管理和信息管理的需求，要对信息进行专门的设计，如代码设计、报表的规范设计等。信息的标准化和报表的规范化可以提高项目跟踪和信息管理的效率。

4）应用先进 IT 技术。尤其是对于大型复杂的工程建设、特许经营服务等项目，一方面合同履行时间较长，跟踪时间长，信息量大；另一方面项目的空间跨度大，交通成本高。采用大型的数据库管理技术、网络数据交换技术等，可以提高过程跟踪和信息管理的效率。

(3) 招标采购合同的评价

招标采购合同的评价，是指围绕与合同总体目标、阶段性目标的匹配程度，对招标采购合同的履行情况进行价值判断和评价。招标采购合同的评价一般分为定期评价和不定期评价，具体可以根据招标采购项目的进度、关键节点、重点要素等进行确定。招标采购合同的评价不仅是对已履行情况的总结，更是对未履行部分的指导。

招标采购项目全部或阶段性完成后，应根据有关项目跟踪结果，对招标采购合同管理进行评估，寻找偏差并提出改进意见。评价工作可以由招标采购人自行完成，也可以委托第三方进行。如工程监理合同的中期评价可以围绕监理大纲的完成情况、监理团队人员到岗情况、监理月报上报情况以及监理工作价值贡献等方面进行。总结合同签订和履行过程中的利弊得失、经验教训，作为对以后工程合同管理工作的指导。

针对整体项目实施，招标采购合同评价可以包括招标采购合同方案情况评价、合同签订情况评价、合同执行情况评价、合同管理工作评价、对本项目有重大影响的合同条款的评价等，并将该部分评价纳入招标采购合同终结报告。

招标采购人应全面收集并分析合同履行的信息与资料，将合同履行情况与合同分析资料进行对比分析，找出其中的偏离。招标采购人对合同履行情况做出诊断。合同诊断包括：合同执行差异的原因分析、合同差异责任分析、合同履行趋向预测。及时通报合同履行情况及问题，提出合同履行方面的意见、建议甚至警告。对于发现的问题，招标采购人应及时采取对应的管理措施，防止问题的扩大和重复发生。

2.3.5 招标采购合同终结报告

合同终结报告是合同当事人在履行完毕各自的合同义务后，对已经完成的工作与成果进行验收、验证、交付和保修等后形成的收尾文件。在工程建设领域，合同终结报告与工程竣工验收存在区别。工程竣工验收通常指工程竣工后，发包人根据施工图纸及说明书、国家颁发的施工验收规范和质量检验标准进行的验收。合同终结报告除提交以上材料外，还需要对合同履行期间的记录进行更新以反映最终结果，将更新后的记录进行归档供将来使用。合同终结报告还需要考虑工程各阶段适用的每项合同的收尾工作。

合同提前终止是合同终结报告的特殊情形，可因合同当事人的协商一致产生或因一方违约产生。合同当事人在提前终止情况下的责任和权利应在合同的终止条款中规定。依据这些合同条款和条件，招标采购人有权终止整个合同或部分项目。基于该等合同条款和条件，招标采购人可能需要就此对中标供应商的准备工作予以赔偿或补偿，并就已经完成的工作支付对价。

2.3.6　招标采购合同数据管理

（1）招标采购合同数据管理的概念

招标采购合同数据管理，是指招标采购人对招标采购项目合同管理过程中形成的有用数据进行收集、分析、储存和利用等工作。在工程建设项目中，合同数据主要包括项目招标投标或采购响应、勘察设计、施工、交付使用、保修等项目生命期或某个阶段与项目管理有关的内容，如法律法规、企业规章制度、融资、市场、风险、客户、采购、合同、质量、安全、费用、进度、劳务、物资、机械信息等，其表现形式主要为纸面文件形式和电子文件形式。

招标采购合同数据管理系统主要有两种类型，一是人工管理信息系统，二是计算机管理信息系统。招标采购合同数据管理的具体工作主要包括项目合同信息收集、加工、传递和处理。

（2）招标采购合同数据管理的功能价值

招标采购合同数据管理的价值主要包括：

1）及时调整决策，降低决策成本。对招标采购合同全过程中的信息进行持续收集、整理、分析的工作，有助于尽早发现前一阶段决策中忽视的盲点和存在的失误，降低决策调整的成本。

2）优化资源配置，节约项目总体投资成本。在合同履行过程中，对信息的及时收集、整理、分析、评价，有助于发现前一阶段合同履行中存在的资源浪费、程序烦冗等情况，对在后一阶段及时调整决策、优化资源配置从而节约成本，具有重要指导意义。

3）留存证明资料，降低争议解决成本。招标采购项目，特别是工程建设项目一般具有较大信息量和较长周期，一旦发生合同争议，再寻找相关证明资料十分困难。做好合同信息管理，有助于在争议发生时还原事实真相，降低争议解决的成本。

（3）招标采购合同数据管理的步骤

合同数据管理的工作步骤主要包括：编制合同数据管理计划、建立合同数据管理系统、确定数据管理人员、合同数据收集及分析、合同数据传递、合同数据控制等。

1）编制合同数据管理计划。数据管理计划是整个合同数据管理工作的指导文件，包括合同数据管理主体、合同数据管理的内容，以及合同数据管理的总体进度和阶段进度。工程建设项目立项后，招标采购人就应该编制合同数据管理计划，并将责任落实到具体的部门和人员。合同数据管理计划应包括：收集数据的范围、内容、格式、使用的软件工具、采集时间、检查核对的方法，并就传递、汇集、整理等作出统一的规定，责任确定到个人。

2）建立合同数据管理系统。合同数据管理系统至少应包括合同数据管理的工作职责、工作程序、实施办法、绩效评估办法、维护办法等。合同数据管理工作要实行统一领导、分级管理的原则。

3）确定数据管理人员。招标采购人应确定专人负责定期召集项目信息主管、信息员和信息使用人员举行会议，分析和评估合同数据管理绩效，做到及时发现问题，及时制定改进措施。

4）合同数据收集及分析。合同数据收集是合同数据管理各环节中关键的第一步，是后续各环节得以开展的基础。全面、及时、准确地识别、筛选、收集原始数据是确保数据正确性与有效性的前提。面对复杂的合同管理信息，应坚持目的性、准确性、适用性、系统性、及时性、经济性等原则，紧紧围绕信息收集的目的，以尽可能经济的方式准确、及时、系统、全面地收集适用的数据。

5）合同数据传递。数据传递包括数据送达和数据反馈，具体是指使数据以规范的形式传递给信息的需求者，并获得信息获取者的反馈的过程。项目的组织机构设置是项目内部数据传递的基本渠道。对于周期短、规模小的项目，合同数据管理没有必要在项目运作的业务流程中单独构成一个独立的管理环节；但是对于周期较长、规模较大的项目，合同数据管理对项目的成功将起到重要的作用。

数据传递途径的设计需要考虑的问题主要包括数据传递的时间、反馈周期、数据接收系统的建立等方面，其目的应当以实现快速接收和合理反馈为核心。

合同数据传递途径的设计与数据管理架构有关，主要包括：第一，设立专门的数据管理机构，如项目数据中心；第二，设立以项目经理或项目负责人为核心的项目数据收发与审批机制；第三，设立部门数据联络机制，如在项目的计划、财务、合同、物资、档案、质量、办公室等职能部门设立部门级项目信息员；第四，列支计算机网络、数据库、项目管理软件等的采购费用。

6）合同数据控制。合同数据收集工作应坚持及时、准确、真实、有效的原则，严防编造数据、弄虚作假的现象发生。合同数据管理人对最终进入数据库的数据负有核准的责任。合同数据管理人应根据数据管理的要求，严格执行合同数据管理制度，有效控制信息质量，如发现项目数据库、信息记录项目、内容、格式、传递渠道等不能满足项目数据的管理需求、不适应生产需要的，应当立即调整。

（4）合同数据管理工具

合同数据管理需要借助相应的计算机工具。目前在市场上普遍使用的 BIM 工具主要包括：BIM 核心建模软件、BIM 方案设计软件、与 BIM 接口的几何造型软件、可持续分析软件、机电分析软件、结构分析软件、可视化软件、模型检查软件、深化设计软件、模型综合碰撞检查、造价管理软件、运营管理软件、发布和审核软件。

2.3.7 招标采购合同纠纷的管理与控制

合同当事人就合同订立及合同相关事项产生争议的情形较为普遍，在招标采购合同管理过程中，如何妥善地解决合同争议直接影响招标采购合同目标的实现。合同纠纷与争议的产生原因较为复杂，通常包括市场原因、资金原因、投资主体更换、客观条件以及不可抗力原因等。

合同纠纷及争议可能产生于合同履行的全过程，在纠纷产生的过程中，应通过合同管理妥善地予以引导和控制。以工程建设项目为例，发生合同争议时，第一，合同当事人应当自行协商，并采取相应的补救措施，避免因争议产生损失或导致已有损失的扩大，如按照合同约定的变更、确定程序进行价格与索赔等事项的协商；第二，合同当事人在发生争议后，应积极收集整理相关的证据材料，以便于及时查清事实，定纷止争；第三，合同当事人对于引起合同争议的专业问题如专业法律问题、专业工程技术问题等，应及时引入第三方专业机构、专家、和解与调解组织进行协助，以便缩小分歧，在双方共同认可的第三方介入下妥善解决争议；第四，合同当事人对合同争议的处理应成立专门的组织或团队，并指定专人负责，以便于争议解决的高效与连贯性；第五，通过各类和解、调解及争议评审机制均无法解决纠纷的情况下，协商解除合同或进入争议解决即诉讼或仲裁程序，通过司法裁量机关的强制力解决各方纠纷。需要特别提醒的是，合同当事人在合同履行过程中应有证据材料的收集和保存的意识，该项工作应贯穿于整个合同管理过程中。

2.4　案例分析

【案例】工程项目招标采购合同方案管理

（1）案例背景

甲国有建设单位（以下简称甲建设单位）拟在 H 市商业中心区投资 75 亿元建设一个城市综合体项目，总建筑面积约 55 万平方米。为了快速推进项目建设，甲建设单位决定同步进行项目的设计单位、监理单位和施工总承包单位的签约工作。

甲建设单位通过公开招标确定乙设计院为项目的设计单位，3 个月后甲建设单位通过邀请招标确定丙施工企业为项目的施工总承包单位。鉴于该项目的施工设计图纸尚未全部完成，故甲建设单位与丙施工企业签订的合同采用暂估总价方式，并将大量专业工程和工程设备采购列为暂估价项目。一个月后甲建设单位通过议标方式确定丁监理事务所为项目的监理单位。

项目开工建设后不久，施工企业发现因施工设计图纸不完善，原报价中考虑的商品混凝土数量偏低，加上因政府短期内集中启动大量市政基础工程、民生保障工程，导致周边市场对商品混凝土的需求数量及其价格均出现大幅攀升。丙施工企业与甲建设单位沟通调价未果，决定自行停工。甲建设单位为赶工期，与丙施工企业签订补充协议，同意商品混凝土数量及价格调整。项目施工过程中，甲建设单位发现不能自行单独招标暂估价专业分包，不得不与丙施工企业协商追加费用，因双方对费用及管理责任分配无法达成一致，导致前述专业分包单位迟迟无法确定，项目整体建设进度因此延后。此后丙施工企业申请竣工验收，但因设计图纸问题，导致规划验收及消防验收均未通过。至此，项目整体工期延期已超过 5 个月，初步估算最终结算价格将超过预算的 40%。

因各方争议无法解决，甲建设单位向项目所在地人民法院起诉，要求丙施工企业对工程质量进行整改，以通过工程竣工验收，并要求其承担延期竣工的违约责任。丙施工企业提出反诉，要求甲建设单位支付拖欠合同价款，并主张施工合同无效，施工合同约定的违约责任无效。

（2）问题

1）本项目中，确定设计、施工和监理单位的过程存在哪些问题？

2）本项目中，甲建设单位的招标采购合同方案存在哪些问题？

（3）案例分析

1）本项目中，确定设计、施工和监理单位的过程存在的问题，具体包括：

①建设单位在选择施工单位和监理单位时，所采用的邀请招标、议标等方式违反了法律规定。本项目为城市综合体项目，建筑面积约 55 万平方米，为人流密集的公共场所，关系社会公众的安全，且投资金额高达 75 亿元。根据《招标投标法》以及当时有效的《工程建设项目招标范围和规模标准规定》，且考虑甲建设单位为国有企业，故本项目应采用公开招标方式选择施工单位、监理单位和设计单位。

②建设单位确定监理事务所为项目的监理单位违反了法律规定。根据《工程监理企业资质管理规定》的规定，监理事务所仅能承担三级建设工程项目的工程监理业务，且不得承担国家规定必须实行强制监理的工程监理业务。而本项目为强制监理项目，且为一级建设工程项目，故应选择具有相应资质的监理公司承担监理业务。需要关注的是，目前各地已逐步出台取消强制监理的规范文件，未来对于项目监理单位需要结合具体地区的具体规定判断。

③建设单位在尚未完成施工图设计的情况下，不具备开展施工招标的条件，且影响后续工程成本管理；施工图设计未完成且未经审查批准，同步启动施工，违反《建设工程质量管理条例》第 5 条有关“从事建设工程活动，必须严格执行基本建设程序，坚持先勘察、后设计、再施工的原则”的规定，以及该条例第 11 条和《建设工程勘察设计管理条例》第 33 条有关“……施工图设计文件未经审查批准的，不得使用”的规定。

2）本项目中，甲建设单位的招标采购合同方案存在问题。本项目中，甲建设单位招标采购合同方案主要存在以下问题：

①未进行项目调研。未对项目的市场环境、法律政策环境进行分析，尤其对于暂估价专业分包选择方式，未进行法律政策调研分析，导致预算超标、工期延后。

②合同体系设计不合理。设计、监理和施工招标未进行科学规划，出现边设计边施工以及监理滞后等状况，影响具体合同履行管理，并影响项目的成本控制。

③招标采购方式不合法。未能结合项目的特点，合法确定施工总承包合同和监理合同招标采购方式，影响合同效力，并将导致建设单位无法通过合同对施工单位、监理单位等进行有效管理。

④具体合同签订条件不具备。以施工总承包合同为例，因施工图纸不具备，在签订合同时罗列大量的暂估价项目，增加合同后续管理的难度，导致成本、进度和质量失控，合同签约管理存在问题。

第 3 章　招标采购合同法律基础

法律的价值在于满足人类社会生活及生存发展的需求。招标采购合同作为当事人追求合同订立、履行及合同目的最终实现的载体，承载着招标采购人实现项目需求的同时，也应当符合法律价值及相关法律规定。同时招标采购合同从招标采购活动到合同订立乃至合同履行的全过程，都依赖于相关合同法律基础，应遵守法律对招标采购合同的基本要求与规制。由此出发，招标采购从业人员有必要掌握招标采购合同的基本原理与法律规范、合同的订立与效力、合同的履行与变更、合同的转让、合同的终止解除、合同违约责任的判断与处理等与招标采购合同相关的法律基础原理。本章将对上述内容逐一予以介绍。

3.1　招标采购合同法律概述

3.1.1　招标采购合同的基本法理

(1) 招标采购合同的基本原理

1）招标采购合同的法的价值基础。法的价值是指法对于人类社会生存和发展所具有的积极意义，即法律能满足人类社会生存及发展的基本有用性。招标采购合同作为解决招标采购人与中标人之间交易活动的文字形式和载体，需要符合法的规定，同时也是法在交易活动中的具体适用，因此体现了法的价值，概括起来主要包括：

①平等价值。平等即同等情况同等对待。招标采购合同是经过招投标采购程序签订的，在招标采购过程中，尤其是公开招标采购情形下，只要潜在响应供应商符合招标采购文件中的资格要求，即可参与采购并争取中标或成交。因此，招标采购合同赋予符合投标采购资格要求的不同主体以相同机会，充分体现出了平等价值。

②公平价值。招标采购合同对公平价值的追求体现在：一是赋予适格主体通过公平竞争获得中标或成交的机会；二是保证招标采购程序的公开、公正，以确保中标或成交结果的公平。《招标投标法》等相关法律规范规定了严格的招标采购程序，如当事人未履行法定程序，将承担中标或成交无效等相应后果。该等规定从程序上进行规制，增强了招标采购合同订立的公平性。

③秩序价值。招标采购合同对秩序价值的追求具体体现为对公平竞争的市场秩序的维护。《招标投标法》第 5 条规定："招标投标活动应当遵循公开、公平、公正和诚实信用的原则。"严格的订立程序要求既是秩序价值的体现，也成为维护招投标及采购市场良好竞争秩序的有效保障。

2）招标采购合同的经济学价值基础。招标采购是一种经济活动，招标采购合同也应体现以下经济学价值：

①实现资源最优配置，减少成本支出。尽管相对于一般合同，招标采购合同在签约程序上更为复杂，需要付出更多时间成本，且在缔约阶段有更多经济支出，但从整个交易流程以及最终结果看，招标采购合同的订立程序有利于减少成本支出，达到资源最优配置的效果。招标采购的实质是通过公平竞争程序选择缔约相对方，投标人或供应商要想在竞争中获得胜出，必须响应招标采购人在价格、技术实力、管理能力、履约信誉、人员素质等方面提出的综合要求。因此采用招标采购合同的订立过程，招标采购人可以以相对较少的成本支出选择最优中标人或供应商，从而达到资源的最优利用。

②竞标的博弈性。作为经济学的重要理论，博弈论是研究具有竞争性质现象的数学理论和方法。博弈论考虑博弈过程中个体的预测行为和实际行为，并研究它们的优化策略。招标采购合同的一个重要环节即为投标或采购过程，而投标或采购过程就是不同投标人或供应商之间“非合作博弈”的典型体现，即各投标人或供应商在利益相互影响的局势中研判如何决策以达到收益的最大化。

（2）招标采购合同的法律特点

招标采购合同具有以下法律特点：

1）法律规范适用多重性。相较于一般合同，招标采购合同通常需要通过招标采购程序才能订立，因此，招标采购合同不仅适用《民法典》及其相关法律规范，同时根据其合同具体类型，招标采购合同还受到《招标投标法》及其实施条例、《政府采购法》及其实施条例、《反不正当竞争法》等与招标投标采购相关的法律规范的调整，在法律适用上体现出“多重性”。

需要说明的是，招标采购合同在法律适用上的多重性是基于其与一般合同相比具有独特性。不同类型的招标采购合同，还应适用与该合同所约束事项相关的其他法律规范。如招标采购的建设工程施工合同，不仅适用《招标投标法》及《民法典》总则编、合同编相关法律规范，还应适用《建筑法》《安全生产法》等法律规范。除法律规范外，招标采购合同还适用部分国家标准，如建设工程发承包及实施阶段的计价活动适用的《建设工程工程量清单计价标准》（GB/T 50500—2024），招标代理机构开展工程、货物、服务等各类项目招标代理服务适用的《招标代理服务规范》（GB/T 38357—2019），国有企业使用非招标方式实施的电子采购交易活动适用的《电子采购交易规范 非招标方式》（GB/T 43711—2024）。

2）采用书面要件形式。《民法典》第 469 条规定：“当事人订立合同，可以采用书面形式、口头形式或者其他形式。书面形式是合同书、信件、电报、电传、传真等可以有形地表现所载内容的形式。以电子数据交换、电子邮件等方式能够有形地表现所载内容，并可以随时调取查用的数据电文，视为书面形式。”

上述规定可以看出《民法典》合同编对合同形式的要求较为宽松，但是招标采购合同对此则要求较为严格。《招标投标法》第 46 条规定：“招标人和中标人应当自中标通知书发出之日起三十日内，按照招标文件和中标人的投标文件订立书面合同。招标人和中标人不得再行订立背离合同实质性内容的其他协议。招标文件要求中标人提交履约保证金的，中标人应当提交。”因此，法律明确规定招标采购合同必须签订书面合同。同时其订立过程中所涉招标采购文件，如投标响应文件、作为承诺的中标通知书/成交通知书等均应体现为书面形式。

3）招标采购文件组成众多且需要成立要约承诺的效力。一般合同可以由合同当事人依法直接磋商达成，合同文件外观表现为双方签署的合同文本，文件组成相对单一且简单。但招标采购合同通常需要通过招标采购程序订立，而招标采购程序中产生的招标文件、投标文件/响应文件、中标通知书、图纸、合同条款等文件众多，因此，招标采购合同均会明确约定合同文件组成。如国家发展改革委等九部委颁布的《标准施工招标文件》中明确，合同文件的组成部分包括合同协议书、中标通知书、投标函及投标函附录、专用合同条款、通用合同条款、技术标准和要求、图纸、已标价的工程量清单、其他合同文件等。该等合同文件对合同当事人的权利义务以及合同履行存在重大影响，均构成当事人之间的要约与承诺。

4）法律规制的特殊性。与一般合同相比，行政机关对招标采购合同的监督体现出如下方面的特殊性：

①标准文本适用的必须性。《招标投标法实施条例》第 15 条规定："编制依法必须进行招标的项目的资格预审文件和招标文件，应当使用国务院发展改革部门会同有关行政监督部门制定的标准文本。"《政府采购法实施条例》第 32 条规定："采购人或者采购代理机构应当按照国务院财政部门制定的招标文件标准文本编制招标文件。"该条例第 47 条规定："国务院财政部门应当会同国务院有关部门制定政府采购合同标准文本。"此外，《关于印发简明标准施工招标文件和标准设计施工总承包招标文件的通知》规定："依法必须进行招标的工程建设项目，工期不超过 12 个月、技术相对简单且设计和施工不是由同一承包人承担的小型项目，其施工招标文件应当根据《简明标准施工招标文件》编制；设计施工一体化的总承包项目，其招标文件应当根据《标准设计施工总承包招标文件》编制。"

②承诺效力约束性。一般商事合同履行中，通常情况下合同当事人达成意思一致的，可以依法变更合同内容，但通过招标采购程序订立的合同不得随意变更。《招标投标法》第 46 条规定："招标人和中标人应当自中标通知书发出之日起三十日内，按照招标文件和中标人的投标文件订立书面合同。招标人和中标人不得再行订立背离合同实质性内容的其他协议。"该条规定的实质性内容包括标的、价款、质量、履行期限等合同要素。招标采购合同订约承诺约束力主要是为了维持中标结果的严肃性，确保项目招标投标的正常市场竞争秩序。此外，招标采购合同对稳定性的要求还体现在对合同转让的限制上。如《招标投标法》规定，中标人应当按照合同约定履行义务，完成中标项目，不得向他人转让中标项目，也不得将中标项目肢解后分别向他人转让。

3.1.2　招标采购合同的法律规范

招标采购合同在法律适用上具有多重性，按照与招标活动的相关性，以下分三个方面介绍招标采购合同所适用的法律规范：

（1）一般合同法律规范

1）《民法典》。为适应改革开放的不断深入以及经济的不断发展，《民法典》已由中华人民共和国第十三届全国人民代表大会第三次会议于 2020 年 5 月 28 日通过公布，自 2021 年 1 月 1 日起施行。尽管招标采购合同与其他类型合同相比有一定特殊性，但《民法典》作为调整民事法律规范的基本法律，应直接适用调整招标采购合同。同时《民法典》合同编中关于合同效力的认定、合同履行的原则、合同保全制度、合同担保制度、合同变更制度、违约责任承担等规定也当然适用于招标采购合同。

2)《民法典》相关司法解释。司法解释虽然严格意义上不属于法律，但属于法律适用范畴。最高人民法院为了解决法律在司法实践过程中出现的具体问题，在《民法典》颁布实施后出台了一系列重要的司法解释，对于合同当事人适用法律而言是重要的应用依据。《民法典》相关司法解释主要包括：

《最高人民法院关于适用〈中华人民共和国民法典〉时间效力的若干规定》，该司法解释自 2021 年 1 月 1 日起施行，对人民法院在审理民事纠纷案件中有关适用《民法典》时间效力问题作出了规定。

《民法典合同编通则司法解释》，该司法解释自 2023 年 12 月 5 日起施行，重点就《民法典》合同编通则内容进行了解释与规定。

招标采购过程中，除了关注《民法典》合同编有关司法解释外，还需要根据合同内容关注适用不同类型的司法解释。以建设工程施工合同为例，最高人民法院 2020 年 12 月 29 日发布《建工解释（一）》，以期正确审理建设工程施工合同纠纷案件，依法保护当事人合法权益，维护建筑市场秩序，促进建筑市场健康发展。

以上列举的法律及司法解释，是适用于工程建设领域招标采购合同应用与纠纷处理的重要法律依据。

（2）招标采购相关法律规范

招标采购合同所适用的招标投标法律规范较多，按照效力层级从高到低的顺序，介绍如下：

1）法律。调整招标采购活动的法律包括：

①《招标投标法》。《招标投标法》由第九届全国人大常委会于 1999 年 8 月 30 日审议通过，并于 2000 年 1 月 1 日起正式施行。2017 年 12 月 27 日，根据第十二届全国人大常委会第三十一次会议《关于修改〈中华人民共和国招标投标法〉、〈中华人民共和国计量法〉的决定》修正，自 2017 年 12 月 28 日起施行。该法是我国社会主义市场经济法律体系中一部非常重要的法律，是招标投标领域的基本法律。《招标投标法》包括总则，招标，投标，开标、评标和中标，法律责任以及附则六章，共 68 条。

②《政府采购法》。《政府采购法》由第九届全国人大常委会于 2002 年 6 月 29 日审议通过，并于 2003 年 1 月 1 日起正式施行。根据 2014 年 8 月 31 日第十二届全国人大常委会第十次会议《关于修改〈中华人民共和国保险法〉等五部法律的决定》修正)。《政府采购法》的实施使我国政府采购工作步入法治化轨道，对推动政府采购发展具有十分重要的意义。《政府采购法》包括总则、政府采购当事人、政府采购方式、政府采购程序、政府采购合同、质疑与投诉、监督检查、法律责任、附则九章，共 88 条。

③《建筑法》。《建筑法》由第八届全国人民代表大会常务委员会于 1997 年 11 月 1 日第二十八次会议通过，并于 1998 年 3 月 1 日开始正式实施，后根据 2011 年 4 月 22 日第十一届全国人民代表大会常务委员会第二十次会议《关于修改〈中华人民共和国建筑法〉的决定》第一次修正，又根据 2019 年 4 月 23 日第十三届全国人民代表大会常务委员会第十次会议《关于修改〈中华人民共和国建筑法〉等八部法律的决定》第二次修正。《建筑法》是我国建设工程领域最重要的基础性法律规范，包含总则、建筑许可、建筑工程发包与承包、建筑工程

监理、建筑安全生产管理、建筑工程质量管理、法律责任、附则八章，共 85 条。

2）行政法规。国务院就招标采购领域经济活动制定了重要的行政法规，主要包括：

①《招标投标法实施条例》是调整招标采购合同的重要行政法规。该条例于 2011 年 11 月 30 日由国务院第 183 次常务会议通过，自 2012 年 2 月 1 日起施行。根据 2019 年 3 月 2 日《国务院关于修改部分行政法规的决定》第三次修订。《招标投标法实施条例》共七章、84 条，对《招标投标法》相关规定作出了明确和细化，是规范招标投标活动十分重要的法规。

②《政府采购法实施条例》同样也是调整招标采购合同的重要行政法规，适用于国家机关、事业单位和团体组织使用财政性资金的采购项目。该条例于 2014 年 12 月 31 日由国务院第 75 次常务会议通过，并自 2015 年 3 月 1 日起施行。《政府采购法实施条例》分总则、政府采购当事人、政府采购方式、政府采购程序、政府采购合同、质疑与投诉、监督检查、法律责任、附则九章，共 79 条。

3）部门规章。与招标采购活动相关的部门规章内容较多，主要包括：

①《工程建设项目施工招标投标办法》（国家发展改革委、工业和信息化部、财政部、住房城乡建设部、交通运输部、铁道部、水利部、广电总局、民航局令第 23 号）。该办法由国家发展改革委等部委于 2003 年制定，并由 2013 年 5 月 1 日施行的《关于废止和修改部分招标投标规章和规范性文件的决定》（九部委第 23 号令）作出了修改，是工程建设项目施工招标投标领域最重要的部门规章，适用于我国境内各类建设工程施工招标投标活动。

②《工程建设项目货物招标投标办法》（国家发展改革委、工业和信息化部、财政部、住房城乡建设部、交通运输部、铁道部、水利部、广电总局、民航局令第 23 号）。该办法由国家发展改革委等部委于 2005 年制定，并由 2013 年 5 月 1 日施行的《关于废止和修改部分招标投标规章和规范性文件的决定》（九部委第 23 号令）作出了修改，是货物招标领域最重要的部门规章，适用于我国境内依法必须进行招标的工程建设项目货物招标投标活动。

③《工程建设项目勘察设计招标投标办法》（国家发展改革委、工业和信息化部、财政部、住房城乡建设部、交通运输部、铁道部、水利部、广电总局、民航局令第 23 号）。该办法由国家发展改革委等八部委联合制定，于 2003 年 8 月 1 日起施行，并由 2013 年 5 月 1 日施行的《关于废止和修改部分招标投标规章和规范性文件的决定》（九部委第 23 号令）作出了修改。该办法是规范工程建设项目勘察设计招标投标活动重要的部门规章。

④《评标委员会和评标方法暂行规定》。该暂行规定由原国家发展计划委员会、原经济贸易委员会、原建设部、原铁道部、原交通部、原信息产业部、水利部于 2001 年共同制定，并由 2013 年 3 月 11 日发布的《关于废止和修改部分招标投标规章和规范性文件的决定》作出了修改。该暂行规定就评标委员会的组成、具体评标程序、相关罚则等方面对评标活动作出了规定。

⑤《政府采购货物和服务招标投标管理办法》。该管理办法由财政部于 2017 年 7 月 11 日修订公布，适用于政府采购货物和服务招标投标活动。

⑥《政府采购非招标采购方式管理办法》。该管理办法由财政部于 2013 年制定发布，对政府采购行为作出了进一步规范，在《政府采购法》规定的原则和范围内，对竞争性谈判、单一来源采购和询价等非招标采购方式进行了全面、系统的规范，以加强对非招标采购方式采购活动的监督管理。

⑦《政府采购框架协议采购方式管理暂行办法》。该暂行办法经 2021 年 12 月 31 日部务会议审议通过，于 2022 年 1 月 14 日公布，并于 2022 年 3 月 1 日施行。该暂行办法明确了框架协议采购方式的概念、适用情形、适用程序等事项。

⑧《机电产品国际招标投标实施办法（试行）》。该办法由商务部于 2014 年 4 月 1 日施行，适用于我国境内进行的机电产品国际招标投标活动。

⑨《必须招标的工程项目规定》。该规定由国务院批准，经国家发展改革委颁布，自 2018 年 6 月 1 日起实施。该规定对依法必须进行招标的工程建设项目的具体范围和规模标准作出了明确的规定。

此外，招标采购相关部门规章还包括：《〈标准施工招标资格预审文件〉和〈标准施工招标文件〉暂行规定》《房屋建筑和市政基础设施工程施工招标投标管理办法》《铁路建设项目物资设备管理办法》《水利工程建设项目招标投标管理规定》《通信工程建设项目招标投标管理办法》。

除上述全国适用的招标采购法律、行政法规、部门规章等法律规范外，部门规范性文件《必须招标的基础设施和公用事业项目范围规定》亦对招标投标发挥着重要作用。该文件由国务院批准，经国家发展改革委颁布，自 2018 年 6 月 6 日起实施。该规定对《招标投标法》和《必须招标的工程项目规定》规定的必须招标的大型基础设施、公用事业等关系社会公共利益、公众安全的项目作出了进一步的细化规定。此外，各地也制定了适用于本行政区域的地方性法规、地方政府规章等。招标人在相关行政辖区内组织招标活动时，也应遵守该类地方性规定的要求。

4）国家标准：

①《招标代理服务规范》（GB/T 38357—2019）由中国招标投标协会、中国标准化研究院起草，并由国家市场监督管理总局、国家标准化管理委员会于 2019 年 12 月 31 日发布实施。该标准适用于招标代理机构开展工程、货物、服务等各类项目招标代理服务，也可用于外部组织对招标代理服务的评价或认证，主要规定了招标代理服务的基本要求、服务阶段与内容、服务提供、服务评价与改进等事宜。

②《电子采购交易规范 非招标方式》（GB/T 43711—2024）由中国招标投标协会、中国标准化研究院等起草，并由国家市场监督管理总局、国家标准化管理委员会于 2024 年 3 月 15 日发布实施。该标准适用于国有企业使用非招标方式实施的电子采购交易活动，其他采购主体可参照执行，主要规定了非招标方式电子采购的交易主体要求、交易网络、组织形式与交易方式、交易程序、监督管理、评价与改进的内容。

（3）招标采购法律适用的原则

招标采购合同涉及的法律规范众多，就同一事项如规定不一致时有其相应适用规定，《立法法》第 99 条规定："法律的效力高于行政法规、地方性法规、规章。行政法规的效力高于地方性法规、规章。"第 103 条规定："同一机关制定的法律、行政法规、地方性法规、自治条例和单行条例、规章，特别规定与一般规定不一致的，适用特别规定；新的规定与旧的规定不一致的，适用新的规定。"因此，在法律法规适用上须遵循"上位法优于下位法，特别法优于一般法"的原则。如就某一事项，《民法典》与《招标投标法》的规定不一致，由于《民法典》属于一般规定，《招标投标法》属于特别规定，应优先适用

《招标投标法》的规定。

3.1.3　《民法典》合同编通则一般规定

鉴于招标采购合同应以《民法典》合同编为基础，本节对《民法典》合同编的调整范围、基本原则等基础性问题予以阐述。《民法典》合同编是民商部门法的重要组成部分，是规范市场交易的基本法律，它涉及生产、生活各个领域的方方面面，与企业的生产经营和人们的日常生活密切相关。《民法典》合同编为调整合同法律关系最主要的法律规范。

(1)《民法典》合同编的调整范围

《民法典》合同编系法典体系下第三编内容，分为通则、典型合同与准合同三分编内容，共 526 条规定（第 463 条至第 988 条）。

《民法典》合同编第 464 条规定："合同是民事主体之间设立、变更、终止民事法律关系的协议。婚姻、收养、监护等有关身份关系的协议，适用有关该身份关系的法律规定；没有规定的，可以根据其性质参照适用本编规定。"

故我国《民法典》合同编适用于平等民事主体之间订立的各种合同关系。但是，涉及婚姻、收养、监护等有关身份关系的协议，不优先适用《民法典》合同编调整。

(2)《民法典》的基本原则

现行《民法典》采用分编编写的方式，其中总则编具有总则性的特点，该编内容对各分编具有统领性的作用，在法律价值、立法技术上都对各分编内容形成了深刻影响，合同订立、履行等所有合同相关民事法律行为也均受《民法典》总则编规范指引。

《民法典》的基本原则是制定和执行《民法典》的总体指导思想，是《民法典》的灵魂。《民法典》总则编确立的基本原则包括：

1）平等自愿原则。《民法典》总则编第 4 条规定："民事主体在民事活动中的法律地位一律平等。"该条是平等原则的法律依据。平等原则指的是当事人的民事法律地位平等，具体表现在订立合同及履行合同时，一方不得将自己的意志强加给另一方。平等原则主要体现在三个方面：其一，合同当事人主体资格平等；其二，合同当事人平等适用《民法典》的规定；其三，合同当事人平等地受法律保护。

《民法典》总则编第 5 条规定："民事主体从事民事活动，应当遵循自愿原则，按照自己的意思设立、变更、终止民事法律关系。"该条是自愿原则的法律依据。《民法典》总则规定的自愿原则不仅体现当事人享有自愿订立合同的权利，同时体现在以下方面：

①在合同的订立方面，《民法典》允许当事人自由选择订约对象，且不允许强制交易。

②在合同内容的确立方面，充分尊重当事人的意思。《民法典》多个条款规定"当事人另有约定的除外"，在这种情况下有约定时则依约定，无约定时依法律规定。因此，《民法典》允许范围内当事人的自行约定要优先于法律的规定，该规定即体现了对当事人意思自治的尊重。

③在合同的效力方面，《民法典》合同编明确了合同效力受《民法典》总则编有关规定的指引。《民法典》合同编第 508 条规定："本编对合同的效力没有规定的，适用本法第一编第六章的有关规定。"同时结合《民法典》总则编第 143 条规定："具备下列条件的民事法律行为有效：（一）行为人具有相应的民事行为能力；（二）意思表示真实；（三）不

违反法律、行政法规的强制性规定，不违背公序良俗。”鉴此，《民法典》总则编明确规定在行为人具有相应的民事行为能力、意思表示真实的情形下，违反法律、行政法规的强制性规定，违背公序良俗的合同为无效合同，严格限定无效合同的范围。

④在合同的变更和解除方面，《民法典》合同编允许当事人在合同成立之后，通过其协商自由地变更合同的内容或解除合同。《民法典》合同编第 543 条规定：“当事人协商一致，可以变更合同。”《民法典》合同编第 562 条规定：“当事人协商一致，可以解除合同。当事人可以约定一方解除合同的事由。解除合同的事由发生时，解除权人可以解除合同。”鉴此，当事人也可以在订约时约定合同解除权，在合同生效后，如解除条件达成，允许享有解除权的一方通过行使约定解除权以解除合同。

⑤在违约责任方面，《民法典》合同编充分尊重守约方在对方违约后所享有的选择补救方式的自由。第 577 条明确了违约责任的种类，包括继续履行、采取补救措施或者赔偿损失等，允许守约方在要求继续履行、采取补救方式或者赔偿损失等违约责任承担方式中进行选择。就平等原则与自愿原则的关系而言，平等原则是自愿原则的基础，没有平等的地位，就难以真正实现合同订立和履行的自愿。

2）公平原则。公平原则体现的是法治经济的本质特征，要求合同当事人平等协商、等价合理、权利义务对等，也符合商业道德的要求。将公平原则作为合同当事人的行为准则，可以防止当事人滥用权利，利用优势地位侵害相对方的利益，维护和平衡当事人之间的权益。

公平原则和平等原则之间的区别在于侧重点的不同，平等原则强调当事人的地位平等，而公平原则兼顾机会平等和结果平等，公平原则的基础是平等原则，没有当事人之间的地位平等，也就谈不上公平。

《民法典》总则编第 6 条规定：“民事主体从事民事活动，应当遵循公平原则，合理确定各方的权利和义务。”这是公平原则的法律依据。另外，《民法典》总则编第 151 条规定进一步明确了显失公平情形的救济路径：“一方利用对方处于危困状态、缺乏判断能力等情形，致使民事法律行为成立时显失公平的，受损害方有权请求人民法院或者仲裁机构予以撤销。”

此外，《民法典》合同编第 533 条第一款规定：“合同成立后，合同的基础条件发生了当事人在订立合同时无法预见的、不属于商业风险的重大变化，继续履行合同对于当事人一方明显不公平的，受不利影响的当事人可以与对方重新协商；在合理期限内协商不成的，当事人可以请求人民法院或者仲裁机构变更或者解除合同。”即合同成立后出现客观变化以致合同条件不再公平的，合同当事人也享有相应救济路径。

公平原则要求合同双方当事人之间的权利义务要公平合理，实现大体上的平衡，并强调双方当事人对合同义务和风险的合理分担。具体包括：

①根据公平原则，民事主体平等地享有参与及开展交易活动的机会，体现在招标采购活动中，即不得对潜在投标响应主体设置不合理的限制条件，排斥或限制其参与竞争。

②在订立合同时，要根据公平原则确定双方的权利和义务，不得滥用权力，不得欺诈，不得假借订立合同恶意进行磋商。

③根据公平原则合理地分配风险，确定违约责任。

3）诚实信用原则。《民法典》总则编第 7 条规定：“民事主体从事民事活动，应当遵循诚信原则，秉持诚实，恪守承诺。”诚实信用原则主要是指民事主体在从事民事活动时，应诚实守信，以善意的方式履行其义务，不得滥用权力及规避法律规定或合同约定的义务。

诚实信用原则主要体现在：

①订立、履行民事合同时，合同当事人应诚实，不作假，不欺诈，不虚构、隐瞒与缔约有关的重要事实；任何一方不得滥用经济上的优势地位和其他手段牟取不正当利益，并致他人损害。

②合同当事人应恪守信用，履行义务，该种义务不仅包括合同生效之后应当履行的义务，还应包括先合同义务、附随义务以及后合同义务；当事人不履行义务使对方受到损害时，应自觉承担责任。

诚实信用原则是民法中的“帝王条款”，该原则适用于民商事交易环节的全过程，坚持该原则有利于保持和弘扬恪守信用的传统商业道德，有利于树立和强化当事人的契约精神。该原则不仅具有确定行为规则的作用，而且具有平衡利益冲突、为解释法律和合同提供准则等作用。

4）守法与公序良俗原则。《民法典》总则编第 8 条规定：“民事主体从事民事活动，不得违反法律，不得违背公序良俗。”该条是守法与公序良俗原则的法律依据。守法与公序良俗原则具体包括：

①当事人在订立和履行合同中必须遵守法律和行政法规，不符合法律、行政法规强制性规定的合同，将被认定无效。

②当事人必须尊重社会公德，不得损害社会公共利益。

守法与公序良俗原则是对自愿原则的限制，合同当事人可以依据自己的意思表示订立合同，但在订立合同时不能违背法律、行政法规的规定及公序良俗。否则，依据《民法典》总则编第 153 条规定，违反法律、行政法规的强制性规定、违背公序良俗的合同会被认定无效。

5）绿色原则。《民法典》总则编第 9 条规定：“民事主体从事民事活动，应当有利于节约资源、保护生态环境。”该条是绿色原则的法律依据。《民法典》合同编第 509 条进一步明确：“当事人在履行合同过程中，应当避免浪费资源、污染环境和破坏生态。”绿色原则在《民法典》总则编的确立体现了《民法典》对人与自然关系的重大关切，绿色原则亦将持续在民商事活动各领域得到遵守与践行。

6）鼓励交易原则。鼓励交易原则可以从《民法典》以及《民法典合同编通则司法解释》所表达出的立法考量得到体现。司法实践中，裁判者通常慎重处理合同无效、合同解除等案件。《民法典》中的鼓励交易原则体现在以下方面：

①《民法典》总则编明确限定了合同无效的范围。《民法典》总则编明确列举了无效合同的几种情形，并强调无效合同为“违反法律、行政法规强制性规定，违背公序良俗”的合同。从法律规范上对无效合同的范围进行限缩性界定，以达到“尽量使合同有效”的立法目的。在明确限定无效合同范围的同时，《民法典》总则编也严格区分了合同的无效和可撤销。对于因欺诈、胁迫或乘人之危导致显失公平而订立的合同，只要未损害国家利益，并不认为其当然无效，而允许受害人提出撤销的请求，即可以让受害人自主决定合同效力。《民法典》总则编对无效合同的范围尽可能地加以限缩，就是为了最大限度地维护合同的效力，从而保护合同当事人的交易意愿，鼓励交易进行。

②《民法典》合同编区分了合同的成立和合同的生效。《民法典》合同编第 502 条规

定："依法成立的合同，自成立时生效，但是法律另有规定或者当事人另有约定的除外。依照法律、行政法规的规定，合同应当办理批准等手续的，依照其规定。未办理批准等手续影响合同生效的，不影响合同中履行报批等义务条款以及相关条款的效力。应当办理申请批准等手续的当事人未履行义务的，对方可以请求其承担违反该义务的责任。依照法律、行政法规的规定，合同的变更、转让、解除等情形应当办理批准等手续的，适用前款规定。"所谓合同的成立是指订约当事人就合同的主要条款达成合意，并不包括法律对合意内容的价值评价，合同成立之后，任何一方不得擅自变更和解除合同；合同生效意味着双方当事人享有合同中约定的权利和承担合同中约定的应当履行的义务。法律对合同的成立与生效做出区分，有助于在合同尚未生效时保护合同当事人的权利，体现了全面保护当事人利益、鼓励当事人交易的立法目的。

③《民法典》合同编确立的合同订立制度体现了鼓励交易原则。《民法典》合同编第489条规定："承诺对要约的内容作出非实质性变更的，除要约人及时表示反对或者要约表明承诺不得对要约的内容作出任何变更外，该承诺有效，合同的内容以承诺的内容为准。"因此，《民法典》合同编改变了承诺与要约必须绝对一致合同才成立的做法，该规定对促成合同的成立从而鼓励交易开展具有积极的意义。

④《民法典》合同编对合同形式要件的要求体现了鼓励交易原则。《民法典》合体编第469条规定："当事人订立合同，可以采用书面形式、口头形式或者其他形式。书面形式是合同书、信件、电报、电传、传真等可以有形地表现所载内容的形式。以电子数据交换、电子邮件等方式能够有形地表现所载内容，并可以随时调取查用的数据电文，视为书面形式。"《民法典》合同编是将形式要件作为证明合同存在的标准，并非作为决定合同是否成立的要件。

鼓励交易原则是促进市场发展所必需的原则，只有鼓励当事人从事更多的合同交易活动，市场经济才能得到发展。鼓励交易原则是提高效率、增加社会财富的重要保障。

3.1.4 合同的一般分类

市场经济活动的交易形式千差万别，合同的种类也各不相同。根据性质的不同，合同有以下几种分类方法。

(1) 按照合同表现形式划分

以合同的表现形式为标准，合同可以分为书面合同、口头合同及其他形式合同。

1）书面合同。书面合同是指当事人以书面文字有形地表现内容的合同。传统的书面合同形式为合同书和信件，随着科技的进步和发展，书面合同的形式也越来越多，如电报、电传、传真、电子数据交换以及电子邮件等已成为高效快速的书面合同形式。订立书面合同具有以下特点：一是它可以作为双方行为的证据，便于检查、管理和监督，有利于双方当事人按约执行，当发生合同纠纷时，有凭有据，举证方便；二是可以使合同内容更加详细、周密，当事人在将其意思表示通过文字表达时，通常会更加审慎，对合同内容的约定也更加全面、具体。

要式合同，是指法律要求或当事人约定必须具备一定形式和手续的合同，建设工程合同即为法定要式合同。《民法典》合同编788条规定："建设工程合同包括工程勘察、设计、施工合同。”建设工程合同所涉及的内容复杂，合同履行期较长，为便于明确各自的权利和义务，减少履行困难和争议，鉴此，《民法典》合同编第 789 条规定：“建设工程合同应当采用书面形式。”

2）口头合同。口头合同是指当事人以当面对话、电话联系等口头语言的方式达成协议而订立的合同。口头合同简便易行，能够便捷高效地完成交易；缺点在于合同内容难以固定，发生合同纠纷时难以举证。故口头合同一般只适用于即时结清的交易。

3）其他形式合同如默示形式合同、推定形式合同。其他形式合同是指当事人并不直接用口头或者书面形式进行意思表示，而是通过实施某种行为推定或者以不作为的沉默方式进行意思表示而达成的合同。如房屋租赁合同约定的租赁期满后，双方并未通过口头或者书面形式延长租赁期限，但承租人继续交付租金，出租人依然接受租金，从双方的行为可以推断双方的合同仍然有效。

（2）按照当事人是否相互负有义务划分

以当事人是否相互负有义务为标准，合同可以分为双务合同和单务合同。

双务合同是指当事人双方互负给付义务的合同。双方的权利与义务具有对等关系，一方的义务即另一方的权利，一方承担义务的目的是获取对应的权利。《民法典》合同编中规定的绝大多数合同如建设工程合同、买卖合同、承揽合同和运输合同等均属于此类合同。

单务合同是指只有一方当事人承担给付义务的合同。即双方当事人的权利义务关系并不对等，不存在具有对等给付性质的权利义务关系。典型的单务合同如保证合同、赠予合同、无偿保管合同等。

（3）按照合同的成立是否以标的物的交付为必要条件划分

以合同的成立是否以标的物的交付为必要条件为标准划分，合同可分为诺成合同和实践合同。

诺成合同是指只要当事人双方意思表示达成一致即可成立的合同，不以标的物的交付为成立的要件。我国《民法典》合同编中规定的合同多数都属于诺成合同，如买卖合同、建设工程施工合同均属此类。

实践合同是指除了要求当事人双方意思表示达成一致外，还必须实际交付标的物后才能成立的合同。典型的实践合同如自然人之间的借款合同、定金合同、保管合同等。

（4）按照相互之间的从属关系划分

以合同之间的从属关系为标准，合同可以分为主合同和从合同。

主合同是指不以其他合同的存在为前提而独立存在和独立发生效力的合同，如买卖合同、借款合同等。

从合同又称附属合同，是指不具备独立性，以其他合同的存在为前提而成立，并以其他合同的生效为生效前提的合同。如《民法典》合同编第 682 条规定：“保证合同是主债权债务合同的从合同。主债权债务合同无效的，保证合同无效，但是法律另有规定的除外。”在借款合同与保证合同中，借款合同属于主合同，因为它能够单独存在，并不因为担保合同不存在而失去法律效力；而保证合同则属于从合同，它仅是为了保证借款合同的正常履行而存在的，如借款合同因为借贷双方履行完合同义务而宣告合同终止的，保证合同就因为失去存在前提而失去法律效力。

主合同和从合同的关系可以理解为，主合同和从合同并存时，两者发生互补作用；主合同无效或者被撤销时，从合同也将失去法律效力；而从合同无效或者被撤销时一般不影响主合同的法律效力。

（5）按照是否为《民法典》合同编所规定的合同类型划分

以合同是否为《民法典》合同编所规定的合同类型为标准划分，可以将合同分为典型合同和非典型合同。

典型合同是指法律确定了特定名称和规则的合同。如《民法典》合同编典型合同分编中所规定的建设工程合同、承揽合同、买卖合同等 19 种合同。非典型合同是指法律没有确定一定的名称和相应规则的合同。

3.2 合同的订立与效力

3.2.1 合同的订立

我国《民法典》合同编第 471 条规定："当事人订立合同，可以采取要约、承诺方式或者其他方式。"因此，合同的订立通常经过要约和承诺两个阶段。没有要约，则承诺无从谈起；若只有要约没有承诺，则合同无法成立。

（1）要约

1）要约的概念。要约又称发盘、出价或报价等，《民法典》合同编第 472 条规定"要约是希望与他人订立合同的意思表示"，因此一方当事人以缔结合同为目的、向对方当事人发出要约的一方称为要约人，接受要约的一方则称为受要约人。

2）要约的有效要件。要约通常都具有特定的形式和内容。一项要约要发生法律效力，则必须具有特定的有效要件，不具备该等条件，要约在法律上不能成立。《民法典》第 472 条等规定，要约应当满足以下条件：

①要约是由特定人作出的意思表示。要约是要约人向受要约人所作出的含有合同条件的意思表示，旨在得到受要约人的承诺以成立合同，只有要约人是特定的，受要约人才能针对性地做出承诺。因此，要约人必须是特定的。另外，要约人同时应具有缔约的民事权利能力和民事行为能力。《民法典》第 143 条规定，行为人具有相应的民事行为能力是民事法律行为有效的要件之一。因此，要约人应当具有缔约能力。

②要约是以缔结合同为目的的意思表示。只有以缔结合同为目的，并真实且充分地向对方表达了该目的的意思表示，才是要约。

③要约是向受要约人所作出的意思表示。要约指向的受要约人可以是特定的人，也可以是不特定的人。根据要约的相对人是否特定，要约可以分为特定要约和公众要约。

④要约必须表明一经承诺即受此意思表示的拘束。《民法典》合同编第 483 条规定："承诺生效时合同成立，但是法律另有规定或者当事人另有约定的除外。"但是很多类似订约建议的表达实际上并不表示如对方接受就成立了一个合同，如"我计划用 5 万元把空调设备卖掉"，尽管可能是特定当事人对另一特定当事人的陈述，也不构成一个要约。能否构成一个要约要看这种意思表示是否表达了与受要约人订立合同的真实意愿，该等判断需要从要约所用的文字或言辞、当时的特定情形、要约的对象等多个方面加以综合考虑。所

谓“表明”并非有明确的词语即可，而是整个要约的内容均表明了这一点。

⑤要约的内容必须具备足以使合同成立的主要条件。《民法典》第 472 条规定：“要约是希望与他人订立合同的意思表示，该意思表示应当符合下列条件：（一）内容具体确定；（二）表明经受要约人承诺，要约人即受该意思表示约束。”这要求要约的内容必须确定且完整。所谓“确定”是要求要约必须明确清楚，不能模棱两可、产生歧义。所谓“完整”是要求其内容必须满足构成一个合同所必备的条件，但也不必事无巨细、面面俱到。要约的效力在于一经受要约人承诺，合同即可成立。因此，若一个订约的建议含混不清、内容不具备一个合同最根本的要素，就不能构成一个要约。一项要约的内容可以很详细，也可以较为简明，一般法律对此并无强制性要求，只要其内容具备使合同成立的基本条件，就可以作为一项要约。

3）要约的撤回和撤销。要约的撤回，是指要约人在要约发生法律效力之前作出相反的意思表示。《民法典》合同编第 475 条规定，要约可以撤回。要约的撤回适用本法第 141 条的规定，即撤回要约的通知应当在要约到达受要约人之前或者与要约同时到达受要约人。

要约的撤销，是指要约人在要约发生法律效力之后，要约人作出使已发生法律效力的要约失去效力的意思表示。《民法典》合同编第 476 条规定，要约可以撤销。《民法典》合同编第 477 条规定：“撤销要约的意思表示以对话方式作出的，该意思表示的内容应当在受要约人作出承诺之前为受要约人所知道；撤销要约的意思表示以非对话方式作出的，应当在受要约人作出承诺之前到达受要约人。”

要约的撤回和撤销都旨在使要约不成立，并且都只能在承诺生效之前实施。两者的不同之处在于，要约的撤回发生在要约生效之前，而要约的撤销发生在要约生效之后。要约的撤回是使一个未发生法律效力的要约不发生法律效力，要约的撤销是使一个已经发生法律效力的要约失去法律效力。要约撤回的通知只要在要约到达之前或与要约同时到达受要约人就发生效力；而要约撤销的通知需要在受要约人发出承诺通知之前到达受要约人，且不一定发生效力。在法律规定的特别情形下，要约是不得撤销的。《民法典》合同编第 476 条规定，要约在下列情形下不得撤销：“（一）要约人以确定承诺期限或者其他形式明示要约不可撤销；（二）受要约人有理由认为要约是不可撤销的，并已经为履行合同做了合理准备工作。”

4）要约的失效。《民法典》合同编第 478 条规定，要约被拒绝、要约被依法撤销、承诺期限届满且受要约人未作出承诺，以及受要约人对要约的内容作出实质性变更四种情况下，要约失效。要约失效后，要约人和受要约人不再受其相关约束。也就是说，在要约失效情形下，即便受要约人作出承诺，也不发生与要约人成立合同的法律效果。

5）要约与要约邀请的区别。关于要约邀请，《民法典》合同编第 473 条规定：“要约邀请是希望他人向自己发出要约的表示。拍卖公告、招标公告、招股说明书、债券募集办法、基金招募说明书、商业广告和宣传、寄送的价目表等为要约邀请。商业广告和宣传的内容符合要约条件的，构成要约。”要约邀请具有以下特点：第一，要约邀请是一方邀请对方向自己发出要约，而要约是由一方发出订立合同的意思表示；第二，要约是当事人旨在订立合同的意思表示，含有要约人愿意接受要约拘束的意旨，而要约邀请不含有当事人愿意承受拘束的意旨，不具有法律上的约束力；第三，要约在内容上应具备愿与他人订立合同的必要条款，要约邀请则一般不必具备足以使合同成立的必要条款。

6）招标采购公告与投标邀请书、招标采购文件的性质。招标采购公告通常是指通过公开媒介的方式，希望符合一定条件的主体了解招标采购事项、获取招标采购文件的通知性法律文件。《民法典》第473条明确：“拍卖公告、招标公告、招股说明书、债券募集办法、基金招募说明书、商业广告和宣传、寄送的价目表等为要约邀请。”招标采购合同需要经过招标投标程序才能签订，发布招标采购公告是公开招标程序的必经阶段。

在邀请招标和其他采购活动中，招标采购人向潜在投标响应人发出投标响应邀请书，发给三家以上的响应主体，且希望该等主体向己方投标响应的法律文件。尽管投标邀请书所针对的主体和项目是特定的，但其并不具备订立要约的确定性内容，仅符合要约邀请的法律特征。

招标采购文件属于要约邀请，招标采购公告是招标采购文件获取的途径，属于要约邀请的范畴。《招标投标法》第19条规定：“招标人应当根据招标项目的特点和需要编制招标文件。招标文件应当包括招标项目的技术要求、对投标人资格审查的标准、投标报价要求和评标标准等所有实质性要求和条件以及拟签订合同的主要条款。”实践中存在观点认为招标文件属于要约，认为招标采购文件内容构成合同订立的条件，且投标响应文件主要对招标采购文件进行实质性响应。但是从内容构成看，招标采购文件是单方面提出的要求与条件，缺乏履行价格、履行期限、履行实施方案、权利义务一致性结论等合同主要内容，并不符合要约的基本特征，不能直接作为承诺的对象，即招标采购文件并不具备直接定性为要约的要素。鉴此，与招标采购公告相比，招标采购文件应属内容更加明确具体的要约邀请，其对要约人作出要约的内容提供了更加明确的指引。

（2）承诺

1）承诺的概念。《民法典》合同编第479条规定：“承诺是受要约人同意要约的意思表示。”承诺，也称“接受”或“收盘”，是指受要约人同意接受要约的条件以缔结合同的意思表示。《民法典》合同编第483条规定：“承诺生效时合同成立，但是法律另有规定或者当事人另有约定的除外。”鉴此，承诺的法律效力在于，承诺一经作出，并送达要约人，合同即告成立。

2）承诺的有效要件。

①承诺必须由受要约人作出。受要约人以外的任何第三者即使知道要约的内容并对此作出同意的意思表示，也不能认为是承诺。被要约人通常指的是受要约人本人，也包括其授权的代理人。

②承诺必须在有效时间内作出。如要约中对承诺期间有规定的，承诺人应在该期间内作出承诺；如要约没有对承诺期间作出规定的，要约以对话方式作出的，应即时作出承诺；如要约是以非对话方式作出的，承诺应当在合理期间内作出并达到要约人。合同期间应当根据具体情况来确定。

③承诺必须与要约的内容一致。承诺应当接受要约中提出的条件，若受要约人对要约的内容作出实质性变更的，将被视为新的要约；受要约人如对要约的内容作出非实质性变更，除要约人及时反对或者要约本身标明承诺不得对要约内容作出任何变更的以外，该承诺仍然有效。所谓实质性变更，是指有关合同标的、数量、质量、价款或者报酬、履行期限、履行地点和方式等的变更。

④承诺的方式必须符合要约的要求。如要约中对承诺方式有特别要求的，承诺应按照要约要求的方式作出，否则，承诺不发生法律效力。

3）承诺的撤回。承诺的撤回是指受要约人阻止承诺发生法律效力的意思表示。由于承诺一经送达要约人即发生法律效力，合同即刻成立，所以撤回承诺的通知应当在承诺通知到达之前或者与承诺通知同时到达要约人。如撤回承诺的通知晚于承诺的通知到达要约人，则承诺已经生效，合同已经成立，受要约人便不能撤回承诺。《民法典》合同编第 485 条规定："承诺可以撤回。承诺的撤回适用本法第一百四十一条的规定。"《民法典》总则编第 141 条规定："行为人可以撤回意思表示。撤回意思表示的通知应当在意思表示到达相对人前或者与意思表示同时到达相对人。"

评标的法律功能以及对合同订立的影响。评标本质上属于对响应文件评价的活动，辅以澄清、说明等方式帮助评标委员会全面正确地评价响应文件。但实践中为了避免评标形式化，发生因投标响应文件偏离或未全面响应招标采购要求等事项并继而导致中标后履约困难，需要在评标过程和评标结果中以合同正常履行为目的做好评标工作。因此，评标的功能应当包括查明响应文件缺陷和错误、响应度评价、合同履行困难的预测与风险揭示、合同授予条件的明确四个方面。

关于查明响应文件的缺陷和错误，其实质类似于查明投标响应文件的真相，需要根据法律规定和招标文件规定的评标办法，比对各投标人的招标采购文件，查明各投标响应文件可能存在的缺陷、错误与不明之处，并启动澄清、补充、完善等过程要求投标响应人予以书面回应。《招标投标法》第 40 条规定："评标委员会应当按照招标文件确定的评标标准和方法，对投标文件进行评审和比较；设有标底的，应当参考标底。评标委员会完成评标后，应当向招标人提出书面评标报告，并推荐合格的中标候选人。"

关于响应度评价，是指通过整理发现的缺陷与偏离情况，开展重大与轻微偏离程度的识别分析，同时也需要比对各投标人之间的其他优势等差异事项，依据法律规定和招标采购文件作出是否启动澄清程序的决定。关于澄清事项的启动，需要将投标人澄清回应文件纳入授予合同的条件，进一步可以纳入合同文件组成部分。《招标投标法》第 39 条规定："评标委员会可以要求投标人对投标文件中含义不明确的内容作必要的澄清或者说明，但是澄清或者说明不得超出投标文件的范围或者改变投标文件的实质性内容。"

在响应度评价过程中，需要关注的另一个事项就是正当性分析评价，严格按照法律和招标采购文件中的评标办法进行。符合性主要是对资格资质、能力、业绩、技术方案、价格方案、措施等方面的评价，按照评标办法进行筛选或评分。正当性评价主要侧重于合法合规性、合理性、技术与商业逻辑等方面的内容。

关于合同履行困难的预测与风险揭示，需要评标专家以其自身的经验和技术能力，对响应文件中已经发现的问题进行合同履行的预判。比如总价合同模式中个别报价不合理、遗漏量单事项、施工方案偏离等，评标委员会应当对该等偏离事项进行履约困难的预测，最终对于推荐的中标候选人，可以将有关澄清说明文件披露在评标报告中，并作为合同文件的组成部分，以促进合同的顺利履行。

关于合同授予条件的明确，通过一系列的评标活动，评标委员会最终在推荐中标人候选人的同时，在不改变招标采购合同实质性内容的前提下，可以在中标通知中载明需要强调的履约事项与履行承诺，避免合同履行风险。

为了避免评标活动出现形式化问题，在法律规制和实践操作层面，可以考虑以下措施：建立更加科学有效的评标流程、设定评标最低成本开支、将聘请评标专家的合理费用纳入预算等安排。此外，关注评标专家的义务及其正当性履行、采购人相应义务的履行、招标从业人员相应义务的履行等，以期在评标环节提前揭示并化解中标人在履行合同中可能遭遇的风险。

评标专家评标法律义务概括起来主要包括勤勉谨慎、公正合规等，并应当承担评标不当的后果和法律责任。《评标专家和评标专家库管理办法》第 9 条规定："评标专家负有下列义务；（一）如实填报并及时更新个人基本信息，配合评标专家库组建单位的管理工作；（二）存在法定回避情形的，主动提出回避；（三）遵守评标工作纪律和评标现场秩序；（四）按照招标文件确定的评标标准和方法客观公正地进行评标；（五）协助、配合招标人处理异议，按规定程序复核、纠正评标报告中的错误；（六）发现违法违规行为主动向招标人、有关行政监督部门反映，协助、配合有关行政监督部门、纪检监察机关、司法机关、审计部门开展监督、检查、调查；（七）法律、法规、规章规定的其他义务。"

4）中标通知书/成交通知书的法律性质。中标通知书/成交通知书，是指采购人在确定中标人后向中标人发出的通知其中标的书面凭证。以中标通知书为例，其内容一般包括中标人名称、中标的意思表示、中标工程名称、中标价格、工期、开工及竣工日期、质量标准、中标附录等方面，其中中标条件不得背离招标采购文件与投标响应文件的实质性内容。

《招标投标法》第 45 条规定："中标人确定后，招标人应当向中标人发出中标通知书，并同时将中标结果通知所有未中标的投标人。"中标通知书是向中标人发出的告知其中标的书面通知文件，是对投标人投标文件的响应性回复。投标人的投标文件已包括明确希望与招标人订立合同的意思表示，且投标文件中已包括价格、质量标准、权利义务安排等合同的主要内容，故投标文件构成要约；与投标文件相对应的中标通知书的发出，表明招标人同意按照投标文件的条件与中标人建立合同关系，因此中标通知书是承诺。2023 年 12 月 5 日施行的《民法典合同编通则司法解释》第 4 条规定："采取招标方式订立合同，当事人请求确认合同自中标通知书到达中标人时成立的，人民法院应予支持。合同成立后，当事人拒绝签订书面合同的，人民法院应当依据招标文件、投标文件和中标通知书等确定合同内容。"该规定明确了中标合同的成立时间为中标通知书到达中标人，中标通知书到达中标人即成立中标合约。故在建设工程实践中，采用招标方式订立建设工程合同的，自中标通知书送达中标人时，建设工程合同即告成立，而非中标通知书发出时合同成立。

需要注意的是，中标通知书的到达成立的合同为本约合同，招标文件作为要约邀请已对合同实质性要求和条件以及拟签订合同的主要条款进行了明确，投标文件已经响应了招标文件中的各项需求构成要约，中标通知书作为承诺一旦其送达投标人，双方合同就已经成立。结合中标通知书和招标文件，招投标双方即可明确合同内容，故中标通知书性质应属本约合同，后续双方再行签约订立的合同属于合同成立后根据法律规定的书面确认形式，而非新的合同，亦不属于预约合同。

3.2.2 合同的成立与生效

（1）合同成立

合同成立是指两个或两个以上当事人就设立、变更或终止相互间的民事权利义务关系而达成合意。合同成立在《民法典》合同编中具有十分重要的意义，主要表现在以下几个方面。第一，合同成立是认定合同生效的前提。如果合同不成立，合同的履行、变更、终止、解释等问题也就无从谈起。第二，合同成立是区分违约责任与缔约过失责任的根本标志。在合同成立以前，因一方的过失而造成另一方信赖利益受损失的，有过失的一方应该承担缔约过失责任而非违约责任。只有在合同成立以后，一方违反义务才应承担违约责任。第三，合同成立之后当事人即受合同的约束。《民法典》总则编第 119 条规定："依法成立的合同，对当事人具有法律约束力。"

《民法典》合同编第 483 条规定："承诺生效时合同成立，但是法律另有规定或者当事人另有约定的除外。"尽管合同成立的形式有多种，但承诺生效时合同即成立是最普遍的合同成立方式。

(2) 合同生效

合同生效是指已经成立的合同开始具有以国家强制力为保障的法律约束力，即合同发生法律效力。合同具有法律约束力，并非赖于当事人意志，而是源于法律的赋予。在合同生效的情况下，如果当事人不履行合同，则另一方当事人可以依靠国家强制力强制对方当事人履行合同并承担违约责任。

《民法典》合同编第 502 条规定："依法成立的合同，自成立时生效，但是法律另有规定或者当事人另有约定的除外。依照法律、行政法规的规定，合同应当办理批准等手续的，依照其规定。未办理批准等手续影响合同生效的，不影响合同中履行报批等义务条款以及相关条款的效力。应当办理申请批准等手续的当事人未履行义务的，对方可以请求其承担违反该义务的责任。依照法律、行政法规的规定，合同的变更、转让、解除等情形应当办理批准等手续的，适用前款规定。"据此，一般情况下合同成立的时间也就是合同生效的时间，故合同成立的时间可以用以判断合同的生效时间。但也存在合同的成立时间和生效时间不一致的情形，如：附生效条件的合同，合同在条件成就时生效；附生效期限的合同，合同在期限届至时生效。

1）合同生效的法律效力。合同生效后，其效力主要体现在以下两个方面：

①在当事人之间产生法律效力。合同一旦生效，当事人应当依合同的约定，享受权利，承担义务。当事人依法受合同的拘束，这是合同的对内效力。当事人必须遵循合同的规定，依诚实信用的原则正确、完全地行使权利和履行义务，不得滥用权力，违反义务。在客观情况发生变化时，当事人必须依照法律或者取得对方的同意，才能变更或解除合同。

②当事人违反合同的，将依法承担民事法律责任。合同当事人也可以请求人民法院采取强制措施使当事人依合同的约定承担责任，对另一方当事人进行救济。

2）合同的生效要件。我国《民法典》总则编第 143 条规定："具备下列条件的民事法律行为有效：(一) 行为人具有相应的民事行为能力；(二) 意思表示真实；(三) 不违反法律、行政法规的强制性规定，不违背公序良俗。"合同的订立作为一种民事法律行为要具有法律效力，也应至少具备上述条件。值得注意的是，《民法典》合同编第 502 条："依照法律、行政法规的规定，合同应当办理批准等手续的，依照其规定。"即某些特殊合同必须经过有关部门的审批后，才具有法律效力。以下就各生效要件详细说明：

①行为人具有相应的民事行为能力。合同以当事人的意思表示为基础，以产生一定的法律效果为目的，因此，行为人必须能够正确理解自己行为的性质和后果，必须能够独立

地表达自己的意思。换言之，行为人必须具备与订立某项合同所需要的相当程度的民事行为能力。合同生效要求当事人在订立合同时具备民事权利能力和行为能力，一方面有助于保护当事人本人的利益，另一方面也有助于维护社会整体的经济秩序。

②意思表示真实。意思表示真实是合同生效的重要构成要件。意思表示真实是指行为人将其设立、变更、终止民事权利义务的内在意思通过外部的行为表示出来，且外部行为与其内在意思相一致。合同在本质上是当事人之间的合意，该合意符合法律规定则依法律产生法律拘束力。当事人的意思表示是否真实是该合意产生法律拘束力的要素之一。如果当事人是在被胁迫、受欺诈以及重大误解等情形下，违背其内心真实意思而签订合同的，则该当事人可以请求人民法院或仲裁机构撤销该合同。

③不违反法律、行政法规的强制性规定，不违背公序良俗。从法律上看，合同之所以能产生法律效力，就在于当事人的意思表示符合法律的规定。法律赋予合法的合同以法律上的拘束力，而对不合法的合同不予保护。

④满足法律规定的形式要求。依法成立的合同，自成立时生效，即如果没有法律、行政法规的特别规定和当事人的约定，合同成立的时间就是合同生效的时间；法律、行政法规规定应当办理批准、登记等才能生效的合同，自批准、登记时生效。

3）附条件和附期限合同的生效。

①附条件合同的概念及其生效。附条件的合同，指合同当事人设定一定的条件，并将条件的成就与否作为决定效力发生或消灭的根据的合同。当事人订立合同时，有时并不希望立即发生预期的法律后果，或者不希望已发生的法律效力持续存在，而是愿意在一定的事实发生时，使合同发生效力或终止效力。附条件合同中所附条件必须符合以下要求。首先，所附条件必须是将来发生的事实。即附条件合同中的条件，不是订立合同时即可以确定的，而是尚未发生的事实。其次，所附条件是由当事人设定而非法定的。作为条件的事实必须是当事人自己选定的，是双方意思表示一致的结果，而不是由法律规定的条件。如果合同中附有法定条件，则视为合同未附条件。再次，所附条件必须是合法的。当事人不得以有损社会公共利益和公共秩序的事实或有损他人合法权益的事实作为合同的附条件。如果合同所附条件为不法条件，且宣告该不法条件无效后会导致整个合同在内容上不合法或使该合同无法独立存在的，则整个合同应被认定无效。最后，所附条件是不确定的事实。条件必须是不确定的事实，即条件在将来是否发生并成就，当事人并不能确定。如果在合同成立时当事人已经确定作为条件的事实必然发生，则实际上当事人只需要在合同中附期限，而不必在合同中附条件。如果作为合同所附的条件根本不可能发生，如甲向乙表示“如果太阳从西边升起，则借给乙 10 万元”，则应视为当事人并无希望订立合同的意思表示。

对于附条件合同的生效时间，《民法典》总则编第 158 条规定：“民事法律行为可以附条件，但是根据其性质不得附条件的除外。附生效条件的民事法律行为，自条件成就时生效。附解除条件的民事法律行为，自条件成就时失效。”附条件合同的生效或者终止的效力取决于所附条件的成就或者不成就（即出现或不出现），且所附条件事先并不确定，任何一方均不得以违反诚实信用原则的方式恶意地促成条件的成就或者阻止条件的成就。《民法典》总则编第 159 条规定：“附条件的民事法律行为，当事人为自己的利益不正当地阻止条件成就的，视为条件已经成就；不正当地促成条件成就的，视为条件不成就。”

②附期限合同的概念及其生效。附期限的合同，是指以将来确定到来的一定期限作为合同生效或者终止的根据的合同。所附的期限就是双方当事人约定的将来确定到来的某个时间。

附期限合同中的期限与附条件合同中的条件是有区别的。在附条件的合同中，条件的成就与否是当事人不能预见的，条件可能成就也可能不成就，因此，条件是不确定的事实。但是在附期限的合同中，合同当事人在合同中规定一定的期限，把期限的到来作为合同生效和失效的根据，但期限的到来是当事人所预知的，是可以确定的事实。学界将此概括为“条件可能成就，期限必定到来”。当事人在签订合同时，对于确定的事实只能在合同中附期限，而不能附条件。

附期限合同的生效和所附期限类型。《民法典》总则编第 160 条规定：“附生效期限的民事法律行为，自期限届至时生效。附终止期限的民事法律行为，自期限届满时失效。”附期限合同中的期限可分为生效期限和终止期限。生效期限又可称为始期，是指以其到来使合同发生效力的期限。该期限的作用是延缓合同效力的发生，其作用与附条件合同中的生效条件相当。合同在该期限到来之前，其效力处于停止状态，待期限到来时，合同的效力才发生。终止期限是指以其到来使合同效力消灭的期限。附终止期限合同中的终止期限与附条件合同中的附解除条件的作用相当，故其又称为解除期限。

附期限合同中的期限可以是一个具体的日期，如某年某月某日；也可以是一个期间，如“合同成立之日起 3 个月”。

4）招标采购合同成立与生效的特殊规则。招标采购合同的订立需要经过复杂的招标投标程序，在该过程中，招标人发布招标公告或投标邀请书以及招标文件即为要约邀请，而投标人的投标行为即为要约，招标人向中标人发出中标通知书即为承诺。根据《民法典》的规定，当事人意思表示一致，合同即成立。对招标采购合同而言，中标人收到中标通知书时招标采购合同即告成立。《招标投标法》第 45 条规定：“中标通知书对招标人和中标人具有法律效力。中标通知书发出后，招标人改变中标结果的，或者中标人放弃中标项目的，应当依法承担法律责任。”前述规定均体现了合同成立之际的拘束力。

招标人与中标人一般在中标通知书发出之后签订书面合同。《民法典合同编通则司法解释》第 4 条规定：“采取招标方式订立合同，当事人请求确认合同自中标通知书到达中标人时成立的，人民法院应予支持。合同成立后，当事人拒绝签订书面合同的，人民法院应当依据招标文件、投标文件和中标通知书等确定合同内容。”鉴此，中标通知书到达中标人时，合同已告成立，即使各方未在法定期限内订立合同的，法院可以根据招标文件、投标文件和中标通知书等确定合同内容。而招标采购合同的生效，需要根据法律规定和合同约定综合判断。如果合同内容合法合规，且合同当事人并未附生效条件或附期限的，招标采购合同成立时即告生效。

3.2.3　合同的效力

合同效力是指已经成立的合同在当事人之间产生的法律拘束力。合同效力是法律赋予依法成立的合同以法律上的约束力。根据《民法典》的原理和规定，可将合同分为有效合同、无效合同、可撤销合同及效力待定合同。

现行《民法典》采用分编编写的立法体系，各分编内容均受总则编的统领指引，合同效力系属民事法律行为，同样受到《民法典》总则编的规范指引，故合同效力应全面遵从《民法典》总则编关于民事法律行为效力的相关条款规制。

（1）有效合同

所谓有效合同，是指依照法律的规定成立并在当事人之间产生法律约束力的合同。《民法典》总则编第 143 条规定了有效合同的三要件。同时《民法典》第 502 条规定，有些合同的生效或有效还应当具备特定的条件，如办理批准等手续。因此完全符合《民法典》规定要件的合同为有效合同。

依法成立的合同受法律保护。《民法典》合同编第 465 条规定，依法成立的合同仅对当事人具有法律约束力。当事人应当按照约定履行自己的义务，不得擅自变更或者解除合同。如果一方当事人不履行合同义务，另一方当事人可依照《民法典》合同编第 577 条规定及合同约定要求对方承担继续履行、采取补救措施或者赔偿损失等违约责任。

（2）无效合同

1）无效合同的特征。无效合同是指合同虽然已经成立，但因其内容违反法律、行政法规的强制性规定或违背公序良俗而不具备法律效力的合同。无效合同一般具有以下特征：

①无效合同具有违法性。一般来说，无效合同都具有违法性，违反了法律和行政法规的强制性规定，损害了国家利益、社会公共利益。例如，当事人订立合同采购违禁品。无效合同的违法性表明此类合同不符合国家意志和立法目的，因此国家以法律的力量予以干预，使其不发生效力。

②无效合同自始无效。所谓自始无效，即合同从订立时起即不具有法律约束力，以后也不会转化为有效合同。对于已经履行的，应当通过返还财产、赔偿损失等方式使当事人的财产恢复到合同订立前的状态。

2）无效合同的种类。根据《民法典》总则编第 144 条、第 146 条、第 153 条、第 154 条的规定，无效合同包括以下几类：

①无民事行为能力人订立的合同。《民法典》总则编第 144 条规定："无民事行为能力人实施的民事法律行为无效。"合同缔约履行，都属于民事法律行为，应有具备相应行为能力的人从事该等活动。所谓无民事行为能力人指不满 8 周岁的未成年人、不能辨认自己行为的成年人，以及不能辨认自己行为的 8 周岁以上的未成年人。

②行为人与相对人以虚假的意思表示订立的合同。《民法典》总则编第 146 条规定："行为人与相对人以虚假的意思表示实施的民事法律行为无效。"《民法典合同编通则司法解释》第 14 条明确："当事人之间就同一交易订立多份合同，人民法院应当认定其中以虚假意思表示订立的合同无效。"

③违反法律、行政法规的强制性规定的合同无效。《民法典》总则编第 153 条规定："违反法律、行政法规的强制性规定的民事法律行为无效。"法律、行政法规的强制性规定是指法律、行政法规中规定的人们不得实施某些行为或者必须实施某些行为。如，法律规定当事人订立的合同必须经过有关部门的审批，属于必须实施某些行为的规定。同时，该规定仅限于法律和行政法规，不能任意扩大范围。此处的法律是指由全国人大及其常委会颁布的法律，行政法规是指由国务院颁布的法规。

值得注意的是，并非所有违反强制性规定的合同均无效。《民法典合同编通则司法解释》第 16 条规定，在特定情形下，行为人承担行政责任或者刑事责任能够实现强制性规定的立法目的的，法院可认定该合同不因违反强制性规定无效。该等情形具体包括："（一）强制性规定虽然旨在维护社会公共秩序，但合同的实际履行对社会公共秩序造成的影响显著轻微，认定合同无效将导致案件处理结果有失公平公正；（二）强制性规定旨在维护政府的税收、土地出让金等国家利益或者其他民事主体的合法利益而非合同当事人的民事权益，认定合同有效不会影响该规范目的的实现；（三）强制性规定旨在要求当事人一方加强风险控制、内部管理等，对方无能力或者无义务审查合同是否违反强制性规定，认定合同无效将使其承担不利后果；（四）当事人一方虽然在订立合同时违反强制性规定，但是在合同订立后其已经具备补正违反强制性规定的条件却违背诚信原则不予补正；（五）法律、司法解释规定的其他情形。"

④违背公序良俗的合同。对于违背公序良俗的情形，《民法典合同编通则司法解释》第 17 条中规定包括"（一）合同影响政治安全、经济安全、军事安全等国家安全的；（二）合同影响社会稳定、公平竞争秩序或者损害社会公共利益等违背社会公共秩序的；（三）合同背离社会公德、家庭伦理或者有损人格尊严等违背善良风俗的。"如，与他人签订赌博场所出租合同，即因违反了社会管理秩序，而应被认定无效。

⑤恶意串通，损害他人合法权益的合同。《民法典》总则编第 154 条规定："行为人与相对人恶意串通，损害他人合法权益的民事法律行为无效。"所谓恶意串通的合同，是指合同的双方当事人非法勾结，为牟取私利，而共同订立的损害国家、集体或者第三人利益的合同。在恶意串通的合同中，尽管当事人所表达的意思真实一致，但该种意思表示侵害国家、集体或第三人利益的，属于非法意思表示，故此类合同无效。

（3）可撤销合同

1）可撤销合同的概念及情形。可撤销合同，是指虽已生效，但因当事人在订立合同时意思表示不真实，而可以由依法享有撤销权的当事人决定是否行使撤销权而令其归于无效的合同。《民法典》总则编第 147 条、第 148 条、第 149 条、第 150 条、第 151 条规定了以下三种可撤销的合同。

①因重大误解而订立的合同。《民法典》总则编第 147 条明确规定，因重大误解订立的合同，有权一方可以请求法院或仲裁机构撤销。其中关于重大误解的界定，《最高人民法院关于印发〈全国法院贯彻实施民法典工作会议纪要〉的通知》明确："行为人因对行为的性质、对方当事人、标的物的品种、质量、规格和数量等的错误认识，使行为的后果与自己的意思相悖，并造成较大损失的，人民法院可以认定为民法典第一百四十七条、第一百五十二条规定的重大误解。"

合同订立过程中的重大误解一般包括以下四种情况。第一，对合同性质发生的误解。在此种情况下，当事人的权利义务将发生重大变化。如当事人误以为出租为出卖，这与当事人在订约时所追求的目的完全相反。第二，对合同主体发生的误解。如甲当事人误以为乙当事人与之签订合同。特别是在信托、委托等以信用为基础的合同中对对方当事人的误解就属于重大误解的合同。第三，对标的物种类的误解，即对当事人权利义务的指向对象即标的本身发生了误解。第四，对标的物质量的误解，且直接涉及当事人订约的目的或者重大利益的。如误将仿冒品当成真品。除此之外，对标的物的数量、规格等错误认识，足以对当事人的利益造成重大损害的，也可认定为重大误解的合同。

②一方以欺诈、胁迫手段或者第三人以欺诈、胁迫手段，使另一方在违背真实意思的情况下订立的合同。《民法典》总则编第 148 条规定："一方以欺诈手段，使对方在违背真实意思的情况下实施的民事法律行为，受欺诈方有权请求人民法院或者仲裁机构予以撤销。"第 149 条规定："第三人实施欺诈行为，使一方在违背真实意思的情况下实施的民事法律行为，对方知道或者应当知道该欺诈行为的，受欺诈方有权请求人民法院或者仲裁机构予以撤销。"第 150 条规定："一方或者第三人以胁迫手段，使对方在违背真实意思的情况下实施的民事法律行为，受胁迫方有权请求人民法院或者仲裁机构予以撤销。"鉴此，一方以欺诈、胁迫手段或者第三人以欺诈、胁迫手段，使对方在违背真实意思的情况下订立的合同，受损害方有权请求人民法院或者仲裁机构撤销。其中，第三人欺诈时一方撤销合同需要对方知道或应当知道该欺诈行为。

③订立合同时显失公平的合同。显失公平通常表现为当事人的权利义务很不对等，经济利益上严重失衡，违反公平合理的原则。法律规定显失公平的合同应予撤销，是公平原则的体现。从法律上确认显失公平的合同可撤销，对保证交易的公正性，防止一方当事人利用优势或利用对方没有经验而损害对方的利益具有重要的意义。《民法典》总则编第 151 条明确规定："一方利用对方处于危困状态、缺乏判断能力等情形，致使民事法律行为成立时显失公平的，受损害方有权请求人民法院或者仲裁机构予以撤销。"《民法典合同编通则司法解释》第 11 条进一步明确了"缺乏判断能力"的情形，具体可以理解为"当事人一方是自然人，根据该当事人的年龄、智力、知识、经验并结合交易的复杂程度，能够认定其对合同的性质、合同订立的法律后果或者交易中存在的特定风险缺乏应有的认知能力的"。

显失公平的认定需要考虑以下构成要件：

①客观要件，即在客观上当事人之间的利益不平衡。显失公平的合同，一方当事人承担较多的义务而享受极少的权利或者在经济利益上遭受重大损失，而另一方则以较少的义务获得了极大的利益，这种不平衡违反了《民法典》总则编确立的公平原则。

②主观要件，即一方当事人在主观上存在利用其优势或者另一方当事人的草率、无经验等订立合同的故意。在考察合同是否构成显失公平时，必须综合考虑主观要件和客观要件。

判断合同是否构成显失公平，还应注意显失公平与正常的商业风险的区别。市场经济活动中，各种交易的对价给付均达到完全对等是有困难的，从事商业交易必然要承担一定风险，且该等风险都是当事人自愿承担的，如果风险导致的不平衡在法律允许的限度范围之内，则属于正常的商业风险。显失公平制度并不是为免除当事人所应承担的正常商业风险，而是禁止、限制一方当事人获得超过法律允许的利益；同时，显失公平情形下，一方当事人通常具有利用另一方当事人草率或无经验等而订立合同的情况，而在正常的商业风险下不存在这种情况。

2）可撤销合同的特点。

①可撤销的合同在未被撤销前，是有效的合同。

②可撤销的合同一般是意思表示不真实的合同。无论是受欺诈、受胁迫签订的合同，还是重大误解、显失公平情形下签订的合同，均不能体现合同当事人的真实意思表示，因此属于可撤销的合同。

③可撤销合同的撤销要由撤销权人通过行使撤销权来实现。

3）可撤销合同与无效合同的区别。可撤销合同与无效合同在合同被确认无效或者被撤销后，自始没有法律约束力，但两者又有明显的区别：

①可撤销合同主要是意思表示不真实的合同，而无效合同主要是违反法律法规的强制性规定和社会公序良俗的合同。

②可撤销合同在没有被撤销之前仍然是有效的，而无效合同自始就不具有效力。

③行使可撤销合同中的撤销权是有时间限制的。《民法典》总则规定，具有撤销权的当事人自知道或者应当知道撤销事由之日起一年内具有撤销权，超过该期限未行使的，撤销权消灭；而因无效合同是当然无效、自始无效的，故当事人在任何时间都可以请求法院或仲裁机构确认合同无效，法院和仲裁机构也可以不经当事人请求，直接在案件的审理中认定合同无效。

④可撤销合同中的撤销权人有选择的权利，其可以申请撤销合同，也可以让合同继续有效；对于无效合同，当事人不能选择将其撤销，只能请求法院或仲裁机构确认其无效。对于可撤销合同的规定应注意以下两点。第一，可撤销合同中，因重大误解而订立的或订立时显失公平的合同，当事人一方有权请求撤销合同，主要是误解方或者受害方有权请求撤销合同；一方因欺诈、胁迫而订立的合同，则只有受损害方当事人才有权请求撤销合同。第二，撤销权人有权向人民法院或者仲裁机构申请撤销。

（4）效力待定的合同

所谓效力待定的合同，是指虽然合同已经成立，但因不完全符合法律有关生效要件的规定，其发生效力与否尚未确定，一般须经有关权利人表示承认或追认才能生效的合同。效力待定的合同与无效合同及可撤销合同的不同之处在于，行为人并未违反法律的禁止性规定及损害社会公共利益，也不是因意思表示不真实而导致合同应予撤销。导致合同效力待定的情形主要有以下两种：第一，限制行为能力人签订依法不能独立订立的合同；第二，无权代理人以本人名义订立合同的。

对于限制民事行为能力人订立的合同，《民法典》总则编第 145 条规定，经法定代理人追认后，该合同有效，但纯获利益的合同或者与其年龄、智力、精神健康状况相适应而订立的合同，不必经法定代理人追认。相对人可以催告法定代理人自收到通知之日起 30 日内予以追认，法定代理人未作表示的，视为拒绝追认。合同被追认之前，善意相对人有撤销的权利。撤销应当以通知的方式作出。

无权代理则是指行为人没有代理权、超越代理权或者代理权终止后，仍然实施代理行为。《民法典》总则编第 171 条的规定，无权代理人实施代理行为，未经被代理人追认的，对被代理人不发生效力。相对人可以催告被代理人自收到通知之日起 30 日内予以追认。被代理人未作表示的，视为拒绝追认。行为人实施的行为被追认前，善意相对人有撤销的权利。撤销应当以通知的方式作出。

前述《民法典》总则编的两条规定，为两种效力待定合同在法典中的条文体现。可以看出，造成合同效力待定的主要原因可归结为两类。一是合同的主体不适格，其中分为无行为能力人订立的合同和限制民事行为能力人依法不能独立订立的合同。二是因无权代理而订立的合同，具体包括三种情形：第一，没有代理权进行的代理；第二，超越代理权限范围进行的代理；第三，代理权消灭后的代理。以上两种情形只有当法定代理人追认、本人追认后方能生效，否则不能发生法律效力。故此效力待定合同的根本特点在于，合同有效与否取决于权利人是否承认或追认，此亦为与其他合同的主要区别。

(5) 招标采购合同无效的特殊规定

关于招标采购合同的无效，《民法典》第 144 条、第 146 条、第 153 条、第 154 条在合同总则篇中规定了合同无效的五种情形，而招标采购合同无效的特殊性，主要体现在“违反法律、行政法规的强制性规定”，即招标采购合同涉及因违反招标投标相关法律和行政法规的强制性规定而无效，主要情形包括：

1）中标无效导致中标合同无效。中标无效的情形包括：

①招标代理机构违法泄密或者与招标人、投标人串通，中标无效。《招标投标法》第 50 条规定：“招标代理机构违反本法规定，泄露应当保密的与招标投标活动有关的情况和资料的，或者与招标人、投标人串通损害国家利益、社会公共利益或者他人合法权益的，处五万元以上二十五万元以下的罚款；对单位直接负责的主管人员和其他直接责任人员处单位罚款数额百分之五以上百分之十以下的罚款；有违法所得的，并处没收违法所得；情节严重的，禁止其一年至二年内代理依法必须进行招标的项目并予以公告，直至由工商行政管理机关吊销营业执照；构成犯罪的，依法追究刑事责任。给他人造成损失的，依法承担赔偿责任。前款所列行为影响中标结果的，中标无效。”

②招标人向他人透露可能影响公平竞争的有关招标投标的情况或者泄露标底，导致中标无效的。《招标投标法》第 52 条规定：“依法必须进行招标的项目的招标人向他人透露已获取招标文件的潜在投标人的名称、数量或者可能影响公平竞争的有关招标投标的其他情况的，或者泄露标底的，给予警告，可以并处一万元以上十万元以下的罚款；对单位直接负责的主管人员和其他直接责任人员依法给予处分；构成犯罪的，依法追究刑事责任。前款所列行为影响中标结果的，中标无效。”

③投标人相互串通投标或者与招标人串通投标，中标无效。《招标投标法》第 53 条规定：“投标人相互串通投标或者与招标人串通投标的，投标人以向招标人或者评标委员会成员行贿的手段谋取中标的，中标无效，处中标项目金额千分之五以上千分之十以下的罚款，对单位直接负责的主管人员和其他直接责任人员处单位罚款数额百分之五以上百分之十以下的罚款；有违法所得的，并处没收违法所得；情节严重的，取消其一年至二年内参加依法必须进行招标的项目的投标资格并予以公告，直至由工商行政管理机关吊销营业执照；构成犯罪的，依法追究刑事责任。给他人造成损失的，依法承担赔偿责任。”《招标投标法实施条例》第 39 条对串通投标的情形作出了细化规定。

④骗取中标的，中标无效。《招标投标法》第 54 条规定：“投标人以他人名义投标或者以其他方式弄虚作假，骗取中标的，中标无效，给招标人造成损失的，依法承担赔偿责任；构成犯罪的，依法追究刑事责任。”《招标投标法实施条例》第 68 条对骗取中标的情形与法律责任作出了细化规定。

⑤实质性谈判导致中标无效。《招标投标法》第 55 条规定：“依法必须进行招标的项目，招标人违反本法规定，与投标人就投标价格、投标方案等实质性内容进行谈判的，给予警告，对单位直接负责的主管人员和其他直接责任人员依法给予处分。前款所列行为影

响中标结果的，中标无效。”

实践中，由于招标采购文件编写不规范、招标采购人利用交易优势地位制定不合理评标条件、投标人违背真实意思表示先行接受不合理条件等各类因素影响，中标人与招标采购人后续对合同内容进行实质性变更的情况时有发生。

但我国法律法规进一步明确了禁止中标后招标人和中标人另行签订变更合同实质性内容合同的规定。如《招标投标法》第 46 条规定：“招标人和中标人应当自中标通知书发出之日起三十日内，按照招标文件和中标人的投标文件订立书面合同。招标人和中标人不得再行订立背离合同实质性内容的其他协议。”《招标投标法实施条例》第 57 条规定：“招标人和中标人应当依照招标投标法和本条例的规定签订书面合同，合同的标的、价款、质量、履行期限等主要条款应当与招标文件和中标人的投标文件的内容一致。招标人和中标人不得再行订立背离合同实质性内容的其他协议。”

为避免中标后各方对合同内容进行实质性变更，招投标双方在招标采购实践中，对于缺陷与含义不明确、计算错误等事项，可通过澄清等方式避免授予合同的盲目性以及可能的履约风险。对此《招标投标法》中已经设置了澄清等制度安排，如《招标投标法》第 39 条规定：“评标委员会可以要求投标人对投标文件中含义不明确的内容作必要的澄清或者说明，但是澄清或者说明不得超出投标文件的范围或者改变投标文件的实质性内容。”同时《招标投标法》第 23 条明确了招标人的澄清或修改时限：“招标人对已发出的招标文件进行必要的澄清或者修改的，应当在招标文件要求提交投标文件截止时间至少十五日前，以书面形式通知所有招标文件收受人。该澄清或者修改的内容为招标文件的组成部分。”

需要说明的是，法律并未完全否定实质性变更的效力。以工程建设项目为例，《建工解释（一）》第 23 条规定：“发包人将依法不属于必须招标的建设工程进行招标后，与承包人另行订立的建设工程施工合同背离中标合同的实质性内容，当事人请求以中标合同作为结算建设工程价款依据的，人民法院应予支持，但发包人与承包人因客观情况发生了在招标投标时难以预见的变化而另行订立建设工程施工合同的除外。”根据前述规定，实质性内容变更在发承包双方因客观情况发生了在招标投标时难以预见的变化而另行调整时有效。

⑥招标人在评标委员会依法推荐的中标候选人以外确定中标人，中标无效，《招标投标法》第 57 条规定：“招标人在评标委员会依法推荐的中标候选人以外确定中标人的，依法必须进行招标的项目在所有投标被评标委员会否决后自行确定中标人的，中标无效。责令改正，可以处中标项目金额千分之五以上千分之十以下的罚款；对单位直接负责的主管人员和其他直接责任人员依法给予处分。”

⑦违反《招标投标法》及其实施条例的其他情形，中标无效。《招标投标法实施条例》第 81 条规定：“依法必须进行招标的项目的招标投标活动违反招标投标法和本条例的规定，对中标结果造成实质性影响，且不能采取补救措施予以纠正的，招标、投标、中标无效，应当依法重新招标或者评标。”

2）必须招标未招标的施工合同无效。《建工解释（一）》中规定建设工程必须进行招标而未招标的建设工程施工合同无效，而《招标投标法》及相关规范明确规定了必须依法招标的项目范围。因此，对于依法必须招标的建设工程项目，如果未招标则建设工程施工合同无效。

3）因违反其他法律和行政法规中的强制性规定而可能导致合同无效的情形。在招标投标法律体系中存在较多强制性规定，但并非每个法律条款均规定违反则导致中标、招标或合同的无效，需要根据实际情况具体分析。

3.3 合同的履行与变更

3.3.1 合同的履行

（1）合同履行的概念及原则

合同的履行，是指对合同约定义务的执行。合同的履行表现为合同当事人按照合同的约定或法律的规定，全面、适当地履行自己所承担的义务。

合同履行应当遵守一定的原则。合同履行原则是指导合同履行并适用于合同履行整个过程的特有原则。合同履行除必须贯彻《民法典》基本原则外，还应坚持全面履行、适当履行、协作履行和经济合理等原则。

1）全面履行原则。全面履行原则是指当事人应当按照法律规定和合同约定全面履行合同义务，不仅包括合同条款约定的各方当事人的义务，而且也包括法律规定的先合同义务与后合同义务等内容。全面履行原则的基础即为《民法典》总则编的诚实信用原则。《民法典》合同编第509条规定：“当事人应当按照约定全面履行自己的义务。”这是全面履行原则在法律中的体现。

2）适当履行原则。适当履行原则是指当事人应依合同约定的标的、质量、数量，由适当主体在适当的期限、地点，以适当的方式履行合同义务的原则。

适当履行原则要求：

①履行主体适当。即当事人应当亲自履行合同义务或接受履行，不得擅自转让合同义务或将合同权利转让给其他人代为履行或接受履行。

②履行标的物及其数量和质量适当。即当事人必须按合同约定的标的物履行义务，而且还应依合同约定的数量和质量来给付标的物。

③履行期限适当。即当事人必须依照合同约定的时间来履行合同，债务人不得迟延履行，债权人不得迟延受领；如果合同未约定履行时间，则双方当事人可随时提出或要求履行，但必须给对方必要的准备时间。

④履行地点适当。即当事人必须严格依照合同约定的地点来履行合同。

⑤履行方式适当。履行方式包括以标的物为履行方式或者以价款或酬金为履行方式，当事人必须严格依照合同约定的方式履行合同。

3）协作履行原则。协作履行原则是指合同当事人不仅应履行自己的义务，而且还应当协助对方履行义务。《民法典》合同编第509条规定：“当事人应当遵循诚信原则，根据合同的性质、目的和交易习惯履行通知、协助、保密等义务。”此款是协作履行原则的具体体现。协作履行原则是合同履行的保障，符合双方当事人的利益。

协作履行原则具有以下要求。第一，合同一方当事人履行合同义务时，另一方应当为其创造必要条件、提供方便。如货物采购合同中，采购方应当为供货方提供准确的交货地点，以便供货人交付货物。第二，合同一方当事人通知另一方时，另一方当事人应当及时答复。第三，合同一方当事人因故不能履行或不能完全履行合同义务时，另一方当事人应积极采取措施防止损失扩大。

4）经济合理原则。经济合理原则是指当事人在履行合同时，应当关注经济效益与投资回报率，控制合同履行成本，获得最佳的合同履行收益。无论是合同目的的实现方式还是合同的履行期限等，都应注重合同履行的经济性与合理性，规避通过不恰当的合同履行方式减损合同履行收益或增加合同履行成本。

(2）双务合同履行中的抗辩权

在双务合同中，合同当事人都负有合同义务，通常一方的权利与另一方的义务之间具有相互依存、互为因果的关系。为了保证双务合同当事人利益关系的公平，《民法典》合同编作出了规定，当事人一方在对方未履行或者可能不履行合同义务时，可以行使其不履行合同义务的保留性权利，这就是对抗对方当事人要求履行的抗辩权。合同履行中的抗辩权有以下三种：

1）同时履行抗辩权。《民法典》合同编第 525 条规定，同时履行抗辩权是指当事人互负债务且没有先后履行顺序的，一方在对方履行之前有权拒绝其履行要求，或者是一方在对方履行债务不符合约定时有权拒绝其相应的履行要求。

同时履行抗辩权的适用条件为：第一，由同一双务合同产生的互负债务，且双方债务有对价关系；第二，当事人双方互负的债务没有先后履行顺序且均已届清偿期；第三，当事人一方未履行债务或未按合同约定履行债务；第四，对方当事人应履行的义务是可能履行的。

2）先履行抗辩权。《民法典》合同编第 526 条规定，先履行抗辩权是指当事人互负债务，有先后履行顺序，先履行一方未履行的，后履行一方有权拒绝其履行的要求，或者是先履行一方履行债务不符合约定的，后履行一方可以拒绝其相应的履行要求的权利。

先履行抗辩权的适用条件为以下几个方面。第一，当事人因双务合同互负债务。第二，债务有先后履行顺序，这种顺序一般由当事人在合同中约定，或按交易习惯能够确定；且应先履行的债务有履行可能。第三，应先履行一方未履行或履行不符合约定，即全部或部分瑕疵履行。如建设工程施工合同中关于发包人迟延支付工程价款的，承包人据此行使暂停施工的权利，可以认为行使了《民法典》中的先履行抗辩权。

3）不安抗辩权。《民法典》合同编第 527 条规定："应当先履行债务的当事人，有确切证据证明对方有下列情形之一的，可以中止履行：（一）经营状况严重恶化；（二）转移财产、抽逃资金，以逃避债务；（三）丧失商业信誉；（四）有丧失或者可能丧失履行债务能力的其他情形。当事人没有确切证据中止履行的，应当承担违约责任。"

不安抗辩权的适用条件为：第一，当事人须因双务合同互负债务；第二，当事人一方须有先履行的义务且该先履行义务已届履行期；第三，后履行义务一方有丧失或可能丧失履行债务能力的情形；第四，后履行义务一方没有对待给付或未提供担保。不安抗辩权是预防性的保护措施，当一方情况发生变化，另一方先履行会造成损失时，法律依据公平原则作出上述规定。为防止不安抗辩权的滥用，法律规定当事人在行使此项权利时，一定要有确切的证据。

(3）招标采购合同的履行

招标采购合同的履行同样需要遵从合同履行的一般原则，因此，合同履行的抗辩权对招标采购合同也同样适用。此外，《招标投标法》对招标采购合同的履行也有一定的限制。

如关于中标合同转让的限制，《招标投标法》第 48 条规定：“中标人应当按照合同约定履行义务，完成中标项目。中标人不得向他人转让中标项目，也不得将中标项目肢解后分别向他人转让。”

3.3.2 合同的变更

（1）合同变更的概念

合同的变更有广义、狭义之分。广义的合同变更是指合同主体、客体和内容的变更。合同主体变更是指合同当事人发生变化，合同主体的变更实际上是合同权利义务的概括转让。合同内容变更是指合同当事人权利义务的变化。狭义的合同变更是指合同客体和内容的变更，本小节所称“合同变更”是指狭义的合同变更。

（2）合同变更的内容及实现方式

合同变更既可能是合同标的的变更，比如将采购甲品牌插座改为乙品牌插座，也可能是合同标的数量的增加或者减少，比如本来计划采购 10 吨钢筋，后改为 8 吨；既可能是履行地点的变更，也可能是履行方式的改变，如原定出卖人送货改为买受人自己提货；既可能是合同履行期的缩短或者延长，也可能是违约责任的重新约定。当事人给付价款或者报酬的调整是合同变更的主要原因。此外，合同担保条款以及解决争议方式的变化也会导致合同的变更。

合同变更需要当事人协商一致。但部分情形下，除需要当事人协商一致以外，还应当履行法定的审批程序。《民法典》合同编第 502 条规定：“依照法律、行政法规的规定，合同应当办理批准等手续的，依照其规定。”因此，法律、行政法规对变更合同事项有具体要求的，当事人应当按照有关规定办理相应的手续。

为了保证当事人的合法权益，防止和减少不必要的纠纷，《民法典》未对变更合同的形式作出明确的规定。但是，对当事人而言，涉及合同主要内容变更的，采用的形式应当根据原合同的形式来决定，即原合同属于书面合同形式的，合同的变更也应当按照书面形式处理。而且，从减少纠纷、明确双方权利和义务的角度出发，变更合同通常也宜采用书面形式。

（3）招标采购合同变更权的法律规制

合同的变更是当事人的一项权利，一般只要当事人协商一致，任何阶段都可以变更合同。但招标采购合同的变更却要受到一定的限制，此种限制体现在以下方面：

1）合同订立阶段的变更权。中标人或成交供应商在收到中标通知书或成交通知书时，合同即告成立。以工程招标为例，《招标投标法实施条例》第 57 条规定：“招标人和中标人应当依照招标投标法和本条例的规定签订书面合同，合同的标的、价款、质量、履行期限等主要条款应当与招标文件和中标人的投标文件的内容一致。招标人和中标人不得再行订立背离合同实质性内容的其他协议。”也就是说，招标人与中标人所签订的合同应该与招标文件、中标人的投标文件的主要内容相一致。《招标投标法实施条例》的这一规定主要是为了规范合同订立过程中的行为。对于招标人与中标人背离中标合同实质性内容而签订协议的，当事人将承担相应的法律后果。

2）合同履行过程变更权的正当性。鉴于招标采购项目受到众多因素的影响，在符合合同交易规则的情况下，履约过程中变更合同内容，包括变更合同实质性内容都应当是允许的。但是，此等变更仍应满足一定条件。以工程招标为例，一是变更基于招标采购项目的客观需要，而非出于压低中标人的价格、缩减中标人的合同范围并重新发包给他人或由自己实施等的非客观需要。二是对于涉及需要前往当地主管部门进行监督备案的变更事项，应当遵循当地主管部门的规定要求，到当地主管部门进行备案。如《政府采购法》第 49 条规定："政府采购合同履行中，采购人需追加与合同标的相同的货物、工程或者服务的，在不改变合同其他条款的前提下，可以与供应商协商签订补充合同，但所有补充合同的采购金额不得超过原合同采购金额的百分之十。"

3）合同履行中的让利行为规制。招标采购合同履行过程中，不当的赠送、再度让利等行为也不受法律支持。《建工解释（一）》第 2 条规定："招标人和中标人在中标合同之外就明显高于市场价格购买承建房产、无偿建设住房配套设施、让利、向建设单位捐赠财物等另行签订合同，变相降低工程价款，一方当事人以该合同背离中标合同实质性内容为由请求确认无效的，人民法院应予支持。"

4）招标采购合同变更的其他规制。招标采购合同还需要关注国家利益和社会公共利益的维护，《政府采购法》第 50 条明确了为维护国家和社会利益，采购合同变更的合法性依据，即："政府采购合同继续履行将损害国家利益和社会公共利益的，双方当事人应当变更、中止或者终止合同。有过错的一方应当承担赔偿责任，双方都有过错的，各自承担相应的责任。"也就是说，《政府采购法》明确继续履行将损害国家和社会利益情况下，政府采购合同应当予以变更。

3.4　合同的转让

合同转让是指《民法典》法律关系主体的改变。根据转让内容的不同，合同转让包括合同权利的转让、合同义务的转移以及合同权利和义务的概括转让三种类型。

3.4.1　合同权利的转让

合同权利的转让是指不改变合同权利的内容，由债权人将权利转让给第三人。《民法典》合同编第 545 条规定："债权人可以将债权的全部或者部分转让给第三人。"债权人既可以将合同权利全部转让，也可以将合同权利部分转让。合同权利全部转让的，原合同关系消灭，产生一个新的合同关系，受让人取代原债权人的地位，成为新的债权人；合同权利部分转让的，受让人作为第三人加入原合同关系中，与原债权人分别享有债权。

从鼓励交易、促进市场经济发展的目的看，法律允许债权人的转让行为，只要不违反法律和社会公德，债权人可以转让其权利。但是，为了维护社会公共利益和交易秩序，平衡合同双方当事人的权益，法律对权利转让的范围进行一定的限制。《民法典》合同编第 545 条也明确规定，有以下情形之一的，债权人不得转让其权利：

（1）根据合同性质不得转让权利

对基于特定当事人的身份关系订立的合同，若将合同权利转让给第三人，会使合同的内容发生变化，动摇合同订立的基础，违反了当事人订立合同的目的，使当事人的合法利益得不到应有的保护。一般而言，以下四种合同权利不适宜转让：第一，基于个人信任关系而发生的债权，如雇佣人对受雇人的债权、委托人对受托人的债权等；第二，以选定债务人为基础发生的合同权利，如以某个特定演员的演出活动、某个作家的创作活动为基础所订立的演出合同、出版合同等；第三，合同内容中包括了针对特定当事人的不作为义务，如禁止某人在转让其权利后再将该权利转让给他人等；第四，属于从权利的合同权利，如保证合同权利等。

（2）按照当事人约定不得转让权利

当事人在订立合同时可以对权利的转让作出特别的约定，禁止债权人将权利转让给第三人。该等约定如果符合当事人真实的意思表示，同时不违反法律、行政法规强制性规定，将对当事人产生法律效力。债权人应当遵守该约定而不得再将权利转让给他人，否则其行为构成违约。但是，合同当事人的该等特别约定，不能对抗善意的第三人。如果债权人不遵守约定，将权利转让给第三人，使第三人在不知情的情况下接受了转让的权利，则该转让行为有效，第三人成为新的债权人。转让行为造成债务人利益损害的，原债权人应当承担违约责任。

（3）依照法律规定不得转让权利

我国法律中对某些权利的转让作出了禁止性规定，当事人应当严格遵守，不得违反法律的规定，擅自转让法律禁止转让的权利。如我国文物购销一直实行国家统一管理、收购和经营的政策，禁止私自倒卖文物的行为。为了保护国家的历史文化遗产，严格控制文物的出境，禁止公民个人私自将文物卖给外国人，《文物保护法》第 25 条规定："非国有不可移动文物不得转让、抵押给外国人。"如工程招标投标活动，中标合同签订后，除非有法律规定的情形，中标权原则上不能转让。

3.4.2 合同义务的转移

合同义务转移是指经债权人同意，债务人将合同的义务全部或者部分地转让给第三人。《民法典》合同编第 551 条规定："债务人将债务的全部或者部分转移给第三人的，应当经债权人同意。债务人或者第三人可以催告债权人在合理期限内予以同意，债权人未作表示的，视为不同意。"转移合同义务也是法律赋予债务人的一项权利。但是，债权人和债务人的合同关系产生在相互了解的基础上，在订立合同时，债权人一般要对债务人的资信情况和偿还能力进行了解，而对于取代债务人或者加入债务人的第三人的资信情况及履行债务的能力，债权人可能并不完全清楚。所以，如果债务人不经债权人的同意就将债务转让给了第三人，那么对于债权人而言并不公平，不利于保障债权人合法利益的实现。

合同义务转移分为两种情况。一是合同义务的全部转移。在这种情况下，新的债务人完全取代旧的债务人全面履行合同义务。二是合同义务的部分转移，即新的债务人加入原债务，和原债务人分别向债权人履行义务。债务人不论转移的是全部义务还是部分义务，都需要征得债权人同意。未经债权人同意，债务人转移合同义务的行为对债权人不发生效力。债权人有权拒绝第三人向其履行，同时有权要求债务人履行义务并承担不履行或者迟延履行合同的法律责任。转移义务需要经过债权人的同意，这也是合同义务转移制度与合同权利转让制度最主要的区别。

应当注意的是，债务人转移义务有别于第三人替代债务人履行债务。《民法典》第 523

条就第三人替债务人履行债务的问题规定："当事人约定由第三人向债权人履行债务，第三人不履行债务或者履行债务不符合约定的，债务人应当承担违约责任。"明确当事人可以约定由第三人向债权人履行债务。第三人不履行或者履行债务不符合约定的，债务人应当承担违约责任。债务人转移义务和第三人替代债务人履行债务的区别主要有以下几方面。第一，在债务人转移债务时，债务人应当征得债权人的同意。在第三人替代履行的情况下，由当事人双方约定第三人向债权人履行债务。第二，在债务人转移义务的情况下，第三人加入合同关系，成为合同当事人。第三人替代履行时，并未加入合同关系，不是合同的主体，债权人不能直接要求第三人履行义务。

3.4.3　合同权利和义务的概括转让

合同权利和义务的概括转让是指合同一方当事人将其合同权利和义务一并转移给第三人，由第三人全部承受。合同权利和义务一并转让是合同一方当事人对合同权利和义务的全面处分，其转让的内容实际上包括合同权利的转让和合同义务的转移两部分内容。合同权利义务一并转让的后果是原合同关系消灭，第三人取代了转让方的地位，产生新的合同关系。

根据《民法典》有关合同权利转让和义务转移的规定，债权人转让权利应当通知债务人；债务人转移义务必须经债权人的同意。权利和义务一并转让既包括了权利的转让，又包括义务的转移，所以，合同一方当事人在进行转让前应当取得对方的意见，使对方能根据受让方的具体情况来判断这种转让行为是否会对自己的权利造成损害。只有经对方当事人同意，才能将合同的权利和义务一并转让。如果未经对方同意，一方当事人就擅自一并转让权利和义务的，对方有权就转让行为对自己造成的损害追究转让方的违约责任。

合同权利义务的概括转让只出现在双务合同中，对于当事人只承担义务或者只享受权利的单务合同不存在权利和义务一并转让的问题。比如，赠予合同的被赠予人只享有权利而不承担义务，该种情形下，合同的当事人不可能出现将权利和义务一并转让的情况。

3.4.4　招标采购合同转让的限制

（1）招标采购合同权利转让

鉴于合同债务履行的客体没有发生实质变化，一般也并未对债务人的权利义务造成实质影响，故《民法典》合同编第 546 条规定，合同权利的转让仅需要通知债务人。但并非所有的合同权利都可以转让，不能转让的情形在前文已有阐述。《招标投标法》及相关的法律规定并未对招标采购合同的权利转让作出特别限制，因此关于招标采购合同的转让应遵循《民法典》的规定。

（2）招标采购合同义务转让

招标采购合同的订立和履行过程中，中标人不得转让全部合同义务。《招标投标法》第 48 条规定："中标人应当按照合同约定履行义务，完成中标项目。中标人不得向他人转让中标项目，也不得将中标项目肢解后分别向他人转让。"根据该条规定，中标人不得将招标采购合同的全部义务转让他人。如果允许中标人在中标后全部转让合同义务，则会导致未参与竞标的主体成了真正的中标人，如此损害了招标采购的公平性。招标人通过招标方式选择中标人，一定程度上是因为信赖中标人的技术实力、管理能力、信誉等。如果中标人转让全部合同义务，合同义务将由招标人可能不了解的其他主体履行，如此将损害招标人的信赖利益。

(3) 招标采购合同概括转让

招标采购合同的概括转让既要满足合同权利转让的条件，又要满足义务转让的条件，因此结合上述规定，原则上中标人/成交供应商不能将招标采购合同概括转让。

3.5 合同的终止与解除

3.5.1 合同的终止

合同的终止指依法生效的合同，因具备法定情形或当事人约定的情形，合同债权、债务归于消灭，债权人不再享有合同权利，债务人也不再承担合同义务。根据《民法典》合同编第557条的规定，有下列情形之一的，合同终止：

(1) 债务已经履行

债务已经履行，指债务人按照约定的标的、质量、数量、价款或报酬、履行期限、履行地点和方式全面履行。合同是当事人为实现其利益要求而达成的合意，合同目的的实现有赖于债务的履行。债务按照合同约定得到履行，一方面可使合同债权得到实现，另一方面也使得合同债务归于消灭，从而产生合同权利义务终止的后果。

(2) 债务相互抵销

债务相互抵销，指当事人互负到期债务，又互享债权，以自己的债权冲抵对方的债权，使自己的债务与对方的债务在对等数额内消灭。比如，甲、乙签订商品混凝土采购合同，乙应付甲15万元，甲又基于其他原因欠付乙15万元，现两笔债务均至清偿期，任何一方可以主张两相抵销，互不相欠。

(3) 债务人依法将标的物提存

提存，是指由于债权人的原因，债务人无法向其交付合同标的物时，债务人将该标的物交给提存部门而消灭合同项下债务的制度。比如，债务人乙在合同约定的履行期限，准备向债权人甲交付货物，但无法找到债权人，乙根据法律有关规定，将该货物交给提存部门，货物被提存后，债务即消灭。

(4) 债权人免除债务

债权人免除债务，指债权人放弃自己的债权。债权人可以免除部分债务，也可以免除全部债务。比如：债务人乙应当支付债权人甲2万元的招标采购合同货款，甲表示乙可以少支付5000元或者不支付，就是债权人免除债务；甲表示只需要支付1万元，是债务的部分免除；甲表示2万元都不必支付，是债务的全部免除。免除部分债务的，合同部分终止；免除全部债务的，合同全部终止。

(5) 债权债务同归于一人

债权和债务同归于一人，指由于某种事实的发生，导致合同中原本由一方当事人享有的债权和由另一方当事人承担的债务，统归于一方当事人，该当事人既是合同的债权人，又是合同的债务人。比如，甲公司与乙公司签订了招标采购合同，在乙公司尚未支付合同价款时，甲、乙两公司合并成立了一个新的公司，甲公司的债权和乙公司的债务都归属于新公司。

（6）法律规定或者当事人约定终止的其他情形

除前述合同权利义务终止的情形外，法律同时规定了合同终止的其他情形出现的，合同权利义务也可以终止。如《民法典》第 173 条规定，代理人死亡、丧失民事行为能力，作为被代理人或者代理人的法人、非法人组织终止的，委托代理终止。《民法典》第 934 条规定：“委托人死亡、终止或者受托人死亡、丧失民事行为能力、终止的，委托合同终止；但是，当事人另有约定或者根据委托事务的性质不宜终止的除外。”

当事人可以同时约定合同权利义务终止的情形。当事人订立附终止条件的合同，当终止条件成就时，合同的权利义务终止。当事人订立附终止期限的合同，期限届至时，合同的权利义务终止。

此外，根据《民法典》合同编第 557 条的规定，合同解除情形下，该合同的权利义务也终止。合同的解除，指合同有效成立后，因具备合同约定的解除条件，或基于当事人双方意思表示，或当具备法律规定的合同解除条件时，因当事人一方的意思表示而使合同关系归于消灭的行为。

3.5.2　合同的解除

合同的解除分为协商解除、约定解除和法定解除三种。

（1）协商解除

协商解除是指合同生效后，未履行或未完全履行之前，当事人以解除合同为目的，经协商一致，解除合同。《民法典》合同编第 562 条规定：“当事人协商一致，可以解除合同。”此为协商解除合同的法律依据。协商解除是双方的法律行为，应当遵循合同订立的程序，即双方当事人应当对解除合同意思表示一致，协议未达成之前，原合同仍然有效。实践中，大部分合同的解除是通过协商的方式实现的。

（2）约定解除

约定解除是指在合同依法成立而尚未全部履行前，当事人基于双方约定的事由行使解除权而解除合同。《民法典》合同编第 562 条规定：“当事人可以约定一方解除合同的事由。解除合同的事由发生时，解除权人可以解除合同。”约定解除权的基本特点在于：当事人在合同中约定了合同解除的条件或期限，而当约定的条件或期限出现时，当事人即可行使解除权而使合同解除。

解除权可以在订立合同时约定，也可以在履行合同的过程中约定，可以约定一方享有解除合同的权利，也可以约定双方享有解除合同的权利。当解除合同的条件出现时，享有解除权的当事人可以行使解除权解除合同，而不必再与对方当事人协商。

（3）法定解除

法定解除是指在合同依法成立后而尚未全部履行前，当事人基于法律规定的事由行使解除权而解除合同。法定解除是与协商解除、约定解除并列的一种单方解除合同的方式，其基本特点在于：由法律直接规定解除合同的条件，在具备条件时，当事人可以行使解除权以解除合同。法定解除既不同于协商解除，也不同于约定解除。根据《民法典》合同编第 563 条的规定，当事人可以行使法定解除权的情形包括：

1）因不可抗力致使合同目的不能实现而解除合同。不可抗力事件的发生对履行合同的影响可能有大有小，有时只是暂时影响到合同的履行，可以通过延期履行实现合同的目的，对此不能行使法定解除权。只有不可抗力的影响致使合同目的不能实现时，当事人才可以解除合同。

2）因预期违约解除合同。因预期违约解除合同，指在合同履行期限届满之前，当事人一方明确表示或者以自己的行为表明不履行主要债务的，对方当事人可以解除合同。预期违约分为明示预期违约和默示预期违约。所谓明示预期违约，指合同履行期届满之前，一方当事人明确肯定地向另一方当事人表示将不履行合同。所谓默示预期违约，指合同履行期限到来前，一方当事人有确凿的证据证明另一方当事人在履行期限到来时将不履行或者不能履行合同，而其又不愿提供必要的履行担保。法律允许当事人在另一方尚未实际发生违约行为之前就解除合同，是因为在另一方预期违约的情况之下，仍要求一方当事人等待另一方违约行为实际发生之时再解除合同会使一方当事人遭受更大损失，所以规定此种情形下的解除权，可以为当事人减少损失，有利于保护守约一方的权益。

3）因迟延履行主要债务解除合同。当事人一方迟延履行主要债务，经催告后在合理期限内仍未履行的，对方当事人可以解除合同。迟延履行，指债务人无正当理由，在合同约定的履行期间届满之时仍未履行合同债务；或者对于未约定履行期限的合同，债务人在债权人提出履行的催告后仍未履行。债务人迟延履行债务是违反合同约定的行为，但并非就可以因此解除合同。只有符合以下条件，才可以解除合同。第一，迟延履行主要债务。一般说来，影响合同目的实现的债务，应为主要债务。第二，经催告后债务人仍然不履行债务。债务人迟延履行主要债务的，债权人应当给定一个合理期间，催告债务人履行。债权人催告的合理期限，应根据债务履行的具体情况而定，如债务的性质、种类、数额以及需要的时间等。如果超过该合理期间债务人仍不履行的，表明债务人没有履行合同的诚意，或者根本不可能再履行合同。在此情况下，如果仍要债权人等待履行，不仅对债权人不公平，而且会给其造成更大的损失。因此，债权人可以依法解除合同。

4）因迟延履行或者有其他违约行为不能实现合同目的而解除合同。该情形中，迟延的时间对于债权的实现至关重要，超过了合同约定的履行期限，合同目的就将无法实现。

5）法律规定的其他解除情形。除了上述法定解除情形，《民法典》合同编第 528 条还规定了其他解除合同的情形。比如，因行使不安抗辩权而中止履行合同，对方在合理期限内未恢复履行能力，也未提供适当担保的，视为以自己的行为表明不履行主要债务，中止履行的一方可以请求解除合同。

法律规定解除的条件，并不是说只要具备这些条件，当事人就必须解除合同，是否行使解除权，应由当事人决定。同时，法定解除条件也是对任意解除合同的限制。为了鼓励交易，避免资源浪费，保护双方当事人的合法权益，非当事人要求且非必须解除的合同，应予以继续履行。

3.5.3　招标采购合同的终止

招标采购合同的终止应当适用《民法典》的一般规定以及《招标投标法》等相关法律法规的特别规定。对于建设工程合同的终止，如设计合同、施工合同等，同时需要满足《建筑法》《建设工程勘察设计管理条例》《建设工程质量管理条例》等建设工程合同有关法律规定的要求。

3.6　合同违约责任

3.6.1　违约责任的概念和特征

违约责任是违反合同民事责任的简称，指合同当事人一方不履行合同义务或履行合同义务不符合合同约定所应承担的民事责任。《民法典》合同编第 577 条对违约责任种类作了概括性规定："当事人一方不履行合同义务或者履行合同义务不符合约定的，应当承担继续履行、采取补救措施或者赔偿损失等违约责任。"违约责任具有以下特征：第一，违约责任的产生以合同当事人不履行合同义务为条件；第二，违约责任具有相对性；第三，违约责任主要具有补偿性；第四，违约责任可以由当事人约定。

3.6.2　违约责任的构成要件

违约责任的构成要件可分为一般构成要件和特殊构成要件。所谓一般构成要件，是指违约当事人承担任何违约责任形式都必须具备的要件。所谓特殊构成要件，是指特定的违约责任形式所要求的责任构成要件。违约责任的构成要件主要包括：

(1) 违约行为

违约行为是指合同当事人违反合同义务的行为。《民法典》合同编采用了"当事人一方不履行合同义务或者履行合同义务不符合约定"的表述来阐述违约行为的概念。违约行为从不同角度可有多种分类：

①根本违约和一般违约。按照违约行为是否完全违背缔约目的，可分为根本违约和一般违约。完全违背缔约目的的，为根本违约；部分违背缔约目的的，为一般违约。

②不履行和不适当履行。按照合同是否履行与履行状况，违约行为可分为合同的不履行和不适当履行。合同的不履行，指当事人不履行合同义务。合同的不履行包括拒不履行和履行不能。拒不履行指当事人能够履行合同却无正当理由而故意不履行；履行不能指当事人因某种事由致使合同的履行在事实上已经不可能。合同的不适当履行，又称不完全给付，指当事人履行合同义务不符合约定的条件。不适当履行又分为一般瑕疵履行和加害履行，一般瑕疵履行又包含迟延履行。

③一般瑕疵履行和加害履行。按照违约行为是否造成侵权损害，可分为一般瑕疵履行和加害履行。当事人履行合同存在一般瑕疵的，为一般瑕疵履行。一般瑕疵履行有数量不足、质量不符、履行方法不当、履行地点不当、履行迟延等多种表现形式。当事人履行合同除有一般瑕疵外，还造成对方当事人的其他财产、人身损害的，为加害履行。加害履行

的特征是违约与侵权行为竞合。例如，债务人给付的机电产品存在漏电缺陷，导致债权人中电死亡，即为加害履行。加害履行也是一种瑕疵履行，故将与其对应的其他瑕疵履行称为一般瑕疵履行。

④债务人履行迟延和债权人受领迟延。按照迟延履行的主体，可分为债务人履行迟延和债权人受领迟延。债务人超逾履行期履行的，为债务人履行迟延。债权人超期逾期履行期受领的，为债权人受领迟延。

(2) 不存在法定或约定的免责事由

免责事由也称免责条件，是指当事人对其违约行为免于承担违约责任的事由。《民法典》中的免责事由可分为两大类，即法定免责事由和约定免责事由。法定免责事由是指由法律直接规定、不需要当事人约定即可援用的免责事由，主要指不可抗力；约定免责事由是指当事人约定的免责条款。

①不可抗力。不可抗力指当事人订立合同时不能预见、不能避免且不能克服的自然灾害、战争等客观情况。不可抗力造成违约的，违约方一般不用承担责任，但法律规定因不可抗力造成的违约也要承担责任的除外。鉴于不可抗力是法律规定的免责事由，因此为避免滥用，不可抗力的认定标准较为严格。

②免责条款。免责条款是指当事人在合同中约定免除将来可能发生的违约责任的条款，其所规定的免责事由即约定免责事由。《民法典》对此未作一般性规定，仅规定格式合同的免责条款。需要注意的是，免责条款不能排除当事人的基本义务，也不能排除故意或重大过失的责任。

3.6.3 违约责任的主要形式

《民法典》合同编第 577 条规定："当事人一方不履行合同义务或者履行合同义务不符合约定的，应当承担继续履行、采取补救措施或者赔偿损失等违约责任。"该法第 585 条和第 586 条、第 587 条还分别规定了支付违约金和定金责任。根据以上规定，违约的当事人承担违约责任的主要形式包括：继续履行、采取补救措施、赔偿损失、支付违约金、定金责任。

(1) 继续履行

继续履行合同指尽管要求违约方承担违约责任，但同时为实现合同目的必须继续履行合同约定的义务。当事人一方不履行非金钱债务或履行非金钱债务不符合约定的，对方可以要求履行，特殊情况除外。该等特殊情况可以是法律上或事实上不能履行、债务履行标的不适于强制履行或履行费用过高、债权人在合理期限内未要求履行等情形。

(2) 采取补救措施

对于能够采取补救措施的情况，守约方可以要求违约方采取补救措施，但这一方式不影响守约方要求违约方用其他形式承担违约责任。

(3) 赔偿损失

《民法典》合同编关于违约责任赔偿损失的规定原则上不适用惩罚性损害赔偿，非违约一方能够得到的损失赔偿额应当相当于因相对方违约所造成的损失，包括合同履行后可以获得的利益，但不得超过一个限度，即违约方订立合同时预见到或应当预见到的违反合同造成的损失。但是，《民法典》合同编中规定的损害赔偿责任也具有例外情形，即合同一方的违约行为适用其他特殊法律时可能产生超出实际的损害数额的赔偿。如，买卖合同当事人的违约行为可能会适用《民法典》侵权责任编第1207条针对产品生产者和销售者规定的惩罚性赔偿，《食品安全法》第122条针对食品的生产者和销售者规定的价款十倍的惩罚性赔偿，以及《消费者权益保护法》第55条针对经营者规定的标的额三倍或受害人所受损失二倍以下的惩罚性赔偿等。

(4) 支付违约金

违约金是指当事人一方不履行合同时，依合同约定向对方支付一定数额的金钱。合同当事人可以约定一方违约时应当根据情况向对方交付一定数额的违约金，也可约定违约产生的损失赔偿额的计算方法。违约金具有补偿性，约定的违约金视为违约的损害赔偿，违约金的数额与损失赔偿额应大体相当。《民法典》合同编第585条规定："当事人可以约定一方违约时应当根据违约情况向对方支付一定数额的违约金，也可以约定因违约产生的损失赔偿额的计算方法。约定的违约金低于造成的损失的，人民法院或者仲裁机构可以根据当事人的请求予以增加；约定的违约金过分高于造成的损失的，人民法院或者仲裁机构可以根据当事人的请求予以适当减少。当事人就迟延履行约定违约金的，违约方支付违约金后，还应当履行债务。"《民法典合同编通则司法解释》第65条进一步明确了违约金的合理范围："当事人主张约定的违约金过分高于违约造成的损失，请求予以适当减少的，人民法院应当以《民法典》第584条规定的损失为基础，兼顾合同主体、交易类型、合同的履行情况、当事人的过错程度、履约背景等因素，遵循公平原则和诚信原则进行衡量，并作出裁判。约定的违约金超过造成损失的百分之三十的，人民法院一般可以认定为过分高于造成的损失。恶意违约的当事人一方请求减少违约金的，人民法院一般不予支持。"

同时，关于违约金标准的计算，中国人民银行出台政策，自2019年8月20日起，授权全国银行间同业拆借中心自每月发布贷款市场报价利率（LPR）。该政策出台后，对于特定种类合同的违约金主张标准，部分司法解释作出了明确规定。如《买卖合同司法解释》第18条规定："买卖合同没有约定逾期付款违约金或者该违约金的计算方法，出卖人以买受人违约为由主张赔偿逾期付款损失，违约行为发生在2019年8月19日之前的，人民法院可以中国人民银行同期同类人民币贷款基准利率为基础，参照逾期罚息利率标准计算；违约行为发生在2019年8月20日之后的，人民法院可以违约行为发生时中国人民银行授权全国银行间同业拆借中心公布的一年期贷款市场报价利率（LPR）标准为基础，加计30%～50%计算逾期付款损失。"

(5) 定金责任

所谓定金，是指合同当事人为了确保合同的履行，依照合同约定，由一方按合同标的额的一定比例预先给付对方的金钱。《民法典》合同编第586条规定："当事人可以约定一方向对方给付定金作为债权的担保。定金合同自实际交付定金时成立。定金的数额由当事人约定；但是，不得超过主合同标的额的百分之二十，超过部分不产生定金的效力。实际交付的定金数额多于或者少于约定数额的，视为变更约定的定金数额。"故定金的数额也应当符合法律规定。同时，《民法典》合同编第587条规定："债务人履行债务的，定金应当抵作价款或者收回。给付定金的一方不履行债务或者履行债务不符合约定，致使不能实现合同目的的，无权请求返还定金；收受定金的一方不履行债务或者履行债务不符合约定，致使不能实现合同目的的，应当双倍返还定金。”

根据我国现行法律关于定金责任的规定，定金责任主要适用于不履行合同义务或履行合同不符合约定的行为。其中履行合同不符合约定需要达到致使不能实现合同目的的程度，方可适用定金责任。

《招标投标法》及相关法规未对招标采购合同的违约责任作出特别规定，故招标采购合同的违约责任应当适用《民法典》和相关法律规范的规定。

3.7 案例分析

【案例 3-1】借用资质中标的合同效力判断

（1）案例背景

A 公司只具备建筑工程施工总承包二级资质，因某房屋建筑工程项目招标文件对投标人工程资质的要求为一级施工总承包资质，A 公司无法直接投标。A 公司为获取中标，与只具备建筑工程施工总承包一级资质的 B 公司协商，以 B 公司名义投标，中标后由 A 公司具体实施该项目的施工工作，B 公司仅收取合同价格 5%的管理费。双方就该等约定签署合作协议后，A 公司编制标书，并为 A 公司人员编造了与 B 公司的劳动合同和相关的社保证明文件等。后 A 公司以 B 公司名义投标并中标，B 公司与招标人签订了建设工程施工合同。

（2）问题

1）B 公司中标是否有效？

2）B 公司与招标人订立的合同是否有效？

（3）案例分析

1）B 公司中标无效。《招标投标法》第 54 条规定：“投标人以他人名义投标或者以其他方式弄虚作假，骗取中标的，中标无效，给招标人造成损失的，依法承担赔偿责任；构成犯罪的，依法追究刑事责任。”B 公司虽符合招标文件的资质要求，但其并非真正的投标人，而是出借资质的一方，A 公司才是真正的投标人。故本案中，A 公司的投标行为显然属于借用他人名义投标的行为，且编造虚假人员的文件，该行为破坏了招投标管理秩序，且有悖诚实信用的原则，属弄虚作假、骗取中标的行为。因此，即便 B 公司已中标，该中标也应被认定无效。

2）B 公司与招标人订立的合同无效。因本案中 B 公司中标无效，故 B 公司与招标人根据无效中标结果订立的建设工程施工合同无效。

【案例 3-2】劳务分包合同无效与结算协议效力判断

（1）案例背景

A 公司是某公路工程项目的施工总承包单位，其与 B 自然人就该项目的劳务施工事宜签署了《劳务分包合同》，约定由 B 自然人组织劳动力完成该项目的劳务作业。B 自然人全面履行了《劳务分包合同》的义务之后，与 A 公司签署了《劳务分包合同结算协议》，该协议就分包合同的结算价款以及支付时间等作出了约定。该协议签订后 A 公司按付款节点支付了部分工程款，但结算协议履行了约一年半时间后，B 自然人以结算协议确定的金额远低于其对分包工程的实际投入，故结算协议内容显失公平为由，向法院提起诉讼，请求法院判令撤销《劳务分包合同结算协议》，并请求法院启动鉴定，判令 A 公司按照鉴定金额扣除已付款后的金额，向 B 自然人支付欠付工程款。

（2）问题

1）A 公司与 B 自然人签署的《劳务分包合同》是否有效？

2）A 公司与 B 自然人签署的《劳务分包合同结算协议》是否有效？

3）B 自然人提出的撤销《劳务分包合同结算协议》的请求应否予以支持？

（3）案例分析

1）A 公司与 B 自然人签署的《劳务分包合同》无效。《建工解释（一）》第 1 条规定："建设工程施工合同具有下列情形之一的，应当依据民法典第一百五十三条第一款的规定，认定无效：（一）承包人未取得建筑业企业资质或者超越资质等级的……"劳务分包工程的承包人必须具有劳务分包企业资质，B 自然人不具有分包企业资质，因此该《劳动分包合同》无效。

2）A 公司与 B 自然人签署的《劳务分包合同结算协议》有效。依据《建工解释（一）》第 24 条规定："当事人就同一建设工程订立的数份建设工程施工合同均无效，但建设工程质量合格，一方当事人请求参照实际履行的合同关于工程价款的约定折价补偿承包人的，人民法院应予支持。"因此，虽然《劳务分包合同》无效，但因劳务分包工程施工完毕且质量合格，故 B 自然人请求支付工程价款的权利仍然是受法律认可和保护的。A 公司与 B 自然人就劳务分包工程的价款达成一致并签署合同，并不违反法律、行政法规的强制性规定。因此，该结算协议合法有效。

3）B 自然人提出的撤销《劳务分包合同结算协议》的请求因经过了除斥期间不应予以支持。按照法律规定，如果当事人可以举证证明《劳务分包合同结算协议》存在可撤销情形，则可行使撤销权。但同时《民法典》总则编第 152 条规定："有下列情形之一的，撤销权消灭：（一）当事人自知道或者应当知道撤销事由之日起一年内、重大误解的当事人自知道或者应当知道撤销事由之日起九十日内没有行使撤销权……"判断 B 自然人是否享有撤销权，应进一步分析是否满足行使撤销权的情形。即便 B 自然人享有请求撤销结算协议的权利，其也应当在法定的期限内行使。B 自然人在结算协议履行了一年半的时间之后才请求法院撤销结算协议，其撤销权已因经过了除斥期间而消灭，故 B 自然人的请求不应予以支持。

第 4 章　建设工程合同管理

建设工程合同管理是建设工程项目管理的核心。建设工程项目复杂，多方参与、周期长，因此，加强合同管理，防范合同风险，已越来越多地受到建设工程项目参与方的重视。

关于建设工程合同的概念，《民法典》第 788 条规定："建设工程合同是承包人进行工程建设，发包人支付价款的合同。建设工程合同包括工程勘察、设计、施工合同。"建设工程合同中，发包人将建设工程的勘察、设计、施工任务发包给承包人，承包人完成建设工程的勘察、设计、施工任务，发包人为此向承包人支付价款。建设工程合同具有以下特征：

1）建设工程合同标的具有特殊性。建设工程合同是从承揽合同中分化出来的，也属于一种完成特定工作的合同。与承揽合同不同的是，建设工程合同的标的为不动产建设项目。因此，建设工程合同同时具有内容复杂、履行期限长、投资规模大、风险较大等特点。

2）建设工程合同的当事人具有特定性。作为建设工程合同当事人一方的承包人，一般情况下是具有从事勘察、设计、施工资质的法人。这是由建设工程合同的复杂性所决定的。

3）建设工程合同具有一定的计划性和程序性。由于建设工程合同与国民经济建设和社会公共利益都有着密切的关系，因此该合同的订立和履行必须符合国家基本建设计划的要求，并接受有关政府部门的管理和监督。

4）建设工程合同是要式合同。建设工程合同应当采用书面形式。法律、行政法规规定合同应当办理有关手续的，还应当符合有关规定的要求。

5）建设工程合同同时也是双务合同、有偿合同和诺成合同。

本章围绕工程勘察合同、设计合同、施工合同、工程总承包合同等工程项目招标采购活动中常见的合同的定义、特点、合同起草要点及合同管理要点进行介绍。

4.1　建设工程勘察合同管理

建设工程勘察合同是建设工程合同体系中的重要合同种类，勘察工作是工程建设实施阶段的首要环节，勘察合同的正常履行将为项目的下一步设计和施工奠定基础。因此，有效管理工程勘察合同，对规范承发包双方合同行为，促进双方履行合同义务，保证工程建设实现预期的投资计划、进度计划和质量计划等建设目标是至关重要的。为便于表述，本章的建设工程勘察合同简称为工程勘察合同。

4.1.1　工程勘察合同的相关定义和特点

(1) 工程勘察的定义

建设工程勘察，是根据建设工程的要求，查明、分析、评价建设场地的地质地理环境特征和岩土工程条件，编制建设工程勘察文件的活动。按照工程勘察的专业可分为通用工程勘察和专业工程勘察。通用工程勘察包括工程测量、岩土工程勘察、岩土工程设计与检测监测、水文地质勘查、工程水文气象勘察、工程物探、室内试验等；专业工程勘察包括煤炭、水利水电、电力、长输管道、铁路、公路、通信、海洋等工程的勘察。按照工程勘察的阶段可以分为可研勘察、初步设计勘察和详细勘察。工程勘察为地基处理、地基基础设计和施工提供详细的地基土质构成与分布、各土层的物理力学性质、持力层及承载力、变形模量等岩土设计参数，针对不良地质现象的分布设计防治措施，以达到工程建设顺利进行以及建成后安全和正常使用的目的。

(2）工程勘察合同的定义

根据《民法典》的规定，工程勘察合同属于建设工程合同的范畴。工程勘察合同是指发包人与勘察人之间为完成特定的勘察任务、明确相互权利义务关系而订立的合同。工程勘察合同的发包人一般是项目建设单位；勘察人是持有国家认可的勘察证书的勘察单位。工程勘察合同的内容一般包括提交有关基础资料和概预算等文件的期限、质量要求、费用以及其他协作条件等条款。

(3）工程勘察合同订立和管理的法律基础

工程勘察合同订立和管理的法律基础主要是国家或地方颁布的法律法规，国家层面的主要有《民法典》《建筑法》《招标投标法》《建设工程勘察设计管理条例》《建设工程质量管理条例》《建设工程勘察质量管理办法》《工程建设项目勘察设计招标投标办法》《建设工程勘察设计资质管理规定》等。另外，不同地区地方人大、政府与住房和城乡建设部主管部门根据法律法规也制定了当地相关的条例、规定和办法等。

(4）工程勘察合同的特点

工程勘察的内容、性质和特点，决定了工程勘察合同除了具备建设工程合同的一般特征外，还有自身的特点。

1）满足法定条件。勘察人应按国家技术规范、标准、规程和发包人的勘察任务书及其要求进行工程勘察工作。发包人不得提出或指使勘察单位不按法律法规、工程建设强制性标准和设计程序进行勘察。

2）工程勘察与工程设计紧密联系。工程设计工作的开展以工程勘察成果为依据，同时，初步设计又是进一步详细勘察的基础，两者关系紧密。

3）分阶段支付报酬。勘察费计算方式可以采用中标价加签证、预算包干或实际完成工作量结算等。在实际工作中，由于勘察工作往往分阶段进行，分阶段交付勘察成果，勘察费也是按阶段支付（Milestone Payment）。

4）发包人履行协助义务。勘察人完成相关工作时，往往需要发包人提供工作条件，包括相关资料、文件和必要的生产、生活及交通条件等，发包人需要对所提供资料或文件的正确性和完整性负责。若发包人未履行或不完全履行相关协助义务，造成勘察返工、停工或者修改勘察成果的，发包人应承担相应费用。

4.1.2　工程勘察合同文本

截至目前，国家有关部委颁布了以下工程勘察合同文本：

(1)《标准勘察招标文件》(2017 年版)

2017 年，为进一步完善标准文件编制规则，构建覆盖主要采购对象、多种合同类型、不同项目规模的标准文件体系，提高招标文件编制质量，促进招标投标活动的公开、公平和公正，营造良好市场竞争环境，国家发展改革委、工业和信息化部、住房城乡建设部、交通运输部、水利部、商务部、原国家新闻出版广电总局、中国民用航空局、原国家铁路局发布《关于印发〈标准设备采购招标文件〉等五个标准招标文件的通知》，其中包括《标准勘察招标文件》，适用于工程勘察招标。《标准勘察招标文件》用相同序号标示的章、节、条、款、项、目，供招标人和投标人选择使用；以空格标示的由招标人填写的内容，招标人应根据招标项目具体特点和实际需要具体化，确实没有需要填写的，在空格中用“/”标示。

(2)《建设工程勘察合同(示范文本)》(GF—2016—0203)

为了指导建设工程勘察合同当事人的签约行为，维护合同当事人的合法权益，住房和城乡建设部、原国家工商行政管理总局对《建设工程勘察合同(一)[岩土工程勘察、水文地质勘察(含凿井)、工程测量、工程物探]》(GF—2000—0203)及《建设工程勘察合同(二)[岩土工程设计、治理、监测]》(GF—2000—0204)进行修订，制定了《建设工程勘察合同(示范文本)》(GF—2016—0203)。

《建设工程勘察合同(示范文本)》(GF—2016—0203)由合同协议书、通用合同条款和专用合同条款三部分组成。

第一部分是合同协议书。合同协议书共 12 条，主要包括工程概况、勘察范围和阶段、技术要求及工作量、合同工期、质量标准、合同价款、合同文件构成、承诺、词语定义、签订时间、签订地点、合同生效和合同份数等内容，集中约定了合同当事人基本的合同权利义务。

第二部分是通用合同条款。通用合同条款是合同当事人根据《民法典》《建筑法》《招标投标法》等相关法律规定，就工程勘察的实施及相关事项对合同当事人的权利义务作出的原则性约定。通用合同条款具体包括一般约定、发包人、勘察人、工期、成果资料、后期服务、合同价款与支付、变更与调整、知识产权、不可抗力、合同生效与终止、合同解除、责任与保险、违约、索赔、争议解决及补充条款等共 17 条。上述条款安排既考虑了现行法律法规对工程建设的有关要求，也考虑了工程勘察管理的特殊需要。

第三部分是专用合同条款。专用合同条款是对通用合同条款原则性约定进行细化、完善、补充、修改或另行约定的条款。合同当事人可以根据不同建设工程的特点及具体情况，通过双方的谈判、协商对相应的专用合同条款进行修改补充。在使用专用合同条款时，应注意：①专用合同条款编号应与相应的通用合同条款编号一致；②合同当事人可以通过对专用合同条款的修改，满足具体项目工程勘察的特殊要求，而避免直接修改通用合同条款；③在专用合同条款中有横线的地方，合同当事人可针对相应的通用合同条款进行细化、完善、补充、修改或另行约定，如无细化、完善、补充、修改或另行约定，则填写“无”或画“/”。

4.1.3 工程勘察合同重点条款的起草要点

通常情况下，工程勘察合同的起草要点如下：

(1) 勘察依据

根据《标准勘察招标文件》通用合同条款第 5.2 条的规定，除专用合同条款另有约定外，工程的勘察依据如下：

1）适用的法律、行政法规及部门规章。

2）与工程有关的规范、标准、规程。

3）工程基础资料及其他文件。

4）本勘察服务合同及补充合同。

5）本工程设计和施工需求。

6）合同履行中与勘察服务有关的来往函件。

7）其他勘察依据。

(2) 勘察范围

勘察范围包括工程范围、阶段范围和工作范围，具体勘察范围应当根据三者之间的关联内容进行确定。工程范围是指所勘察工程的建设内容，具体范围在专用合同条款中约定。阶段范围是指工程建设程序中的可行性研究勘察、初步勘察、详细勘察、施工勘察等阶段中的一个或者多个阶段，具体范围在专用合同条款中约定。工作范围是指工程测量、岩土工程勘察、岩土工程设计（如有）、提供技术交底、施工配合、参加试车（试运行）、竣工验收和发包人委托的其他服务中的一项或者多项工作，具体范围在专用合同条款中约定。

(3) 勘察合同文件的组成及优先顺序

组成合同的各项文件应互相解释，互为说明。除专用合同条款另有约定外，解释合同文件的优先顺序如下：

1）合同协议书。

2）中标通知书。

3）投标函及投标函附录。

4）专用合同条款。

5）通用合同条款。

6）发包人要求。

7）勘察费用清单。

8）勘察纲要。

9）其他合同文件。

(4) 勘察一般要求

勘察一般要求包括：

1）发包人应当遵守法律和规范标准，不得以任何理由要求勘察人违反法律和工程质量、安全标准进行勘察服务，降低工程质量。

2）勘察人应按照法律规定以及国家、行业和地方的规范和标准完成勘察工作，并应符合发包人要求。各项规范、标准和发包人要求之间如对同一内容的描述不一致时，应以描述更为严格的内容为准。

3）除专用合同条款另有约定外，勘察人完成勘察工作所应遵守的法律规定，以及国家、行业和地方的规范和标准，均应视为在基准日适用的版本。基准日之后，前述版本发生重大变化，或者有新的法律以及国家、行业和地方的规范和标准实施的，勘察人应向发包人提出遵守新规定的建议。发包人应在收到建议后 7 天内发出是否遵守新规定的指示。

发包人指示遵守新规定的，按照合同变更的约定执行。

（5）勘察文件要求

勘察文件要求是一个非常重要的合同要素，勘察文件的编制应符合法律法规、规范标准的强制性规定和发包人要求，相关勘察依据应完整、准确、可靠，勘察方案论证充分，计算成果规范可靠，并能够实施。勘察文件的深度应满足本合同相应勘察阶段的规定要求，满足发包人的下一步工作需要，并应符合国家和行业现行规定。

（6）发包人提供的文件

发包人应及时向勘察人提供相关的文件资料，并对其准确性、可靠性负责。在合同中通常要具体说明资料的名称、份数、内容要求及提供的时间。视勘察任务的需要，要求发包人提供的资料可能差异较大，通常包括：本工程批准文件（复印件）以及用地（附红线范围）、施工、许可等批件（复印件）；工程勘察任务委托书、技术要求和工作范围的地形图、建筑总平面布置图；勘察工作范围已有的技术资料及工程所需的坐标与标高资料；提供勘察工作范围地下已有埋藏的资料（如电力、电信电缆、各种管道、人防设施、洞室等）及具体位置分布图。

（7）发包人的义务

发包人义务条款的起草通常包括不限于：

1）遵守法律。

2）发出开始勘察通知。发包人应按约定向勘察人发出开始勘察通知。

3）办理证件和批件。

4）支付合同价款。

5）提供勘察资料。

其中关于办理证件等容易引起纠纷的事项，法律规定和（或）合同约定由发包人负责办理的工程建设项目必须履行的各类审批、核准或备案手续，发包人应当按时办理，勘察人应给予必要的协助。法律规定和（或）合同约定由勘察人负责办理的勘察所需的证件和批件，发包人应给予必要的协助。

（8）勘察人的义务

勘察人的一般义务主要包括：

1）遵守法律。

2）依法纳税。

3）完成全部勘察工作。

4）保证勘察作业规范、安全和环保。

5）避免勘探对公众与他人的利益造成损害。勘察人在进行合同约定的各项工作时，不得侵害发包人与他人使用公用道路、水源、市政管网等公共设施的权利，避免对邻近的公共设施产生干扰，保证勘探场地的周边设施、建构筑物、地下管线、架空线和其他物体的安全运行。勘察人占用或使用他人的施工场地，影响他人作业或生活的，应承担相应责任。

关于分包和不得转包。勘察人不得将其勘察的全部工作转包给第三人。勘察人不得将勘察的主体、关键性工作分包给第三人。除专用合同条款另有约定外，未经发包人同意，勘察人也不得将非主体、非关键性工作分包给第三人。发包人同意勘察人分包工作的，勘察人应向发包人提交 1 份分包合同副本，并对分包勘察工作质量承担连带责任。除专用合同条款另有约定外，分包人的勘察费用由勘察人与分包人自行支付。分包人的资格能力应与其分包工作的标准和规模相适应，包括必要的企业资质、人员、设备和类似业绩等。

关于联合体勘察。联合体各方应共同与发包人签订合同。联合体各方应为履行合同承担连带责任。联合体协议经发包人确认后作为合同附件。在履行合同过程中，未经发包人同意，不得修改联合体协议。联合体牵头人或联合体授权的代表负责与发包人联系，并接受指示，负责组织联合体各成员全面履行合同。

(9) 开始勘察

符合专用合同条款约定的开始勘察条件的，发包人应提前 7 天向勘察人发出开始勘察通知。勘察服务期限自开始勘察通知中载明的开始勘察日期起计算。除专用合同条款另有约定外，因发包人原因造成合同签订之日起 90 天内未能发出开始勘察通知的，勘察人有权提出价格调整要求，或者解除合同。发包人应当承担由此增加的费用和（或）周期延误。

(10) 周期延误

关于发包人引起的周期延误，在履行合同过程中，由于发包人的下列原因造成勘察服务期限延误的，发包人应当延长勘察服务期限并增加勘察费用，具体方法在专用合同条款中约定：

1）合同变更。

2）未按合同约定期限及时答复勘察事项。

3）因发包人原因导致的暂停勘察。

4）未按合同约定及时支付勘察费用。

5）发包人提供的基准资料错误。

6）未及时履行合同约定的相关义务。

7）未能按照合同约定期限对勘察文件进行审查。

8）发包人造成周期延误的其他原因。

关于非人为因素和第三人引起的周期延误，由于出现专用合同条款规定的异常恶劣气候条件、不利物质条件等因素导致周期延误的，勘察人有权要求发包人延长周期和（或）增加费用。勘察人发现地下文物或化石时，应按规定及时报告发包人和文物部门，并采取有效措施进行保护；勘察人有权要求发包人延长周期和（或）增加费用。

另外，由于行政管理部门审查或其他第三人原因造成费用增加和（或）周期延误的，由发包人承担。

(11) 完成勘察与勘察文件审查

勘察人完成勘察服务之后，应当根据法律、规范标准、合同约定和发包人要求编制勘察文件。勘察文件是工程勘察的最终成果和设计施工的重要依据，应当根据本工程的勘察内容和不同阶段的勘察任务、目的和要求等进行编制。勘察文件的内容和深度应当满足对应阶段的设计需求。除专用合同条款另有约定外，勘察文件包括纸质文件和电子文件两种形式，两者若有不一致时，应以纸质文件为准。纸质文件一式八份，应当加盖单位章和项目负责人注册执业印章；电子文件中的文字为 WORD 格式、图形为 CAD 格式，并应使用光盘和 U 盘分别贮存。

关于勘察文件的审查，主要涉及以下方面：

1）发包人审查勘察文件。第一，发包人接收勘察文件之后，可以自行或者组织专家会进行审查，勘察人应当给予配合。审查标准应当符合法律、规范标准、合同约定和发包人要求等；审查的具体范围、明细内容和费用分担，在专用合同条款中约定。第二，除专用合同条款另有约定外，发包人对勘察文件的审查期限，自文件接收之日起不应超过14天。发包人逾期未作出审查结论且未提出异议的，视为勘察人的勘察文件已经通过发包人审查。第三，发包人审查后不同意勘察文件的，应以书面形式通知勘察人，说明审查不通过的理由及其具体内容。勘察人应根据发包人的审查意见修改完善勘察文件，并重新报送发包人审查，审查期限重新起算。

2）审查机构审查勘察文件。第一，勘察文件需要经施工图审查机构审查或批准的，发包人应在审查同意后，按照有关主管部门要求，将勘察文件和相关资料报送施工图审查机构进行审查。发包人的审查和施工图审查机构的审查不减免勘察人因质量问题而应承担的勘察责任。第二，对于施工图审查机构的审查意见，不需要修改发包人要求的，应由勘察人按照审查意见修改完善勘察文件；需修改发包人要求的，则由发包人重新修改和提出发包人要求，再由勘察人根据新的发包人要求修改完善勘察文件。第三，由于自身原因造成勘察文件未通过审查机构审查的，勘察人应当承担违约责任，采取补救措施直至达到合同约定的质量标准，并自行承担由此导致的费用增加和（或）周期延误。

（12）勘察责任与保险

《民法典》第800条规定，勘察的质量不符合要求或者未按照期限提交勘察文件拖延工期，造成发包人损失的，勘察人应当继续完善勘察，减收或者免收勘察费并赔偿损失。同时合同起草还应注意以下方面：

1）工作质量责任。勘察工作质量应满足法律规定、规范标准、合同约定和发包人要求等。勘察人应做好勘察服务的质量与技术管理工作，建立健全内部质量管理体系和质量责任制度，加强勘察服务全过程的质量控制，建立完整的勘察文件的设计、复核、审核、会签和批准制度，明确各阶段的责任人。勘察人应当强化现场作业质量和试验工作管理，保证原始记录和试验数据的可靠性、真实性和完整性，严禁离开现场进行追记、补记和修改记录。勘察人应按合同约定对勘察服务进行全过程的质量检查和检验，并作详细记录，编制勘察工作质量报表，报送发包人审查。发包人有权对勘察工作质量进行检查和审核。勘察人应为发包人的检查和检验提供方便，包括发包人到勘察场地、试验室或合同约定的其他地方进行察看，查阅、审核勘察的原始记录和其他文件。发包人的检查和审核，不免除勘察人按合同约定应负的责任。

2）勘察文件错误责任。勘察文件存在错误、遗漏、含混、矛盾、不充分之处或其他缺陷，无论勘察人是否通过了发包人审查或审查机构审查，勘察人均应自费对前述问题带来的缺陷和工程问题进行改正，但由发包人提供的文件错误导致的除外。因勘察人原因造成勘察文件不合格的，发包人有权要求勘察人采取补救措施，直至达到合同要求的质量标准，并按合同违约的约定承担责任。因发包人原因造成勘察文件不合格的，勘察人应当采取补救措施，直至达到合同要求的质量标准，由此造成的勘察费用增加和（或）勘察服务期限延误由发包人承担。

3）勘察责任主体。勘察人应运用一切合理的专业技术、知识技能和项目经验，按照职业道德准则和行业公认标准尽其全部职责，勤勉、谨慎、公正地履行其在本合同项下的责任和义务。勘察责任为勘察单位项目负责人终身责任制。项目负责人应当保证勘察文件符合法律法规和工程建设强制性标准的要求，对因勘察导致的工程质量事故或质量问题承担责任。项目负责人应当在办理工程质量监督手续前签署工程质量终身责任承诺书，连同法定代表人出具的授权书，报工程质量监督机构备案。

4）勘察责任保险。除专用合同条款另有约定外，勘察人应具有发包人认可的、履行本合同所需要的工程勘察责任险，于合同签订后 28 天内向发包人提交工程勘察责任险的保险单副本或者其他有效证明，并在合同履行期间保持足额、有效。工程勘察责任险的保险范围，应当包括由于勘察人的疏忽或过失而造成的工程质量事故损失，以及由于事故引发的第三者人身伤亡、财产损失或费用赔偿等。发生工程勘察保险事故后，勘察人应按保险人的要求进行报告，并负责办理保险理赔业务；保险金不足以补偿损失的，由勘察人自行补偿。

(13) 工程勘察合同变更

合同履行中发生下述情形时，合同一方均可向对方提出变更请求，经双方协商一致后进行变更，勘察服务期限和勘察费用的调整方法在专用合同条款中约定：

1）勘察范围发生变化。

2）除不可抗力外，由非勘察人引起的周期延误。

3）非勘察人的原因，对工程同一部分重复进行勘察。

4）非勘察人的原因，对工程暂停勘察及恢复勘察。

基准日后，因颁布新的或修订原有法律法规、规范和标准等引发合同变更情形的，按照上述约定进行调整。

(14) 工程勘察合同价格

关于合同的价款确定方式、调整方式和风险范围划分，在专用合同条款中约定；关于勘察费用实行发包人签证制度，即勘察人完成勘察项目后通知发包人进行验收，通过验收后由发包人代表对实施的勘察项目、数量、质量和实施时间签字确认，以此作为计算勘察费用的依据之一；除专用合同条款另有约定外，合同价格应当包括收集资料，踏勘现场，制订纲要，进行测绘、勘探、取样、试验、测试、分析、评估、配合审查等，编制勘察文件，设计施工配合，青苗和园林绿化补偿，占地补偿，扰民及民扰，占道施工，安全防护，文明施工，环境保护，农民工工伤保险等全部费用和国家规定的增值税税金；另外，发包人要求勘察人进行外出考察、试验检测、专项咨询或专家评审时，相应费用不含在合同价格之中，由发包人另行支付。

(15) 工程勘察合同价款支付

1）定金或预付款。定金或预付款应专用于工程勘察。定金或预付款的额度、支付方式及抵扣方式在专用合同条款中约定。发包人应在收到定金或预付款支付申请后 28 天内，将定金或预付款支付给勘察人；勘察人应当提供等额的增值税发票。勘察服务完成之前，由于不可抗力或其他非勘察人的原因解除合同的，定金不予退还。

2）中期支付。第一，勘察人应按发包人批准或专用合同条款约定的格式及份数，向发包人提交中期支付申请，并附相应的支持性证明文件。第二，发包人应在收到中期支付申请后的28天内，将应付款项支付给勘察人；勘察人应当提供等额的增值税发票。发包人未能在前述时间内完成审批或不予答复的，视为发包人同意中期支付申请。发包人不按期支付的，按专用合同条款的约定支付逾期付款违约金。第三，中期支付及最终结清付款涉及政府投资资金的，按照国库集中支付等国家相关规定和专用合同条款的约定执行。

3）费用结算。第一，合同工作完成后，勘察人可按专用合同条款约定的份数和期限，向发包人提交勘察费用结算申请，并提供相关证明材料。第二，发包人应在收到费用结算申请后的28天内，将应付款项支付给勘察人；勘察人应当提供等额的增值税发票。发包人未能在前述时间内完成审批或不予答复的，视为发包人同意费用结算申请。发包人不按期支付的，按专用合同条款的约定支付逾期付款违约金。第三，发包人对费用结算申请内容有异议的，有权要求勘察人进行修正和提供补充资料，由勘察人重新提交。

（16）违约责任

关于勘察人的违约责任，合同履行中发生下列情况之一的，属勘察人违约：

1）勘察文件不符合法律以及合同约定。

2）勘察人转包、违法分包或者未经发包人同意擅自分包。

3）勘察人未按合同计划完成勘察，从而造成工程损失。

4）勘察人无法履行或停止履行合同。

5）勘察人不履行合同约定的其他义务。

勘察人发生违约情况时，发包人可向勘察人发出整改通知，要求其在限定期限内纠正；逾期仍不纠正的，发包人有权解除合同并向勘察人发出解除合同通知。勘察人应当承担由于违约所造成的费用增加、周期延误和发包人损失等。

关于发包人的违约责任，合同履行中发生下列情况之一的，属发包人违约：

1）发包人未按合同约定支付勘察费用。

2）因发包人造成勘察停止。

3）发包人无法履行或停止履行合同。

4）发包人不履行合同约定的其他义务。

发包人发生违约情况时，勘察人可向发包人发出暂停勘察通知，要求其在限定期限内纠正；逾期仍不纠正的，勘察人有权解除合同并向发包人发出解除合同通知。发包人应当承担由于违约所造成的费用增加、周期延误和勘察人损失等。

4.1.4 工程勘察合同管理要点

工程勘察合同管理是指勘察合同的订立、履行、变更解除、合同索赔、争议解决等事项的计划、协调、控制、调整、清算等活动，目的是促使合同双方全面而有序地完成合同约定各方的义务与责任，从而保证工程勘察工作的顺利实施。

（1）关注工程勘察合同主体的合法性

工程勘察合同法律关系的主体是合同双方当事人，即发包人和勘察人；其客体是指发包人委托勘察的建设工程项目。合同主体与客体的地位必须符合有关法律的规定，否则合同的有效性得不到法律的承认与保护。因此，合同管理的第一步是确认合同法律关系主体与客体是否合法。

1）确认工程勘察合同法律关系主体的合法性。从发包人合同管理角度来看，发包人在选择勘察人时，审查候选勘察人的资质证书是合同管理的首要环节。《建设工程勘察设计管理条例》第17条规定："发包方不得将建设工程勘察、设计业务发包给不具有相应勘察、设计资质等级的建设工程勘察、设计单位。"如，发包人明知勘察人没有资质或者资质等级达不到发包工程所要求的等级时，还将工程勘察任务授予勘察人，是一种不合法的行为，将直接影响到合同的有效性。

从勘察人合同管理角度来看，勘察人寻求和承接勘察业务时，要审查本企业的勘察资质等级与所承接工程所要求的等级是否相符。《建筑法》第26条、《建设工程勘察设计管理条例》第21条和《建设工程勘察设计资质管理规定》第17条都明确规定，禁止建设工程勘察单位超越其资质等级许可的范围或者以其他建设工程勘察单位的名义承揽建设工程勘察业务，禁止建设工程勘察单位允许其他单位或者个人以本单位的名义承揽建设工程勘察业务。《建筑法》第65条规定："超越本单位资质等级承揽工程的，责令停止违法行为，处以罚款，可以责令停业整顿，降低资质等级；情节严重的，吊销资质证书；有违法所得的，予以没收。"因此，勘察人采用虚假或伪造资质、超过资质等级承揽勘察任务，均属于违法行为，除了所签订的合同属于无效合同外，企业还将被追责。

2）确认工程勘察合同法律关系内容的合法性。在建筑工程勘察示范文本中，规定了发包人提供工程批准文件、用地红线、施工许可证等项目审批手续的义务。工程招标采购作为发包订立合同前的重要环节，对招标采购项目的法定手续有着具体要求。《招标投标法》第9条规定："招标项目按照国家有关规定需要履行项目审批手续的，应当先履行审批手续，取得批准。招标人应当有进行招标项目的相应资金或者资金来源已经落实，并应当在招标文件中如实载明。"《工程建设项目勘察设计招标投标办法》第9条规定："依法必须进行勘察设计招标的工程建设项目，在招标时应当具备下列条件：（一）招标人已经依法成立；（二）按照国家有关规定需要履行项目审批、核准或者备案手续的，已经审批、核准或者备案；（三）勘察设计有相应资金或者资金来源已经落实；（四）所必需的勘察设计基础资料已经收集完成；（五）法律法规规定的其他条件。"

（2）确定工程勘察项目的发包方式

《建设工程勘察设计管理条例》第12条规定："建设工程勘察、设计发包依法实行招标发包或者直接发包。"

直接发包的工程勘察项目，合同当事人双方进行协商，就合同的各项条款取得一致意见。合同双方法人代表或其指定的代理人在合同文本上签字，并加盖单位公章或合同专用章，合同成立。

就招标发包的工程勘察项目，需要区分是否为必须招标项目。《招标投标法》第3条规定，在中华人民共和国境内进行下列工程建设项目包括项目的勘察、设计、施工、监理以及与工程建设有关的重要设备、材料等的采购，必须进行招标：

1）大型基础设施、公用事业等关系社会公共利益、公众安全的项目。

2）全部或者部分使用国有资金投资或者国家融资的项目。

3）使用国际组织或者外国政府贷款、援助资金的项目。

《必须招标的工程项目规定》第5条规定："本规定第二条至第四条规定范围内的项

目，其勘察、设计、施工、监理以及与工程建设有关的重要设备、材料等的采购达到下列标准之一的，必须招标：（一）施工单项合同估算价在400万元人民币以上；（二）重要设备、材料等货物的采购，单项合同估算价在200万元人民币以上；（三）勘察、设计、监理等服务的采购，单项合同估算价在100万元人民币以上。同一项目中可以合并进行的勘察、设计、施工、监理以及与工程建设有关的重要设备、材料等的采购，合同估算价合计达到前款规定标准的，必须招标。”

根据《工程建设项目勘察设计招标投标办法》第4条的规定，按照国家规定需要履行项目审批、核准手续的依法必须进行招标的项目，有下列情形之一的，经项目审批、核准部门审批、核准，项目的勘察设计可以不进行招标：

1）涉及国家安全、国家秘密、抢险救灾或者属于利用扶贫资金实行以工代赈、需要使用农民工等特殊情况，不适宜进行招标。

2）主要工艺、技术采用不可替代的专利或者专有技术，或者其建筑艺术造型有特殊要求。

3）采购人依法能够自行勘察、设计。

4）已通过招标方式选定的特许经营项目投资人依法能够自行勘察、设计。

5）技术复杂或专业性强，能够满足条件的勘察设计单位少于三家，不能形成有效竞争。

6）已建成项目需要改、扩建或者技术改造，由其他单位进行设计影响项目功能配套性。

7）国家规定其他特殊情形。

（3）注重工程勘察过程合同管理

工程勘察合同的双方当事人都应重视合同管理工作，应建立合同管理专门机构，负责工程勘察合同的起草、协商和订立工作，同时在每个勘察项目中指定合同管理人员参加勘察项目管理班子，专门负责工程勘察合同的实施控制和管理。招标采购从业人员也应该跟踪工程勘察合同的履行过程，了解实施过程中因招标采购工作而导致的问题、矛盾和纠纷，及时总结经验，提高勘察的招标采购工作水平和质量。

1）合同资料文档管理。合同资料文档管理是合同管理的一个基本业务。勘察中主要合同资料包括：

①勘察招标采购和投标响应文件。

②中标/成交通知书。

③勘察合同及附件，包括勘察任务书、补充协议书等。

④发包人的各种指令、签证，双方的往来书信和电函，会谈纪要等。

⑤各种变更指令、变更申请和变更记录等。

⑥各种检测、试验和鉴定报告等。

⑦勘察文件。

⑧勘察工作的各种报表、报告等。

⑨政府部门和上级机构的各种批文、文件和签证等。

2）合同实施的跟踪与监督。发包人跟踪与监督需要按合同进度和合同规定的质量标准进行，以保证勘察工作能够按期按质完成。勘察人员跟踪与监督需要实时跟进合同实施情况，并将实际情况和合同资料进行对比分析，以发现偏差。因此，合同管理人员应及时将合同的偏差信息及原因分析结果和建议提供给勘察项目的负责人，以便及早采取措施，调整偏差。同时，合同管理人员应及时将发包人的变更指令传达给本方勘察项目负责人或直接传达给各专业勘察部门和人员。

合同跟踪与监督管理的对象有以下三个方面：

①勘察工作的质量。工程勘察质量应当符合工程建设国家标准、行业标准或地方标准。勘察质量监督的法律依据包括《建设工程质量管理条例》《建设工程勘察质量管理办法》《实施工程建设强制性标准监督规定》《工程建设国家标准管理办法》和《工程建设行业标准管理办法》等。

②勘察工作量。其包括合同约定的勘察任务完成工作量以及合同外增加勘察任务或附加勘察项目工作量。

③勘察进度。其包括勘察工作的总体进展状况和未来合同进度履行的风险分析，如项目各专业勘察的进展、相互之间的衔接配套、与合同计划的差距等。

3）合同变更管理。工程勘察合同的变更表现为勘察进度计划的变动、勘察规范的改变、增减合同中约定的勘察工作量等。这些变更导致了合同双方的责任变化。合同变更是合同管理中频繁遇到的一个工作内容。在合同变更管理中要注意以下几个方面：

①应尽快提出或下达变更要求或指令。因为时间拖得越长，造成的损失越多，双方的争执可能越大。

②应迅速而全面地落实和执行变更指令。对于勘察人来说，迅速地执行发包人的变更指令，调整工作部署，可以减少费用和时间的浪费。这种浪费往往被认为是勘察人管理失误造成的，难以得到补偿。

③应严格遵守变更程序。即变更指令应以书面形式下达，若是口头指令，勘察人应在指令执行后立即得到发包人的书面认可。若非紧急情况，双方应首先签署变更协议，对变更的内容、变更后的费用与工期的补偿达成一致意见后，再下达变更指令。

（4）注重工程勘察合同的索赔管理

工程勘察合同履行过程中，合同一方因合同另一方未能履行或未能正确履行合同中所规定的义务而受到损失的，有权向另一方提出索赔。工程勘察合同中通常约定了各分项索赔费用限额或合同总索赔费用限额。

1）勘察人在下列情况下可向发包人提出索赔要求：

①发包人不能按合同要求及时提交满足勘察要求的资料，致使勘察人员无法正常开展勘察工作，勘察人可提出延长合同工期索赔。

②因发包人未能履行其合同规定的责任或在勘察中途提出变更要求，而造成勘察工作的返工、停工、窝工或修改勘察成果，勘察人可向发包人提出增加勘察费和延长合同工期索赔。

③发包人不按合同规定按时支付价款，勘察人可提出合同违约金索赔。

④因其他原因属发包人责任造成勘察人利益损害的，勘察人可提出增加勘察费索赔。

2）发包人在下列情况下可向勘察人提出索赔：

①勘察人未能按合同规定工期提交勘察文件，拖延了项目建设工期，发包人可向勘察人提出违约金索赔。

②由于勘察人提交的勘察成果错误或遗漏，使发包人在工程施工或使用时遭受损失，发包人可向勘察人提出减少支付勘察费或赔偿索赔。

③因勘察人的其他原因造成发包人损失的，发包人可向勘察人提出索赔。

4.2 建设工程设计合同管理

设计合同是建设工程合同体系中的重要合同类别，应当适用《民法典》中合同编建设工程合同一章的规定。由于工程设计对工程使用功能、工程投资、工程进度具有重要影响，因此对工程设计合同进行有效管理，对于规范承发包双方合同行为，促进双方履行合同义务，保证工程建设实现预期的投资计划、进度计划和质量计划等建设目标是至关重要的。为便于表述，本章的建设工程设计合同简称为工程设计合同。

4.2.1 工程设计合同的定义和特点

(1) 工程设计的主要内容

工程设计是指在进行可行性研究并经过初步技术经济论证后，根据工程建设项目总体需求及地质勘查报告，对工程外形和内在实体进行筹划、研究、构思、设计和描绘，形成设计说明书和图纸等相关文件。按照《建设工程设计合同示范文本（房屋建筑工程）》（GF—2015—0209）和《建设工程设计合同示范文本（专业建设工程）》（GF—2015—0210）规定，设计分为房屋建筑工程设计和专业建设工程设计。房屋建筑工程设计一般分为方案设计、初步设计和施工图设计三个阶段。专业建设工程设计一般分为初步设计和施工图设计两个阶段。

1）房屋建筑工程设计是指建设用地规划许可证范围内的建筑物构筑物设计、室外工程设计、民用建筑修建的地下工程设计及住宅小区、工厂厂前区、工厂生活区、小区规划设计及单体设计等，以及所包含的相关专业的设计内容（总平面布置、竖向设计、各类管网管线设计、景观设计、室内外环境设计及建筑装饰、道路、消防、智能、安保、通信、防雷、人防、供配电、照明、废水治理、空调设施、抗震加固等）等工程设计活动。

房屋建筑工程设计服务包括工程设计基本服务、工程设计其他服务。第一，工程设计基本服务是指设计人根据发包人的委托，提供编制房屋建筑工程方案设计文件、初步设计文件（含初步设计概算）、施工图设计文件服务，并相应提供设计技术交底、解决施工中的设计技术问题、参加竣工验收等服务。基本服务费用包含在设计费中。第二，房屋建筑工程设计其他服务是指发包人根据工程设计实际需要，要求设计人另行提供且发包人应当单独支付费用的服务，包括总体设计服务、主体设计协调服务、采用标准设计和复用设计服务、非标准设备设计文件编制服务、施工图预算编制服务、竣工图编制服务等。

2）专业建设工程是房屋建筑工程以外的各行业建设工程的统称，具体包括煤炭、化工石化医药、石油天然气（海洋石油）、电力、冶金、军工、机械、商物粮、核工业、电子通信广电、轻纺、建材、铁道、公路、水运、民航、市政、农林、水利、海洋等工程。专业建设工程设计是指房屋建筑工程以外各行业建设工程项目的主体工程和配套工程（含厂/矿区内的自备电站、道路、专用铁路、通信、各种管网管线和配套的建筑物等全部配套工程）以及与主体工程、配套工程相关的工艺、土木、建筑、环境保护、水土保持、消防、安全、卫生、节能、防雷、抗震、照明工程等工程设计活动。

专业建筑工程设计服务包括工程设计基本服务、工程设计其他服务。①工程设计基本服务是指设计人根据发包人的委托，提供编制专业建设工程初步设计文件（含初步设计概算）、施工图设计文件服务，并相应提供设计技术交底、解决施工中的设计技术问题、参加试车（试运行）考核和竣工验收等服务。基本服务费用包含在设计费中。②工程设计其他服务是指发包人根据专业建筑工程设计实际需要，要求设计人另行提供且发包人应当单独支付费用的服务，包括总体设计服务、主体设计协调服务、采用标准设计和复用设计服务、非标准设备设计文件编制服务、工程概预算编制服务、竣工图编制服务等。

（2）工程设计合同的定义

根据《民法典》第 788 条的规定，工程设计合同属于建设工程合同。工程设计合同是指发包人与设计人之间为完成特定的设计任务，明确相互权利义务关系而订立的合同。工程设计合同的发包人一般是项目建设单位或工程总承包单位，设计人为具有相应设计资质证书的设计单位。根据《民法典》第 794 条的规定，设计合同的内容一般包括提交有关基础资料和概预算等文件的期限、质量要求、费用以及其他协作条件等条款。

（3）工程设计合同订立和管理的法律基础

工程设计合同及其管理的法律基础主要是国家或地方颁发的法律法规，国家层面的主要有《民法典》《建筑法》《招标投标法》《建设工程勘察设计管理条例》《建设工程质量管理条例》《工程建设项目勘察设计招标投标办法》《建筑工程设计招标投标管理办法》《建设工程勘察设计资质管理规定》《工程设计资质标准》《建筑工程设计文件编制深度规定》《市政公用工程设计文件编制深度规定》等。另外，不同地区地方人大、政府以及住房和城乡建设部主管部门根据法律法规也制定了当地相关的条例、规定和办法等。

（4）工程设计合同的特点

工程设计的内容、性质和特点，决定了工程设计合同除了具备建设工程合同的一般特征外，还具有如下特点：

1）符合法定质量标准。设计人应按国家技术规范、标准、规程和发包人的设计任务书及其要求进行工程设计工作。发包人不得提出或指使设计单位不按法律法规、工程建设强制性标准和设计程序进行设计。此外，工程设计工作具有专属性，工程设计修改必须由原设计单位负责完成，建设单位或施工单位不得擅自修改工程设计。经原设计单位书面同意，建设单位也可以委托其他具有相应资质的设计单位修改。

2）工程设计与工程勘察紧密联系。工程设计工作的开展以工程勘察成果为依据，同时，初步设计又是进一步详细勘察的基础，两者关系紧密。

3）交付成果类型多。与工程施工合同不同，设计人通过自己的设计行为，需要提交多样化的交付成果，一般包括结构计算书、图纸、实物模型、概预算文件、计算机软件和专利技术等智力性成果。

4）分阶段支付报酬。设计费计算方式可以采用中标价加签证、预算包干或实际完成工作量结算等。在实际工作中，由于设计工作往往分阶段进行，分阶段交付设计成果，设计费也是按阶段支付（Milestone Payment）。

5）知识产权保护。《著作权法》第 3 条明确将建筑作品与美术作品一起列入其保护范围，建筑物、设计图、建筑模型均受到我国著作权的保护，但受《著作权法》保护的建筑设计必须具备独创性、可复制性，并且必须具有审美意义。在工程设计合同中，发包人按照合同支付设计人酬金，作为交换，设计人将设计成果交给发包人。因此，发包人一般拥有设计成果的财产权，除了明示条款有相反约定外，设计人一般拥有发包人项目设计成果的著作权，双方当事人可以在合同中约定设计成果的著作权的归属。发包人应保护设计人的投标书、设计方案、文件、资料图纸、数据、计算机软件和专利技术等成果。发包人对设计人交付的设计资料不得擅自修改、复制、向第三人转让或用于本项目之外。设计人也应保护发包人提供的资料和文件，未经发包人同意，不得擅自修改、复制或向第三人披露。若发生上述情况，各方应承担相应的法律责任。

6）发包人需要履行协助义务。设计人完成相关工作时，往往需要发包人提供工作条件，包括相关资料、文件和必要的生产、生活及交通条件等，发包人需要对所提供的资料或文件的正确性和完整性负责。若发包人未履行或不完全履行相关协助义务，造成设计返工、停工或者修改设计的，发包人应承担相应费用。

4.2.2 工程设计合同文本

（1）《标准设计招标文件》（2017 年版）

2017 年，为进一步完善标准文件编制规则，构建覆盖主要采购对象、多种合同类型、不同项目规模的标准文件体系，提高招标文件编制质量，促进招标投标活动的公开、公平和公正，营造良好市场竞争环境，国家发展改革委、工业和信息化部、住房城乡建设部、交通运输部、水利部、商务部、原国家新闻出版广电总局、中国民用航空局、国家铁路局发布《关于印发〈标准设备采购招标文件〉等五个标准招标文件的通知》，其中包括《标准设计招标文件》，适用于工程设计招标。《标准设计招标文件》用相同序号标示的章、节、条、款、项、目，供招标人和投标人选择使用；以空格标示的由招标人填写的内容，招标人应根据招标项目具体特点和实际需要具体化，确实没有需要填写的，在空格中用“/”标示。

（2）设计合同示范文本

建设工程设计合同示范文本分为两种：一种是《建设工程设计合同示范文本（房屋建筑工程）》，主要适用于建设用地规划许可证范围内的建筑物构筑物设计、室外工程设计、民用建筑修建的地下工程设计及住宅小区、工厂厂前区、工厂生活区、小区规划设计及单体设计等，以及所包含的相关专业的设计内容（总平面布置、竖向设计、各类管网管线设计、景观设计、室内外环境设计及建筑装饰、道路、消防、智能、安保、通信、防雷、人防、供配电、照明、废水治理、空调设施、抗震加固等）等工程设计活动；另一种是《建设工程设计合同示范文本（专业建设工程）》，主要适用于房屋建筑工程以外各行业建设工程项目的主体工程和配套工程（含厂/矿区内的自备电站、道路、专用铁路、通信、各种管网管线和配套的建筑物等全部配套工程）以及与主体工程、配套工程相关的工艺、土木、建筑、环境保护、水土保持、消防、安全、卫生、节能、防雷、抗震、照明等工程设计活动。

《建设工程设计合同示范文本（房屋建筑工程）》《建设工程设计合同示范文本（专业建设工程）》由合同协议书、通用合同条款和专用合同条款三部分组成。

第一部分是合同协议书。合同协议书集中约定了合同当事人基本的合同权利义务。包括：工程概况（工程名称、地点、规划占地面积、总建筑面积、建筑高度、建筑功能、投资估算），工程设计范围、阶段与服务内容，工程设计周期，合同价格形式与签约合同价，发包人代表与设计人项目负责人，合同文件构成，双方承诺，签订地点，补充协议，合同生效，合同份数等。

第二部分是通用合同条款。通用合同条款是合同当事人根据《建筑法》《民法典》等法律规定，就工程设计的实施及相关事项，对合同当事人的权利义务作出的原则性约定。通用合同条款既考虑了现行法律法规对工程建设的有关要求，也考虑了工程设计管理的特殊需要。通用合同条款共 17 条，包括一般约定、发包人、设计人、工程设计资料、工程设计要求、工程设计进度与周期、工程设计文件交付、工程设计文件审查、施工现场配合服务、合同价款与支付、工程设计变更与索赔、专业责任与保险、知识产权、违约责任、不可抗力、合同解除、争议解决等。

第三部分是专用合同条款。专用合同条款是对通用合同条款原则性约定的细化、完善、补充、修改或另行约定的条款。合同当事人可以根据不同建设工程的特点及具体情况，通过双方的谈判、协商对相应的专用合同条款进行修改补充。在使用专用合同条款时，应注意：①专用合同条款的编号应与相应的通用合同条款的编号一致；②合同当事人可以通过对专用合同条款的修改，满足具体房屋建筑工程或专业建设工程的特殊要求，避免直接修改通用合同条款；③在专用合同条款中有横线的地方，合同当事人可针对相应的通用合同条款进行细化、完善、补充、修改或另行约定。

4.2.3　工程设计合同重点条款的起草要点

根据《民法典》和《建筑法》等有关法律规定以及《标准设计招标文件》，对于工程设计合同重点条款的起草，有如下要点：

（1）设计依据

设计依据是设计人按合同开展设计工作的依据，也是发包人验收设计成果的依据。《建设工程勘察设计管理条例》中列出了以下几个最基本的设计依据。

1）项目批准文件。项目批准文件是指政府有关部门批准的工程建设项目的项目建议书、可行性研究报告或者其他批准文件。项目批准文件确定了该工程项目建设的总原则、总要求，是编制设计文件的主要依据。编制工程建设项目设计文件时，不得擅自改变或者违背项目批准文件确定的总原则、总要求，确需调整变更时，必须报原审批部门重新批准。项目批准文件由建设单位负责提供给设计人，变更项目批准也由发包人负责，对此双方应当在设计合同中予以约定。

2）城乡规划。根据《城乡规划法》的规定，新建、扩建和改建建筑物、构筑物、道路、管线和其他工程设施，必须提出申请，由城市规划行政部门根据城市规划提出的规划设计要求，核发建设工程规划许可证件。编制设计文件应当以该等要求和许可证作为依据，使建设项目符合所在地的城市规划的要求。编制设计文件所需的城市规划资料，以及有关许可证件一般由建设单位负责申领，并提供给设计人。如需设计人提供代办及相应服务的，应当在合同中专门约定。

3）工程建设强制性标准。我国工程建设标准体系将工程建设标准分为强制性标准和推荐性标准两类。前者是指工程建设标准中直接涉及工程质量、安全、卫生及环境保护等方面的工程建设标准强制性条文，是在设计中必须严格执行的强制性条款。工程建设强制性标准是编制设计文件最重要的依据。《建设工程质量管理条例》第 19 条规定："勘察、设计单位必须按照工程建设强制性标准勘察、设计，并对其勘察、设计的质量负责。"同时对违反工程建设强制性标准行为规定了相应的罚则。

4）国家规定的设计深度要求。工程设计依据一般包括：

①适用的法律、行政法规及部门规章。

②与工程有关的规范、标准、规程。

③工程基础资料及其他文件。

④本设计服务合同及补充合同。

⑤本工程勘察文件和施工需求。

⑥合同履行中与设计服务有关的来往函件。

⑦其他设计依据。

关于设计文件编制深度，需要明确设计文件的内容、要求、格式等具体规定，既是编制设计文件的依据和标准，也是衡量设计文件质量的依据和标准。国家规定的设计文件的深度要求，由国务院各有关部门组织制订，电力、水利、石油、化工、冶金、机械、建筑等不同类型建设项目的设计分别执行本专业设计编制深度规定。设计合同中可约定按国家规定的设计深度执行，如建筑工程设计应当执行住房和城乡建设部组织制订的《建筑工程设计文件编制深度规定》以及《民用建筑设计统一标准》(GB 50352—2019)。发包人对编制设计文件深度有特殊要求的，也可以在合同中专门约定。建设单位拟采用的项目管理模式将决定建设单位委托设计人的设计合同范围。

（2）设计范围及工作内容

合同的设计范围包括工程范围、阶段范围和工作范围，具体设计范围应当根据三者之间的关联内容进行确定。工程范围是指所设计工程的建设内容，具体范围在专用合同条款中约定。阶段范围是指工程建设程序中的方案设计、初步设计、扩大初步（招标）设计、施工图设计等阶段中的一个或者多个阶段，具体范围在专用合同条款中约定。工作范围是指编制设计文件、编制设计的概算和预算、提供技术交底、施工配合、参加试车（试运行)、编制竣工图、竣工验收和发包人委托的其他服务中的一项或者多项工作，具体范围在专用合同条款中约定。

设计合同工作内容，一般包括设计项目的名称和规模、设计的阶段、投资及设计费等。通常，在设计合同中以表格形式明确列出设计项目内容。各行业项目建设有各自的特点，在设计内容上有所不同，在合同订立过程中可根据行业的特点进行确定。

1）方案设计阶段的工作内容。方案设计阶段的工作内容包括：按照批准的立项文件要求，对建设项目进行总体部署和安排，使设计构思和设计意图具体化；细化总平面布局、功能分区、总体布置、空间组合、交通组织等；细化总用地面积、总建筑面积等各项技术经济指标。方案设计的内容与深度应当满足编制初步设计和项目投资估算的需要。

2）初步设计阶段的工作内容。建筑工程的初步设计内容是对方案设计的深化，专业建设工程的初步设计内容是对批准的可行性研究报告的深化。初步设计应当满足相应国家标准或行业标准中规定的深度要求。初步设计的内容和深度要满足主要设备材料订货、征用土地、编制施工图、编制施工组织设计、编制工程量清单和项目初步设计概算、施工准备和生产准备等的要求。对于初步设计批准后进行施工招标采购的，初步设计文件还应当满足编制施工招标采购文件的需要。

3）施工图设计阶段的工作内容。施工图设计内容是按照初步设计确定的具体设计原则、设计方案和主要设备订货情况进行编制，要求绘制出各部分的施工详图和设备、管线安装图等。施工图文件编制的内容和深度应当满足设备材料的安排和非标准设备制作、编制施工图预算和进行施工等的要求。

(3) 设计合同文件的优先顺序

组成工程设计合同的各项文件应互相解释，互为说明。除专用合同条款另有约定外，解释合同文件的优先顺序如下：

1）合同协议书。

2）中标通知书。

3）投标函及投标函附录。

4）专用合同条款。

5）通用合同条款。

6）发包人要求。

7）设计费用清单。

8）设计方案。

9）其他合同文件。

(4) 发包人的义务

发包人的义务主要包括：

1）遵守法律。发包人在履行合同过程中应遵守法律，并保证设计人免于承担因发包人违反法律而引起的任何责任。

2）发出开始设计通知。发包人应按合同约定向设计人发出开始设计通知。

3）办理证件和批件。法律规定和（或）合同约定由发包人负责办理的工程建设项目必须履行的各类审批、核准或备案手续，发包人应当按时办理，设计人应给予必要的协助。法律规定和（或）合同约定由设计人负责办理的设计所需的证件和批件，发包人应给予必要的协助。

4）支付合同价款。发包人应按合同约定向设计人及时支付合同价款。

5）提供设计资料。发包人应按合同约定向设计人提供设计资料。

(5) 设计人义务

1）设计人的义务主要包括一般义务和特别义务。其中设计人的一般义务主要包括：

①遵守法律。设计人在履行合同过程中应遵守法律，并保证发包人免于承担因设计人违反法律而引起的任何责任。

②依法纳税。设计人应按有关法律规定纳税，应缴纳的税金（含增值税）包括在合同价格之中。

③完成全部设计工作。设计人应按合同约定以及发包人要求，完成合同约定的全部工作，并对工作中的任何缺陷进行整改、完善和修补，使其满足合同约定的目的。设计人应

按合同约定提供设计文件及相关服务等。

2）关于任命项目负责人，要点包括：

①设计人应按合同协议书的约定指派项目负责人，并在约定的期限内到职。设计人更换项目负责人应事先征得发包人同意，并应在更换 14 天前将拟更换的项目负责人的姓名和详细资料提交给发包人。项目负责人两天内不能履行职责的，应事先征得发包人同意，并委派代表代行其职责。

②项目负责人应按合同约定以及发包人要求，负责组织合同工作的实施。在情况紧急且无法与发包人取得联系时，可采取保证工程和人员生命财产安全的紧急措施，并在采取措施后 24 小时内向发包人提交书面报告。

③设计人为履行合同发出的一切函件均应盖有设计人单位章，并由设计人的项目负责人签字确认。

④按照专用合同条款约定，项目负责人可以授权其下属人员履行其某项职责，但事先应将这些人员的姓名和授权范围书面通知给发包人。

3）关于管理设计人员，要点包括：

①设计人应在接到开始设计通知之日起 7 天内，向发包人提交设计项目机构以及人员安排的报告，其内容应包括项目机构设置、主要设计人员和作业人员的名单及资格条件。主要设计人员应相对稳定，更换主要设计人员的，应取得发包人的同意，并向发包人提交继任人员的资格、管理经验等资料。

②除专用合同条款另有约定外，主要设计人员包括项目负责人、专业负责人、审核人、审定人等；其他人员包括各专业的设计人员、管理人员等。

③设计人应保证其主要设计人员（含分包人）在合同期限内的任何时候，都能按时参加发包人组织的工作会议。

④国家规定应当持证上岗的工作人员均应持有相应的资格证明，发包人有权随时检查。发包人认为有必要时，可以进行现场考核。

4）关于分包和不得转包义务，要点包括：

①设计人不得将其设计的全部工作转包给第三人。

②设计人不得将设计的主体、关键性工作分包给第三人。

③除专用合同条款另有约定外，未经发包人同意，设计人也不得将非主体、非关键性工作分包给第三人。

④发包人同意设计人分包工作的，设计人应向发包人提交 1 份分包合同副本，并对分包设计工作质量承担连带责任。除专用合同条款另有约定外，分包人的设计费用由设计人与分包人自行支付。

分包人的资格能力应与其分包工作的标准和规模相适应，包括必要的企业资质、人员、设备和类似业绩等。

(6) 发包人提供的文件

按专用合同条款约定由发包人提供的文件，包括基础资料、勘察报告、设计任务书等，发包人应按约定的数量和期限交给设计人。由于发包人未按时提供文件造成设计服务期限延误的，发包人应当延长设计服务期限并增加设计费用，具体方法在专用合同条款中约定。

(7) 设计一般要求

设计一般要求包括：

1）发包人应当遵守法律和规范标准，不得以任何理由要求设计人违反法律和工程质量、安全标准进行设计服务，降低工程质量。

2）设计人应按照法律规定以及国家、行业和地方的规范和标准完成设计工作，并应符合发包人的要求。当各项规范、标准和发包人要求之间对同一内容的描述不一致时，应以描述更为严格的内容为准。

3）除专用合同条款另有约定外，设计人完成设计工作所应遵守的法律规定，以及国家、行业和地方的规范和标准，均应视为在基准日适用的版本。基准日之后，前述版本发生重大变化，或者有新的法律以及国家、行业和地方的规范和标准实施的，设计人应向发包人提出遵守新规定的建议。发包人应在收到建议后 7 天内发出是否遵守新规定的指示。发包人指示遵守新规定的，按照合同变更的约定执行。

4）设计人在设计服务中选用的材料、设备，应当注明其规格、型号、性能等技术指标及适应性，满足质量、安全、节能、环保等要求。

(8) 开始设计

符合专用合同条款约定的开始设计条件的，发包人应提前 7 天向设计人发出开始设计通知。设计服务期限自开始设计通知中载明的开始设计日期起计算。除专用合同条款另有约定外，因发包人原因造成合同签订之日起 90 天内未能发出开始设计通知的，设计人有权提出价格调整要求，或者解除合同。发包人应当承担由此增加的费用和（或）周期延误。

(9) 周期延误

关于发包人引起的周期延误，在履行合同过程中，由于发包人的下列原因造成设计服务周期延误的，发包人应当延长设计服务期限并增加设计费用，具体方法在专用合同条款中约定。

1）合同变更。

2）未按合同约定期限及时答复设计事项。

3）因发包人原因导致的暂停设计。

4）未按合同约定及时支付设计费用。

5）发包人提供的基准资料错误。

6）未及时履行合同约定的相关义务。

7）未能按照合同约定期限对设计文件进行审查。

8）发包人造成周期延误的其他原因。

关于设计人引起的周期延误，设计人应支付逾期违约金。逾期违约金的计算方法和最高限额在专用合同条款中约定。

关于第三人引起的周期延误，由于行政管理部门审查或其他第三人原因造成费用增加和（或）周期延误的，由发包人承担。

(10) 工程设计文件审查

1）发包人审查设计文件，要点包括：

①发包人接收设计文件之后，可以自行或者组织专家会进行审查，设计人应当给予配合。审查标准应当符合法律、规范标准、合同约定和发包人要求等；审查的具体范围、明

细内容和费用分担，在专用合同条款中约定。

②除专用合同条款另有约定外，发包人对于设计文件的审查期限，自文件接收之日起不应超过 14 天。发包人逾期未作出审查结论且未提出异议的，视为设计人的设计文件已经通过发包人审查。

③发包人审查后不同意设计文件的，应以书面形式通知设计人，说明审查不通过的理由及其具体内容。设计人应根据发包人的审查意见修改完善设计文件，并重新报送发包人审查，审查期限重新起算。

2）审查机构审查设计文件。要点包括：

①设计文件需要经政府有关部门审查或批准的，发包人应在审查同意后，按照有关主管部门要求，将设计文件和相关资料报送施工图审查机构进行审查。发包人的审查和施工图审查机构的审查不减免设计人因为质量问题而应承担的设计责任。

②对于施工图审查机构的审查意见，如不需要修改发包人要求的，应由设计人按照审查意见修改完善设计文件；如需要修改发包人要求的，则由发包人重新修改和提出发包人要求，再由设计人根据新的发包人要求修改完善设计文件。

③由于自身原因造成设计文件未通过审查机构审查的，设计人应当承担违约责任，采取补救措施直至达到合同约定的质量标准，并自行承担由此导致的费用增加和（或）周期延误。

（11）工程设计合同变更

合同履行中发生下述情形时，合同一方均可向对方提出变更请求，经双方协商一致后进行变更，设计服务期限和设计费用的调整方法在专用合同条款中约定。

1）设计范围发生变化。

2）除不可抗力外，非设计人的原因引起的周期延误。

3）非设计人的原因，对工程同一部分重复进行设计。

4）非设计人的原因，对工程暂停设计及恢复设计。

基准日后，因颁布新的或修订原有法律法规、规范和标准等引发合同变更情形的，按照上述约定进行调整。

（12）设计责任与保险

《民法典》第 800 条规定，设计的质量不符合要求或者未按照期限提交设计文件拖延工期，造成发包人损失的，设计人应当继续完善设计，减收或者免收设计费并赔偿损失。具体要点包括：

1）工作质量责任。设计工作质量应满足法律规定、规范标准、合同约定和发包人要求等。设计人应做好设计服务的质量与技术管理工作，建立健全内部质量管理体系和质量责任制度，加强设计服务全过程的质量控制，建立完整的设计文件设计、复核、审核、会签和批准制度，明确各阶段的责任人。设计人应按合同约定对设计服务进行全过程的质量检查和检验，并作详细记录，编制设计工作质量报表，报送发包人审查。发包人有权对设计工作质量进行检查和审核。设计人应为发包人的检查和检验提供方便，包括发包人到设计场地或合同约定的其他地方进行察看，查阅、审核设计的原始记录和其他文件。发包人的检查和审核，不免除设计人按合同约定应负的责任。

2）设计文件错误责任。设计文件存在错误、遗漏、含混、矛盾、不充分之处或其他缺陷，无论设计人是否通过了发包人审查或审查机构审查，设计人均应自费对前述问题带来的缺陷和工程问题进行改正，但由发包人提供的文件错误导致的除外。因设计人原因造成设计文件不合格的，发包人有权要求设计人采取补救措施，直至达到合同要求的质量标准，并按合同违约的约定承担责任。因发包人原因造成设计文件不合格的，设计人应当采取补救措施，直至达到合同要求的质量标准，由此造成的设计费用增加和（或）设计服务期限延误由发包人承担。

3）设计责任主体。设计人应运用一切合理的专业技术、知识技能和项目经验，按照职业道德准则和行业公认标准尽其全部职责，勤勉、谨慎、公正地履行其在本合同项下的责任和义务。关于设计责任实行设计单位项目负责人终身责任制。项目负责人应当保证设计文件符合法律法规和工程建设强制性标准的要求，对因设计导致的工程质量事故或质量问题承担责任。项目负责人应当在办理工程质量监督手续前签署工程质量终身责任承诺书，连同法定代表人出具的授权书，报工程质量监督机构备案。

4）设计责任保险。除专用合同条款另有约定外，设计人应具有发包人认可的、履行本合同所需要的工程设计责任险，于合同签订后 28 天内向发包人提交工程设计责任险的保险单副本或者其他有效证明，并在合同履行期间保持足额、有效。工程设计责任险的保险范围，应当包括由于设计人的疏忽或过失而造成的工程质量事故损失，以及由事故引发的第三者人身伤亡、财产损失或费用赔偿等。发生工程设计保险事故后，设计人应按保险人要求进行报告，并负责办理保险理赔业务；保险金不足以补偿损失的，由设计人自行补偿。

（13）工程设计合同价格

关于本合同的价款确定方式、调整方式和风险范围划分，在专用合同条款中约定。设计费用实行发包人签证制度，即设计人完成设计项目后通知发包人进行验收，通过验收后由发包人代表对实施的设计项目、数量、质量和实施时间签字确认，以此作为计算设计费用的依据之一。除专用合同条款另有约定外，合同价格应当包括收集资料，踏勘现场，进行设计、评估、审查等，编制设计文件，施工配合等全部费用和国家规定的增值税税金。发包人要求设计人进行外出考察、试验检测、专项咨询或专家评审时，相应费用不含在合同价格之中，由发包人另行支付。

（14）工程设计合同价款支付

关于定金或预付款。定金或预付款应专用于本工程的设计。定金或预付款的额度、支付方式及抵扣方式在专用合同条款中约定。发包人应在收到定金或预付款支付申请后 28 天内，将定金或预付款支付给设计人；设计人应当提供等额的增值税发票。设计服务完成之前，由于不可抗力或其他非设计人的原因解除合同的，定金不予退还。

1）关于中期支付：

①设计人应按发包人批准或专用合同条款约定的格式及份数，向发包人提交中期支付申请，并附相应的支持性证明文件。

②发包人应在收到中期支付申请后的 28 天内，将应付款项支付给设计人；设计人应当提供等额的增值税发票。发包人未能在前述时间内完成审批或不予答复的，视为发包人同意中期支付申请。发包人不按期支付的，按专用合同条款的约定支付逾期付款违约金。

③中期支付及最终结清付款涉及政府投资资金的，按照国库集中支付等国家相关规定

和专用合同条款的约定执行。

2）关于费用结算：

①合同工作完成后，设计人可按专用合同条款约定的份数和期限，向发包人提交设计费用结算申请，并提供相关证明材料。

②发包人应在收到费用结算申请后的 28 天内，将应付款项支付给设计人；设计人应当提供等额的增值税发票。发包人未能在前述时间内完成审批或不予答复的，视为发包人同意费用结算申请。发包人不按期支付的，按专用合同条款的约定支付逾期付款违约金。

③发包人对费用结算申请内容有异议的，有权要求设计人进行修正和提供补充资料，由设计人重新提交。

(15) 违约责任

1）关于设计人的违约责任，合同履行中发生下列情况之一的，属设计人违约：

①设计文件不符合法律与合同约定。

②设计人转包、违法分包，或者未经发包人同意擅自分包。

③设计人未按合同计划完成设计，从而造成工程损失。

④设计人无法履行或停止履行合同。

⑤设计人不履行合同约定的其他义务。设计人发生违约情况时，发包人可向设计人发出整改通知，要求其在限定期限内纠正；逾期仍不纠正的，发包人有权解除合同并向设计人发出解除合同通知。设计人应当承担由于违约所造成的费用增加、周期延误和发包人损失等。

2）关于发包人的违约责任，合同履行中发生下列情况之一的，属发包人违约：

①发包人未按合同约定支付设计费用。

②由于发包人的原因造成设计停止。

③发包人无法履行或停止履行合同。

④发包人不履行合同约定的其他义务。发包人发生违约情况时，设计人可向发包人发出暂停设计通知，要求其在限定期限内纠正；逾期仍不纠正的，设计人有权解除合同并向发包人发出解除合同通知。发包人应当承担由于违约所造成的费用增加、周期延误和设计人损失等。

4.2.4 工程设计合同管理要点

工程设计合同管理是指设计合同的订立和履行、合同的变更与解除、合同争议的解决以及合同索赔等管理工作，目的是促使合同双方全面而有序地完成合同规定各方的义务与责任，从而保证工程设计工作的顺利实施。

(1) 关注工程设计合同主体与客体的合法性

工程设计合同法律关系的主体是合同双方当事人，即发包人和设计人；其客体是指发包人委托设计的建设工程项目。合同主体与客体的地位必须符合有关法律的规定，否则合同的有效性得不到法律的承认与保护。因此，合同管理第一步是确认合同法律关系的主体与客体是否合法。

1）确认设计合同法律关系主体的合法性。从发包人合同管理角度来看，发包人在选择设计人时，审查候选设计人的资质是合同管理的首要环节。《建设工程勘察设计管理条例》第 17 条规定，发包方不得将建设工程勘察、设计业务发包给未达到项目需求的勘察、设计资质等级的建设工程勘察、设计单位。如发包人明知设计人资质不满足工程要求而发包，该行为属于违法行为，合同无效。

从设计人合同管理角度来看，设计人寻求和承接设计业务时，要审查本企业的设计资质等级与所承接工程要求的等级是否相符。《建筑法》第 26 条、《建设工程勘察设计管理条例》第 21 条和《建设工程勘察设计资质管理规定》第 17 条都明确规定，禁止设计单位超越其资质等级许可的范围或者以其他设计单位的名义承揽设计业务，禁止设计单位允许其他单位或者个人以本单位的名义承揽设计业务。《建筑法》第 65 条规定："超越本单位资质等级承揽工程的，责令停止违法行为，处以罚款，可以责令停业整顿，降低资质等级；情节严重的，吊销资质证书；有违法所得的，予以没收。"因此，设计人采用虚假或伪造资质、超过资质等级承揽设计任务，都属于违法行为，除了所订立的合同属于无效合同外，企业还将被追责。

2）确认工程设计合同法律关系客体的合法性。工程设计合同应当以发包人提供工程批准文件、用地红线、施工许可证等项目审批手续为基础开展设计工作。《招标投标法》第 9 条规定："招标项目按照国家有关规定需要履行项目审批手续的，应当先履行审批手续，取得批准。招标人应当有进行招标项目的相应资金或者资金来源已经落实，并应当在招标文件中如实载明。"《工程建设项目勘察设计招标投标办法》第 9 条规定："依法必须进行勘察设计招标的工程建设项目，在招标时应当具备下列条件：（一）招标人已经依法成立；（二）按照国家有关规定需要履行项目审批、核准或者备案手续的，已经审批、核准或者备案；（三）勘察设计有相应资金或者资金来源已经落实；（四）所必需的勘察设计基础资料已经收集完成；（五）法律法规规定的其他条件。"

（2）确定工程设计项目的发包方式

《建设工程勘察设计管理条例》第 12 条规定："建设工程勘察、设计发包依法实行招标发包或者直接发包。"

就直接发包的工程设计项目，合同当事人双方进行协商，就合同的各项条款取得一致意见。合同双方法人代表或其指定的代理人在合同文本上签字，并加盖各自单位的公章，合同生效。

就招标发包的工程设计项目，根据《招标投标法》第 3 条的规定，在中华人民共和国境内进行下列工程建设项目包括项目的勘察、设计、施工、监理以及与工程建设有关的重要设备、材料等的采购，必须进行招标：

①大型基础设施、公用事业等关系社会公共利益、公众安全的项目。

②全部或者部分使用国有资金投资或者国家融资的项目。

③使用国际组织或者外国政府贷款、援助资金的项目。

《必须招标的工程项目规定》第 5 条规定："本规定第二条至第四条规定范围内的项目，其勘察、设计、施工、监理以及与工程建设有关的重要设备、材料等的采购达到下列标准之一的，必须招标：（一）施工单项合同估算价在 400 万元人民币以上；（二）重要设备、材料等货物的采购，单项合同估算价在 200 万元人民币以上；（三）勘察、设计、监理等服务的采购，单项合同估算价在 100 万元人民币以上。同一项目中可以合并进行的勘察、设计、施工、监理以及与工程建设有关的重要设备、材料等的采购，合同估算价合计达到前款规定标准的，必须招标。”

按照《工程建设项目勘察设计招标投标办法》第 4 条规定，按照国家规定需要履行项目审批、核准手续的依法必须进行招标的项目，有下列情形之一的，经项目审批及核准部门审批、核准，项目的勘察设计可以不进行招标：

①涉及国家安全、国家秘密、抢险救灾或者属于利用扶贫资金实行以工代赈、需要使用农民工等特殊情况，不适宜进行招标。

②主要工艺、技术采用不可替代的专利或者专有技术，或者其建筑艺术造型有特殊要求。

③采购人依法能够自行勘察、设计。

④已通过招标方式选定的特许经营项目投资人依法能够自行勘察、设计。

⑤技术复杂或专业性强，能够满足条件的勘察设计单位少于三家，不能形成有效竞争。

⑥已建成项目需要改、扩建或者技术改造，由其他单位进行设计影响项目功能配套性。

⑦国家规定其他特殊情形。

(3) 注重工程设计过程合同管理

工程设计合同的双方当事人都应重视合同管理工作，应建立自己的合同管理专门机构，负责设计合同的起草、协商和订立工作。同时在每个设计项目中指定合同管理人员参加设计项目管理班子，专门负责设计合同的实施控制和管理。

招标采购从业人员应该跟踪设计合同的履行过程，了解实施过程中因招标采购工作而导致的问题、矛盾和纠纷，及时总结经验，提高设计的招标采购工作水平和质量。

1）合同资料文档管理。合同资料文档管理是合同管理的一个基本业务。设计中主要合同资料包括：

①设计招标采购和投标响应文件。

②中标/成交通知书。

③设计合同及附件，包括设计任务书、工程设计收费表、补充协议书等。

④发包人的各种指令、签证，双方的往来书信和电函，会谈纪要等。

⑤各种变更指令、变更申请和变更记录等。

⑥各种检测、试验和鉴定报告等。

⑦设计文件。

⑧设计工作的各种报表、报告等。

⑨政府部门和上级机构的各种批文、文件和签证等。

2）合同实施的跟踪与监督。发包人开展的跟踪与监督包括了解掌握设计工作的进程，监督其是否按合同进度和合同规定的质量标准进行，发现拖延应立即督促设计人进行弥补，以保证设计工作能够按期按质完成。同时，也应及时将本方的合同变更指令通知对方。设计人开展的跟踪与监督包括对合同实施情况进行跟踪，将实际情况和合同资料进行对比分析，发现偏差。因此，合同管理人员应及时将合同的偏差信息及原因分析结果和建议提供给设计项目的负责人，以便及早采取措施，调整偏差。同时，合同管理人员应及时将发包人的变更指令传达给本方设计项目负责人或直接传达给各专业设计部门和人员。

合同跟踪与监督管理的对象有以下四个方面：

①设计工作的质量。工程设计质量应当符合工程建设国家标准、行业标准或地方标

准。设计质量监督的法律依据包括《建设工程质量管理条例》《实施工程建设强制性标准监督规定》《工程建设国家标准管理办法》和《工程建设行业标准管理办法》等。

②设计工作量。其包括合同约定的设计任务完成工作量以及合同外增加设计任务或附加设计项目工作量。

③设计进度。其包括设计工作的总体进展状况和未来合同进度履行的风险分析，如项目各专业设计的进展、相互之间的衔接配套、与合同计划的差距等。

④项目的设计概算。如设计方案的设计概算是否超过了合同中发包人的投资计划额等。

3）合同变更管理。设计合同的变更表现为设计图纸和说明的非设计错误的修改、设计进度计划的变动、设计规范的改变、增减合同中约定的设计工作量等，该等变更导致了合同双方的责任变化。例如，由于发包人产生了新的功能需求，要求设计人对按合同进度计划已完成的设计图纸进行返工修改，增加了设计人的合同工作、合同责任及费用开支，导致设计进度延长。对此，发包人应给予设计人补偿。合同变更在合同管理中频繁出现，在合同变更管理中应当注意以下方面：

①应尽快提出或下达变更要求或指令。因为时间拖得越长，造成的损失越多，双方争执的可能性也就越大。

②应迅速而全面地落实和执行变更指令。对于设计人来说，迅速地执行发包人的变更指令，调整工作部署，可以减少费用和时间的浪费，如果因设计人未能采取有效措施导致的损失，后续难以得到补偿。

③应严格遵守变更程序。即变更指令应以书面形式下达，若为口头指令，设计人应在指令执行后立即得到发包人的书面认可。若非紧急情况，双方应首先签署变更协议，对变更的内容、变更后的费用与工期的补偿达成一致意见后，再下达变更指令。

(4) 注重工程设计合同的索赔管理

设计合同履行过程中，如果合同一方未能履行合同中所规定的义务而受到损失，可根据设计合同中约定的索赔事项，向另一方提出索赔。

1）设计人在下列情况下可向发包人提出索赔要求：

①发包人不能按合同要求及时提交满足设计要求的资料，致使设计人员无法正常开展设计工作的，设计人可提出延长合同工期索赔。

②因发包人未能履行其合同规定的责任或在设计中途提出变更要求，而造成设计工作的返工、停工、窝工或修改设计的，设计人可向发包人提出增加设计费和延长合同工期索赔。

③发包人不按合同规定按时支付价款的，设计人可提出合同违约金索赔。

④其他发包人原因造成设计人利益损害的，设计人可就相关事项提出索赔。

2）发包人在下列情况下可向设计人提出索赔：

①设计人未能按合同规定工期提交设计文件，拖延了项目建设工期，发包人可向设计人提出违约金索赔。

②由于设计人提交的设计成果错误或遗漏，使发包人在工程施工或使用时遭受损失，发包人可向设计人提出减少支付设计费或赔偿索赔。

③其他设计人原因造成发包人损失的，发包人可就相关事项提出索赔。

4.3 建设工程施工合同管理

4.3.1 施工合同概述

(1) 施工合同的概念及特点

施工合同是发包人与承包人就完成具体工程项目的建设施工、设备安装、设备调试、工程保修等工作内容，明确合同双方当事人权利义务的协议。施工合同是建设工程合同中的主要合同类型，是工程建设投资控制、质量控制、进度控制的主要依据。根据法律法规的规定和实践的总结，施工合同通常具有以下特点：

1）施工合同为要式合同。施工合同涉及的标的通常较大，履行期限较长，涉及内容也较多，采用书面形式可以明确合同各方的权利义务，防止当事人之间因分歧、变化或其他履行事项发生争议，导致合同履行困难。为此，《民法典》第 789 条明确规定建设工程合同应当采用书面形式，体现了施工合同的要式性。

2）施工合同主体需要具备相应资质。

①发包人主体资格要求。通常情况下，发包人是工程项目的使用权人或所有权人。对于招标投标活动而言，根据《招标投标法》第 8 条的规定，招标人必须是法人或其他组织。

②承包人主体资格要求。现行法律法规对施工合同的承包人规定了特别资质要求，作为施工合同的承包人应具备相应的资质等级，并在其资质等级许可的范围内从事建筑活动。《建筑法》第 13 条规定：“从事建筑活动的建筑施工企业、勘察单位、设计单位和工程监理单位，按照其拥有的注册资本、专业技术人员、技术装备和已完成的建筑工程业绩等资质条件，划分为不同的资质等级，经资质审查合格，取得相应等级的资质证书后，方可在其资质等级许可的范围内从事建筑活动。”施工合同的承包人未取得建筑施工企业资质或超越资质等级从事建筑活动的，施工合同无效。

3）施工合同监管严格。施工合同属于《民法典》规定的典型合同建设工程合同中的一类，民法基本原则为其设立的根本，因此适用平等自愿原则、公平原则、诚实信用原则以及其他基本原则。此外，施工合同受较严格的监管。如，违法分包、转包、违法招标和规避招标等违法行为将导致施工合同的无效，同时施工单位还易因为合同管理失职招致行政处罚。相关法律规范有以下几点：

①发包人选择承包人应当符合《招标投标法》等法律规范的规定。如，发包项目属于《招标投标法》规定的依法必须招标的项目，则发包人应按照法律规定的招标程序组织招标，以确定中标人。同时，《招标投标法实施条例》第 81 条规定：“依法必须进行招标的项目的招标投标活动违反招标投标法和本条例的规定，对中标结果造成实质性影响，且不能采取补救措施予以纠正的，招标、投标、中标无效，应当依法重新招标或者评标。”因此，对于依法必须进行招标的项目，招标人必须通过招标方式进行发包，否则将导致合同无效的法律后果。

违反招标投标相关规定应负的责任并不限于民事责任。《招标投标法》第 49 条规定：“违反本法规定，必须进行招标的项目而不招标的，将必须进行招标的项目化整为零或者以其他任何方式规避招标的，责令限期改正，可以处项目合同金额千分之五以上千分之十以下的罚款；对全部或者部分使用国有资金的项目，可以暂停项目执行或者暂停资金拨付；对单位直接负责的主管人员和其他直接责任人员依法给予处分。”此外，我国《刑法》中也有对招标投标活动的专门规定，相关当事人违反招标投标制度的，情节严重的，还将受到刑事处罚。

②施工合同的履行受行政机关全程监管。鉴于建设工程项目涉及土地使用权、城乡规划、公共安全等方面的法律规定，施工合同签订前，应当严格按照项目立项法规、《城乡规划法》、《土地管理法》等法律法规，完成建设项目的立项、用地规划、工程规划等行政审批或许可工作，项目开工建设前，还应当取得施工许可证。因工程建设的质量关系到社会公共安全，因此，建设工程合同在履行中必须严格遵守《建设工程质量管理条例》、国家及行业质量规范和标准，施工过程中还应当接受工程质量监管部门的质量监督和管理。如果工程质量不合格，该工程就无法进行使用和竣工验收备案。除此之外，安全监管也是施工合同履行中行政监管的重点内容，发包人、承包人在项目建设中应当遵守《安全生产法》《建设工程安全生产管理条例》等法律法规的规定，采取有力措施避免安全事故的发生。如果承发包双方未尽到法律规定的安全生产责任，将会受到行政处罚，造成严重后果的，相关责任人还可能承担刑事责任。

4）施工合同的履行具有长期性及复杂性。施工合同的标的物与一般工业产品相比，通常结构复杂、体积大、建筑材料类型多、工作量大，施工合同的履行体现出较为明显的长期性及复杂性。在施工合同履行中，市场价格的浮动、法律政策的变化、不可抗力、政府行为等因素均对合同履行产生影响，进而对工期、造价等施工合同重要因素产生重大影响。施工合同的当事人虽然只有发包人和承包人两方，但在实际履行过程中涉及的关联主体却较多，需要考虑与其他相关合同如设计合同、供货合同、分包合同等的配合和协调。

（2）施工合同的种类

1）按承包内容分类。根据承包内容的不同，施工合同可以分为施工总承包合同、施工专业分包合同以及施工劳务分包合同。

施工总承包合同是指发包人将整体工程的施工交由施工总承包人承接，施工总承包人对所承接的施工总承包工程内的各专业工程全部自行施工，或者将专业工程或劳务作业依法分包给具有相应资质的专业分包人或劳务分包人的合同。施工总承包人应具备相应的资质，根据《建筑业企业资质标准》的规定，施工总承包企业资质包括建筑工程、公路工程、铁路工程等 12 个类别。

施工专业分包合同是指施工总承包人依法将专业工程分包给具有相应资质的专业分包人，并明确总承包人和专业分包人权利义务的协议。《建设工程质量管理条例》第 27 条规定：“总承包单位依法将建设工程分包给其他单位的，分包单位应当按照分包合同的约定对其分包工程的质量向总承包单位负责，总承包单位与分包单位对分包工程的质量承担连带责任。”建设工程施工专业分包人应具备相应的资质，根据《建筑业企业资质标准》的规定，建设工程施工专业承包企业资质包括地基基础、建筑幕墙工程、建筑装饰工程等 36 个专业类别。

施工劳务分包合同是指工程总承包人、施工总承包人、专业承包人、专业分包人将其承包范围内的劳务作业依法分包给具备劳务分包资质的企业，并明确合同当事人权利义务的协议。施工劳务分包人应具备相应的资质，根据《建筑业企业资质标准》的规定，施工劳务承包企业资质不再进行类别和等级划分，统一为劳务企业资质。

2）按价格形式分类。按照合同价格形式的不同，施工合同可以分为单价合同、总价合同以及其他价格形式的合同，具体内容详见本书 1.3.1 小节。

4.3.2 施工合同文本

为了规范工程领域的管理秩序，保护国家利益和社会公共利益，国家出台了一系列标准招标文件，具体内容详见本书 2.2.2 小节。

2007 年，国家发展改革委联合八部委共同颁布了《标准施工招标资格预审文件》和《标准施工招标文件》，当时仅在政府投资项目中试行。《招标投标法实施条例》第 15 条规定："编制依法必须进行招标的项目的资格预审文件和招标文件，应当使用国务院发展改革部门会同有关行政监督部门制定的标准文本。"由此可以看出，标准文本的适用范围扩大到了依法必须招标的项目，故依法通过招标订立的合同必须使用标准文件，因此掌握标准文件的具体内容和要求非常重要。

(1)《标准施工招标文件》概要

1)《标准施工招标文件》的适用范围。《标准施工招标文件》适用于一定规模以上，且设计和施工不是由同一承包人承担的工程施工招标文件，即该招标文件中的合同条款也仅适用于符合上述条件的工程。标准文件发布时要求，行业标准施工招标文件中的"专用合同条款"可对《标准施工招标文件》中的"通用合同条款"进行补充、细化，除"通用合同条款"明确"专用合同条款"可作出不同约定外，补充和细化的内容不得与"通用合同条款"强制性规定相抵触，否则抵触内容无效。因此，招标人可以根据招标项目的具体特点和实际需要，对《标准施工招标文件》中的"通用合同条款"进行补充、细化和修改，但不得违反法律、行政法规的强制性规定以及平等、自愿、公平和诚实信用的原则。

2)《标准施工招标文件》合同条款组成。《标准施工招标文件》合同条款由通用合同条款、专用合同条款及合同附件三部分组成。通用合同条款由一般约定、发包人义务、监理人、承包人、材料和工程设备、施工设备和临时设施、交通运输、测量放线、施工安全、治安保卫和环境保护、进度计划、开工和竣工、暂停施工、工程质量、试验和检验、变更、价格调整、计量与支付、竣工验收、缺陷责任与保修责任、保险、不可抗力、违约、索赔和争议的解决等 24 个合同要素组成。专用合同条款是预留给合同当事人对通用合同条款的开放性条款进行细化或补充的条款。合同附件提供了三个模板，分别是合同协议书、履约担保格式、预付款担保格式。

通过招标投标活动订立的施工合同，其合同文件应当由协议书、通用合同条款、专用合同条款、技术要求、设计图纸、已标价工程量清单等附件构成，标准施工招标文件仅提供了前述通用合同条款和附件部分。

3)《标准施工招标文件》的特点。

①合同条款设定的合理性和全面性。鉴于工程建设项目施工复杂、合同履行期限较长等特点，《标准施工招标文件》按照国内工程建设法律规范和工程施工管理基本模式，参考国际工程合同的惯例安排，对发包人和承包人的义务进行全面、合理的划分，尤其在合同价格

形式、工程质量、变更、计量支付、违约责任等方面，为合同的顺利履行提供条件。

②采用固定条款和可调条款结合的模式，确保合同文件有更好的适应性。为了保证《标准施工招标文件》合同原理和理念的实现，便于合同管理并兼顾各行业的不同特点，通用合同条款的编制采用了固定条款和可调条款相结合的模式，即将需要结合具体项目进行调整的条款归入可调条款，供招标人根据项目具体情况编制专用合同条款予以补充，使整个合同文件趋于完整和严密。当然该专用条款的约定不得与标准文件通用条款中的强制性内容相抵触，亦不得违反法律、行政法规的强制性规定。

③采用监理人为合同文件传递中心的机制，确保信息高效顺畅传递。鉴于我国存在法定强制监理制度，考虑到依法必须招标的项目中存在大量的必须实行监理制度的情形，通用合同条款设立了以监理人作为文件传递中心的合同文件管理机制。该机制的建立主要基于监理人的法定义务和合同文件管理的便捷性，监理人作为发包人与承包人之间合同文件的传递者，将发包人与承包人的合同文件管理汇总以保障监理人对合同信息的知情权。另外，监理人作为发包人授权的合同管理者对合同实施管理，在授权范围内由其发出的指示应被视为发包人的意思表示，但监理人无权免除或变更合同约定的发包人与承包人的权利、义务和责任。因此监理人的权限非常重要，在合同中应当由发包人予以明确约定。

④引入缺陷责任期制度，解决质量保证金返还的争议。工程实践中，施工合同常常约定“保修金（又称质量保证金）在保修期满之后返还”。保修期根据工程项目的不同，有 2 年、5 年甚至为设计文件规定的工程合理使用年限的期限，而发包人常常以保修期未满为由拒绝返还质量保证金。为解决发包人不合理扣留质量保证金问题，《标准施工招标文件》中引入了缺陷责任与保修制度，明确缺陷责任期是指承包人对已交付使用的工程承担缺陷修复义务，缺陷责任期自实际竣工日期起计算，且缺陷责任期最长不超过 2 年。缺陷责任期满后，发包人即应向承包人返还质量保证金。因此，缺陷责任期制度的引入对解决质量保证金返还的争议、避免发包人拖欠工程款有非常积极的作用。

⑤增加商定或确定制度，减少合同分歧。工程施工合同由于履行期限一般较长，而且涉及内容相对繁杂，因此在履约过程中承发包双方难免产生分歧。为了及时解决过程中存在的合同分歧，《标准施工招标文件》在通用合同条款第 3.5 款规定了“商定或确定”制度，明确由总监理工程师按照合同约定承担商定与确定的责任。

⑥增加工程系列保险制度，分担风险损失。《标准施工招标文件》较大地充实和丰富了“保险”的内容，在该合同通用条款第 20 条中分别规定了工程保险、人员工伤事故的保险、人身意外伤害险、第三者责任险、其他保险、保险凭证、持续保险等内容。保险条款的设置对分担工程建设领域常见多发事故造成的损失具有较大的作用，对今后可能会推行的工程保修保险等制度预留了执行的空间，与国际通用的 FIDIC 合同条件已基本接轨。

⑦与国际工程合同管理接轨，增强合同管理的先进性和可操作性。《标准施工招标文件》合同条款设置了主要的合同管理程序，包括合同进度控制程序、暂停施工程序、隐蔽部位覆盖检查程序、变更程序、工程进度付款及修正程序、竣工结算程序、竣工验收程序、最终结清程序、争议解决程序等。

⑧引入争议评审机制，全过程解决合同争议纠纷。为及时化解矛盾，处理纠纷，以推

进工程建设的顺利开展，借鉴国际工程领域争议解决的成功经验，合同条款引入了争议评审机制，供当事人选择使用，以更好地引导双方解决争议，提高合同管理的效率。

（2）《简明标准施工招标文件》概要

1）《简明标准施工招标文件》的适用范围。《简明标准施工招标文件》适用于工期不超过12个月、技术相对简单且设计和施工不是由同一承包人承担的小型项目施工招标。因此，该招标文件中的合同条款也同样适用于符合上述条件的工程。根据《关于印发简明标准施工招标文件和标准设计施工总承包招标文件的通知》的规定，国务院有关行业主管部门可根据本行业招标特点和管理需要，通过“专用合同条款”对“通用合同条款”进行补充、细化；但除“通用合同条款”明确规定可以作出不同约定外，“专用合同条款”补充和细化的内容不得与“通用合同条款”相抵触，否则抵触内容无效。

2）《简明标准施工招标文件》合同条款的组成。《简明标准施工招标文件》合同条款由通用合同条款、专用合同条款、合同附件组成。通用合同条款由一般约定、发包人义务、监理人、承包人、施工控制网、工期、工程质量、试验和检验、变更、计量与支付、竣工验收、缺陷责任与保修责任、保险、不可抗力、违约、索赔、争议解决共17个合同条款组成。专用合同条款是预留给合同当事人对通用合同条款的开放性条款进行细化或补充的条款。合同附件包括合同协议书、履约担保格式等。

3）《简明标准施工招标文件》的特点。

①条款简化。《简明标准施工招标文件》合同条款是在《标准施工招标文件》合同条款的基础上形成的，该合同条款的大部分内容与《标准施工招标文件》相应内容相同，但由于该合同条款主要适用于小型工程，因此该合同条款的内容比《标准施工招标文件》合同条款的内容要少。如：《标准施工招标文件》合同条款承包人条款中规定了11项内容，但《简明标准施工招标文件》合同条款的承包人条款中仅规定了5项；《标准施工招标文件》合同变更条款中规定了8项内容，但《简明标准施工招标文件》中的变更条款中仅规定了5项内容。需要注意的是，前者规定了暂估价，后者未规定暂估价。

②程序精练。《简明标准施工招标文件》约定的履约程序较为精练、便捷，符合小型工程的施工需要。如，《简明标准施工招标文件》对合同条款中的期中付款的审核与批准时间、索赔报告的提交时间等均作出了比《标准施工招标文件》更短的程序安排。

（3）《建设工程施工合同（示范文本）》概要

2017年，住房和城乡建设部在原2013年版施工合同示范文本基础上经过修订颁布了《2017版施工合同》。该施工合同示范文本是在九部委《标准施工招标文件》的基础上，结合2013年版《建设工程工程量清单计价规范》以及建设工程相关新法律规范，特别是2012年实施的《招标投标法实施条例》，对合同条款与要素进行了相应修订完善而形成的。

1）适用范围。其适用于房屋建筑工程、土木工程、线路管道和设备安装工程、装修工程等建设工程的施工承发包活动。合同当事人可结合建设工程具体情况，根据《2017版施工合同》订立合同，并按照法律法规规定和合同约定承担相应的法律责任及合同权利义务。该施工合同示范文本不仅适用于施工总承包项目，同样适用于发包人单独发包的专业施工承包项目。

2）合同文件组成。《2017版施工合同》由合同协议书、通用合同条款和专用合同条款三部分组成。合同协议书共 13 条，主要包括工程概况、合同工期、质量标准、签约合同价和合同价格形式、项目经理、合同文件构成、承诺以及合同生效条件等重要内容，集中约定了合同当事人基本的合同权利义务。通用合同条款的合同要素有 20 条，包括一般约定、发包人、承包人、监理人、工程质量、安全文明施工与环境保护、工期和进度、材料与设备、试验与检验、变更、价格调整、合同价格、计量与支付、验收和工程试车、竣工结算、缺陷责任与保修、违约、不可抗力、保险、索赔和争议解决。专用合同条款是对通用合同条款原则性约定的细化、完善、补充、修改或另行约定的条款。合同当事人可以根据不同建设工程的特点及具体情况，通过双方的谈判、协商对相应的专用合同条款进行修改补充。

4.3.3　施工合同重点条款

根据施工合同的特点和实践，对施工合同重要条款分析如下：

(1) 合同主体条款

法律对发包人的主体资格没有直接规定，对于依法必须招标项目的招标人，亦即发包人，《招标投标法》规定应当为法人或其他组织，同时应当具备法律规定的招标条件方可招标。相反，法律对承包人却有严格的规定要求。根据《建筑法》第 26 条的规定，承包建筑工程的单位应当持有依法取得的资质证书，并在其资质等级许可的业务范围内承揽工程；同时规定禁止建筑施工企业超越本企业资质等级许可的业务范围或者以任何形式用其他建筑施工企业的名义承揽工程，如果承包人不具有合法资格，施工合同将被认定无效。

1）关于发包人条款，发包人应当注意发包人代表条款。发包人代表受发包人委托管理施工合同和工程相关事项，发包人代表的指示、指令、确认、同意、批准一般都会被认定为发包人的意思表示。为避免发包人代表滥用权利，也为了避免承包人以表见代理为由，要求发包人承担发包人代表超越授权的意思表示所产生的法律后果，发包人应当在合同中明确列举对发包人代表的授权范围。

2）关于承包人项目经理，其为代表承包人管理施工合同的现场负责人，项目经理的批准、认可、签认也会被认定为是承包人的意思表示，项目经理的职权范围也应当在合同中予以明确约定。

3）关于发包人，不同的项目经理管理项目的水平会有差异，项目经理的能力甚至决定着项目建设的质量、进度、造价、双方合作的顺畅度等事项。因此，一般施工合同不但明确项目经理必须具备注册建造师职业资格，还要求承包人不能擅自更换项目经理，并约定项目经理常驻项目现场的时间。如果发包人发现项目经理履行合同职责有缺陷或有其他不称职表现，施工合同中一般会约定发包人有权在项目施工过程中要求承包人更换不称职的项目经理。

(2) 承包范围条款

1）对于发包人而言，承包范围决定着合同的标的，即发包工程的范围和具体内容。对于招标发包的工程，招标人与中标人签订中标合同时，不得约定与招标文件、中标人的投标文件所载的内容不同的承包范围。对于直接发包的工程，施工合同中承包范围一旦确定，发包人不能轻易增加或缩减，否则，或者构成违约，或者构成协商变更。另外，《建筑法》第 24 条规定："提倡对建筑工程实行总承包，禁止将建筑工程肢解发包。"因此，发包人不能将本可以由一个承包人完成的工作分解成若干部分，并发包给数个承包人。

2）对于承包人而言，承包范围是其确定工程造价、工期、施工组织设计、能否盈利等事项的基础。因此，潜在投标人在投标时会重点关注工程范围，并会综合考虑工程范围、工期要求以及其他因素决定是否投标，以及如何编制投标文件等事宜。中标人在签订施工合同时，应要求发包人依据招标文件所载的工程范围约定施工合同的承包范围。如果发包人在中标后签订合同时或合同履行过程中，缩减或增加承包范围，可能导致中标人在履行合同时产生损失，承包人（即中标人）可以就损失向发包人提出索赔。

（3）工程质量条款

工程质量决定社会公众不特定人群的人身和财产安危，因此，工程质量应首先确保符合国家法律及质量标准的要求。《建筑法》第 3 条规定："建筑活动应当确保建筑工程质量和安全，符合国家的建筑工程安全标准。"《标准施工招标文件》和《2017 版施工合同》在通用合同条款均规定，工程质量标准必须符合现行国家有关工程施工质量验收规范和标准的要求及合同的约定。工程质量不合格的承包人无权主张工程价款。

《标准施工招标文件》通用合同条款第 13 条，共列 6 款对工程质量作出了全面细致的约定，分别是工程质量要求、承包人的质量管理、承包人的质量检查、监理人的质量检查、工程隐蔽部位覆盖前的检查、清除不合格工程。其中"13.1 工程质量要求"一款规定："工程质量验收按合同约定标准执行。"因承包人原因造成工程质量达不到合同约定的验收标准的，监理人有权要求承包人返工直至符合合同要求为止，由此造成的费用增加和（或）工程延误由承包人承担。因发包人原因造成工程质量达不到合同约定验收标准的，发包人应承担因承包人返工造成的费用增加和（或）工期延误，并支付承包人合理利润。

按照《标准施工招标文件》通用合同条款的规定，工程隐蔽部位覆盖前的检查程序参见图 4-1，竣工验收程序参见图 4-2。

发承包双方可以约定高于国家质量标准的工程质量标准。《标准施工招标文件》并不禁止当事人约定高于国家标准的工程质量标准，《2017 版施工合同》在通用合同条款的 5.1.1 中规定："……有关工程质量的特殊标准或要求由合同当事人在专用合同条款中约定。"根据该规定，发承包双方可以在专用合同条款中对工程质量标准以及荣誉奖项作出特别约定，如约定质量达到鲁班奖等。质量标准的提高必然会对工程造价产生影响，因此，承包人在投标报价时就应当考虑发包人提高质量标准从而对工期、造价产生的影响，并将增加的费用考虑到投标报价中。

（4）合同价格与调整条款

价格条款是有偿合同的核心条款。对于一般的有偿合同而言，合同价格一旦确定，一般在合同约定的范围内不发生调整。但是，由于施工合同履行期较长，在履约过程中经常出现人工、材料、工程设备和机械台班等市场价格起伏或法律变化引起价格波动的现象，同时还有可能出现变更、索赔、违约等情形。为此，在施工合同中，合同当事人不仅应关注合同价格条款的约定，还应当重视价格调整、变更、索赔等条款的约定。具体应当关注如下问题：

1）合同价格条款。合同价格条款在《标准施工招标文件》中并没有专门条款对应，为了解决合同当事人经常发生的合同价格争议，《2017 版施工合同》新增了专门条文对合

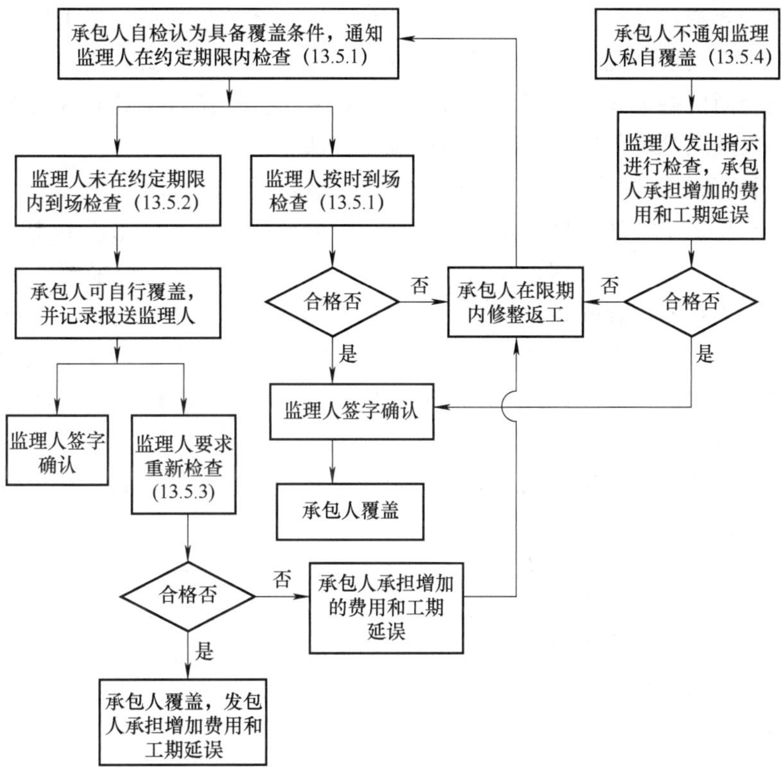

图 4-1　工程隐蔽部位覆盖前的检查程序

注：图中数字为条款号码。

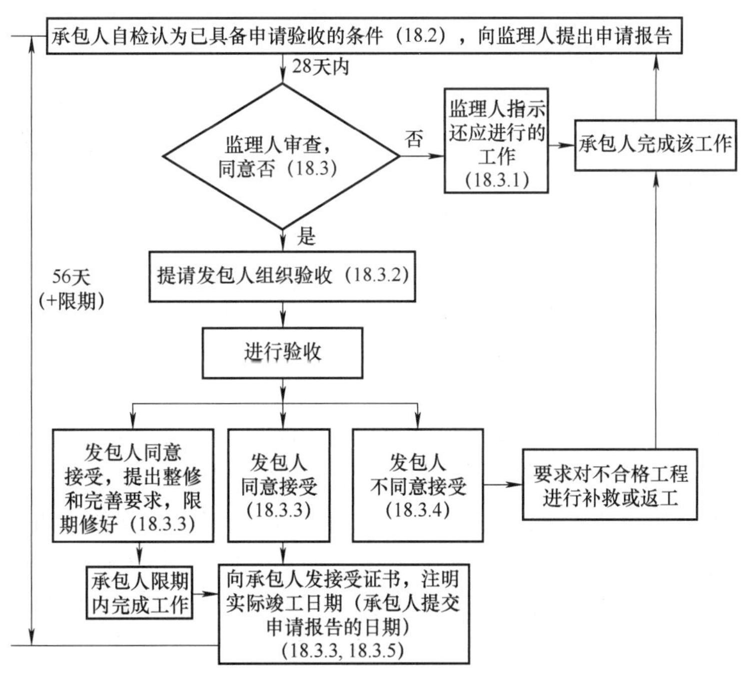

图 4-2　竣工验收程序

注：图中数字为条款号码。

同价格形式进行规范，并提供了单价合同、总价合同、其他价格形式三类价格形式。

合同当事人在约定合同价格时，可以选择单价形式、总价形式，也可以在专用合同条款中约定其他合同价格形式。合同当事人还应当在专用合同条款中约定风险范围、风险费用的计算方法以及风险范围以外合同价格的调整方法。

2）价格调整条款。除合同另有约定的价格调整外，《标准施工招标文件》和《2017版施工合同》均规定了市场价格波动和法律变化引起调整的两种情形。其中关于市场价格波动引起的调整，《标准施工招标文件》和《2017 版施工合同》均采用了可调条款的形式，即允许当事人在专用合同条款中另行约定调价的方式，若不另行约定，则适用通用合同条款的规定。《2017 版施工合同》则对照《建设工程工程量清单计价规范》（GB 50500—2013）予以规定，即考虑采用价格指数法、造价信息调整法和其他约定的方式进行调整。具体规定为：

①市场价格波动下的调价方式。除专用合同条款另有约定外，若市场价格波动超过合同当事人约定的范围，合同价格可以按照以下三种方式调整：

第一种方式为采用价格指数调整价格差额。因人工、材料和设备等价格波动影响合同价格时，根据专用合同条款中约定的数据，按照通用合同条款给定的公式计算差额并调整合同价格。其中价格调整公式中的各可调因子、定值和变值权重，以及基本价格指数及其来源等数值，应当在投标函附录中的价格指数和权重表中约定。对于直接发包订立的合同，由合同当事人在专用合同条款中直接约定上述数值。

第二种方式为比较常见的采用造价信息调整价格差额。合同履行期间，因人工、材料、工程设备和机械台班价格波动影响合同价格时，人工、机械使用费按照国家或省、自治区、直辖市建设行政管理部门、行业建设管理部门或其授权的工程造价管理机构发布的人工信息、机械台班单价或机械使用费系数进行调整。

第三种方式为专用合同条款约定的其他方式。除了按照价格指数和造价信息调整两种方式调整合同价格外，合同当事人也可在专用合同条款中另行约定其他的方式调整合同价格。

②法律变化下的调价方式。对于法律变化引起的调整，价格调整条款采用固定条款方式，即原则上不允许合同当事人在专用合同条款中另行约定，且方式相对简单，即“基准日期后，法律变化导致承包人在合同履行过程中所需要的费用发生除‘市场价格波动引起的调整’以外的增加时，由发包人承担由此增加的费用；减少时，应从合同价格中予以扣减”。

需要注意的是，第一，基准日的确定。对于招标发包的工程，通常规定基准日期为投标截止日期前的第 28 天；直接发包的工程，基准日期为合同签订前的第 28 天。该日期的确定综合考虑了招标投标的具体活动或订约前谈判协商的时间。第二，因法律变化引起的合同价格的变动是双向的，或增或减，均应相应调整合同价格。第三，因承包人原因造成工期延误，在工期延误期间出现法律变化的，由此增加的费用和（或）延误的工期由承包人承担。

关于因法律变化引起的费用增减如何计算，可以参照《建设工程工程量清单计价标准》（GB/T 50500—2024）第 8.8.1 条的规定，即应按国家、省级或行业建设主管部门或其授权的工程造价管理机构发布的规定调整合同价格。

合同当事人在建设工程合同中清晰约定了合同价格条款及价格调整条款之后，应当在履约过程中关注调价因素。当调价因素发生之后，合同当事人应当在合同约定的时间内向对方提出调整合同价格的要求，以保证各自经济利益的实现。

(5) 计量与支付条款

计量是确定施工合同价格和支付合同价款的基础和依据，也是施工合同履行中经常出现争议的活动。规范计量活动主要从计量规则、计量周期和计量程序等三个方面予以明确。

1）关于计量规则。通用合同条款一般规定计算规则应以相关的国家标准、行业标准等为依据，具体可以由合同当事人在专用合同条款中约定。

2）关于计量周期。一般可以分为按月计量、按形象进度里程碑节点计量和其他约定计量周期等方式。在通用合同条款中采用按月计量，主要是考虑发包人和承包人对资金的投入和收入回收的平衡，且按月计量比较符合交易习惯。而且，如果采用形象进度里程碑节点计量周期或其他方式，则容易导致实质性垫资。因此，从鼓励合同当事人权利义务合理分配的角度，按月计量较为适当。

3）关于计量程序。总体上可以分为单价合同和总价合同两类分别规范，需要注意的是：

①计量约定的周期，应当考虑报送日期与截止日期的间距，否则无法实施。

②监理人对工程量有异议的，有权要求承包人进行共同复核或抽样复测。承包人有协助义务，并按监理人要求提供补充计量资料。承包人未协助完成复核或抽样复测的，监理人复核或修正的工程量视为承包人实际完成的工程量。

③注意默示规则，即监理人未在收到承包人提交的工程量报表后的 7 天内完成审核的，视为认可承包人报送的工程量。

④总价合同采用支付分解表计量支付的，可以按照合同约定进行计量，也可以不计量，但是支付按约定执行即可。

⑤对于其他价格形式合同的计量，合同当事人可在专用合同条款中约定相应的计量方式和程序。

支付条款是施工合同中最为重要的条款之一，施工合同中的支付包括预付款、进度款和竣工结算价款的支付。一般将预付款支付和进度款支付安排在计量支付条款中，将竣工结算价款的支付在竣工结算条款中描述。关于预付款支付，鉴于工程实践中需要发包人和承包人共同商议，故《标准施工招标文件》中规定，预付款的额度和预付办法由合同当事人在专用合同条款中约定。《2017 版施工合同》则对预付款的支付时间提供了推荐性约定，规定预付款至迟应在开工通知载明的开工日期 7 天前支付。关于进度款支付，原则上由承包人按照计量周期，在向监理人提交计量申请报告的同时提交进度款的付款申请单，监理人将付款申请单报送发包人，发包人审批后颁发进度付款证书，并在约定时间内支付进度款。

需要注意的是，进度付款申请的审批，将影响到竣工结算编制与审批。为缩短竣工结算的办理时间，应在进度付款申请审批中将已完成工作的全部费用以及合同期中履行的全部事项予以计量和计价，包括已完合同工作对应的合同价款、变更价款、索赔金额、违约金计算、质量保证金的内容等方面。如此，竣工结算的范围将缩小至未办理最后一期结算的部分和需要调整的部分，竣工结算的效率将极大提高。

(6) 工期条款

工期是施工合同的核心内容之一，也是施工合同纠纷的焦点之一。合同争议纠纷中，通常表现为承包人向发包人提出支付工程价款的请求，发包人则向承包人提出承担工期延误违约责任的反请求。为了避免工期争议，也为了在发生工期争议之后，合同当事人能够依据合同中的工期条款向对方主张权利或避免己方承担工期责任，发承包双方均需要在签订合同时对工期条款予以特别的关注。

《标准施工招标文件》中与工期紧密相关的条款有 3 条，分别为通用合同条款中的第 10 条“进度计划”、第 11 条“开工和竣工”、第 12 条“暂停施工”。其中，第 11 条是工期条款的核心，该条分 6 款对工期事项作出了全面规定，分别是开工、竣工、发包人的工期延误、异常恶劣的气候条件、承包人的工期延误、工期提前。需要特别阐述的是，第 11.3 款发包人的工期延误中，对因发包人原因引起工期延误的情形作了明确的列举，该等情形基本上涵盖了实践中经常出现的发包人因素导致工期延误的情形。故对发包人而言，在施工合同履行过程中，应针对该款列举的 7 种情形对施工合同的工期进行管理，避免承担工期延误责任。

合同当事人在约定工期条款时：

①应当明确约定计划开工日期和计划竣工日期，而且要载明具体的工期总日历天数。工程实践中，实际开工日期和实际竣工日期往往与计划开工、竣工日期不同，此时需要根据实际开工日期、实际竣工日期以及工期总日历天数、工期是否存在顺延等因素判断承包人是否存在延误工期的事实以及工期延误的具体天数。

②对于发包人原因导致的工期延误，《标准施工招标文件》通用合同条款作了规定，但为了充分保障合同当事人的工期利益，《标准施工招标文件》同时规定合同当事人可以在专用合同条款中增列因发包人原因导致工期延误的情形。因发包人原因导致工期延误的，工期可以顺延，发包人还可能需要向承包人支付因工期延误给其增加的费用，且发包人应支付承包人合理的利润。发包人也应当约定清楚承包人逾期竣工应承担的违约金或违约金的计算方法，以便于在承包人逾期竣工时要求承包人承担逾期竣工的违约责任。施工合同中未约定逾期竣工违约金的数额或计算方法的，发包人主张逾期竣工违约责任时需要证明承包人逾期给其造成的损失，并以该损失数额为限向承包人主张权利。为避免出现合同履行中工期延误形成的不利局面，发包人应在施工合同中明确约定逾期竣工的违约金计算方法。

③施工合同条款中约定的不利物质条件、异常恶劣的气候条件、暂停施工、提前竣工条款的内容均会对工期产生重要影响。因此，合同当事人在签订施工合同时，对于这些条款的拟定应当同样明确清晰。

（7）竣工结算与最终结清条款

竣工结算涉及合同目的的实现与合同利益的获得，是施工合同的重要条款。工程实践中，结算工作也是极易发生争议、矛盾、纠纷的环节，通常表现为计量争议、变更估价争议、工程结算确认争议、工程结算审计争议等。根据《建设工程工程量清单计价标准》（GB/T 50500—2024）第 2.0.35 条的规定，工程结算是发承包双方根据有关法律法规规定和合同约定，对合同工程实施中、解除时、竣工后的工程项目进行同价款计算、调整、确认和支付的活动，包括施工过程结算、合同解除结算、竣工结算及工程保修结清。从竣工结算的目的考虑，竣工结算的范围应当包括施工合同项下全部工作的计量与计价直至全部债权债务的清算。根据《建设工程价款结算暂行办法》《关于完善建设工程价款结算有关办法的通知》等相关法律规定，《标准施工招标文件》中所称的竣工结算是指包括工程造价、违约金、赔偿金等全部合同履行相关工作事项的总结算。

施工合同条款对竣工结算的约定应包含如下内容：

1）竣工结算申请。该条款的设计牵涉竣工结算文件提交的时间、内容、主体等方面的具体内容。竣工结算应以工程质量合格为发包人支付工程款的前提，如果承包人完成的工程质量不合格，则无权向发包人主张工程价款。因此关于竣工结算文件提交的时间应将竣工验收的完成时间作为起算日期。竣工结算文件的内容通常应包括竣工结算的合同价格、发包人已支付承包人的款项、应扣留的质量保证金、发包人应支付承包人的合同价款以及专用合同条款约定的其他内容。与其他工程文件和往来函件的报送方式不同的是，合同当事人应注意，竣工结算文件应同时报送发包人和监理人。对竣工结算文件的审查，发包人可以自行审查竣工结算文件，也可以委托专业的造价咨询机构审查。竣工结算文件经承包人和发包人共同确认后，竣工结算即告完成。

2）竣工结算审核。该条款内容应明确竣工结算的审批、支付以及异议程序，并应规定发包人的及时审批义务，对于引起争议的结算事项，可以采用临时付款证书的方式，并对严重迟延支付竣工结算款项的，规定双倍贷款利息罚息，以规范工程竣工结算，解决长期存在的拖延结算和欠付工程款纠纷。就该项规定的内容而言，需要注意以下方面：为了促使发包人尽快完成竣工结算的审核，在施工合同中应当约定发包人和监理人各自完成竣工结算审核的时间。《标准施工招标文件》规定，监理人应在收到承包人竣工结算申请后 14 天内完成核查。发包人应在收到监理人审核后的竣工结算文件后 14 天内完成审核；若工程较为复杂，当事人可以在专用合同条款中对竣工结算设置更长的期限。需要注意的是，《标准施工招标文件》设置了防范发包人拖延结算的默示条款机制，在通用合同条款第 17.6.2（1）条中明确约定“监理人未在约定时间内核查，又未提出具体意见的，视为承包人提交的最终结清申请已经监理人核查同意；发包人未在约定时间内审核又未提出具体意见的，监理人提出应支付给承包人的价款视为已经发包人同意”。该默示条款意义重大，发包人应当予以高度重视。

3）最终结清。最终结清是合同当事人在缺陷责任期终止证书颁发后，就质量保证金、维修费用等款项进行的结算和支付。《2017 版施工合同》在《标准施工招标文件》基础上，考虑到缺陷责任期满后，监理人的工作通常已经结束并结清退场，因此规定最终结算申请直接向发包人提交，不再通过监理人交送。

最终结清条款内容应包括最终结清的条件、程序和逾期支付的程序。鉴于质量保证金在退还清算中经常涉及缺陷修复以及相应扣款事宜，因此在条款中应当对结清的程序、报告内容、协商、默示条款予以重点关注。

《标准施工招标文件》规定，发包人应在监理人出具最终结清证书后的 14 天内，将应支付款支付给承包人，否则应按照合同的约定承担逾期付款违约金。

最终结清证书是表明发包人已经履行完其合同义务的证明文件，它与缺陷责任终止证书一样，是具有重要法律意义的文件。若承包人对最终结清证书有异议，可以协商解决，也可以按照合同当事人约定的争议解决方式处理。

（8）索赔条款

索赔是合同当事人在施工合同履行过程中的重要权利，也是极易引起合同履行纠纷的管理活动。合同中的索赔条款一般包括索赔情形、索赔期限及索赔方式。在起草施工合同的过程中，通常应当对承包人索赔、对承包人索赔的处理、发包人的索赔、对发包人索赔的处理、提出索赔的期限等内容予以规定。

合同当事人正确地理解和运用施工合同中的索赔条款，可以准确高效维护自身的合法权益，有效地避免合同履行争议，保证工程建设顺利进行。合同当事人应当重点注意如下问题：

1）索赔逾期失权制度。《标准施工招标文件》确立了合同当事人逾期索赔失权的制度，即承包人未能在知道或应当知道索赔事件发生的 28 天内向对方提出索赔意向通知书的，则丧失通过索赔要求追加付款和延长工期的权利。逾期索赔失权制度对督促合同当事人及时进行索赔、及时化解争议、减轻纠纷处理的难度较有价值。为此，承包人应对逾期索赔失权制度予以高度重视，并应形成定期检查索赔是否及时提出的管理制度，以督促项目管理人员重视索赔时效。

关于发包人的索赔权，《标准施工招标文件》虽进行了规定，但仅笼统规定“发生索赔事件后，监理人应及时书面通知承包人”，并未明确规定何谓“及时”，也未明确规定“未及时通知的法律后果”，即《标准施工招标文件》并未明确规定“发包人索赔逾期失权制度”。但是，从合同对等性的角度解释，“逾期索赔失权制度”应同样适用于发包人。为避免争议，《2017 版施工合同》明确规定“逾期索赔失权制度”对发包人和承包人均适用。

2）承包人索赔最终期限的规定。《标准施工招标文件》规定了承包人申请索赔的最终期限，即承包人在接收竣工付款证书后，即无权再提出在合同工程接收证书颁发前所发生的任何索赔；承包人提交的最终结清文件中，只限于提出工程竣工接收证书颁发后发生的任何索赔。提出索赔的期限自接受最终结清证书时终止。规定索赔最终期限的目的在于督促承包人及时行使索赔权利，避免索赔权利的丧失。

订立合同索赔条款时，应当注意的是：索赔时限不仅需要符合法律规范的规定，还需要具有一定的合理性；区分索赔条款与违约条款；同时在合同中约定与索赔相关的审查与支付等条款。

（9）缺陷责任和保修条款

该条款主要包括缺陷责任的时间、保修期限、保修义务履行、质量保证金的计取与返还等方面内容。承包人完成工程施工，经竣工验收合格并将工程移交发包人后，承包人还必须承担工程的质量缺陷修复义务和保修义务。缺陷责任期是指承包人按照合同约定承担缺陷修补义务，且发包人扣留质量保证金的期限自工程实际竣工日期起计算。根据《建设工程质量保证金管理办法》的规定，缺陷责任期为 1 年或 2 年，具体可由发承包双方在合同中约定。合同当事人可以协商确定缺陷责任期，并且可以约定期限延长，但缺陷责任期最长不超过 2 年。保修是承包人的法定义务，《建筑法》第 62 条规定：“建筑工程实行质量保修制度。建筑工程的保修范围应当包括地基基础工程、主体结构工程、屋面防水工程和其他土建工程，以及电气管线、上下水管线的安装工程，供热、供冷系统工程等项目；保修的期限应当按照保证建筑物合理寿命年限内正常使用，维护使用者合法权益的原则确定。具体的保修范围和最低保修期限由国务院规定。”《建设工程质量管理条例》第 39 条规定：“建设工程实行质量保修制度。建设工程承包单位在向建设单位提交工程竣工验收报告时，应当向建设单位出具质量保修书。质量保修书中应当明确建设工程的保修范围、保修期限和保修责任等。”

对于承包人承担保修责任的期限，《建设工程质量管理条例》第 40 条规定：“在正常使用条件下，建设工程的最低保修期限为：（一）基础设施工程、房屋建筑的地基基础工程和主体结构工程，为设计文件规定的该工程的合理使用年限；（二）屋面防水工程、有防水要求的卫生间、房间和外墙面的防渗漏，为 5 年；（三）供热与供冷系统，为 2 个采暖期、供冷期；（四）电气管线、给排水管道、设备安装和装修工程，为 2 年。”

在缺陷责任和保修条款之下，合同当事人应当约定清楚缺陷责任期的具体期限，但该期限最长不应当超过 2 年；合同中应当约定质量保证金，质量保证金的比例一般不超过签约合同价的 3%，合同当事人还应当约定质量保证金的方式，如保证金保函、现金或其他方式。

(10) 安全文明施工与环境保护条款

本条款主要围绕安全施工、文明施工、环境保护等内容，在施工合同中应当明确首先需要满足法律规范和标准的要求，其次是发包人的特别要求。因此该条款为调整条款，合同当事人可以在专用合同条款中进行专门约定。另外，关于安全文明施工费用的不可竞争性、支付比例控制等方面的法律规定，合同当事人也应当予以遵守。

1）安全施工。根据《建设工程安全生产管理条例》的规定，建设单位、勘察单位、设计单位、施工单位、工程监理单位及其他与安全生产有关的单位，必须遵守安全生产法律法规的规定，保证安全生产，依法承担安全生产责任。施工单位应当制定本单位生产安全事故应急救援预案，建立应急救援组织或者配备应急救援人员，配备必要的应急救援器材、设备，并定期组织演练。施工单位应当根据施工的特点、范围，对施工现场易发生重大事故的部位、环节进行监控，制定施工现场生产安全事故应急救援预案。实行施工总承包的，由总承包单位统一组织编制生产安全事故应急救援预案。工程总承包单位和分包单位按照应急救援预案，各自建立应急救援组织或者配备应急救援人员，配备救援器材、设备，并定期组织演练。

安全生产是承发包双方的法定责任，而在施工合同中，承包人确保安全生产，避免安全事故发生的责任更为重大。鉴于具体项目可能存在特殊的要求，施工合同中应当赋予合同当事人对安全生产标准作出具体约定的权利，即合同当事人除了需要遵守安全生产法律法规的规定、国家和工程所在地的安全标准和规范外，还需要执行专用合同条款中更严格的安全标准要求。一般情况下，承包人应当遵循发包人及监理人的指示和要求，但对于发包人和监理人强令承包人违章作业、冒险施工的指示，承包人有权拒绝。此既为施工合同赋予承包人的权利，更是国家法规赋予承包人的法定权利，同时也是承包人的义务。如因执行发包人或监理人的违法违规指示造成安全生产事故的，承包人也要承担相应的法律责任。

2）文明施工。承包人的文明施工责任包括但不限于施工期间保持现场平整、物料堆放整齐；移交工程前，清除全部工程设备、多余材料、垃圾和各种临时工程，并保持施工现场清洁整齐；经发包人书面同意在发包人指定地点保留保修期内相关材料、施工设备和临时工程。

需要强调的是，工程所在地有关政府部门对文明施工有特别要求的，承包人须按照其要求执行。另外，发包人和承包人可以在合同条款中约定发包人预付安全文明施工费的时间与支付比例，保障前期安全文明施工措施落实法律法规的费用。当事人不得通过专用合同条款或补充协议变更招投标文件或合同中约定的安全文明施工措施费的费用总额。

3）环境保护。承担环境保护责任是承包人的法定义务，《建筑法》第 41 条规定：“建筑施工企业应当遵守有关环境保护和安全生产的法律、法规的规定，采取控制和处理施工现场的各种粉尘、废气、废水、固体废物以及噪声、振动对环境的污染和危害的措施。”《环境保护法》第 42 条规定：“排放污染物的企业事业单位和其他生产经营者，应当采取措施，防治在生产建设或者其他活动中产生的废气、废水、废渣、医疗废物、粉尘、恶臭气体、放射性物质以及噪声、振动、光辐射、电磁辐射等对环境的污染和危害。”承包人在履行施工合同的过程中，未充分履行环境保护义务的，可能承担行政处罚责任。承包人因环境污染引发侵权事件的，《民法典》第 1229 条规定：“因污染环境、破坏生态造成他人损害的，侵权人应当承担侵权责任。”

《标准施工招标文件》通用合同条款第 9.4 款专门分 6 项规定了环境保护的相关内容，分别规定承包人在施工中应遵守环境法规；承包人应编制施工环保措施计划；承包人应按照计划堆放和处理施工废弃物，并对堆放或处理废弃物不当造成的损害承担责任；承包人应避免因施工造成的地质灾害；承包人应定期对饮用水进行监测，防止污染饮用水源；承包人应加强对噪声、粉尘、废气、废水和废油的控制。

在签订和履行施工合同时，对于环境保护，承包人应注意如下问题：

①承包人应在施工组织设计中写明针对施工过程中可能发生的污染而采取的具体措施。若监理人认为该措施不足以防止环境污染，承包人需要修改措施，直至监理人认可该措施为止。

②承包人在签订合同时应全面考虑可能发生的费用，合同一经签订，就视为承包人已经认识到了保护环境可能面临的所有风险。除非按照合同中“法律变化引起的调整”条款导致承包人保护环境的费用增加，否则承包人不可就保护环境所发生的其他费用要求发包人进行补偿。

③《民法典》第 1230 条规定，环境污染侵权责任实行举证责任倒置原则，即承包人应当就法律规定的不承担责任或者减轻责任的情形及其行为与损害之间不存在因果关系承担举证责任，否则须承担环境污染侵权责任。

（11）争议解决条款

施工合同纠纷处理的方式包括和解、调解、仲裁和诉讼，除以上纠纷解决方式之外，施工合同纠纷处理也有一些特别之处：

1）承发包双方可以选择专业的建筑工程纠纷调解机构调解争议。目前在建设工程领域可以适用的调解机构有行政机关下属的具有调解职能的机构、行业协会调解机构、仲裁机构的调解中心、有专业声望的调解员等，如北京市建设工程招标投标和造价管理协会调解委员会、中国建筑业协会法律服务与纠纷调解工作委员会、北京仲裁委员会/北京国际仲裁院等机构。由于建设工程纠纷具有较强的专业性，也较为复杂，因此，承发包双方选择专业的建筑工程纠纷调解机构处理纠纷，不仅有利于及时高效地化解矛盾，而且有利于使纠纷得到专业的、公正的且双方都信服的调解结果。

2）争议评审制度。争议评审是全过程纠纷处理的特色制度，通过一个完全独立于合同双方的专家组对合同争议的评审和调解，求得工程争议的公正解决。但争议评审并非解决争议的必经程序，合同当事人也可以不采用争议评审，而直接通过仲裁或诉讼的方式解决争议。

《标准施工招标文件》借鉴国际国内工程管理经验，引入了争议评审组评审的方式。争议评审制度能够有效地解决传统争议解决方式的专业性不足和效率低下的问题，快速定纷止争，以确保项目的经济效益和社会效益。合同当事人在签订施工合同时，可以选择适用争议评审方式。有关争议评审的具体内容、程序及相关内容参见本书第 9 章“合同争议解决管理”。

4.3.4　施工合同管理要点

施工合同管理的目的在于合同主体通过自身在工程项目合同的订立和履行过程中进行的计划、组织、指挥、监督和协调等管理活动，促使项目各部门、各生产经营环节合理衔接，有序配合，最终实现各自合同目的。市场经济亦即契约经济，任何经济交易活动均离不开合同，合同管理的水平和能力直接影响到项目实施的效果，保证工程能够按计划有序进行。

（1）管理难点

鉴于施工合同涉及的生产要素多、施工周期长、投资额较大等本质特点，导致施工合同管理难度大。其管理难点主要体现在如下方面：

1）合同管理周期较长。作为工程建设项目的投资人和发包人，其施工合同管理始于立项，涉及项目的设计与施工阶段，并最终延伸到项目交付使用和保修阶段，此即项目建设和经营的全过程，因此施工合同管理的内容非常复杂。

2）涉及主体较多。施工合同义务的履行，涉及与工程建设项目有关的多方参与主体，如行政机关、招标代理机构、造价咨询公司、监理人、保函出具银行等，都有可能在工程建设的某个阶段和环节直接或间接地影响施工合同的订立和履行，从而导致工程建设项目中合同类型和适用的法律条文的复杂程度提高，对发包人的合同管理能力提出较高的要求。

3）不确定因素复杂多变。由于工程建设项目投资巨大、建设周期较长，加之合同关系往往涉及多个关联主体，因而在项目建设过程中的风险因素必须通过合同由各方合理分担。发包人必须具备较强的风险管理能力，合理地分担项目风险及与风险有关的损失。

（2）管理原则

施工合同管理的基本原则是合同当事人订立和履行合同的基础，且应符合国家相关法律法规的规定，主要包括五项内容：

1）计划为先原则。鉴于工程施工合同具有周期长、不确定性因素多等特点，为了保障工程项目保质按期完成，合同当事人双方均应作好履约计划。履约计划应当包括工期进度计划、工程款支付计划、安全生产计划、环境保护计划等。

2）目标管理原则。发包人应设立合同管理的目标，如投资控制目标、工期目标、质量目标。确立总体目标之后进行目标的分解，比如将总体目标分解为若干节点工期目标。目标确定之后，便为有的放矢的管理提供了条件，也便于对发包人的管理、承包人的履约以及监理人的工作进行绩效考核，并可以根据考核的情况及时调整管理的方向以及管理力度。

3）数据归集原则。正如本书第 2 章提及的合同数据管理，施工合同涉及发包人、监理人、承包人以及分包人和供应商等众多主体之间的信息传递与反馈问题，信息数量巨大，施工管理活动客观上要求合同信息的传递与反馈满足高效快捷的要求，故在施工管理活动中应当强调信息通畅与归集原则。该原则不仅是合同主体之间的，还涉及合同各方内部的信息通畅与归集问题，如合同解释与风险预告/合同交底、合同变更、合同索赔以及合同结算等各个方面。

4）分类管理原则。不同种类的合同具有不同的特点，应当区别对待，采取不同的方式与程序。分类管理原则体现了合同管理的有效性特点。

5）全过程管理原则。施工合同的管理是一个动态过程，是合同主体为了实现项目预期的管理目标，运用管理职能和管理方法对合同订立与履行进行管理的过程。合同管理应当设置专门管理人员，确定合同管理的程序，明确相应分工与职责，实现协作与制衡的有机结合。全过程管理原则说明了合同过程管理的重要性。合同当事人只有切实遵守合同管理的基本原则，按照合同管理的规律行事，才能减少合同纠纷，保证合同目标的顺利实现。

（3）施工合同订立前的管理

施工合同订立的管理可以划分为订立前的管理和合同订立管理。除合同方案工作以外，合同订立前的管理工作，首先必须采取严谨、严肃、认真的态度，做好签订前的准备工作；其次是合同需求确定和市场调研工作，如项目品质和功能需求、市场资源的现状、系列合同的定位、决策等方面。

从发包人角度出发，主要应结合工程项目的特点和发包人对工程项目的建设要求，考虑工程项目所在地的市场环境和社会法律环境，做好项目整体的合同方案，对承包人的数量、项目发包方式、拟签订的合同种类、合同条件以及合同条款等进行合理的筹划，确保所订立合同的严谨性和科学性，并保证合同之间的衔接和整体性。

通常而言，发包人在与承包人签订施工合同前应确保完成以下事项：

①工程项目的初步设计已经批准。

②工程项目已经列入年度建设计划。

③有能够满足施工需要的设计文件和有关技术资料。

④建设资金和主要建筑材料设备来源已经落实。

⑤招标发包工程，已经完成招投标程序且已经确定中标人。

施工合同是界定合同当事人权利义务的主要载体，同时也是合同当事人联结市场、实现合同目的和经济效益的基础和纽带。施工合同订立是否科学、合理、公平，直接影响合同的后续履行以及合同目标的实现。为了防止合同履行发生不必要的纠纷，最大限度保证合同当事人的权益，真正做到未雨绸缪，作为施工合同的发包人，应高度重视施工合同订立前的管理。

（4）施工合同的招标管理

1）严格按照《招标投标法》规定组织招投标。根据《招标投标法》的规定，工程建设项目可以分为依法必须进行招标的项目和非必须招标的项目。对于必须进行招标的项目，发包人必须通过招标的方式确定中标人，并与之签订施工合同，否则，相关责任人将受到行政处罚，而且在这种情形下，发包人与承包人签订的施工合同会被认定无效。对于非必须招标的项目，发包人可以直接选择承包人并与之签订施工合同，也可以选择用招标方式确定承包人。但是，发包人只要选择以招标方式选择承包人的，就要遵守《招标投标法》及相关法规对招标程序的规定，否则，招标行为的效力以及中标合同的效力也会存在争议。

2）避免导致合同无效的招标采购违法行为。发包人在招标时，应严格按照招标投标相关法律法规及规范性文件要求组织招标，避免因招标违法导致重新招标，或因影响到实质性内容导致中标无效。需要避免的违法情形主要包括以下几种：

①依法必须进行招标的项目，避免未经招投标程序直接签订合同。《招标投标法》第 3 条规定："在中华人民共和国境内进行下列工程建设项目包括项目的勘察、设计、施工、监理以及与工程建设有关的重要设备、材料等的采购，必须进行招标：（一）大型基础设施、公用事业等关系社会公共利益、公众安全的项目；（二）全部或者部分使用国有资金投资或者国家融资的项目；（三）使用国际组织或者外国政府贷款、援助资金的项目。"国家发展改革委《必须招标的基础设施和公用事业项目范围规定》和《必须招标的工程项目规定》对依法必须进行招标的项目类型和规模标准进行了细化。《建工解释（一）》第 1 条规定，建设工程必须进行招标而未招标或者中标无效的，施工合同无效。对于前述项目，若未经过招投标程序，所订立的合同无效。

②避免在招标条件不具备的情况下启动招投标程序。《招标投标法》第 9 条对组织招标的条件作出了规定，招标人必须在具备该条规定的招标条件的情况下才可以组织招标。其具体包括两个条件：首先，招标项目应按照国家有关规定需要履行项目审批手续的，应当先履行审批手续，取得批准；其次，为招标项目的相应资金或者资金来源已经落实，并应当在招标文件中如实载明。

③避免在确定中标人前与投标人进行实质性谈判。《招标投标法》第 43 条规定："在确定中标人前，招标人不得与投标人就投标价格、投标方案等实质性内容进行谈判。"《招标投标法》第 55 条规定，依法必须进行招标的项目，招标人违反规定，与投标人就投标价格、投标方案等实质性内容进行谈判的，给予警告，对单位直接负责的主管人员和其他直接责任人员依法给予处分。影响中标结果的，中标无效。

④应当公开招标的，避免采取邀请招标方式确定中标人。《招标投标法》第 10 条规定："招标分为公开招标和邀请招标。"《招标投标法》第 11 条和《招标投标法实施条例》第 8 条规定了可以进行邀请招标的项目和情形。对于不符合邀请招标条件的项目，招标人原则上应当采取公开招标的方式确定中标人，否则由此签订的合同可能会被认定无效。

（5）施工合同订立时的管理

作为施工合同的主体，发包人和承包人在订立施工合同时，应注意以下问题：

1）依法采用书面形式。《民法典》第 789 条和《建筑法》第 15 条明确规定，施工合同应采用书面形式。在实践中，对于依法必须招标的项目，当事人应当以《标准施工招标文件》确定通用合同条款和协议书，同时根据项目实际情况，借鉴其他示范合同文本和 FIDIC《施工合同条件》，确定专用合同条款。

2）审查承包人主体资格。施工合同双方当事人的主体资格具有特殊性。作为合同的发包人，必须注意承包人是否具有承包该工程项目的相应资质。依照《建筑法》第 26 条规定，承包建筑工程的单位应当持有依法取得的资质证书，并在其资质等级许可的业务范围内承揽工程，同时规定禁止建筑施工企业超越本企业资质等级许可的业务范围或者以任何形式用其他建筑施工企业的名义承揽工程。如果承包人不具有合法资格，将面临施工合同无效的后果。

3）审查合同条款。为确保合同的有效性，首先，必须对合同条款严格审查。如，工程范围、建设工期、中间交工、工程开工和竣工时间、工程质量、工程造价、技术资料交付时间、材料和设备供应责任、付款和结算、交工验收、质量保证期等，均需要有明确的规定。其次，对合同中的重要条款进行重点审查。如，对合同中非常重要但较难控制的价格条款以及价格调整条款，在签约时应明确调价程序和方法。另外，对诸如计量支付、竣工结算等重要条款，尽可能制订齐备、用语准确、严密，最终达到维护当事人的合法权益、避免和减少纠纷的目的。最后，也应当注意审查合同生效条款。实践中应注意合同加盖的公章应与合同当事人名称相一致，并有法定代表人或授权代表签名，法定代表人身份证明或授权代表委托书应作为合同附件。

4）避免签订与中标合同相背离的合同。2018 年 9 月 28 日，住房和城乡建设部《关于修改〈房屋建筑和市政基础设施工程施工招标投标管理办法〉的决定》取消了施工合同强制备案制度，但实践中依然存在施工合同的当事人就同一建设工程签订两份或两份以上实质性内容相背离的合同。其一是经过合法的招投标程序订立的合同，即中标合同；其二是改变了招投标合同实质性内容的合同，即实际履行合同。工程实践中，签订此类合同极易造成结算争议引发工程纠纷。因此在订立合同过程中，应当警惕另行签订与中标合同相背离的合同，避免引发纠纷。

（6）施工合同履行管理

施工合同的履行是指合同依法成立以后，当事人按照约定的合同内容和合同履行方式，全面完成各自所承担的合同义务和法定义务，从而实现当事人合同目的的整个过程。为了有效确保施工合同的履行，应建立适宜的施工合同履行保证体系，包括合同履行目标确定，与项目施工管理有机地结合，从职责、内容、资源和程序等方面形成完整的管理系统，以降低合同实施过程的风险。施工合同的履行保证体系应围绕项目投资控制、时间控制和质量安全控制等核心目标进行，有效实现合同当事人的责任和义务，并通过落实目标管理和全过程绩效评价等方法，提升合同管理的效率和效益。以下对施工合同履行过程中的几个重点方面予以介绍：

1）施工合同时间管理。对于施工合同，时间管理又称工期管理，工期是施工合同的核心要素。对于施工合同的履行，发包人和承包人应当从以下方面加强对合同工期的管理：

①及时办理与开工有关的手续，确定实际开工与竣工时间。发包人在工程建设过程中应当遵循法律规定的施工许可管理规定，办理有关施工许可手续。同时，工期作为合同的实质性内容，发包人在签订施工合同之后，不得随意调整工期。与此同时，对于依法必须实行监理的项目，发包人应当在监理合同中同时约定，监理人在发出开工通知时，应当征得发包人的同意，并且同样需要满足法律规定和合同约定的开工条件。发包人还应按照合同的约定，为承包人履行施工合同提供必要条件，如施工场地以及施工需要用的电、水、气、施工图纸等。如果发包人不能按期为承包人提供施工条件，则工期可以顺延，发包人还应向承包人赔偿损失。

②及时确定施工组织设计方案，明确节点工期和施工过程的组织实施。承包人应当按照合同约定的时间提交详细的施工组织设计文件，明确施工条件和各项资源实施的计划。如果与其他施工单位共同在一个施工现场施工，则应当与发包人、其他施工单位签署现场统一管理协议，就现场统一管理的职责、权利和义务、费用计算与承担和违反义务的后果等方面约定明确。

在施工过程中，发包人应当注意与监理人共同关注工程进度的实施情况，并就承包人节点工期实施情况实施控制管理。监理人应当在合同履行过程中按照法律与合同的规定，积极完成其旁站式、平行式监督检验工作，并就存在的问题与缺陷及时发出改正指示。

③正确处理延期事件，确保工程按期竣工。工期延误事件包括因发包人原因、承包人原因和其他客观原因等方面造成的延误。发包人应当督促承包人按照施工进度计划进行施工，如果承包人的施工进度严重滞后于进度计划，以致发包人的缔约目的逾期无法实现，发包人可要求承包人限期整改。如果承包人的整改措施仍然不力，发包人有权采用暂停施工、解除合同、重新选择承包人等方式解决工期的严重滞后问题。该种情形下，发包人有权要求承包人赔偿因解除合同所造成的损失。

无论是何种原因导致的工期延误，作为合同主体的任何一方，均应当遵循《民法典》规定的诚信原则，不得扩大损失，不得因一方的违约而获得违法利益。同时，无论对于发包人还是承包人，工期都是至关重要的。对于发包人而言，工程能否按约完工，决定着其能否按计划使用发包工程。对于房地产开发商而言，若工期延误，向客户交房的时间将不得不延误，因延迟交房导致房地产开发商与客户之间产生纠纷，客户将会向房地产开发商索赔。对于承包人而言，因其原因延误工期不仅会导致其投入工程的成本增加，获得的利润减少，而且会因延误工期而需要向发包人支付逾期竣工违约金。基于工期的重要性，科学的工期管理是十分必要和重要的。

2）施工合同质量管理。工程质量是发包人的重要合同目的之一，为此，加强对施工质量的监管对发包人而言是非常重要的。在施工合同质量管理过程中应当注意以下问题：

①根据合同约定的质量标准进行全过程质量控制，以促进实现过程质量目标。约定工程质量应达到“鲁班奖”标准的，应当在施工过程中监督控制工程设计指标、分部分项工程质量均满足鲁班奖的评定标准要求，以确保整体工程最终满足鲁班奖的评定条件。通常情况下，发包人作为投资人，一般不具备管理工程质量的能力，因此委托监理机构对工程质量进行管控显得格外重要，故发包人应当在监理合同中明确监理工作的目标和要求，以落实工程质量管理的目标。

②发包人应参与工程质量验收活动。工程质量验收包括进场材料设备的验收、过程验收和竣工验收。其中竣工验收是工程合同履行的重要节点，工程通过竣工验收的，承包人有权获得发包人支付的全部工程价款。为此，发包人应高度重视竣工验收，验收不合格的，应要求承包人整改，待整改后重新进行验收，并确保竣工验收合格后方可交付使用。

③缺陷责任期和保修期内的工程质量维护管理。发包人在缺陷责任期和保修期内发现工程质量缺陷和问题的，应及时书面通知承包人，要求承包人予以维修，并对引起的维修费用进行清算。对于不属于承包人维修范围内的缺陷，发包人应及时委托第三方予以维修，避免缺陷扩大。

3）变更管理。一般情况下，施工合同在履行中往往会发生变更，变更的发生会导致工期的变化，也会对工程造价产生影响，而且变更极易引发工程纠纷。鉴于变更以及变更计价的复杂性，加强对施工合同中的变更控制，具有重要的现实意义。

①首先区分变更的情形。通常情况下，施工合同履行过程中的变更事项包括：增加或减少合同中的任何工作，或追加额外的工作；取消合同中的任何工作，但转由他人实施的

工作除外；改变合同中任何工作的质量标准或其他特性；改变工程的基线、标高、位置和尺寸；改变工程的时间安排或实施顺序等。

②工程变更程序管理。鉴于变更管理的复杂性，一般在施工合同中应当对变更的操作程序予以明确。《标准施工招标文件》中详细规定了变更的程序，对发包人提出变更、监理人提出变更建议以及变更的执行提出了规范要求。对此应重点关注如下几个方面：

A. 关于变更的提出。发包人提出变更的，应通过监理人向承包人发出变更指示，该变更指示应指明变更事项的工程范围和变更的内容。

B. 关于变更的影响。监理人提出变更建议的，因尚需获得发包人的批准，该变更建议需要提交书面形式，并列明计划变更工程范围和变更的内容与理由，以及实施该变更对合同价格和工期的影响。监理人的变更建议是具体的和可操作的，应当具体到图纸、标准、范围、数量、价格等方面，尤其应该测算对合同工期变化的影响。发包人同意监理人变更建议后，监理人方可向承包人发出变更指示；发包人不同意变更的，监理人当然无权向承包人发出变更指示。

C. 关于变更的执行。承包人在收到监理人下达的变更指示后，认为该变更不能执行的，应立即提出不能执行该变更指示的理由。该规定在坚持发包人作为变更权批准主体的同时，充分考虑到承包人作为有经验的一方，有能力就发包人变更指令的合理性、科学性、经济性等问题提出意见。该规定有利于充分发挥承包人的专业优势，激发承包人主观能动性，且有助于避免因变更不当而造成损失。发包人收到承包人不能执行变更指令的理由后，应当审慎考虑。如果承包人的理由能够成立，发包人应通过监理人通知承包人停止执行该变更指令。

③工程变更有效性管理。为了增强工程变更有效性的管理，需要采取一系列措施，以确保严格把控工程变更的每个环节，尤其是在工程施工相关材料的签字和确认方面。首先，承包人内部建立详细清晰的工程变更管理程序，对每一项工程变更，要求提供全面的变更申请报告，包括变更原因、影响评估、成本分析以及实施计划等内容。其次，组织由项目经理、技术专家、财务人员和法律顾问等组成，共同审查和评估变更申请，审批后留档。

在签证洽商等施工文件的签字和确认方面，严格执行多级审核制度。初步审核由驻场工程师负责，对实际施工情况进行核实，并将审核意见提交给项目经理。项目经理进行二次审核，综合考虑项目进度、预算和变更影响等因素，若赞同变更，则将意见提交给最终审批人及公司高管。审批过程中注意过程性文件的留存。

此外，全面采用数字化管理工具，对变更记录作量化管理，定期组织相关人员进行培训，从而有效控制工程变更的风险，确保项目的顺利进行。

4）建筑工人实名制管理。保障建筑工人权益是施工合同履行的重要目的之一，建筑工人实名制是保障建筑工人利益的有力措施之一。

①发包人应与承包人约定实施建筑工人实名制管理的相关内容，督促承包人落实建筑工人实名制管理的各项措施，协助支持承包人实行建筑工人实名制管理，按照工程进度将建筑工人工资按时足额支付至承包人在银行开设的工资专用账户。

②承包人对所承接工程项目的建筑工人实名制管理负总责，制定建筑工人实名制管理制度，配备专（兼）职建筑工人实名制管理人员，通过信息化手段将相关数据实时、准

确、完整上传至工程所在地相关管理部门的建筑工人实名制管理平台。分包人对其雇用的建筑工人实名制管理负直接责任，配合承包人做好相关工作。

③承包人、分包人应与雇用的建筑工人依法签订劳动合同或用工协议，对其进行基本安全培训。除法律另有规定外，建筑工人在相关建筑工人实名制管理平台上登记后，方可进入施工现场从事与建筑作业相关的活动。

④承包人应以真实身份信息为基础，采集进入施工现场的建筑工人和项目管理人员的基本信息，并及时核实、实时更新；真实完整记录建筑工人工作岗位、劳动合同或用工协议签订、劳动考勤、工资支付与工资结算等从业信息，建立建筑工人实名制管理台账；按项目所在地建筑工人实名制管理要求，将采集的建筑工人信息及时上传相关部门。除法律另有规定外，已录入全国建筑工人管理服务信息平台的建筑工人，1 年以上（含 1 年）无数据更新的，再次从事建筑作业时，承包人应对其重新进行基本安全培训，记录相关信息，否则不得进入施工现场上岗作业。

⑤承包人应配备实现建筑工人实名制管理所必需的硬件设施设备，施工现场原则上实施封闭式管理，设立进出场门禁系统，采用人脸、指纹、虹膜等生物识别技术进行电子打卡；施工现场不具备封闭式管理条件的，应采用移动定位、电子围栏等技术实施考勤管理。

⑥承包人应依法按劳动合同或用工协议约定，通过建筑工人工资专用账户，按月足额将工资直接发放给其雇用的建筑工人，以及分包人委托由其代为支付工资的建筑工人。承包人代为支付建筑工人工资的人员名单和金额应由分包人向承包人上报并确认，该名单和金额应符合建筑工人实名制管理的相关规定。

⑦严格规范劳动用工管理，在工程项目部配备劳资专管员，建立施工人员进出场登记制度和考勤计量、工资支付等管理台账，实时掌握施工现场用工及其工资支付情况。承包人和分包人应将经建筑工人本人签字确认的工资支付书面记录保存两年以上备查。

⑧实施建筑工人实名制管理所需费用在承包人绿色施工安全防护措施项目费和项目管理费内列支，由发包人承担。

⑨承包人应妥善保管与劳动用工、建筑工人实名制管理有关的文件和档案，且相应保存期限不少于 2 年。

5）环境保护。发包人应根据国家规定设置噪声自动监测系统，与监督管理部门联网，依法开展竣工环境保护验收。

承包人应在施工组织设计中列明环境保护的具体措施，编制噪声污染防治工作方案。在合同履行期间，承包人应采取合理措施保护施工现场环境，采取有效隔声降噪的设备、设施或施工工艺。对施工作业过程中可能引起的大气、水、噪声以及固体废物污染采取具体可行的防范措施。

承包人应当承担因其原因引起的环境污染侵权损害赔偿责任。因上述环境污染引起纠纷而导致暂停施工的，由此增加的费用和（或）延误的工期由承包人承担。因发包人原因引起的相关侵权损害，以及增加的费用和（或）延误的工期由发包人承担。

6）施工合同索赔管理。索赔是工程承包中经常发生的正常现象，对施工合同双方而言，索赔是维护双方合法利益的权利，其与合同条件中的合同责任一样，构成严密的合同制约关系。工程实践中，承包人的索赔请求通常表现为工期的延长和费用的补偿。发包人对承包人的索赔一般包括扣减工程价款和延长缺陷责任期等方面。

施工合同履行过程中影响索赔的事件多，因素复杂，故合同各方必须认真对待工程索赔，建立索赔管理工作机制，将索赔管理贯穿于工程项目全过程、工程实施的各个环节，以及时解决由此引起的费用和工期管理问题。

①索赔事件的发现与管理。无论是发包人索赔还是承包人索赔，均必须具有合理理由方可得到支持。工程建设项目本身具有投资大、工期长、参与者多的特点，且所处环境有许多不确定性，因此索赔经常发生，且数额很大。归纳起来，根据索赔发生的原因不同，具体可分为如下几种情况：

A. 合同一方违约引发的索赔。合同一方发生违约行为，并因此产生损失，守约方有权依据合同规定的索赔程序向违约方主张费用的追加和工期的顺延。如，发包人未及时交付场地、提供图纸，未按合同规定将施工所需的水电线路接至约定地点，未及时交付发包人负责的材料和设备等，或承包人因劳动力不足引发工期延误等事件。

B. 发包人提供合同文件错误引起的索赔事件。由于施工合同条款多，相关文件多，合同中难免有考虑不周的条款、缺陷和不足之处，如措辞不当、说明不清、不同语言之间的翻译不准等都会导致双方对责任、义务和权利的争执，从而引发索赔。

C. 项目客观环境条件变化。工程项目本身和工程环境有许多不确定性，技术环境、经济环境、政治环境、法律环境等的变化均会导致工程的计划实施过程与实际情况不一样，这些因素均有可能导致施工工期和费用变化，承包人可依据相关合同条款进行索赔。

D. 不可抗力及其他索赔事件。其包括发包人指定的分包商出现工程质量不合格、工程进度延误等违约情况；合同范围内未明确说明，但对施工造成费用和工期增加的情况；施工过程设计有无因设计修改而引起的变更等。

索赔的根本目的在于保护自身利益，追回损失。为保证索赔工作顺利进行，实现赔付目的，索赔主体既要严格遵守公平合理原则，又要谨慎及时地按照索赔程序进行索赔。

②索赔事件梳理与证据收集。索赔的启动基于具体的索赔事件，索赔成功与否很大程度上取决于索赔证据的完善程度。引发索赔的特定事件发生后，索赔方应当说明发生索赔事件的事由，全面记录索赔事件发生的原因、时间、地点及事件发生的全过程等，并注意相关证据材料的收集。

③索赔程序。索赔工作应严格按照合同约定的程序进行，否则将影响索赔工作的正常进行，严重的将导致索赔无效或失权。按照国际与国内施工合同的交易惯例，索赔程序一般包括两个阶段。

阶段一：索赔意向通知。索赔事件发生后，承包人必须迅速作出反应，在合同约定时间内，向发包人发出书面索赔意向通知，声明对索赔事件提出索赔意向，明确提出索赔的合同依据。《标准施工招标文件》中明确规定："承包人应在知道或应当知道索赔事件发生后 28 天内，向监理人递交索赔意向通知书，并说明发生索赔事件的事由。承包人未在前述 28 天内发出索赔意向通知书的，丧失要求追加付款和（或）延长工期的权利。"由此可以看出，索赔时限条款不同于一般的约定条款，合同当事人应当认真谨慎对待该条款的适用。

阶段二：起草并提交索赔报告。提交索赔意向通知且索赔事件影响结束后，承包人必须在一定时间内提交正规索赔报告，包括索赔报告、账单、各种书面证据等。对索赔事件有持续影响的，还应出具中期报告。在这个过程中承包人有大量的管理工作，包括对索赔事件起因、过程、状况的调查；对其原因进行分析评价，分清责任；以实际损失为依据，收集相关证据，以合理的计算方法计算损失；在干扰事情结束前做好同期的相关记录；最后起草并提交有理有据、准确可靠的索赔报告。编写索赔报告应注意以下问题：

A. 索赔报告的基本要求。第一，必须说明索赔事件应当符合法律规定和合同约定，并列出证明资料，即基于何种事件、何种理由提出索赔请求，具体包括事件描述、影响描述、后果描述以及各部分的证明资料。第二，必须说明工期延误以及损失金额的具体明细以及依据。第三，说明前述事件与损失之间的因果关系、关联性，并附明依据资料。

B. 索赔报告内容应当准确。责任分析应清楚、准确，索赔值的计算依据要正确，计算结果要准确，措辞要婉转和恰当。

C. 索赔报告应当简明扼要、条理清楚。为便于对方由表及里、由浅入深地阅读和了解，注意对索赔报告形式和内容的安排。索赔报告编制完毕后，应及时提交合同约定的接收人，通常情况下为工程师或监理人。索赔报告提交后，承包人不能被动等待，应间隔一定时间主动向对方了解索赔处理进展，包括发包人（或监理人）通过审查报告可能提出的反驳或疑问，此时承包人应及时做好提交具体索赔资料的准备。

D. 工程索赔费用计算。索赔事件发生后，正确计算索赔损失，直接牵涉索赔人的利益。工程索赔费用的计算主要与工期延误、成本损失以及利益损失有关。不同原因引起的索赔，其费用的具体内容有所不同，一般由合同管理人员与造价管理人员共同完成该部分工作。

④索赔的解决。从项目管理角度，合理的索赔应得到及时合理的解决。承包人自提交索赔报告后，发包人必须在合同规定期限内对索赔要求作出答复。这个阶段工作的重点即为审查评估索赔报告，并尽量通过谈判、协商、调解、争议评审等方式解决争议。最终无法解决的索赔问题，可以由合同当事人按照合同约定的仲裁或诉讼等方式解决。索赔双方在谈判、协商、调解、争议评审、仲裁或诉讼等过程中，都可以考虑聘请具有专门知识的人参与索赔处理。

纵观整个索赔过程，合同当事人应当及时完成对索赔的确认，并有义务防止损失的进一步扩大，同时还应确保索赔的及时性、证据的完备性和充分性、索赔计算的准确性。

4.3.5 施工专业分包合同管理要点

(1) 施工专业分包合同的定义和特点

1）施工专业分包合同的定义。施工专业分包合同是指总承包人将所承包工程的一部分依法发包给具有相应资质的分包人而与其订立的合同。施工专业分包合同中的一方合同主体是作为总承包人的建筑施工企业，另一方合同主体是作为分包人的建筑施工企业。施工专业分包合同订立后，分包人按照施工专业分包合同的约定对总承包人负责。同时建筑工程总承包人仍按照总承包合同的约定对发包人负责，并和分包人一起就分包工程对发包人承担连带责任。

2）施工专业分包合同的特点和种类。施工专业分包合同是建设工程合同中的重要合同类型，是双务、有偿合同，其主要特点包括：

①合同形式的特殊性。施工专业分包合同属于建设工程合同中的施工合同，故按照有

关法律规定，应当采用书面形式。

②合同主体的特殊性。现行法律规范对专业分包人规定了资质要求。《建筑法》规定："从事建筑活动的建筑施工企业、勘察单位、设计单位和工程监理单位，按照其拥有的注册资本、专业技术人员、技术装备和已完成的建筑工程业绩等资质条件，划分为不同的资质等级，经资质审查合格，取得相应等级的资质证书后，方可在其资质等级许可的范围内从事建筑活动。"《民法典》第791条规定："禁止承包人将工程分包给不具备相应资质条件的单位。"另外，《建筑工程施工发包与承包违法行为认定查处管理办法》明确规定，施工单位不得将工程分包给个人，不得将工程分包给不具备相应资质或安全生产许可的单位。

住房和城乡建设部于2015年颁布《建筑业企业资质管理规定》，文件载明建筑业企业资质分为施工总承包资质、专业承包资质、施工劳务资质三个序列，并对企业资质的申请许可等作出了明确规定。

《建筑业企业资质标准》要求："设有专业承包资质的专业工程单独发包时，应由取得相应专业承包资质的企业承担。取得专业承包资质的企业可以承接具有施工总承包资质的企业依法分包的专业工程或建设单位依法发包的专业工程。"目前专业承包序列共设有36个类别，分别是：地基基础工程专业承包、起重设备安装工程专业承包、预拌混凝土专业承包、电子与智能化工程专业承包、消防设施工程专业承包、防水防腐保温工程专业承包、桥梁工程专业承包、隧道工程专业承包、钢结构工程专业承包、模板脚手架专业承包、建筑装修装饰工程专业承包、建筑机电安装工程专业承包、建筑幕墙工程专业承包 、古建筑工程专业承包、城市及道路照明工程专业承包、公路路面工程专业承包、公路路基工程专业承包、公路交通工程专业承包、铁路电务工程专业承包、铁路铺轨架梁工程专业承包、铁路电气化工程专业承包、机场场道工程专业承包、民航空管工程及机场弱电系统工程专业承包、机电目视助航工程专业承包、港口与海岸工程专业承包、航道工程专业承包、通航建筑物工程专业承包、港航设备安装及水上交管工程专业承包、水工金属结构制作与安装工程专业承包、水利水电机电安装工程专业承包、河湖整治工程专业承包、输变电工程专业承包、核工程专业承包、海洋石油工程专业承包、环保工程专业承包、特种工程专业承包。

③合同内容的特殊性。由于专业分包工程属于总承包工程的一部分，因此施工专业分包合同对于总承包人和分包人而言是一个单独的合同，但与总承包合同相比，施工专业分包合同的内容只能是项目主体结构以外的分部分项工程，其主体结构施工则不能分包，而必须由总承包人自行完成。

施工专业分包合同按管理模式分类，可分为总承包人自行选择的分包和暂估价分包。总承包人与发包人约定或经发包人同意后，可以依法选择专业分包人，订立施工专业分包合同；暂估价分包是指对以暂估价形式包括在总承包范围内的工程、货物、服务项目的分包。若该项目属于依法必须进行招标的项目且达到国家规定规模标准，在分包时还应当依法进行招标。所谓暂估价，是指对必然发生但暂时不能确定价格的材料、工程设备、专业工程以及服务工作作出的暂时估定金额。

需要注意的是，根据法律规定，发包人不得指定分包。《房屋建筑和市政基础设施工程施工分包管理办法》第7条规定："建设单位不得直接指定分包工程承包人。任何单位和个人不得对依法实施的分包活动进行干预。”

(2) 施工专业分包合同文本

原建设部与原国家工商行政管理总局于 2003 年联合颁发了《建设工程施工专业分包合同（示范文本)》，并与《2017 版施工合同》衔接，构成建设工程领域对发包人、总承包人、专业分包人等各方权利义务予以明确的合同文本体系。

为了更好地适应市场发展需要，进一步明确总承包人与专业分包人的权利义务，住房和城乡建设部于 2014 年 6 月颁布 2014 版《建设工程施工专业分包合同（示范文本)》(征求意见稿)，更好衔接了《2017 版施工合同》。

(3) 施工专业分包合同管理

施工专业分包合同条款由合同协议书、通用合同条款和专用合同条款三部分组成。通用合同条款的合同要素包括一般约定、承包人、分包人、分包工程质量、安全文明施工、环境保护与劳动用工管理、工期和进度、材料与设备、试验和检验、分包合同变更、合同价格、价格调整、计量、工程款支付、成品保护、试车、完工验收、分包工程移交、结算和最终结清、缺陷责任期与保修期、违约、不可抗力、保险、索赔、争议解决。专用合同条款是对通用合同条款原则性约定的细化、完善、补充、修改或另行约定的条款。合同当事人可以根据不同建设工程的特点及具体情况，通过双方的谈判、协商对相应的专用合同条款进行修改补充。

关于施工专业分包合同的管理应当注意以下问题：

1) 施工专业分包人的选择。专业分包人的选择应当考虑和考察如下因素：法人资格、营业执照等；企业是否具有与分包工程相应或更高的企业资质；从事类似工程项目的经验、业绩情况、企业信誉等；企业财务状况；基础设备情况；管理人员的素质。

2) 施工专业分包合同的订立管理。在施工专业分包合同订立时，应当注意：

①施工专业分包合同的内容应有利于总体工程目标的实现。尽管施工专业分包合同所对应的工程施工仅为总体工程的一部分，但若该部分出现质量问题或者施工进度延误，会直接影响总体工程的质量和进度。施工专业分包合同订立时，应强调施工专业分包合同应当遵守总承包合同，专业分包人应当配合和服从总承包人的统一安排，并就其负责的专业分包工程对总承包人承担全部责任，对发包人承担连带责任。

②施工专业分包合同的内容应服从于总承包合同。尽管总承包合同与施工专业分包合同的合同主体并不完全相同，根据合同相对性的原理，二者相互独立。但是，施工专业分包合同是为了完成总承包合同而服务的，因此施工专业分包合同中的技术标准、质量要求等相应条款应与总承包合同的要求相同。

③各专业分包人之间的协调。在同时存在多个施工专业分包合同的工程项目中，专业分包人之间的协调工作不仅是必需的而且具有重要性，专业分包人之间若产生冲突矛盾可能导致整个工程进度迟延或停滞。对于有多个专业分包人的工程项目，总承包人应当考虑并做好协调与沟通工作。

④对专业分包人的制约。由于发包人并非施工专业分包合同当事人，因此为了保证专业分包人提供的工作成果能够满足发包人的要求，总承包人有必要对专业分包人采取一定的制约措施，如要求专业分包人提供各种保函等，以此保证专业分包人能服从指挥与安

排，认真履行施工专业分包合同义务，实现工程项目的总体目标。

⑤关于暂估价分包合同的签订。若暂估价项目属于依法必须招标的项目，则可以由总承包人通过招标选择专业分包人，也可以由发包人与总承包人共同招标，选定专业分包人并签订三方协议；对于不需要进行招标的暂估价分包，则可以由总承包人确定专业分包人后报发包人批准同意，也可以由发包人与总承包人协商确定专业分包人。

3）施工专业分包合同的履行管理。施工专业分包合同的履行管理涉及三个方面：

①发包人对总承包合同的管理。发包人作为建设工程项目的投资方和施工总承包合同的当事人，其有权对总承包合同进行管理。在发包人管理总承包合同的过程中，不可避免地会涉及对专业分包工程的相关管理。

②监理人对专业分包工程的管理。监理人对总承包合同的工作内容进行审查时，必然涉及对专业分包工程项目的审查。监理人所发布的指示涉及施工专业分包合同时，可以要求总承包人同时送达专业分包人。

③总承包人对施工专业分包合同的管理。总承包人作为施工总承包合同和施工专业分包合同的当事人，一方面对发包人承担整个工程施工合同按期实现目标的义务，另一方面在施工专业分包合同中又负有妥善管理的责任。特别是对施工专业分包合同的管理，总承包人应当对专业分包人的施工进行监督和协调，并就专业分包工程与专业分包人一起向发包人承担连带责任。

4）施工专业分包合同的支付管理。

①总承包人对进度付款申请单的审查。专业分包人按照计量程序约定的时间向总承包人提交进度付款申请单后，总承包人应在收到专业分包人进度付款申请单后 21 天内完成审核。鉴于专业分包人提交进度付款申请单直接关系到总承包人向发包人报送进度付款申请单，特别是在有多个专业分包人的情形下，专业分包人应当及时、合理地将进度付款申请单提交给总承包人。除在专用合同条款中另有约定外，总承包人应在收到专业分包人进度付款申请单后 21 天内签发进度款支付证书。

②施工专业分包合同价款的支付。除在专用合同条款中另有约定外，总承包人应在签发进度款支付证书或临时进度款支付证书后 7 天内完成支付，总承包人逾期支付进度款的，应按照中国人民银行发布的同期同类贷款基准利率支付违约金。

5）施工专业分包合同的变更管理。对于施工专业分包合同的变更，通常包括的情形有：

①增加或减少施工专业分包合同中的任何工作，或追加额外的工作；取消施工专业分包合同中的任何工作，但转由他人实施的工作除外。

②改变施工专业分包合同中任何工作的质量标准或其他特性。

③改变专业分包工程的基线、标高、位置和尺寸。

④改变分包工程的时间安排或实施顺序。

专业分包人收到总承包人发出的变更指令或经总承包人确认的发包人变更指令后，方可实施变更。未经许可，专业分包人不得擅自对工程的任何部分进行变更。

对于施工专业分包合同的变更管理主要围绕变更的及时性、变更引起的费用和工期展开。专业分包人在收到总承包人下达的变更指令后，认为不能执行的，应在收到变更指令后 24 小时内提出不能执行的理由；总承包人收到专业分包人不能执行的理由后再次要求专业分包人执行变更指令的，专业分包人应予执行，但变更指令违反法律规定或强制性标准的除外。

6）施工专业分包合同的索赔管理。施工专业分包合同的索赔管理分为总承包人的索赔及处理和专业分包人的索赔及处理两类。从总承包人的角度看，在专业分包人向总承包人提出索赔请求后，总承包人应及时收集分析相关分包索赔文件，将全部分包的索赔和自身的索赔信息进行合理的汇总后提交给发包人。总承包人认为专业分包人索赔请求合理的，且应由发包人承担赔付责任的，总承包人应及时履行施工总承包合同中的索赔义务，及时向监理人递交索赔报告，并应定期将情况进展通知给专业分包人。

关于索赔程序，可以在施工专业分包合同中规定详细的索赔流程。专业分包人认为有权得到追加付款和（或）延长工期的，应在知道或应当知道索赔事件发生后 14 天内，向总承包人递交索赔意向通知书，并说明发生索赔事件的事由；在发出索赔意向通知书后 14 天内，向总承包人正式递交索赔报告；索赔事件影响结束后 14 天内，专业分包人应向总承包人递交最终索赔报告，总承包人应在收到索赔报告后 14 天内完成审查等。关于总承包人对专业分包人索赔的处理结果，专业分包人接受的，索赔款项在当期进度款中进行支付；专业分包人不接受索赔处理结果的，则按照争议解决的约定处理。

需要注意的是，专业分包的索赔流程设置应当与总承包人向专业发包人索赔的流程相匹配，否则总承包合同和施工专业分包合同的履行均受到影响，并导致合同履行的困难。

7）建筑工人实名制管理。分包人对其雇用的建筑工人实名制管理负直接责任，配合承包人做好相关工作。分包人应与雇佣的建筑工人依法签订劳动合同或用工协议，对其进行基本安全培训，除法律另有规定外，建筑工人在相关建筑工人实名制管理平台上登记后，方可进入施工现场从事与建筑作业相关的活动。

分包人委托承包人代为支付工资的，承包人代为支付建筑工人工资的人员名单和金额应由分包人向承包人上报并确认，该名单和金额应符合建筑工人实名制管理的相关规定。分包人应将经建筑工人本人签字确认的工资支付书面记录保存两年以上备查。

8）环境保护。发包人应根据国家规定设置噪声自动监测系统，与监督管理部门联网，依法开展竣工环境保护验收。

承包人应在施工组织设计中列明环境保护的具体措施，编制噪声污染防治工作方案。在合同履行期间，承包人应采取合理措施保护施工现场环境，采用有效隔声降噪的设备、设施或施工工艺，并对施工作业过程中可能引起的大气、水、噪声以及固体废物污染采取具体可行的防范措施。

承包人应当承担因其原因引起的环境污染侵权损害赔偿责任，因上述环境污染引起纠纷而导致暂停施工的，由此增加的费用和（或）延误的工期由承包人承担。因发包人原因引起的相关侵权损害，以及增加的费用和（或）延误的工期由发包人承担。

分包人应在施工组织设计中列明环境保护的具体措施。分包人应按经承包人批准的施工组织设计采取环境保护具体措施，防止环境损害和环境污染。分包人应当承担因其原因引起的环境污染责任。

9）产业工人培训。建筑产业工人是我国产业工人的重要组成部分，是建筑业发展的基础，为经济发展、城镇化建设做出了重大贡献。当前我国建筑产业工人队伍仍存在无序流动性大、老龄化现象突出、技能素质低、权益保障不到位等问题，制约建筑业持续健康发展。建筑产业工人培训要以推进建筑业供给侧结构性改革为主线，以夯实建筑产业基础能力为根本，以构建社会化专业化分工协作的建筑工人队伍为目标，深化“放管服”改革，建立健全符合新时代建筑工人队伍建设要求的体制机制，为建筑业持续健康发展和推进新型城镇化提供更有力的人才支撑。

4.4 工程总承包合同管理

4.4.1 工程总承包合同的定义和特点

（1）工程总承包概述

我国工程总承包模式产生于20世纪80年代，从化工、石化行业逐步推广到冶金、电力、铁道、石油天然气、建材等行业，房屋建筑工程项目的工程总承包也在不断增加。工程总承包是指承包单位按照与建设单位签订的合同，对工程设计、采购、施工或者设计、施工等阶段实行总承包，并对工程的质量、安全、工期和造价等全面负责的工程建设组织实施方式。《建筑法》第24条规定：“提倡对建筑工程实行总承包，禁止将建筑工程肢解发包。建筑工程的发包单位可以将建筑工程的勘察、设计、施工、设备采购一并发包给一个工程总承包单位，也可以将建筑工程勘察、设计、施工、设备采购的一项或者多项发包给一个工程总承包单位；但是，不得将应当由一个承包单位完成的建筑工程肢解成若干部分发包给几个承包单位。”

设计—施工总承包模式是指工程总承包企业按照合同约定，承担工程项目设计和施工工作，并对承包工程的质量、安全、工期、造价全面负责的承包方式。

设计—采购—施工模式是指工程总承包企业按照合同约定，承担工程项目的工程设计、采购、施工工作，并对工程的质量、安全、工期、造价全面负责的承包方式。交钥匙总承包模式是设计—采购—施工总承包业务和责任的延伸，最终向业主提交一个满足使用功能、具备使用条件的工程项目产品。

（2）工程总承包合同的定义

工程总承包合同是指发包人与承包人之间为完成特定的工程总承包任务、明确相互权利义务关系而订立的合同。工程总承包合同的发包人一般是项目业主（建设单位），承包人是具有相应资质并符合要求的工程总承包企业。住房和城乡建设部、国家发展改革委发布的《房屋建筑和市政基础设施项目工程总承包管理办法》规定：“工程总承包单位应当同时具有与工程规模相适应的工程设计资质和施工资质，或者由具有相应资质的设计单位和施工单位组成联合体。工程总承包单位应当具有相应的项目管理体系和项目管理能力、财务和风险承担能力，以及与发包工程相类似的设计、施工或者工程总承包业绩。设计单位和施工单位组成联合体的，应当根据项目的特点和复杂程度，合理确定牵头单位，并在联合体协议中明确联合体成员单位的责任和权利。联合体各方应当共同与建设单位签订工程总承包合同，就工程总承包项目承担连带责任。”

(3) 工程总承包合同签订和管理的法律基础

总承包合同及其管理的法律基础主要是国家或部委颁发的法律法规中的涉及工程总承包内容的条款，以及国家标准和行业相关主管部门发布的行政规章和管理性文件。工程总承包合同的签订和管理涉及的法律基础主要包括《民法典》《建筑法》《招标投标法》，国家发展改革委等部门编制的《标准设计施工总承包招标文件》（2012 年版），住房和城乡建设部、国家市场监管总局制定的《建设项目工程总承包合同（示范文本）》（GF—2020—0216），原建设部制定的《关于培育发展工程总承包和工程项目管理企业的指导意见》，原铁道部制定的《铁路建设项目工程总承包办法》以及《建设项目工程总承包管理规范》（GB/T 50358—2017）等。2016 年 5 月，住房和城乡建设部发布了《住房城乡建设部关于进一步推进工程总承包发展的若干意见》，对培育发展专业化的工程总承包和工程项目管理企业提出了指导意见；2019 年 12 月，住房和城乡建设部、国家发展改革委联合发布了《房屋建筑和市政基础设施项目工程总承包管理办法》，以进一步促进建设项目工程总承包管理的科学化、规范化和法治化。

(4) 工程总承包合同的特点

工程总承包的性质、内容和特点，决定了工程总承包合同除了具备建设工程合同的一般特征外，还具有如下特殊性：

1）设计与施工深度融合。工程总承包合同的承包人不仅负责工程施工，还需要负责合同约定范围内的设计与材料设备采购工作。因此，若工程出现质量缺陷，承包人将承担全部责任，不会导致设计、施工等多方之间相互推卸责任的情况；同时设计与施工的深度交叉，有利于缩短建设周期，提高设计的可施工性，降低工程造价。

2）合同履约以价值工程为导向。在工程总承包合同中，承包人负责设计和施工，打通了设计与施工的界面障碍，在设计阶段便可以考虑设计的可施工性问题，对降低成本、提高利润有重要影响。承包人常常还可以根据自身丰富的工程经验，对发包人要求和设计文件提出合理化建议，从而降低工程投资，提升项目质量或缩短项目工期。因此，在工程总承包合同中常常包括“价值工程”或“承包人合理化建议”与“奖励”条款。

3）对承包人的经验与投标报价能力要求更高。工程总承包合同价格不仅包括工程设计与施工费用，根据双方合同约定情况，还可能包括设备购置费、总承包管理费、专利转让费、研究试验费、不可预见风险费用和财务费用等，投标报价内容复杂。签订总承包合同时，由于尚缺乏详细计算投标报价的依据，因此不能分项详细计算各个费用项目，通常只能依据项目环境调查情况，参照类似已完工程资料和其他历史成本数据完成项目成本估算。

4）对承包人的履约与抗风险能力要求更高。由于发包人将工程完全委托给承包人，并常常采用总价合同，将项目的绝大部分风险转移给承包人，因此承包人除了承担施工过程中的风险外，还需要承担设计及采购等更多的风险。与施工总承包合同相比，承包人的风险要大得多，因此需要承包人具有较高的管理水平和丰富的工程经验。

5）知识产权保护与运用要求更高。由于工程总承包模式常常被运用于石油化工、建材、冶金、水利、电厂、节能建筑等项目，设计成果文件中可能包含多项专利或著作权，因此总承包合同中一般会有关于知识产权及其相关权益的约定。承包人的专利使用费一般包含在投标报价中。

4.4.2 工程总承包合同文本

(1) 标准设计施工总承包招标文件

为规范建筑市场主体行为，进一步完善招标文件编制规则，提高招标文件编制质量，促进招标投标活动的公开、公平和公正，国家发展改革委会同工业和信息化部、财政部、住房城乡建设部、交通运输部、原铁道部、水利部、广电总局、民航局，编制了《标准设计施工总承包招标文件》(2012 年版)，自 2012 年 5 月 1 日起实施，在政府投资项目中试行，其他项目也可参照使用。《标准设计施工总承包招标文件》第四章“合同条款及格式”，包括通用合同条款、专用合同条款以及 3 个合同附件格式（合同协议书、履约担保格式、预付款担保格式）。

通用合同条款共 24 条，包括一般约定，发包人义务，监理人，承包人，设计，材料和工程设备，施工设备和临时设施，交通运输，测量放线，安全、治安保卫和环境保护，开始工作和竣工，暂停工作，工程质量，试验和检验，变更，价格调整，合同价格与支付，竣工试验和竣工验收，缺陷责任与保修责任，保险，不可抗力，违约，索赔，争议的解决。

专用合同条款是双方当事人根据工程项目的具体情况和特点，通过谈判和协商，对通用合同条款进行补充、修改和完善的条款。

(2) 建设项目工程总承包合同示范文本

为促进建设项目工程总承包的健康发展，指导和规范工程总承包合同当事人的市场行为，维护合同当事人的合法权益，依据《民法典》《建筑法》《招标投标法》以及相关法律、法规，住房和城乡建设部、市场监管总局对《建设项目工程总承包合同示范文本（试行）》(GF—2011—0216) 进行了修订，制定了《建设项目工程总承包合同（示范文本）》(GF—2020—0216)。

《建设项目工程总承包合同（示范文本）》适用于建设项目工程总承包的承发包方式。在其条款设置中，将“设计，材料、工程设备，施工，竣工试验，验收和工程接收，竣工后试验”等工程建设实施阶段相关工作内容分别作为独立条款，发包人可根据发包建设项目实施阶段的具体内容和要求，确定对相关建设实施阶段和工作内容的取舍。

《建设项目工程总承包合同（示范文本）》由合同协议书、通用合同条件和专用合同条件三部分组成。其中合同协议书是双方当事人对合同基本权利、义务的集中表述，主要包括：工程概况、合同工期、质量标准、签约合同价与合同价格形式、工程总承包项目经理、合同文件构成、承诺、订立时间、订立地点、合同生效和合同份数。通用合同条件包括 20 个合同条款，具体条款分别为：第 1 条一般约定，第 2 条发包人，第 3 条发包人的管理，第 4 条承包人，第 5 条设计，第 6 条材料、工程设备，第 7 条施工，第 8 条工期和进度，第 9 条竣工试验，第 10 条验收和工程接收，第 11 条缺陷责任与保修，第 12 条竣工后试验，第 13 条变更与调整，第 14 条合同价格与支付，第 15 条违约，第 16 条合同解除，第 17 条不可抗力，第 18 条保险，第 19 条索赔，第 20 条争议解决。前述条款安排既考虑了现行法律法规对工程总承包活动的有关要求，也考虑了工程总承包项目管理的实际需要；专用合同条件是在通用合同条款的基础上对通用合同条件原则性约定进行细化、完善、补充、修改或另行约定的合同条件。

4.4.3　工程总承包合同重点条款

根据国家发展改革委等九部委联合编制的《标准设计施工总承包招标文件》第四章中的合同条款及格式，以及工程总承包的实践，对工程总承包合同重点条款的介绍如下：

(1) 发包人要求

1）发包人要求的概念。“发包人要求”是指构成合同文件组成部分的名为“发包人要求”的文件，包括招标项目的目的、范围、设计与其他技术标准和要求，以及合同双方当事人约定对其所作的修改或补充。“发包人要求”是招标文件的有机构成部分，在工程总承包合同签订后，成为合同文件的组成部分，对双方当事人具有法律约束力。承包人应认真阅读、复核“发包人要求”，发现错误的，应及时书面通知发包人。“发包人要求”中的错误导致承包人增加费用和（或）工期延误的，发包人应承担由此增加的费用和（或）工期延误，并向承包人支付合理利润。“发包人要求”违反法律规定的，承包人发现后应书面通知发包人，并要求其改正。发包人收到通知书后不予改正或不予答复的，承包人有权拒绝履行合同义务，直至解除合同。发包人应承担由此引起的承包人全部损失。

“发包人要求”应尽可能清晰准确，对于可以进行定量评估的工作，“发包人要求”不仅应明确规定其产能、功能、用途、质量、环境、安全等内容，并且要规定偏离的范围和计算方法，以及检验、试验、试运行的具体要求。对于承包人负责提供的有关设备和服务，对发包人人员进行培训和提供有关消耗品等，在“发包人要求”中应一并明确规定。“发包人要求”通常包括但不限于以下内容：

①功能要求：工程的目的、工程规模、性能保证指标（性能保证表）、产能保证指标。

②工程范围：

A. 包括的工作：永久工程的设计、采购、施工范围；临时工程的设计与施工范围；竣工验收工作范围；技术服务工作范围；培训工作范围；保修工作范围。

B. 工作界区。

C. 发包人提供的现场条件：施工用电、施工用水、施工排水。

D. 发包人提供的技术文件：除另有批准外，承包人的工作需要遵照发包人需求任务书、发包人已完成的设计文件等要求。

③工艺安排或要求（如有）。

④时间要求：开始工作时间、设计完成时间、进度计划、竣工时间、缺陷责任期和其他时间要求。

⑤技术要求：设计阶段和设计任务；设计标准和规范；技术标准和要求；质量标准；设计、施工和设备监造、试验（如有）；样品；发包人提供的其他条件，如发包人或其委托的第三人提供的设计、工艺包、用于试验检验的工器具等，以及据此对承包人提出的予以配套的要求。

⑥竣工试验：第一阶段，如对单车试验等的要求，包括试验前准备；第二阶段，如对联动试车、投料试车等的要求，包括人员、设备、材料、燃料、电力、消耗品、工具等必要条件；第三阶段，如对性能测试及其他竣工试验的要求，包括产能指标、产品质量标

准、运营指标、环保指标等。

⑦竣工验收。

⑧竣工后试验（如有）。

⑨文件要求：设计文件及其相关审批、核准、备案要求；沟通计划；风险管理计划；竣工文件和工程的其他记录；操作和维修手册；其他承包人文件。

⑩工程项目管理规定：质量；进度，包括里程碑进度计划；支付；HSE（健康、安全与环境管理体系）；沟通；变更等。

⑪其他要求：对承包人的主要人员资格要求；相关审批、核准和备案手续的办理；对项目业主人员的操作培训；分包；设备供应商；缺陷责任期的服务要求。

《标准设计施工总承包招标文件》中要求“发包人要求”用 13 个附件清单明确列出，主要包括：性能保证表，工作界区图，发包人需求任务书，发包人已完成的设计文件，承包人文件要求，承包人人员资格要求及审查规定，承包人设计文件审查规定，承包人采购审查与批准规定，材料、工程设备和工程试验规定，竣工试验规定，竣工验收规定，竣工后试验规定，工程项目管理规定。

2）起草“发包人要求”的注意事项。工程总承包实践中，起草“发包人要求”是项目成功或失败的主要原因，也是产生争端的主要来源，应关注如下问题：

①“发包人要求”应当是完备的，包括要求的形状、类型、质量、偏差、功能型标准、安全标准以及对永久工程终身费用限制的所有参数；在施工期间和施工后必须成功通过的检验；永久工程的预期和规定的性能；设计周期和持续期；完工后如何操作和维护；提交的手册；提供的备件的详细资料和费用。但发包人或监理人对参数的规定不能限制承包商的设计创新能力，不能对承包商的设计义务有影响。

②“发包人要求”必须明确定义发包人要求的内容，可以吸收承包商设计、施工的专业的有创造性的输入，发挥设计建造合同的优势。

③“发包人要求”应该让业主选择最合适的投标人，但又不要求在投标阶段让投标人提供除了正确选择承包人的必要信息以外的信息。

④“发包人要求”必须足够详细从而可以确定项目的目标，但又不限制承包人对工程进行适当设计的能力或寻求最合适解决方案的创造力，并能对投标人的设计进行评估。

（2）设计文件与协调

1）承包人的设计范围。根据我国工程建设基本程序，工程设计依据工作进程和深度的不同，一般按初步设计、施工图设计两个阶段进行，技术上复杂的建设项目可按初步设计、技术设计和施工图设计三个阶段进行。民用建筑工程设计一般分为方案设计、初步设计和施工图设计三个阶段。国际上一般分为概要设计（Schematic Design）、设计扩展（Deign Development）和施工文件（Construction Document）三个阶段。

方案设计是项目投资决策后，咨询单位将通过项目策划和可行性研究得出的意见和问题，经与发包人协商认可后提出的具体开展建设的设计文件，其深度应当满足编制初步设计文件和控制概算的需要。

初步设计的内容根据项目类型的不同而有所变化，一般来说，它是项目的宏观设计，包含项目的总体设计、工艺流程、设备选型和安装、工程量清单及项目概算等内容。初步设计文件应当满足编制施工招标文件、主要设备材料订货和编制施工图设计文件的需要，是下一阶段施工图设计的基础。

施工图设计的主要内容是根据批准的初步设计，绘制出正确、完整和尽可能详细的建筑、安装图纸，包括建设项目分部工程的详图、零部件结构明细表、验收标准、方法、施工图预算等。此设计文件应当满足设备材料采购、非标准设备制作和施工的需要，并注明建筑工程合理使用年限。

在工程总承包合同中应明确定义设计工作的范围，确定参与设计的主体及参与的程度。承包人的设计范围可以是施工图设计，也可以是初步设计和施工图设计，由双方在总承包合同中明确。

承包人应按合同约定的工作内容和进度要求，编制设计、施工的组织和实施计划，并对所有设计、施工作业和施工方法，以及全部工程的完备性和安全可靠性负责。承包人不得将设计和施工的主体、关键性工作分包给第三人。除专用合同条款另有约定外，未经发包人同意，承包人也不得将非主体、非关键性工作分包给第三人。

2）承包人的设计义务。承包人应按照法律规定，以及国家、行业和地方的规范和标准完成设计工作，并符合发包人要求。除合同另有约定外，承包人完成设计工作所应遵守的法律规定，以及国家、行业和地方的规范和标准，均应视为在基准日适用的版本。基准日之后，上述版本发生重大变化，或者有新的法律以及国家、行业和地方的规范和标准颁布实施的，承包人应向发包人或发包人委托的监理人提出遵守新法律规范的建议。发包人或其委托的监理人应在收到建议后 7 天内发出是否遵守新法律规范的指示。发包人或其委托的监理人指示遵守新法律规范的，按照变更条款执行，或者在基准日后，因法律变化导致承包人在合同履行中所需费用发生除合同约定的物价波动引起的调整以外的增减时，监理人应根据法律以及国家或省、自治区、直辖市有关部门的规定，商定或确定需要调整的合同价格。

3）承包人设计进度计划。承包人应按照发包人要求，在合同进度计划中专门列出设计进度计划，报发包人批准后执行。承包人需要按照经批准后的计划开展设计工作。

因承包人原因影响设计进度的，未能按合同进度计划完成工作，或监理人认为承包人工作进度不能满足合同工期要求的，承包人应采取措施加快进度，并承担加快进度所增加的费用。发包人或其委托的监理人有权要求承包人提交修正的进度计划、增加投入资源并加快设计进度。由于承包人原因造成工期延误的，承包人应支付逾期竣工违约金。逾期竣工违约金的计算方法和最高限额在专用合同条款中约定。承包人支付逾期竣工违约金，不免除承包人完成工作及修补缺陷的义务。因发包人原因影响设计进度的，按合同约定的变更条款处理。

4）设计审查。承包人的设计文件应报发包人审查同意。审查的范围和内容在发包人要求中约定。除合同另有约定外，自监理人收到承包人的设计文件以及承包人的通知之日起，发包人对承包人的设计文件审查期不超过 21 天。承包人的设计文件与合同约定有偏离的，应在通知中说明。承包人需要修改已提交的承包人的设计文件的，应立即通知监理人，并向监理人提交修改后的承包人的设计文件，审查期重新起算。

发包人不同意承包人的设计文件的，可以通过监理人以书面形式通知承包人，并说明不符合合同要求的具体内容。承包人根据监理人的书面说明，对承包人的设计文件进行修改后重新报送发包人审查，审查期重新起算。合同约定的审查期满，发包人没有作出审查结论也没有提出异议的，视为承包人的设计文件已获发包人同意。

承包人的设计文件不需要政府有关部门审查或批准的，承包人应当严格按照经发包人审查同意的设计文件开展设计和实施工程。承包人的设计文件需要政府有关部门审查或批准的，发包人应在审查同意承包人的设计文件后 7 天内，向政府有关部门报送设计文件，承包人应予以协助。

对于政府有关部门的审查意见，不需要修改发包人要求的，承包人需要按该审查意见修改承包人的设计文件；需要修改发包人要求的，发包人应重新提出发包人要求，承包人应根据新提出的发包人要求修改承包人的设计文件。上述情形还应适用变更条款、发包人要求中的错误条款的有关约定。

政府有关部门审查批准的，承包人应当严格按照批准后的承包人的设计文件开展设计和实施工程。

（3）变更

1）变更权。在履行合同过程中，经发包人同意，监理人可按照合同约定的变更程序向承包人作出有关发包人要求改变的变更指示，承包人应遵照执行。变更应在相应内容实施前提出，否则发包人应承担承包人损失。没有监理人的变更指示，承包人不得擅自变更。

2）承包人的合理化建议。在履行合同过程中，承包人对发包人要求的合理化建议，均应以书面形式提交监理人。合理化建议书的内容应包括建议工作的详细说明、进度计划和效益以及与其他工作的协调等，并附必要的设计文件。监理人应与发包人协商是否采纳建议。建议被采纳并构成变更的，应按照变更程序约定向承包人发出变更指示。承包人提出的合理化建议降低了合同价格、缩短了工期或者提高了工程经济效益的，发包人可按国家有关规定在专用合同条款中约定给予奖励。

3）变更范围。变更范围包括：设计变更范围、采购变更范围、施工变更范围、发包人的赶工指令、调减部分工程和其他变更。

①设计变更范围，包括：

A. 对生产工艺流程的调整，但未扩大或缩小初步设计批准的生产路线和规模，或未扩大或缩小合同约定的生产路线和规模。

B. 对平面布置、竖面布置、局部使用功能的调整，但未扩大初步设计批准的建筑规模，未改变初步设计批准的使用功能；或未扩大合同约定的建筑规模，未改变合同约定的使用功能。

C. 对配套工程系统的工艺调整、使用功能调整。

D. 对区域内基准控制点、基准标高和基准线的调整。

E. 对设备，材料，部件的性能、规格和数量的调整。

F. 因执行基准日期之后新颁布的法律、标准、规范引起的变更。

G. 其他超出合同约定的设计事项。

H. 上述变更所需的附加工作。

②采购变更范围，包括：

A. 承包人已按发包人批准的名单，与相关供货商签订采购合同或已开始加工制造、供货、运输等，发包人通知承包人选择该名单中的另一家供货商。

B. 因执行基准日期之后新颁布的法律、标准、规范引起的变更。

C. 发包人要求改变检查、检验、检测、试验的地点和增加的附加试验。

D. 发包人要求增减合同中约定的备品备件、专用工具、竣工后试验物资的采购数量。

E. 上述变更所需的附加工作。

③施工变更范围，包括：

A. 设计变更，造成施工方法改变以及设备、材料、部件、人工和工程量的增减。

B. 发包人要求增加的附加试验、改变试验地点。

C. 新增加的施工障碍处理。

D. 发包人对竣工试验经验收或视为验收合格的项目，通知重新进行竣工试验。

E. 因执行基准日期之后新颁布的法律、标准、规范引起的变更。

F. 现场其他签证。

G. 上述变更所需的附加工作。

④发包人的赶工指令：承包人接受了发包人的书面指令，以发包人认为必要的方式加快设计、施工或其他任何部分的进度时，承包人为实施该赶工指令需要对项目进度计划进行调整，并对所增加的措施和资源提出估算，经发包人批准后，作为变更处理。当发包人未能批准此项变更时，承包人有权按合同约定的相关阶段的进度计划执行。

⑤调减部分工程：发包人的暂停超过 45 日，承包人请求复工时仍不能复工，或因不可抗力持续而无法继续施工的，双方可按合同约定以变更方式调减受暂停影响的部分工程。

⑥其他变更：根据工程的具体特点，在专用条款中约定。

4）变更程序。变更程序按照提出变更、变更估价、变更指示执行。

①提出变更：

A. 在合同履行过程中，监理人可向承包人发出变更意向书。变更意向书应说明变更的具体内容和发包人对变更的时间要求，并附必要的相关资料。变更意向书应要求承包人提交包括拟实施变更工作的设计和计划、措施和竣工时间等内容的实施方案。发包人同意承包人根据变更意向书要求提交变更实施方案的，由监理人按合同约定发出变更指示。

B. 承包人收到监理人按合同约定发出的文件，经检查认为其中存在对发包人要求变更情形的，可向监理人提出书面变更建议。变更建议应阐明要求变更的依据，以及实施该变更工作对合同价款和工期的影响，并附必要的图纸和说明。监理人收到承包人书面建议后，应与发包人共同研究，确认存在变更的，应在收到承包人书面建议后的 14 天内作出变更指示。经研究后不同意作为变更的，应由监理人书面答复承包人。

C. 承包人收到监理人的变更意向书后认为难以实施此项变更的，应立即通知监理人，说明原因并附详细依据。监理人与承包人和发包人协商后确定撤销、改变或不改变原变更意向书。

②变更估价。监理人应按照合同约定与合同当事人商定或确定变更价格。变更价格应包括合理的利润，并应按照合同约定考虑承包人提出合理化建议后的奖励。

③变更指示执行。变更指示只能由监理人发出。变更指示应说明变更的目的、范围、内容以及工程量及其进度和技术要求，并附有关图纸和文件。承包人收到变更指示后，应按变更指示进行变更工作。

5）暂列金额。经发包人同意，承包人可使用暂列金额，但应按照合同中暂估价规定的程序进行，并对合同价格进行相应调整。

6）计日工。发包人认为有必要时，由监理人通知承包人以计日工方式实施变更的零星工作。其价款按列入合同中的计日工计价子目及其单价进行计算。

采用计日工计价的任何一项变更工作，应从暂列金额中支付，承包人应在该项变更的实施过程中每天提交以下报表和有关凭证报送监理人批准：

①工作名称、内容和数量。

②投入该工作所有人员的姓名、专业（工种）、级别和耗用工时。

③投入该工作的材料类别和数量。

④投入该工作的施工设备型号、台数和耗用台时。

⑤监理人要求提交的其他资料和凭证。

计日工由承包人汇总后，按合同约定列入进度付款申请单，由监理人复核并经发包人同意后列入进度付款。签约合同价包括计日工的，按合同约定进行支付。

7）暂估价。发包人在价格清单中给定暂估价的专业服务、材料、工程设备和专业工程属于依法必须招标的范围并达到规定的规模标准的，由发包人和承包人以招标的方式选择供应商或分包人。发包人和承包人的权利义务关系在专用合同条款中约定。中标金额与价格清单中所列的暂估价的金额差以及相应的税金等其他费用列入合同价格。

发包人在价格清单中给定暂估价的专业服务、材料和工程设备不属于依法必须招标的范围或未达到规定的规模标准的，应由承包人按照合同约定提供材料和工程设备。经监理人确认的专业服务、材料、工程设备的价格与价格清单中所列的暂估价的金额差以及相应的税金等其他费用列入合同价格。

发包人在价格清单中给定暂估价的专业工程不属于依法必须招标的范围或未达到规定的规模标准的，由监理人按照变更估价的约定进行估价，但专用合同条款另有约定的除外。经估价的专业工程与价格清单中所列的暂估价的金额差以及相应的税金等其他费用列入合同价格。

签约合同价包括暂估价的，按合同约定进行支付。

(4) 合同价格与支付

1）合同价格。除专用合同条款另有约定外，合同价格包括签约合同价以及按照合同约定进行的调整；合同价格包括承包人依据法律规定或合同约定应支付的规费和税金；价格清单列出的任何数量仅为估算的工作量，不得将其视为要求承包人实施的工程的实际或准确的工作量。在价格清单中列出的任何工作量和价格数据应仅限用于变更和支付的参考资料，而不能用于其他目的。

合同约定工程的某部分按照实际完成的工程量进行支付的，应按照专用合同条款的约定进行计量和估价，并据此调整合同价格。

2）预付款。预付款用于承包人为合同工程的设计和工程实施购置材料、工程设备、施工设备、修建临时设施以及组织施工队伍进场等。预付款的额度和支付在专用合同条款中约定。预付款必须专用于合同工作。

除专用合同条款另有约定外，承包人应在收到预付款的同时向发包人提交预付款保函，预付款保函的担保金额应与预付款金额相同，保函的担保金额可根据预付款扣回的金额相应递减。

预付款在进度付款中扣回，扣回办法在专用合同条款中约定。在颁发工程接收证书前，由于不可抗力或其他原因解除合同时，预付款尚未扣清的，尚未扣清的预付款余额应作为承包人的到期应付款。

3）工程进度付款。工程进度付款条款包括付款时间、支付分解表、进度付款申请单、进度付款证书和支付时间、工程进度付款的修正等方面。

①付款时间。工程进度付款按月支付，也可以根据工程项目的里程碑事件确定。

②支付分解表。承包人应根据价格清单的价格构成、费用性质、计划发生时间和相应工作量等因素，按照以下分类和分解原则，结合合同约定的合同进度计划，汇总形成月度支付分解报告。

A. 勘察设计费。按照提供勘察设计阶段性成果文件的时间、对应的工作量进行分解。

B. 材料和工程设备费。分别按订立采购合同、进场验收合格、安装就位、工程竣工等阶段和专用条款约定的比例进行分解。

C. 技术服务培训费。按照价格清单中的单价，结合合同约定的合同进度计划对应的工作量进行分解。

D. 其他工程价款。除合同价格约定按已完成工程量计量支付的工程价款外，按照价格清单中的价格，结合合同约定的合同进度计划拟完成的工程量或者比例进行分解。承包人应当在收到经监理人批复的合同进度计划后 7 天内，将支付分解报告以及形成支付分解报告的支持性资料报监理人审批，监理人应当在收到承包人报送的支付分解报告后 7 天内给予批复或提出修改意见，经监理人批准的支付分解报告为有合同约束力的支付分解表。合同进度计划进行了修订的，应相应修改支付分解表，并按规定报监理人批复。

③进度付款申请单。承包人应在每笔进度款支付前，按监理人批准的格式和专用合同条款约定的份数，向监理人提交进度付款申请单，并附相应的支持性证明文件。通常情况下，进度付款申请单应包括下列内容：

A. 当期应支付金额总额，以及截至当期期末累计应支付金额总额、已支付的进度付款金额总额。

B. 当期根据支付分解表应支付金额，以及截至当期期末累计应支付金额。

C. 当期根据合同价格约定计量的已实施工程应支付金额，以及截至当期期末累计应支付金额。

D. 当期根据变更条款应增加和扣减的变更金额，以及截至当期期末累计变更金额。

E. 当期根据索赔条款应增加和扣减的索赔金额，以及截至当期期末累计索赔金额。

F. 当期根据预付款条款约定应支付的预付款和扣减的返还预付款金额，以及截至当期期末累计返还预付款金额。

G. 当期根据合同约定应扣减的质量保证金金额，以及截至当期期末累计扣减的质量保证金金额。

H. 当期根据合同应增加和扣减的其他金额，以及截至当期期末累计增加和扣减的金额。

④进度付款证书和支付时间。程序如下：

A. 监理人在收到承包人进度付款申请单以及相应的支持性证明文件后的14天内完成审核，提出发包人到期应支付给承包人的金额以及相应的支持性材料，经发包人审批同意后，由监理人向承包人出具经发包人签认的进度付款证书。监理人未能在上述时间完成审核的，视为监理人同意承包人进度付款申请。监理人有权核减承包人未能按照合同要求履行任何工作或义务的相应金额。

B. 发包人最迟应在监理人收到进度付款申请单后的28天内，将进度应付款支付给承包人。发包人未能在上述时间内完成审批或不予答复的，视为发包人同意进度付款申请。发包人不按期支付的，按专用合同条款的约定支付逾期付款违约金。

C. 监理人出具进度付款证书，不应视为监理人已同意、批准或接受了承包人完成的该部分工作。

D. 进度付款涉及政府投资资金的，按照国库集中支付等国家相关规定和专用合同条款的约定执行。

⑤工程进度付款的修正：在对以往历次已签发的进度付款证书进行汇总和复核中发现错、漏或重复的，监理人有权予以修正，承包人也有权提出修正申请。经监理人、承包人复核同意的修正，应在本次进度付款中支付或扣除。

4）质量保证金。监理人应从发包人的每笔进度付款中，按专用合同条款的约定扣留质量保证金，直至扣留的质量保证金总额达到专用合同条款约定的金额或比例为止。质量保证金的计算额度不包括预付款的支付、扣回以及价格调整的金额。

在合同约定的缺陷责任期满时，承包人向发包人申请到期应返还承包人剩余的质量保证金，发包人应在14天内会同承包人按照合同约定的内容核实承包人是否完成缺陷责任。如无异议，发包人应当在核实后将剩余质量保证金返还承包人。

在合同约定的缺陷责任期满时，承包人没有完成缺陷责任的，发包人有权扣留与未履行责任剩余工作所需金额相应的质量保证金余额，并有权根据合同约定要求延长缺陷责任期，直至完成剩余工作为止。但缺陷责任期最长不超过2年。

5）竣工结算。通常情况下，竣工结算条款包括竣工付款申请单、竣工付款证书及支付时间，一般约定以下方面内容：

①竣工付款申请单：

A. 承包人应按合同约定的份数和期限向监理人提交竣工付款申请单，并提供相关证明材料。除专用合同条款另有约定外，竣工付款申请单应包括下列内容：竣工结算合同总价、发包人已支付承包人的工程价款、应扣留的质量保证金、应支付的竣工付款金额。

B. 监理人对竣工付款申请单有异议的，有权要求承包人进行修正和提供补充资料。经监理人和承包人协商后，由承包人向监理人提交修正后的竣工付款申请单。

②竣工付款证书及支付时间：

A. 监理人在收到承包人提交的竣工付款申请单后的14天内完成核查，提出发包人到期应支付给承包人的价款送发包人审核并抄送承包人。发包人应在收到后14天内审核完毕，由监理人向承包人出具经发包人签认的竣工付款证书。监理人未在约定时间内核查、又未提出具体意见的，视为承包人提交的竣工付款申请单已经监理人核查同意；发包人未在约定时间内审核又未提出具体意见的，监理人提出发包人到期应支付给承包人的价款视为已经发包人同意。

B. 发包人应在监理人出具竣工付款证书后的 14 天内，将应支付款支付给承包人。发包人不按期支付的，按照合同约定将逾期付款违约金支付给承包人。

C. 承包人对发包人签认的竣工付款证书有异议的，发包人可出具竣工付款申请单中承包人已同意部分的临时付款证书。存在争议的部分，按照争议条款的约定执行。

D. 竣工付款涉及政府投资资金的，按照国库集中支付等国家相关规定和专用合同条款的约定执行。

6）最终结清。最终结清条款包括最终结清申请单、最终结清证书和支付时间。

①最终结清申请单：

A. 缺陷责任期终止证书签发后，承包人可按专用合同条款约定的份数和期限向监理人提交最终结清申请单，并提供相关证明材料。

B. 发包人对最终结清申请单内容有异议的，有权要求承包人进行修正和提供补充资料，由承包人向监理人提交修正后的最终结清申请单。

②最终结清证书和支付时间：

A. 监理人收到承包人提交的最终结清申请单后的 14 天内，提出发包人应支付给承包人的价款送发包人审核并抄送承包人。发包人应在收到后 14 天内审核完毕，由监理人向承包人出具经发包人签认的最终结清证书。监理人未在约定时间内核查，又未提出具体意见的，视为承包人提交的最终结清申请已经监理人核查同意；发包人未在约定时间内审核又未提出具体意见的，监理人提出应支付给承包人的价款视为已经发包人同意。

B. 发包人应在监理人出具最终结清证书后的 14 天内，将应支付款支付给承包人。发包人不按期支付的，按照合同约定将逾期付款违约金支付给承包人。

C. 承包人对发包人签认的最终结清证书有异议的，按争议条款的约定执行。

D. 最终结清付款涉及政府投资资金的，按照国库集中支付等国家相关规定和专用合同条款的约定执行。

（5）竣工试验和竣工验收

1）竣工试验。承包人按照合同约定提交竣工文件、操作和维修手册后，进行竣工试验。承包人应提前 21 天将可以开始进行竣工试验的日期通知监理人，监理人应在该日期后 14 天内，确定竣工试验具体时间。除专用合同条款中另有约定外，竣工试验应按下述顺序进行：

①第一阶段，承包人进行适当的检查和功能性试验，保证每一项工程设备都满足合同要求，并能安全地进入下一阶段试验。

②第二阶段，承包人进行试验，保证工程或区段工程满足合同要求，在所有可利用的操作条件下安全运行。

③第三阶段，当工程能安全运行时，承包人应通知监理人，可以进行其他竣工试验，包括各种性能测试，以证明工程符合发包人要求中列明的性能保证指标。

承包人应按合同约定进行工程及工程设备试运行。试运行所需人员、设备、材料、燃料、电力、消耗品、工具等必要的条件以及试运行费用等由专用合同条款规定。某项竣工试验未能通过的，承包人应按照监理人的指示限期改正，并承担合同约定的相应责任。

2）竣工验收申请报告。当工程具备以下条件时，承包人即可向监理人报送竣工验收申请报告：

①除监理人同意列入缺陷责任期内完成的尾工（甩项）工程和缺陷修补工作外，合同范围内的全部区段工程以及有关工作，包括合同要求的试验和竣工试验均已完成，并符合合同要求。

②已按合同约定的内容和份数备齐了符合要求的竣工文件。

③已按监理人的要求编制了在缺陷责任期内完成的尾工（甩项）工程和缺陷修补工作清单以及相应施工计划。

④监理人要求在竣工验收前应完成的其他工作。

⑤监理人要求提交的竣工验收资料清单。

3）竣工验收。监理人收到承包人按照合同约定提交的竣工验收申请报告后，应审查申请报告的各项内容，并按以下不同情况进行处理。

①监理人审查后认为尚不具备竣工验收条件的，应在收到竣工验收申请报告后的28天内通知承包人，指出在颁发接收证书前承包人还需进行的工作内容。承包人完成监理通知的全部工作内容后，应再次提交竣工验收申请报告，直至监理人同意为止。监理人收到竣工验收申请报告后28天内不予答复的，视为同意承包人的竣工验收申请，并应在收到该竣工验收申请报告后28天内提请发包人进行竣工验收。

②监理人同意承包人提交的竣工验收申请报告的，应在收到该竣工验收申请报告后的28天内提请发包人进行工程验收。

③发包人经过验收后同意接受工程的，应在监理人收到竣工验收申请报告后的56天内，由监理人向承包人出具经发包人签认的工程接收证书。发包人验收后同意接收工程但提出整修和完善要求的，限期修好，并缓发工程接收证书。整修和完善工作完成后，监理人复查达到要求的，经发包人同意后，再向承包人出具工程接收证书。

④发包人验收后不同意接收工程的，监理人应按照发包人的验收意见发出指示，要求承包人对不合格工程认真返工重做或进行补救处理，并承担由此产生的费用。承包人在完成不合格工程的返工重做或补救工作后，应重新提交竣工验收申请报告，并按照以上①、②、③的约定进行。

⑤除专用合同条款另有约定外，经验收合格工程的实际竣工日期，以提交竣工验收申请报告的日期为准，并在工程接收证书中写明。

⑥发包人在收到承包人竣工验收申请报告56天后未进行验收的，视为验收合格，实际竣工日期以提交竣工验收申请报告的日期为准，但发包人由于不可抗力不能进行验收的除外。

4）区段工程验收。发包人根据合同进度计划安排，在全部工程竣工前需要使用已经竣工的区段工程时，或承包人提出经发包人同意时，可进行区段工程验收。验收的程序可参照竣工验收申请报告与竣工验收的约定进行。验收合格后，由监理人向承包人出具经发包人签认的区段工程验收证书。已签发区段工程接收证书的区段工程由发包人负责照管。区段工程的验收成果和结论作为全部工程竣工验收申请报告的附件。

发包人在全部工程竣工前，使用已接收的区段工程导致承包人费用增加的，发包人应承担由此增加的费用和（或）工期延误，并支付承包人合理利润。

5）施工期运行。施工期运行是指合同工程尚未全部竣工，其中某项或某几项区段工程或工程设备安装已竣工，根据专用合同条款约定，需要投入施工期运行的，经发包人按区段工程验收的约定验收合格，证明能确保安全后，才能在施工期投入运行。

在施工期运行中发现工程或工程设备损坏或存在缺陷的，由承包人按缺陷责任条款的约定进行修复。

6）竣工清场。除合同另有约定外，工程接收证书颁发后，承包人应按以下要求对施工场地进行清理，直至监理人检验合格为止。竣工清场费用由承包人承担。

①施工场地内残留的垃圾已全部清除出场。

②临时工程已拆除，场地已按合同要求进行清理、平整或复原。

③按合同约定应撤离的承包人设备和剩余的材料，包括废弃的施工设备和材料，已按计划撤离施工场地。

④工程建筑物周边及其附近道路、河道的施工堆积物，已按监理人指示全部清理。

⑤监理人指示的其他场地清理工作已全部完成。

承包人未按监理人的要求恢复临时占地，或者场地清理未达到合同约定的，发包人有权委托其他人恢复或清理，所发生的金额从拟支付给承包人的款项中扣除。

7）施工队伍的撤离。工程接收证书颁发后的 56 天内，除了经监理人同意需在缺陷责任期内继续工作和使用的人员、施工设备和临时工程外，其余的人员、施工设备和临时工程均应撤离施工场地或拆除。除合同另有约定外，缺陷责任期满时，承包人的人员和施工设备应全部撤离施工场地。

8）竣工后试验。《标准设计施工总承包招标文件》中提供了关于竣工后试验的 A 款和 B 款两种，供合同当事人选择使用。关于竣工后试验（A），除专用合同条款另有约定外：

①发包人应为竣工后试验提供必要的电力、设备、燃料、仪器、劳力、材料，以及具有适当资质和经验的工作人员。

②发包人应根据承包商提供的操作和维修手册，以及承包人给予的指导进行竣工后试验。

发包人应提前 21 天将竣工后试验的日期通知承包人。若承包人未能在该日期出席竣工后试验，发包人可自行进行，承包人应对检验数据予以认可。

因承包人原因造成某项竣工后试验未能通过的，承包人应按照合同的约定进行赔偿，或者承包人提出修复建议，按照发包人指示的合理期限内改正，并承担合同约定的相应责任。

关于竣工后试验（B），除专用合同条款另有约定外：

①发包人为竣工后试验提供必要的电力、材料、燃料、发包人人员和工程设备。

②承包人应提供竣工后试验所需要的所有其他设备、仪器，以及有资格和经验的工作人员。

③承包人应在发包人在场的情况下，进行竣工后试验。发包人应提前 21 天将竣工后试验的日期通知承包人。因承包人原因造成某项竣工后试验未能通过的，承包人应按照合同的约定进行赔偿，或者承包人提出修复建议，按照发包人指示的合理期限内改正，并承担合同约定的相应责任。

（6）违约

1）承包人违约。承包人违约条款包括承包人违约的情形，对承包人违约的处理，因承包人违约解除合同，发包人发出合同解除通知后的估价、付款和结清，协议利益的转让，紧急情况下无能力或不愿进行抢救等方面。

关于承包人违约的情形，在履行合同过程中发生的下列情况之一的，属承包人违约：

①承包人的设计、承包人文件、实施和竣工的工程不符合法律以及合同约定。

②承包人违反合同约定，私自将合同的全部或部分权利转让给其他人，或私自将合同的全部或部分义务转移给其他人。

③承包人违反合同约定，未经监理人批准，私自将已按合同约定进入施工场地的施工设备、临时设施或材料撤离施工场地。

④承包人违反合同约定使用了不合格材料或工程设备，工程质量达不到标准要求，又拒绝清除不合格工程。

⑤承包人未能按合同进度计划及时完成合同约定的工作，造成工期延误。

⑥由于承包人原因未能通过竣工试验或竣工后试验的。

⑦承包人在缺陷责任期内，未能对工程接收证书所列的缺陷清单的内容或缺陷责任期内发生的缺陷进行修复，又拒绝按监理人指示再进行修补。

⑧承包人无法继续履行或明确表示不履行或实质上已停止履行合同。

⑨承包人不按合同约定履行义务的其他情况。

关于对承包人违约的处理，若承包人发生上述第⑥种约定的违约情况时，按照发包人要求中的未能通过竣工或竣工后试验的损害进行赔偿。发生延期的，承包人应承担延期责任。若承包人发生上述第⑧种约定的违约情况时，发包人可通知承包人立即解除合同，并按上述第③种、第④种、第⑤种的约定处理。若承包人发生上述除第⑥种和第⑧种约定以外的其他违约情况时，监理人可向承包人发出整改通知，要求其在指定的期限内纠正。除合同条款另有约定外，承包人应承担其违约所引起的费用增加和（或）工期延误。

关于因承包人违约解除合同，监理人发出整改通知 28 天后，承包人仍不纠正违约行为的，发包人有权解除合同并向承包人发出解除合同通知。承包人收到发包人解除合同通知后 14 天内，承包人应撤离现场，发包人派员进驻施工场地完成现场交接手续，发包人有权另行组织人员或委托其他承包人。发包人因继续完成该工程的需要，有权扣留使用承包人在现场的材料、设备和临时设施。但发包人的这一行动不免除承包人应承担的违约责任，也不影响发包人根据合同约定享有的索赔权利。

关于发包人发出合同解除通知后的估价、付款和结清：

①承包人收到发包人解除合同通知后 28 天内，监理人按合同约定来商定或确定承包人实际完成工作的价值，包括发包人扣留承包人的材料、设备及临时设施和承包人已提供的设计、材料、施工设备、工程设备、临时工程等的价值。

②发包人发出解除合同通知后，发包人有权暂停对承包人的一切付款，查清各项付款和已扣款金额，包括承包人应支付的违约金。

③发包人发出解除合同通知后，发包人有权按照合同的约定向承包人索赔由于解除合同给发包人造成的损失。

④合同双方确认合同价款后，发包人颁发最终结清付款证书，并结清全部合同款项。

⑤发包人和承包人未能就解除合同后的结清达成一致而形成争议的，按合同约定的争

议条款处理。

关于协议利益的转让，因承包人违约解除合同的，发包人有权要求承包人将其为实施合同而签订的材料和设备的订货协议或任何服务协议利益转让给发包人，并在承包人收到解除合同通知后的 14 天内，依法办理转让手续。发包人有权使用承包人文件和由承包人或以其名义编制的其他设计文件。

关于紧急情况下无能力或不愿进行抢救，在工程实施期间或缺陷责任期内发生危及工程安全的事件，监理人通知承包人进行抢救，承包人声明无能力或不愿立即执行的，发包人有权雇用其他人员进行抢救。此类抢救按合同约定属于承包人义务的，由此发生的金额和（或）工期延误由承包人承担。

2）发包人违约。发包人违约条款包括发包人违约的情形、因发包人违约解除合同、解除合同后的付款、解除合同后的承包人撤离等方面。

关于发包人违约的情形，在履行合同过程中发生下列情形之一的，属发包人违约：

①发包人未能按合同约定支付价款，或拖延、拒绝批准付款申请和支付凭证，导致付款延误。

②发包人原因造成停工。

③监理人无正当理由没有在约定期限内发出复工指示，导致承包人无法复工。

④发包人无法继续履行或明确表示不履行或实质上已停止履行合同。

⑤发包人不履行合同约定的其他义务。

因发包人违约解除合同的，若发生上述第④种违约情况时，承包人可书面通知发包人解除合同。承包人在发包人违约暂停施工 28 天后，发包人仍不纠正违约行为的，承包人可向发包人发出解除合同通知。但承包人的这一行为不免除发包人承担的违约责任，也不影响承包人根据合同约定享有的索赔权利。

关于解除合同后的付款，因发包人违约解除合同的，发包人应在解除合同后 28 天内向承包人支付下列款项，承包人应在此期限内及时向发包人提交要求支付下列金额的有关资料和凭证：

①承包人发出解除合同通知前所完成工作的价款。

②承包人为该工程施工订购并已付款的材料、工程设备和其他物品的金额。发包人付款后，该材料、工程设备和其他物品归发包人所有。

③承包人为完成工程所发生的，而发包人未支付的金额。

④承包人撤离施工场地以及遣散承包人人员的金额。

⑤因解除合同造成的承包人损失。

⑥按合同约定在承包人发出解除合同通知前应支付给承包人的其他金额。

发包人应按本项约定支付上述金额并退还质量保证金和履约担保，但有权要求承包人支付应偿还给发包人的各项金额。

关于解除合同后的承包人撤离，因发包人违约而解除合同后，承包人应妥善处理正在施工的工程和已购材料、设备的保护和移交工作，并按发包人的要求将承包人设备和人员撤出施工场地。承包人撤出施工场地应遵守竣工清场的合同约定，发包人应为承包人撤出提供必要条件并办理移交手续。

3）第三人造成的违约。在履行合同过程中，一方当事人因第三人的原因造成违约的，应当向对方当事人承担违约责任。一方当事人和第三人之间的纠纷，依照法律规定或者按照约定解决。

（7）索赔与争议解决

工程总承包合同的索赔与争议的解决，与施工合同基本一致，具体内容参见4.3节。

4.4.4 工程总承包合同管理要点

工程总承包合同管理是指工程总承包合同条件的拟定、合同的签订和履行、合同的变更与解除、合同争议的解决和合同索赔等管理工作，目的是促使合同双方全面而有序地完成合同规定各方的义务与责任，从而保证工程总承包工作的顺利实施。本节主要从承包人角度，介绍与施工合同不同的管理要点。

（1）工程总承包合同主体与客体的法律地位

1）工程总承包合同法律关系主体的法律地位。工程总承包合同的发包人是指与承包人订立合同协议书的当事人及取得该当事人资格的合法继受人，发包人有时称建设单位、业主或项目法人。作为建设工程的发包人应具有合法性，才能成为法律意义上的发包人。合格的发包人应具有对外独立承担民事责任的能力，通常为法人或其他组织。发包项目应当已获得立项审批、核准或备案手续。

工程总承包合同的承包人是指与发包人订立合同协议书的当事人及取得该当事人资格的合法继受人。承揽工程总承包业务的企业必须依法设立，并持有国家认可的相应资质证书。住房城乡建设部、国家发展改革委制定的《房屋建筑和市政基础设施项目工程总承包管理办法》规定："工程总承包单位应当同时具有与工程规模相适应的工程设计资质和施工资质，或者由具有相应资质的设计单位和施工单位组成联合体。工程总承包单位应当具有相应的项目管理体系和项目管理能力、财务和风险承担能力，以及与发包工程相类似的设计、施工或者工程总承包业绩。设计单位和施工单位组成联合体的，应当根据项目的特点和复杂程度，合理确定牵头单位，并在联合体协议中明确联合体成员单位的责任和权利。联合体各方应当共同与建设单位签订工程总承包合同，就工程总承包项目承担连带责任。"工程总承包单位可以将承包工程中的部分工程发包给具有相应资质条件的分包单位；但是，除总承包合同中约定的分包外，必须经建设单位认可。施工总承包的，建筑工程主体结构的施工必须由总承包单位自行完成。《标准设计施工总承包招标文件》规定："投标人须知前附表规定应当由分包人实施的非主体、非关键性工作，投标人应当按照发包人要求的规定提供分包人候选名单及其相应资料。投标人拟在中标后将中标项目的部分非主体、非关键性工作进行分包的，应符合投标人须知前附表规定的分包内容、分包金额和资质要求等限制性条件。"

2）工程总承包合同法律关系客体的法律地位。工程总承包合同法律关系的客体是指发包人委托工程总承包的建设项目。工程总承包可以是建设项目的设计、采购、施工、试运行等全过程或若干阶段的工程承包。

在《标准设计施工总承包招标文件》中要求发包人负责办理建设项目的各类审批、核准或备案手续，法律规定和（或）总承包合同约定由承包人负责的有关设计、施工证件和批件，发包人应给予必要的协助。通过招标签订工程总承包合同的，则对招标项目的法定手续方面有着明确的要求。《招标投标法》第 9 条规定："招标项目按照国家有关规定需要履行项目审批手续的，应当先履行审批手续，取得批准。招标人应当有进行招标项目的相应资金或者资金来源已经落实，并应当在招标文件中如实载明。"这些法定要求构成了工程总承包合同客体合法性的条件，将直接影响到工程总承包合同的效力。

(2) 工程总承包合同的设计管理

工程总承包合同承包人的设计范围可以是施工图设计，也可以是初步设计加施工图设计，还可以是包括方案设计、初步设计、施工图设计的所有设计，应当在总承包合同中予以明确。工程总承包项目的设计必须由具备相应设计资质和能力的企业承担。作为设计单位的承包人可以自己独立完成设计工作，作为施工单位的承包人，可以将设计工作分包给具有相应资质和能力的设计单位完成。招标活动应执行《招标投标法》《建设工程勘察设计管理条例》《建筑工程设计招标投标管理办法》中的有关规定，承包人应按照法律规定以及国家、行业和地方的规范和标准完成设计工作，并符合发包人要求。设计应遵循国家有关的法律法规和强制性标准，并满足合同规定的技术性能、质量标准和工程的可施工性、可操作性及可维修性的要求。承包人的设计管理由其设计经理负责，并适时组建项目设计组。在项目实施过程中，设计经理应接受承包人的项目经理和设计管理部门的双重领导。

1）设计协调程序。设计协调程序是项目协调程序中的一个组成部分，是指在合同约定的基础上进一步明确发包人与承包人之间在设计工作方面的关系、联络方式、报告审批制度。设计协调程序一般包含下列内容：

①设计管理联络方式和双方对口负责人。

②发包人提供设计所需的项目基础资料和项目设计数据的内容，并明确提供的时间和方式。

③设计中采用非常规做法的内容。

④设计中发包人需要审查、认可或批准的内容。

⑤向发包人和施工现场发送设计图纸和文件的要求，列出图纸和文件发送的内容、时间、份数和发送方式，以及图纸和文件的包装形式、标志、收件人姓名和地址等。

⑥推荐备品备件的内容和数量。

⑦设备、材料请购单的审查范围和审批程序。

⑧采用的项目设计变更程序，包括变更的类型（用户变更或项目变更）、变更申请（变更的内容、原因、影响范围）以及审批规定等。

2）设计计划编制。设计计划应在项目初始阶段由设计经理负责组织编制，经承包人有关职能部门评审后，由项目经理批准实施。设计计划编制的依据一般应包括：合同文件、本项目的有关批准文件、项目计划、项目的具体特性、国家或行业的有关规定和要求、企业管理体系的有关要求等。设计计划一般包括：设计依据（包括项目批准文件、合同文件、设计基础资料、国家及行业规定的设计深度要求等）；设计范围；设计的原则和要求；组织机构及职责分工；标准规范；质量保证程序和要求；进度计划和主要控制点；技术经济要求；安全、职业健康和环境保护要求；与采购、施工和试运行的接口关系及要求等。设计计划应满足合同约定的质量目标与要求以及相关的质量规定和标准。

设计进度计划应符合项目总进度计划的要求，并应充分考虑与工程勘察、采购、施工、试运行的进度协调，还应考虑设计工作的内部逻辑关系及资源分配、外部约束条件等。承包人应按照发包人要求，在合同进度计划中专门列出设计进度计划，报发包人批准后执行。承包人需要按照经批准后的计划开展设计工作。

（3）设计进度和质量控制

承包人应按照设计计划开展设计工作，并控制设计进度和质量。承包人的设计经理应组织检查设计计划的执行情况，分析进度偏差，制定有效措施。设计进度主要控制点一般应包括：设计各专业间的条件关系及其进度；初步设计完成和提交时间；关键设备和材料请购文件的提交时间；进度关键线路上的设计文件提交时间；施工图设计完成和提交时间；设计工作结束时间。

设计质量控制点主要包括：设计人员资格的管理；设计输入的控制；设计策划的控制（包括组织、技术、条件接口）；设计技术方案的评审；设计文件的校审与会签；设计输出的控制；设计变更的控制。

（4）设计与采购、施工的接口

1）设计与采购的接口关系：

①设计人员向采购人员提交设备材料请购单及询价技术文件，由采购人员加上商务文件后，汇集成完整的询价文件，由采购人员发出询价。

②设计人员负责对制造厂商的报价提出技术评价意见，供采购人员确定供货厂商。

③设计人员应派员参加厂商协调会，参与技术澄清和协商。

④由采购人员负责催交制造厂商返回的先期确认图纸及最终确认图纸，转交设计人员审查，设计人员应将审查意见及时返回采购人员。

⑤在设备制造过程中，设计人员应协助采购处理有关设计、技术的问题。

⑥设备材料的检验工作由采购人员负责组织，必要时设计人员应参与关键设备材料的检验。

2）设计与施工的接口关系：

①施工人员应参与设计可施工性分析，参加重大设计方案及关键设备吊装方案的研究。

②项目设计文件完成后，设计人员向施工人员提供项目设计图纸、文件及技术资料，并派人向施工人员及监理人员进行设计交底。

③根据施工需要提出派遣设计代表的计划，按计划组织设计人员到施工现场，解决施工中的设计问题。

④在施工过程中由于非设计原因产生的设计变更，应征得设计人员的同意，由设计人员签认变更通知，履行变更程序，经批准后实施设计变更。

（5）设计变更管理程序

设计变更管理程序一般如下：

1）根据项目要求或发包人指示，提出设计变更的处理方案。

2）对发包人指令的设计变更在技术可行性、安全性及适用性问题上进行评估。

3）设计变更提出后，对费用和进度的影响进行评价。

4）说明执行变更对履约产生的有利和（或）不利影响。

5）执行经确认的变更。

(6) 设计阶段审查

承包人应按照专用条款约定的时间、份数等要求向发包人提交相关设计阶段的设计文件、资料和图纸等文件；设计文件应符合国家有关部门、行业工程建设标准规范对相关设计阶段的设计文件、图纸和资料的深度规定。承包人的设计文件应报发包人审查同意，审查的范围和内容在发包人要求中约定。

发包人负责组织设计阶段的审查会议，并承担会议费用及发包人的上级单位、政府有关部门参加审查会议的费用。承包人有义务自费参加发包人组织的设计审查会议，向审查者介绍、解答、解释其设计文件，并自费提供审查过程中需要提供的补充资料。

(7) 工程总承包合同的分包管理

1）分包范围。承包人可以按照法律规定和专用条款约定，将总承包范围的有关工作事项（含设计、采购、施工、劳务服务、竣工试验等）进行分包。承包人不得将其承包的全部工程转包给第三人，也不得将其承包的全部工程肢解后以分包的名义分别转包给第三人。

2）分包人资质要求。分包人应符合国家法律规定的企业资质等级，否则不能作为分包人，承包人有义务对分包人的资质进行审查，分包人的资格能力应与其分包工作的标准和规模相适应。禁止总承包单位将工程分包给不具备相应资质条件的单位，禁止分包单位将其承包的工程再分包。

3）分包工程的招投标。关于工程总承包人选择分包人是否需要招标的问题，《国务院办公厅关于促进建筑业持续健康发展的意见》规定："除以暂估价形式包括在工程总承包范围内且依法必须进行招标的项目外，工程总承包单位可以直接发包总承包合同中涵盖的其他专业业务。"同时《招标投标法实施条例》第 29 条规定："招标人可以依法对工程以及与工程建设有关的货物、服务全部或者部分实行总承包招标。以暂估价形式包括在总承包范围内的工程、货物、服务属于依法必须进行招标的项目范围且达到国家规定规模标准的，应当依法进行招标。前款所称暂估价，是指总承包招标时不能确定价格而由招标人在招标文件中暂时估定的工程、货物、服务的金额。"国家发展改革委等九部委联合发布的《关于印发简明标准施工招标文件和标准设计施工总承包招标文件的通知》规定："设计施工一体化的总承包项目，其招标文件应当根据《标准设计施工总承包招标文件》编制。"投标人须知前附表规定应当由分包人实施的非主体、非关键性工作，投标人应当按照"发包人要求"的规定提供分包人候选名单及其相应资料。在此种情况下，分包人在工程总承包招投标时已基本确定，无须在工程总承包中标后再次招标投标。而投标人拟在中标后将中标项目的部分非主体、非关键性工作进行分包的，应符合投标人须知前附表规定的分包内容、分包金额和资质要求等限制性条件。

4）向分包人付款。承包人应按分包合同约定，按时向分包人支付合同价款。除非专用条款另有约定外，未经承包人同意，发包人不得以任何形式向分包人支付任何款项。承包人对分包人的行为向发包人负责，承包人和分包人就分包工作向发包人承担连带责任。

5）分包合同变更。分包合同变更有下列两种情况：

①承包人根据项目情况和需要，向分包商发出书面指令或通知，要求对分包范围和内容进行变更，经双方评审并确认后则构成分包合同变更，应按变更程序处理。

②承包人接受分包商书面的"合理化建议"，对其在费用、进度、质量、技术性能、操作运行、安全维护等方面的作用及产生的影响进行澄清、评审并确认后，则构成分包合

同变更，应按变更程序处理。

4.5 国际工程合同管理

4.5.1 国际工程合同的定义与分类

(1) 国际工程合同的定义

国际工程是指一个工程项目的策划、咨询、融资、勘察、设计、采购、承包、管理、运营和培训等各个阶段和不同工作内容的参与者来自不止一个国家，并且按照国际上通用的工程项目管理理念和方式进行管理的工程。㊀国际工程合同是指不同国家的平等主体的自然人、法人、其他组织之间为了实现某个工程项目的特定目的而签订的设立、变更与终止民事权利和义务的协议。㊁广义的国际工程合同包括上述国际工程各阶段活动中所达成的协议。狭义的国际工程合同通常是指国际工程在设计、采购、施工阶段的协议。

(2) 国际工程合同的分类

国际工程合同有许多种分类方法，例如按照资金来源区分、按照工作内容的性质和目标区分、按照承包阶段划分以及按照合同价格形式分类。

按照资金来源进行区分，可以分为使用世界银行、亚洲开发银行、国际农业发展基金等国际金融组织贷款作为资金的国际工程合同，以及使用外国政府贷款及与贷款混合使用的赠款作为资金的国际工程合同等。

按照工作内容的性质和目标区分，主要包括：咨询服务类合同（勘察、设计、咨询、监理、法律服务等）、采购类合同（货物采购、设备采购、技术采购等）、租赁类合同（周转材料租赁、机械租赁等）、施工类合同（施工合同、安装合同、装修合同等）。

按照承包阶段进行划分，主要包括：施工总承包合同、设计—施工合同（DB）、设计—采购—施工合同（EPC/Turn Key）、专业分包合同、劳务分包合同等。

按照合同价格形式分类，主要包括：总价合同、单价合同和成本加酬金合同。总价合同主要包括固定总价合同、可调总价合同、固定工程量总价合同、附费率表总价合同、管理费总价合同和目标合同。单价合同主要包括预估工程量单价合同、纯单价合同、单价与子项包干混合式合同。成本加酬金合同主要包括成本加固定费用合同、成本加定比费用合同和成本加奖金合同。

4.5.2 国际工程合同管理的理论基础

国际工程合同管理需要同时考虑承包商的内部管理问题和外部环境影响。尤其是在工程所在国建设资源匮乏的情况下，特别要关注跨国环境所带来的挑战。国际工程合同管理以合作共赢为目的，而非二元对立地看待双方之间的关系。以下将介绍国际工程合同管理的主要理论基础。

㊀ 何伯森，张水波．国际工程合同管理［M］．2版．北京：中国建筑工业出版社，2011：1.

㊁ 何伯森，张水波．国际工程合同管理［M］．2版．北京：中国建筑工业出版社，2011：4.

（1）伙伴管理理论

20 世纪 80 年代，美国军队在水电工程开发中首次采用了伙伴管理理论，该理论有效地促进了项目的实施。此后，该理论在欧洲、北美洲等地的工程建设中被广泛使用。伙伴关系是两个以上的实体之间一种长期的合作关系，旨在尽可能有效地利用并协调所有参与方的资源，以实现具体目的。伙伴关系要求参与方改变传统关系，打破主体间壁垒，发展共同文化；参与方间的合作关系应基于信任、致力于共同目标和理解尊重各自的意愿。美国建筑业协会对伙伴关系曾作出定义："伙伴关系是两个或两个以上的组织各自为了获取特定的商业利益，充分利用各方资源而作出的一种相互承诺。参与项目的各方共同组建一个工作团队，通过工作团队的运作确保各方的共同目标和利益得到实现。"英国国际经济发展委员会也对伙伴关系作出过定义："伙伴关系是在双方或者更多的组织之间，通过所有参与方最大的努力，为了达到特定目标的一种长期的义务和承诺。"㊀

国际工程合同管理涉及众多利害关系方，伙伴关系有助于保障各方利益/风险分配的机会、过程和结果公平，最终为所有相关方带来利益。伙伴关系要素可分为两类：一类是行为要素，包括共同目标、积极态度、信守承诺、公平和信任，其中信任是核心；另一类是交流要素，包括开放、团队合作、有效沟通、解决问题和及时反馈，其中解决问题是关键。㊁

（2）供应链管理理论

该理论发源于工业产品生产和分配领域。供应链管理理论虽然与货物采购的联系更为密切，但其一体化的管理思路使得它的研究应用扩展到整个国际工程管理层面，对国际承包商的管理行为具有非常重要的指导价值。供应链管理则是基于现有供应链与各方伙伴关系，对其进行计划、组织、协调与控制的过程。供应链管理作为一种战略性的管理理念，贯穿整个供应流程，这种集成化的管理方式强调系统和协同的管理理念。供应链管理有八个管理原理，分别是资源横向集成原理、系统原理、多赢互惠原理、合作共享原理、需求驱动原理、快速响应原理、同步运作原理和动态重构原理。在全球经济一体化的进程下，国际承包商需要根据经济发展水平在不同的国家或地区开展勘察设计、材料采购、生产制作、整合加工、运输、检测、试车、人员组织、施工等工作，这种更加全球化、开放性的贸易机制就要求国际承包商采取更加多样的手段来处理复杂的供应链关系。国际工程项目具有一次性、临时性、规模大、生命周期长等特点，进一步增加了合同管理的难度。实施供应链一体化的基础就是与供应链利益相关方构建良好的合作关系，各参与方通过特定的项目建立合作关系，使得供应链下游可以降低成本、节约时间，供应链上游也可以获得稳定的市场需求，满足预期。因此，在国际工程合同管理中运用供应链一体化理论，将有助于提高设计、采购、施工、验收等各环节之间沟通的效率，最终保证项目产值、工期和质量。㊂

（3）风险管理理论

该理论起源于 20 世纪初的保险和金融行业，旨在通过对潜在的困难及可能造成的损失进行识别、分析和评估，并采取适当措施以最小化合同履行的困难，后应用于全球各行

㊀ 何伯森，张水波．国际工程合同管理［M］．2 版．北京：中国建筑工业出版社，2011：35.

㊁ 石宣喜，唐文哲，侯长青，等．国际工程 EPC 项目管理［M］．北京：清华大学出版社，2023：8-10.

㊂ 石宣喜，唐文哲，侯长青，等．国际工程 EPC 项目管理［M］．北京：清华大学出版社，2023：10-13.

业中。而全面风险管理理念是现代风险管理思想的最新发展和典型体现。全面风险管理指用系统的、动态的方法进行全员性、全过程、全方位的风险管控，以更好地应对工程风险的普遍性、客观性、偶然性、多样性、全局性、规律性以及可变性，进而减少项目实施过程中的不确定性因素。全面风险管理不仅要控制风险，更要把握机会利用风险，是积极、主动、进攻性的风险管理，其目的是把风险影响控制在项目可接受范围之内，找到防范风险投入与承担风险成本之间的平衡点，实现项目所有利益相关方的效益最大化。[㊀]

对于国际工程合同法律适用的理论基础，目前国际上的主流观点为“适当论”，即根据国际合同关系的性质与特点，结合合同的目的与主旨，为合同所适用的法律进行最适当的选择。此外，国际上所适用的理论有分割论与整体论、客观论与主观论等，均为适当论所吸收。

国际工程合同法律适用的原则为意思自治原则与最密切联系原则。意思自治的原则为当事人通过协商一致的方式选择合同准据法。当事人可以选择的法律包括：工程所在国的法律、业主所在国的法律、承包商所在国的法律或其他第三国的法律。虽然意思自治原则为国际工程合同的首要原则，但该原则同时也会受到限制。例如，不得规避一国法律法规的强制性规定，不得违反公序良俗等。最密切联系原则是指适用与合同具有最密切联系地的法律。在国际工程中，即适用工程所在地法。

4.5.3 国际工程合同管理的定义

国际工程合同管理是指国际工程项目的参与各方均应遵循自愿、平等、公平的原则订立合同，并在合同履行过程中自觉、严格地遵守合同约定，履行各自的义务，行使各自的权利，承担各自的责任，发扬协作精神，处理各方关系，使得项目目标得以实现。国际工程项目属于跨国的经济活动，对合同管理具有严格的要求，较国内工程合同而言风险性大，属地性强。国际工程合同管理是国际工程项目管理的核心。

国际工程合同从前期准备、谈判、签订到实施，均十分重要，签订一个公平的具有可执行性的合同是保证合同顺利实施的基础。国际工程合同内容全面，包括协议书、投标函、中标函、通用条款、专用条款、技术规范、图纸等多个文件。近年来，国内工程合同的组成部分也参照国际工程合同进行约定。各个合同组成部分的文件均应力求约定详尽具体，不产生语言上的理解歧义，以减少合同履行过程中的矛盾，避免产生争议。国际工程合同因可能涉及多国主体，因此可能对工程管理模式存在不同的理解，需要各方求同存异、合作共赢。国际工程合同的缔约各方除需要遵守合同约定的准据法外，还必须遵守工程所在地的法律。

4.5.4 国际工程总承包合同文本

国际常用的工程总承包合同文本包括 FIDIC（国际咨询工程师联合会）、JCT（英国合同审定联合会）、ICE（英国土木工程师学会）、AIA（美国建筑师学会）、AGC（美国总承包商协会）等组织制定的系列标准合同格式。ICE 和 JCT 的标准合同格式是英国以及英联邦国家的主流合同条件；AIA 和 AGC 的标准合同格式是美国以及受美国建筑业影响较大

㊀ 石宣喜，唐文哲，侯长青，等. 国际工程 EPC 项目管理［M］. 北京：清华大学出版社，2023：13-14.

国家的主流合同条件；FIDIC 的标准合同格式主要适用于世界银行、亚洲开发银行等国际金融机构的贷款项目以及其他的国际工程，在发展中国家适用较多，是我国工程界最为熟悉的国际标准合同条件。这些标准合同条件里，FIDIC 和 ICE 合同条件主要应用于土木工程，而 JCT 和 AIA 合同条件主要应用于建筑工程。

（1）FIDIC 标准合同

FIDIC 是国际咨询工程师联合会（Fédération Internationale des Ingénieurs Conseils）的法文缩写。1999 年 9 月，FIDIC 出版了一套标准合同条件，包括《施工合同条件》（红皮书）、《生产设备和设计建造合同条件》（黄皮书）、《EPC/交钥匙工程合同条件》（银皮书）和《简明合同格式》（绿皮书）。FIDIC 合同系列中的红皮书为《施工合同条件》，也是应用最为广泛的合同文本之一。1999 版红皮书中，发包人和承包人风险的分担相对合理。《2007 版标准文件》和国内外众多施工合同文本均不同程度地借鉴了 FIDIC 合同的条款精神，包括工程师条款、确定条款、暂停条款、变更和调整条款、索赔条款、争议解决条款等。2017 年，FIDIC 发布了 1999 版合同条件的第二版，分别是《施工合同条件》（新红皮书）、《生产设备和设计—建造合同条件》（新黄皮书）和《EPC/交钥匙项目合同条件》（新银皮书）。相较于 1999 版合同条件，2017 版引入了更多项目管理理念，更加强调合同双方的对等关系。2017 版之后，FIDIC 相继于 2018 年 12 月、2019 年 7 月和 2022 年 11 月对 2017 版合同条件进行了修订。以黄皮书为例，2022 版 FIDIC 黄皮书作出了修改争议（Dispute）的定义、澄清对业主要求中的错误和参考项错误的处理程序、删除承包商不按时提交最终报表草案的处理办法、补充 DAAB（争议避免与裁决委员会）协议无法达成一致的处理方法等方面的条款调整。

（2）JCT 标准合同

英国合同审定联合会（JCT）在 1981 年出版了承包商负责设计的标准合同格式（Standard Form of Contract with Contractor's Design，JCT81）。JCT81 适用于承包商对所有设计都负责的情况，包括在签订设计施工总承包合同之前的很大一部分设计已经由业主所委托的设计者完成的情况。若在设计主要部分已经完成的情况下签订设计施工总承包合同，总承包商未做一部分设计，但却要对所有设计工作负责，这其实是设计施工模式的变体——转换型合同（Novation Contract）模式。1998 年，JCT 在 JCT81 的基础上出版了最新的承包商负责设计的标准合同格式，并称之为 WCD98。JCT 合同条件主要适用于建筑工程。2024 年，JCT 发布 2024 版示范文本，核心内容为设计施工合同（DB2024）。

（3）ICE 标准合同

英国土木工程师学会（ICE）在 1992 年出版了设计—建造合同条件（Design and Construction Conditions of Contract），在 2001 年又出版了此合同条件的第二版，该合同文本适用于土木工程领域。ICE 在 1995 年出版的“新工程合同”第二版（New Engineerging Contract，NEC）也适用于承包商承担部分设计或者全部设计的情况。ICE 合同条件主要应用于土木工程。目前，ICE 取消了合同条件相关文本的使用，其推荐文本为 2005 年发布的 NEC 第三版、2017 年发布的 NEC 第四版，在英国、澳大利亚、新西兰等地被广泛使用。

（4）AIA 标准合同

美国建筑师学会（AIA）系列合同条件的核心是 A201，不同的采购模式需要选用不同的协议书格式。与设计—施工模式（DB）相对应的标准协议书的格式有三个：

1）业主与DB承包商之间的标准协议书格式（Standard Form of Agreements Between Owner and Design-Builder，A191）。

2）DB承包商与施工承包商之间的标准协议书格式（Standard Form of Agreements Between Design-Builder and Contractor，A491）。

3）DB承包商与建筑师之间的标准协议书格式（Standard Form of Agreements Between Design-Builder and Architect，B901）。

A191和A491都分别由两部分组成。A191的第一部分涵盖初步设计和投资估算服务，第二部分涵盖后面的设计和施工。A491的第一部分涵盖初步设计阶段的管理咨询服务，第二部分涵盖施工。AIA的DB合同条件都要求在设计开始之前签订DB合同，因此工程费用要在初步设计完成并经过业主的同意后才能够确定，AIA合同条件主要应用于建筑工程。

（5）AGC标准合同

美国总承包商协会（AGC）所制定的设计—施工（DB）模式标准合同条件和AIA相类似，但是更加综合，主要包括：

1）业主与承包商之间设计施工的简要协议书（Preliminary Design-Build Agreement Between Owner and Contractor，AGC400）。

2）在以成本加酬金并带有保证最大价格的支付方式下，业主与承包商之间设计加施工的标准协议书格式及一般合同条件（Standard Form of Design-Build Agreement and General Conditions Between Owner and Contractor，Where the Basis of Payment is the Actual Cost Plus a Fee with a Guaranteed Maximum Price，AGC410）。

3）在总价支付方式下，业主与承包商之间设计施工的标准协议书格式及一般合同条件（Standard Form of Design Build Agreement and General Conditions Between Owner and Contractor，Where the Basis of Payment is a Lumpsum，AGC415）。

4）承包商与建筑师/工程师设计施工项目的标准协议书格式（Standard Form of Agreement Between Contractor and Architect/Engineer for Design-Build Projects，AGC420）。

5）设计施工承包商与分包商的标准协议书格式（Standard Form of Agreement Between Design-Build Contractor and Subcontractor，AGC450）。

AIA和AGC的设计施工合同条件都要求在设计开始之前签订设计施工合同，因此工程费用包括保证最大工程费用（Guaranteed Maximum Price，GMP）要在初步设计完成并经过业主的同意后才能够确定。

4.5.5 国际工程合同重点条款

近年来，随着中国企业“走出去”的步伐加速，中国建设工程管理与国际逐渐接轨，国内建设工程合同与国际工程合同在体例、系统、内容等方面也趋于相同，国际工程合同中的重要条款与国内工程合同基本相同。为此，本部分仅就国际工程合同中较国内工程合同需要特别关注的条款作出提示。

（1）主体条款

国际工程合同由于涉及跨境交易，且由于工程所在地国对于承包资质等的要求，合同当事人在缔约谈判时的主体、合同订立主体与合同履行主体可能存在不同。而合同订立主体应为合同当事人，承担合同义务和责任。因此，合同当事人在订立合同时应当核对对方当事人的主体信息和印鉴是否一致，签字人是否具有授权资格，以保证合同合法生效。此外，在国际工程项目招投标过程中，承包商往往以国内公司的名义进行投标，中标后，为规避风险并方便管理，通常会在工程所在国注册子公司。因此，投标文件的签字主体与国际工程合同的签约主体可能不一致。国外业主通常会要求国内公司与国外子公司作为联合体进行投标并签订协议。对联合体协议及国际工程合同的签约主体部分，各方应注明注册地、主体性质、注册法律、负责人等，以避免主体模糊。

（2）合同文件组成及解释顺序条款

国际工程合同不仅是一纸协议，还是一个合同体系，包括协议书、通用条款、专用条款、图纸、技术标准与规范、工程量表等。国际承包商应重视组成合同的每一份文件，当发现各合同文件约定内容存在矛盾或冲突时，依据合同约定的顺序进行解释，以梳理出双方应当遵守的规则。但形成后的、代表双方真实意思表示的、具有合同约束力的文件，应具有更高的约束力。

（3）合同语言条款

国际工程合同可能由使用不同语言的当事人订立，因此，国际工程合同存在有不同语言版本的情形，甚至在同一版本中，每一条款有两种以上语言进行表述，也可能双方共同选择第三方国家官方语言作为合同语言。不同语言之间对同一事物在词汇、句型、时态、单复数、语态、语序的表达上可能无法实现完全准确的翻译，但在合同理解与解释问题上，特别是争议解决时，只能采用一种语言作为标准。因此，合同中通常会约定具有效力优势的合同语言，即在两种合同语言产生歧义时，以合同约定的效力优势语言为准。在争议解决时，特别是国际仲裁程序中，仲裁语言也可由当事人进行约定。一般而言，建议合同语言与仲裁语言保持一致，这样有利于仲裁庭充分理解合同约定，减少翻译流程与成本，快速准确地推进仲裁审理，以做出公正的裁决。

（4）质量、安全标准条款

国际工程合同实施过程中，存在不同国别的质量与安全标准。承包商应在前期报价时充分研究合同约定的标准和规范，在并在此基础上进行合理报价。很多国家的工程质量、安全标准分为推荐性和强制性两种，当合同约定的标准与项目所在国的推荐性标准不一致时，当事人应以约定标准为准；当合同约定的标准与项目所在国强制性标准不一致时，当事人以强制性标准为准。因此，承包商应重点关注项目所在国的强制性标准，强制性标准未规定的，仍应执行合同约定标准。

（5）法律适用条款

国际工程合同由于涉及多国因素，因此也涉及多国法律的适用问题。在签订国际工程合同过程中，当事人应首先考虑缔约人所在国与东道国之间是否缔结或参加国际条约。《民事诉讼法》第 271 条规定："中华人民共和国缔结或者参加的国际条约同本法有不同规定的，适用该国际条约的规定，但中华人民共和国声明保留的条款除外。"

2024 年 1 月 1 日生效的《最高人民法院关于审理涉外民商事案件适用国际条约和国际惯例若干问题的解释》第 1 条规定："人民法院审理《中华人民共和国海商法》、《中华人民共和国票据法》、《中华人民共和国民用航空法》、《中华人民共和国海上交通安全法》调整的涉外民商事案件，涉及适用国际条约的，分别按照《中华人民共和国海商法》第二百六十八条、《中华人民共和国票据法》第九十五条、《中华人民共和国民用航空法》第一百八十四条、《中华人民共和国海上交通安全法》第一百二十一条的规定予以适用。人民法院审理上述法律调整范围之外的其他涉外民商事案件，涉及适用国际条约的，参照上述法律的规定。国际条约与中华人民共和国法律有不同规定的，适用国际条约的规定，但中华人民共和国声明保留的条款除外。”

因此，我国遵循条约优先的原则。在缔约人所在国与东道国之间未缔结或参加国际条约时，缔约人应重点关注法律适用条款，以确定合同解释和争议解决时所依据的用以调整当事人权利义务的法律，即准据法。国际工程合同的准据法通常做出如下选择：

第一，工程所在国法律，适用于缔约人均非工程所在国主体，且工程所在国法律较为完善的情形；第二，非缔约人所在国及工程所在国的第三国法律，适用于一方缔约人为工程所在国主体或工程所在国法律不完善，为保障司法公平的情形；第三，缔约人所在国法律适用于双方缔约人来自同一国家的情形。

即使工程所在国法律未被当事人选择为合同准据法，缔约人双方在合同履行过程中仍要受到工程所在国法律的约束，例如关于公司、金融、劳动、外商投资、环保、进出口以及关于工程设计、质量、安全的法律等。比如，中东大部分地区的民法典会强制性地要求承包商承担十年期的责任，即在项目竣工后的未来十年期间，承包商应对可能发生的施工建筑全部或部分倒塌以及出现的任何影响建筑稳定性的缺陷负有责任。即使承包商能够证明其已经采取合理的技术和谨慎的措施，但这种严格责任不能以合同的形式进行排除或限制。比如，阿联酋法律规定，即使合同适用法律不是阿联酋法律，但十年期责任仍应适用。[㊀] 再比如，在俄罗斯和白俄罗斯，法律规定承包商需要根据工程规模对劳动力实行配比雇佣，即外国承包商需要按照法律规定的比例聘用当地人员或政府许可的周边国家人员，而不能全部雇用承包商本国人员。

因此，承包商应更为关注法律适用条款，特别是合同准据法不是工程所在国法律时，其履行合同时既要遵守合同约定，也要遵守工程所在国法律，更需要关注工程所在国法律的强制性规定。

（6）合同货币与汇率条款

国际工程合同通常采用美元、欧元等国际主流货币或工程所在地国家的货币中的一种或多种作为计价或支付货币。国际承包商在合同履行过程中，可能涉及多种货币的收取和支付，因此，当工程合同价格较高时，承包商将可能面临较大的汇率损失。建议国际工程的缔约方关注合同价款的汇率条款，如采用实时汇率或约定汇率，这也需要根据货币种类及其未来在金融货币市场的预期而决定。

（7）争议解决条款

争议解决条款是国际工程合同中最为重要的条款之一。通常合同争议的双方选择的争议解决方式为诉讼和仲裁，但这两种方式的时间成本和经济成本都比较高。出身律师的美国前总统亚伯拉罕·林肯曾给律师们提出建议：“去劝阻诉讼，无论何时只要你能够，就应劝阻你的邻居们做出让步，向他们指出名义上的赢者，在诉讼费用、各项开支和时间花费上，常常又是真正的输者。”[㊁]

㊀ 崔军，崔捷思．国际工程合同管理英语写作手册［M］．北京：机械工业出版社，2023：360.

㊁ 吕文学．国际工程合同管理［M］．2版．北京：化学工业出版社，2015：52.

1）争议裁决和争议评审。在国际工程合同中，合同当事人可以约定多种争议解决方式，包括通过争议裁决委员会（DAB）、争议评审委员会（DRB）、争议评审专家（DRE）和综合争议委员会（CDB）等解决争议，也是目前国际工程合同当事人普遍选择的替代性争议解决方式。除国际仲裁外，前述四种委员会通常被统称为争议委员会。

通过各类争议委员会方式解决争议，已经越来越成为合同当事人进入诉讼或仲裁程序之前的一种选择。合同既要通过条款约定赋予争议委员会管辖权，同时，合同还应约定争议委员会的组成及任命。通过争议委员会机制解决争议，有利于双方及时解决小问题，避免累积成大问题，进而走向诉讼或仲裁，同时，还可降低双方的争议解决成本。但是，根据 FIDIC 合同条件，若争议委员会做出决定后，当事人在合同约定的时间内提出不满通知，则争议委员会的决定不予生效，双方可通过司法途径解决争议；若当事人未按约定时间提出不满通知，则争议委员会的决定生效，一方不履行的，另一方可依据此决定通过司法途径要求履行。

2）仲裁。除争议解决委员会制度外，由于诉讼存在的地域性和跨境可执行性等问题，国际仲裁已经成为主流方式。它的诉讼时间较短，且仲裁员多为行业专业人员，沟通便利，熟悉行业规则和实际情况。

国际工程仲裁属于国际商事仲裁，包括临时仲裁和机构仲裁。临时仲裁的仲裁庭、仲裁程序与规则完全由双方当事人合议产生，机构仲裁指在专业的仲裁机构依照其仲裁规则进行仲裁。通常建议明确申请人选择机构仲裁的方式，即在仲裁条款或仲裁协议中明确约定国际仲裁机构的名称、适用的仲裁规则、仲裁地和仲裁语言。仲裁地通常选择雇主或承包商所在国之外的第三国，该第三国应为具有现代、开放的仲裁法的国家或地区，但应注意工程所在国适用法律是否具有限制当事人选择仲裁地的强制性规定。此外，为保证仲裁裁决的可执行性，合同当事人在签订仲裁条款或仲裁协议时，应调查工程所在地、仲裁地、其他可供执行财产所在地国家是否已经加入并批准了《纽约公约》，以及是否做出了保留声明。如果承包商为仲裁申请人，建议进一步调查以上法域在当事人提起仲裁、承认和执行外国仲裁裁决等方面是否存在特别规定。《纽约公约》第 4 条统一规定了当事人申请承认与执行仲裁裁决必备的程序性条件。《纽约公约》第 5 条规定了拒绝承认和执行外国仲裁裁决的理由，被请求承认和执行裁决的法院，只有在被执行人提出以下情形时，才可以拒绝承认和执行该裁决。

①第 2 条所称协定之当事人依对其适用之法律有某种无行为能力情形者，或该项协定依当事人作为协定准据之法律系属无效，或未指明以何法律为准时，依裁决地所在国法律系属无效者。

②受裁决援用之一造未接获关于指派仲裁员或仲裁程序之适当通知，或因他故，致未能申辩者。

③裁决所处理之争议非为交付仲裁之标的或不在其条款之列，或裁决载有关于交付仲裁范围以外事项之决定者，但交付仲裁事项之决定可与未交付仲裁之事项划分时，裁决中关于交付仲裁事项之决定部分得予承认及执行。

④仲裁机关之组成或仲裁程序与各方当事人之间的协议不符，或无协议而与仲裁地所在国法律不符者。

⑤裁决对各方当事人尚无拘束力，或业经裁决地所在国或裁决所依据法律之国家之主管机关撤销或停止执行者。

若申请承认或执行地所在国的主管机关认定依据该国法律，争议事项不能通过仲裁解决或承认、执行该裁决有违该国公共政策的，也要拒不承认和执行仲裁裁决。[⊖]

我国于 1987 年加入《纽约公约》，并做出了互惠保留和商事仲裁保留。目前，我国国际商事仲裁案件受理的机构主要有中国国际经济贸易仲裁委员会、北京国际仲裁院、深圳国际仲裁院等。

3）诉讼。如果通过前述争议委员会不能提供双方满意的结果，双方则只能将争议提交终局性争议解决路径——诉讼或仲裁。但由于国际工程中，业主与承包商往往分属不同国家，选择诉讼则需要适用该国的司法程序，任何一方均会对另一方国家的司法中立性存疑。因此，国际工程中选择诉讼方式解决争议的当事人相对较少。

4.5.6 国际工程合同管理要点

国际工程合同管理的要点在于承包商如何从国内管理视角向国际管理视角转变，抓住管理要点，将外部资源进行有效的获取和整合，转化为自身的产品与服务，以最终完成承包合同约定的任务。

（1）提前调研国际合同风险

国际工程承包商需要进行角色和职能转换，充分认识国内工程承包与国际工程承包的区别，识别国际工程合同中的风险，预评估合同履行中的困难。

（2）国际工程资源准备与合同条件预设

国际工程承包商需要铺设和建立在国际市场中获取和整合有价值建设资源的有效渠道，包括劳动力、材料、设备、信息和资金等，了解本项目资源的来源，与资源供应建立联系，维护与分包商、供应商、进出口商等合作伙伴的关系，以保障合同的顺利履行，并在市场环境变化的情况下保持竞争力。

（3）设置符合国际法律规定的合同条款

合同签订前，承包商应选派工程管理、技术、造价、商务等专业人员进行项目调研，调研的信息应详细、直接、准确和具体。项目调研的主要内容包括：工程所在国的政治、经济和文化以及国家建设资源状况，项目的规模、承包范围、资金来源、运作方式，工程技术规范，合同基本模式，现场实际情况，当地或沿线的水文天气状况，当地材料价格、设备价格、人工价格及其运输距离和方式，与项目有关的法律、保险、税收、海关、商务、财务、银行和货币政策，我国驻外经商参处的意见，项目所在国家和地区的相关政策，类似工程在当地的执行情况等。根据调研情况，与项目雇主开展合同谈判或设置投标条件。

（4）合同与履行资源交底

合同签订后，承包商应根据项目雇主资信情况、招标文件及答疑、现场踏勘记录、投标文件、谈判记录、法律意见书以及总包合同等进行合同交底，使项目主要管理人员熟悉合同约定和当地工程承包实务，预见合同风险，制定风险防范预案。交底内容主要包括但不限于国际工程合同关于承包范围、质量、工期、工程款支付、分包分供许可、劳动力、

⊖ 中国对外承包工程商会．国际工程总承包项目合同管理导则［M］．北京：中国建筑工业出版社，2016：163-166.

资料管理、往来函件处理、调价条件、索赔程序、违约等方面的约定。

（5）履行过程动态监测

合同履行中，承包商对合同实行动态管理，跟踪收集、整理、分析合同履行中的信息，合理及时地进行调整，当外部条件（环境）等发生变化需要调整时，及时对原计划进行调整。对合同履行进行预测，及早提出和解决影响合同履行的问题，以规避或减少风险。按合同生命周期进行全面、持续、动态的风险管理。按照不同的标准，风险有不同的分类方式，例如：就风险来源而言，可分为政治风险、经济风险、社会风险、自然风险、管理风险等；就项目实施环节而言，可分为设计风险、采购风险、施工风险、试运行风险等；就分布状况而言，可分为国家/地区风险、行业风险等；就风险的影响后果而言，可分为纯粹风险和投机风险等。

（6）注意国际税务保函风险

目前，全球经济下行压力继续加大，税务风险正在成为中国企业“走出去”过程中面临的重要风险，境外工程承包项目的税务风险同样需要关注。中国承包商要在提前查明项目所在国税务法律法规、研究相关法律制度及税务法律规定的基础上做好税务策划，尽量选择有利的合同模式和合同执行主体，防范税务纠纷发生。在产生税务纠纷后，应及时与当地会计师事务所、律师事务所研究策略，全力维护自身权益。

同时，国际工程合同管理还需要注意见索即付的独立保函风险。实践中基于保函独立性原则，因不同原因导致的独立保函法律风险逐渐凸显，独立保函纠纷案件频发，且中国承包商常因保函兑付受制于人，产生不必要的损失。国际工程实践中可通过选择信用度较高的金融机构，合理设置合同条款，约定保函兑付时需要双边签字、出具再保函等方式降低法律风险。

（7）重视合同索赔条款

工程索赔在国际工程合同履行过程中时有发生，也是承包商挽回损失的一种方式。国际工程合同中通常都约定有索赔程序条款，例如，FIDIC 合同的“索赔通知条款”，包括 FIDIC 合同条款 1999 年版的红皮书、黄皮书、银皮书以及多边开发银行协调版之 2005 年版、2006 年版和 2010 年版，均在合同通用条款第 20.1 款“承包商的索赔”中作出约定，即若承包商认为根据本条件任何条款或与合同有关的其他文件，其有权获得竣工时间的任何延长和/或任何额外支付，承包商应向工程师发出通知，说明引起索赔的事件或情况，该项通知应尽快在承包商知道或应当知道该事件或情况后 28 天内发出。若承包商未能在上述 28 天期限内发出索赔通知，则竣工时间不得延长，承包商应无权获得额外支付，而雇主应免除有关该索赔的全部责任。由此可知，承包商索赔的前提条件之一是，在其知道或应当知道索赔事件发生后的 28 天内发出索赔通知，否则将丧失索赔权利，雇主免除责任。

在国内司法实践中，出于实体公平和保护当事人实体权利的考虑，裁判机构往往可能通过蛛丝马迹、其他法律规则或法律原则来突破这一程序性约定。而在国际工程合同争议解决中，裁判机构通常会严格按照合同约定执行。

然而，承包商即使按时发出索赔通知，也并不必然排除了程序风险。FIDIC 合同 2017 年第 2 版第 20.2 条设立了索赔规则，即承包商在知道或应当知道索赔事件发生后的 28 天内应发出索赔通知，并且还应当在知道或应当知道索赔事件发生后的 84 天内提交详细的索赔报告，否则，其在此前发出的索赔通知将失效。因此，承包商在使用 FIDIC 合同 2017 年第 2 版合同时应格外注意索赔程序条款的时效约定，避免因通知失效而在索赔过程中陷入被动。

(8) 加强国际工程合同数据管理

承包商通过关键路径法将项目划分多个工作分解结构，并进行进度更新，以确认实际开始时间、完成时间、完成百分比、数据日期、原始工期和剩余工期等概念。资源和费用计划是计划管理中另外一个重要概念，通过将其分解到具体的作业上，然后将各个作业的资源与费用叠加，从而计算出各个单位时间上的资源与费用的需求量。目前，国际工程项目中存在大量计划编制软件，例如 Microsoft Project、Oracle Primavera、普华 PPE、斑马进度等。但由于国际工程合同对计划管理有极高的要求，计划编制人员通常为专业的计划工程师，这要求实践中的计划管理人员能够熟练掌握计划软件的工具方法。

4.6 案例分析

【案例 4-1】地质资料错误的责任承担

(1) 案例背景

甲建设单位新建一市政构筑物，与乙设计院和丙工程公司分别订立了设计合同和施工合同。工程按期竣工，但不久新建的市政构筑物一侧墙壁出现裂缝塌落。甲建设单位为此找到丙工程公司，要求该公司承担责任。丙工程公司认为其严格按施工合同履行了义务，不应承担责任。后经勘验，墙壁裂缝是地基不均匀沉降引起的。甲建设单位于是又找到设计院，认为设计院结构设计图纸出现差错，造成墙壁的裂缝，设计院应承担事故责任。设计院则认为其设计图纸所依据的地质资料是甲建设单位自己提供的，不同意承担责任。于是甲建设单位起诉丙工程公司和乙设计院，要求该两家单位承担相应责任。法院审理后查明，甲建设单位提供的地质资料不是新建市政构筑物的地质资料，而是相邻地块的有关资料，对于该情况，事故发生前乙设计院一无所知。试分析：本案中各方的责任应如何承担？

(2) 案例分析

本案涉及两个合同关系，其中施工合同的主体是甲建设单位和丙工程公司，设计合同的主体是甲建设单位和乙设计院。根据查明的事实，导致市政构筑物墙壁出现裂缝并塌落事故的原因是地基不均匀沉降，与施工无关，所以丙工程公司不应承担责任。但是，乙设计院认为错误设计图纸的地质资料系由甲建设单位提供，故不承担责任的辩称不成立。《民法典》第 800 条规定："勘察、设计的质量不符合要求或者未按照期限提交勘察、设计文件拖延工期，造成发包人损失的，勘察人、设计人应当继续完善勘察、设计，减收或者免收勘察、设计费并赔偿损失。"本案按照设计合同，甲建设单位应当提供准确的地质资料，但工程设计的质量好坏直接影响到工程的施工质量以及整个工程质量的好坏，乙设计院应当对本单位完成的设计图纸的质量负责，有关的设计文件应当能够真实地反映工程地质、水文地质状况，评价准确，且数据可靠。本案中，乙设计院在整个设计过程中未对甲建设单位提供的地质资料进行认真审查，造成设计差错，应当承担相应的违约责任；而甲建设单位提供错误的地质资料，应承担主要责任。

【案例 4-2】工程设计著作权侵权责任承担

(1) 案例背景

北京某房地产开发公司（以下简称开发公司）开发建设某大厦，经开发公司与南京某建筑设计公司（以下简称设计公司）协商，双方签订了设计合同。合同规定由设计公司为开发公司开发建设的某大厦完成设计，设计费用为人民币 105 万元。此外，设计公司完成该大厦的初步设计和施工图设计后，还应当向开发公司制作该大厦 200：1 的模型一件，制作费用为人民币 15 万元。合同没有就设计作品著作权的归属作明确的规定。合同签订后，设计公司依照合同规定完成了相关设计并制作了模型一件。开发公司在支付了设计费人民币 23 万元后，以资金没有到位且该设计不能令开发公司满意为由要求解除合同，并退还了设计公司相关的图纸及其说明。

后设计公司发现开发公司建设的某大厦已经完成土建施工，而且其销售现场摆的大厦模型与设计公司的模型基本一样。经调查了解，开发公司在退还设计公司的图纸时作了备份。事后该设计工作由北京某设计公司在设计公司设计的基础上完成了全部设计，模型也由开发公司委托北京某模型公司按照设计公司的模型重新制作。

设计公司在掌握了以上证据后，即委托律师向开发公司及北京某设计公司、某模型公司提出索赔要求。经律师调解，开发公司、北京某设计公司及某模型公司共计向设计公司支付了赔偿费用人民币 75 万元后，该案终结。

（2）案例分析

本案是实践中典型的侵害工程设计图纸及其说明、工程模型著作权的案件。依照《著作权法》第 3 条规定，工程设计、产品设计图纸及其说明是受著作权法保护的作品。该作品的著作权由创作该作品的公民、法人或者非法人单位享有。作品的著作权人依法享有发表作品的权利，在作品上署名的权利，修改作品的权利，保护作品完整的权利，使用该作品或者许可他人使用该作品并获得报酬的权利。未经著作权人同意使用其作品和未支付报酬使用其作品的行为均是侵害著作权的违法行为，依法应当承担侵权民事责任。

本案中，开发公司委托设计公司完成某大厦的工程设计，依照《著作权法》第 19 条规定："受委托创作的作品，著作权的归属由委托人和受托人通过合同约定。合同未作明确约定或者没有订立合同的，著作权属于受托人。"就本案而言，开发公司与设计公司没有在合同中约定著作权的归属，因此某大厦工程设计的著作权应当属于设计公司。

若开发公司与设计公司继续履行原委托设计合同的规定，则开发公司依照该合同的规定享有使用该工程设计图纸的权利是明确的。但本案中，开发公司与设计公司解除了设计合同，则开发公司不能依照设计合同的规定使用该产品。开发公司欲使用该作品，必须取得设计公司的同意或者许可。

开发公司未经设计公司同意使用设计公司的作品——工程设计图纸，则是侵害设计公司著作权的行为，事实上，属于侵权和违约的竞合；北京某设计公司没有取得原著作权人即设计公司的同意，擅自使用和修改设计公司工程图纸的行为也侵害了设计公司的著作权；北京某模型公司未经原著作权人——设计公司同意擅自复制设计公司模型的行为，同样是侵害设计公司著作权的行为，从救济路径的选择上，可以根据合同条款救济或侵权救济。

【案例 4-3】未通过竣工验收的质保金返还

（1）案例背景

甲房地产开发公司与乙施工单位签订施工合同，约定 A 大厦的土建安装工程发包给乙施工单位施工，并约定12个月的缺陷责任期，从工程交付使用之日起算，缺陷责任期满后，甲房地产开发公司向乙施工单位退还质量保证金。乙施工单位完成了A大厦的施工后，因氡气超标未通过竣工验收。甲房地产开发公司要求乙施工单位整改，但仍未解决氨气超标问题。在合同履行过程中出现以下事件：

事件1：工程施工中，经过甲房地产开发公司和监理工程师的同意后，乙施工单位按照合同约定使用含氨的混凝土防冻添加剂，但是防冻添加剂的用法违反了国家建筑材料强制性标准。

事件2：缺陷责任期届满后，乙施工单位要求甲房地产开发公司返还相应质量保证金。

（2）问题

1）试分析：事件1中乙施工单位使用含氨的防冻剂是否存在过错？

2）试分析：事件2中乙施工单位是否有权请求返还质量保证金？

（3）案例分析

1）事件1中乙施工单位使用含氨的防冻剂存在过错。虽然乙施工单位使用防冻剂的行为完全按照合同履行，且经甲房地产开发公司和监理工程师的认可，但该做法违反了国家强制性标准。作为专业的施工单位，乙施工单位应当知道该做法违反国家强制性标准，应当拒绝甲房地产开发公司的要求，并提出合理的建议。

2）事件2中虽然乙施工单位已按合同约定按时完成了A大厦工程，且缺陷责任期已满，虽然由于质量问题未能通过竣工验收，但《建工解释（一）》第19条规定：“建设工程施工合同有效，但建设工程经竣工验收不合格的，依照民法典第五百七十七条规定处理。”竣工验收不合格属于施工单位履行合同不符合约定的情况，应对相应质量缺陷承担整改维修乃至赔偿义务。如果该等维修整改费用及损失赔偿超出质保金金额，则乙施工单位无权获得相应质保金返还。

【案例4-4】违法分包中施工承包单位与分包单位的责任承担

（1）案例背景

甲建设单位通过招标投标程序，与中标的乙施工单位签订施工合同，由乙施工单位承建办公楼。随后，乙施工单位将该楼的主体结构分包给丙施工单位施工。工程竣工后，乙施工单位分别与甲建设单位、丙施工单位结算完毕，乙施工单位向丙施工单位出具了水电工程结算单，其中包括乙施工单位扣除丙施工单位税收、管理费等费用4万元。乙、丙双方工程款结清，双方对约定的管理费4万元在结算时并无异议。后该办公楼出现质量问题，甲建设单位向法院起诉乙施工单位，要求其承担违约责任。

（2）问题

1）乙施工单位将办公楼主体结构分包给丙施工单位施工是否正确？

2）丙施工单位对于办公楼的质量问题是否应当承担赔偿责任？

（3）案例分析

1）乙施工单位将办公楼主体结构发包给丙施工单位施工是不正确的。根据《建设工程质量管理条例》第78条的规定，施工总承包单位将建设工程主体结构的施工分包给其他单位的，构成肢解发包的违法情形。

2）丙施工单位应当就办公楼的质量问题与乙施工单位承担连带赔偿责任。《建筑法》第67条规定：“承包单位有前款规定的违法行为的，对因转包工程或者违法分包的工程不符合规定的质量标准造成的损失，与接受转包或者分包的单位承担连带赔偿责任。”因此，丙施工单位与乙施工单位承担连带赔偿责任。

【案例 4-5】工程总承包项目总包与分包的责任承担

（1）案例背景

A 建设单位因建办公楼与 B 建设工程总公司签订了建筑工程总承包合同。其后，经 A 建设单位同意，B 建设工程总公司分别与 C 建筑设计院和 D 建筑工程公司签订了勘察设计合同和建筑安装合同。建筑工程勘察设计合同约定，由 C 建筑设计院对 A 建设单位的办公楼水房、化粪池、给水排水、空调及煤气外管线工程提供勘察、设计服务，做出工程设计文件及相应施工图纸和资料。建筑安装合同约定，由 D 建筑工程公司根据 C 建筑设计院提供的设计图纸进行施工，工程竣工时依据国家有关验收规定及设计图纸进行质量验收。合同签订后，C 建筑设计院按时做出设计文件并将相关图纸资料交付 D 建筑工程公司，D 建筑工程公司依据设计图纸进行施工。工程竣工后，发包人会同有关质量监督部门对工程进行验收，发现工程存在严重质量问题，主要是设计不符合规范所致。原来 C 建筑设计院未对现场进行仔细勘察即自行设计导致设计不合理，给发包人带来了重大损失。由于设计人拒绝承担责任，B 建设工程总公司又以自己不是设计人为由推卸责任，发包人遂以 C 建筑设计院为被告向法院起诉。法院受理后，追加 B 建设工程总公司为共同被告，让其与 C 建筑设计院一起对工程建设质量问题承担连带责任。

（2）问题

B 建设工程总公司向 C 建筑设计院就工程建设质量问题主张发包人承担连带责任是否正确?

（3）案例分析

本案中，A 建设单位是发包人，B 建设工程总公司是总承包人，C 建筑设计院和 D 建筑工程公司是分包人。对工程质量问题，B 建设工程总公司作为总承包人应承担责任，而 C 建筑设计院和 D 建筑工程公司也应该依法分别向发包人承担责任。总承包人以不是自己勘察设计和建筑安装的理由企图不对发包人承担责任，以及分包人以与发包人没有合同关系为由不向发包人承担责任是没有法律依据的。

《民法典》第 791 条规定：“发包人可以与总承包人订立建设工程合同，也可以分别与勘察人、设计人、施工人订立勘察、设计、施工承包合同。发包人不得将应当由一个承包人完成的建设工程支解成若干部分发包给数个承包人。总承包人或者勘察、设计、施工承包人经发包人同意，可以将自己承包的部分工作交由第三人完成。第三人就其完成的工作成果与总承包人或者勘察、设计、施工承包人向发包人承担连带责任。承包人不得将其承包的全部建设工程转包给第三人或者将其承包的全部建设工程支解以后以分包的名义分别转包给第三人。禁止承包人将工程分包给不具备相应资质条件的单位。禁止分包单位将其承包的工程再分包。建设工程主体结构的施工必须由承包人自行完成。”

第 5 章　国内货物买卖合同管理

国内货物买卖合同是招标采购所订立的常见合同类型，是在国内法的调节范围内，由出卖人转移货物的所有权于买受人，由买受人支付价款的合同。相比一般的买卖合同，招标采购中的买卖合同需要遵循招标采购相关法律规定，亦具备买卖合同的一般属性，对合同管理活动提出更高要求与挑战。因此本章重点介绍买卖合同的特点、权利义务、风险负担、孳息归属以及特殊买卖合同等，招标采购人员应关注及审查买卖合同的重点条款，以把握国内货物买卖合同管理要点，保证货物买卖合同招标采购工作的合法性与专业性。

5.1　买卖合同的特点和主要内容

买卖合同是一方转移标的物的所有权给另一方，另一方支付价款的合同。转移所有权的一方为出卖人或卖方，支付价款而取得所有权的一方为买受人或买方。

买卖合同是《民法典》合同编规定的 19 个典型合同种类中最常见的一类合同，也是社会生活中使用范围最广、与日常生活关系最密切的一类合同。买卖合同是典型的双务合同和有偿合同，根据《民法典》的规定，法律对其他有偿合同的事项未作规定时，参照买卖合同的规定。在招标采购领域中，买卖合同也是常见的合同类型。

买卖合同适用的法律及司法解释主要包括《民法典》《消费者权益保护法》《产品质量法》《民法典总则编司法解释》《买卖合同司法解释》等。此外，招标采购买卖合同还应适用《招标投标法》《政府采购法》等相关法律规范。

5.1.1　买卖合同的特点

(1) 买卖合同是有偿合同

买卖合同的内容是以等价有偿方式转让标的物的所有权，即买受人请求出卖人转让标的物所有权，出卖人请求买受人支付价款。若一方当事人将标的物所有权转移给另一方，而另一方当事人并没有支付价款的义务，则双方间的合同不属于买卖合同，可能是赠予合同。有偿是买卖合同的基本特征，与无偿赠予合同存在本质区别。

(2) 买卖合同是双务合同

一方面，出卖人有权处分标的物，并将合同的标的物所有权转让给买受人；另一方面，买受人支付出卖人标的物价款。只有这两个条件都具备，买卖合同才能成立。若一方当事人将标的物所有权转让给另一方，而未约定另一方当事人合同义务的，则双方间的合同不是买卖合同，而是属于赠予合同。

(3) 买卖合同是诺成合同

依据《民法典》有关规定，买卖合同自双方当事人意思表示一致时即告成立，不以交付标的物为合同成立的条件，属于诺成合同。

（4）买卖合同一般是非要式合同

买卖合同一般是非要式合同，除非法律另有规定。如，通过招标采购程序订立的买卖合同应当依据《招标投标法》采用书面形式，房屋买卖合同也应当采用书面形式，该等合同均为要式合同。

（5）买卖合同内容的特殊性

买卖合同特别强调标的物的检验，因此从合同内容角度对比，检验条款在买卖合同中地位重要。另外，包装条款也是买卖合同中比较重要的内容。《民法典》第 596 条规定："买卖合同的内容一般包括标的物的名称、数量、质量、价款、履行期限、履行地点和方式、包装方式、检验标准和方法、结算方式、合同使用的文字及其效力等条款。"其中，包装方式、检验标准和方法是《民法典》规定的买卖合同特有的内容。

（6）买卖合同效力的特殊性

1）规避招标的买卖合同效力。违反《招标投标法》规避招标而直接订立的买卖合同当然无效。《民法典》第 153 条规定："违反法律、行政法规的强制性规定的民事法律行为无效。"《全国法院民商事审判工作会议纪要》"强制性规定的识别"规定："……下列强制性规定，应当认定为效力性强制性规定：强制性规定涉及金融安全、市场秩序、国家宏观政策等公序良俗的……交易方式严重违法的，如违反招投标等竞争性缔约方式订立的合同……"因此，《招标投标法》第 3 条关于依法必须进行招标的项目的强制性规定应当被认定为效力性强制性规定，违反该规定应当招标而未招标订立的买卖合同当然无效。在此情形下，有过错的合同当事人应当依法承担缔约过失责任。

2）中标无效的买卖合同效力。中标无效的买卖合同当然无效。《招标投标法实施条例》第 81 条规定："依法必须进行招标的项目的招标投标活动违反招标投标法和本条例的规定，对中标结果造成实质性影响，且不能采取补救措施予以纠正的，招标、投标、中标无效，应当依法重新招标或者评标。"因此，即使已完成了招标投标程序并订立了中标合同的项目，如果因违反法律对中标结果造成实质性影响，将导致中标无效，而中标无效也必然导致中标合同当然无效。在此情形下，有过错的合同当事人应当依法承担缔约过失责任。

3）无权处分的买卖合同效力。《民法典》第 597 条规定："因出卖人未取得处分权致使标的物所有权不能转移的，买受人可以解除合同并请求出卖人承担违约责任。"因此，无权处分的买卖合同有效，出卖人在订立合同时对标的物没有所有权或者无权处分的，当事人一方不能因此主张合同无效。这是《民法典》基于"物债两分"原则，对原《合同法》关于无权处分合同效力待定规定的重大修改。无权处分并不影响买卖合同的效力，仅可能影响合同的履行。出卖人因未取得处分权导致不能转移标的物所有权的，买受人有权解除合同并要求出卖人承担违约责任。《民法典》关于无权处分合同有效的新规定可以更好地保障买受人的救济权利，在合同有效的前提下，买受人可以追究无权处分出卖人的违约责任；而在不能确认合同效力的情形下，买受人只能主张出卖人承担缔约过失责任。

4）多重买卖合同效力。多重买卖也称为一物数卖，在出卖人具有标的物所有权时，对同一标的物订立多个买卖合同，都属于有权处分，每一个合同都有效。根据《买卖合同司法解释》第 6 条、第 7 条的相关规定，出卖人就同一普通动产或者就同一船舶、航空器、机动车等特殊动产订立多重买卖合同，在买卖合同均有效的情况下，买受人均要求实际履行合同的，履行顺序的首要规则是交付最优先原则。但是对于房屋等不动产多重买卖合同，法律并未规定履行顺序，而是根据物权制度认定办理过户登记的优先获得所有权。综上，多重买卖合同的优先履行顺序的具体规定见表 5-1。

表 5-1 多重买卖合同的优先履行顺序

标的物类型	合同效力	履行顺序
普通动产	有效	先行受领交付最优先 均未受领交付，先行支付价款优先 均未受领交付，也未支付价款，先行成立合同优先
船舶、航空器、机动车等特殊动产	有效	先行受领交付最优先 均未受领交付，先行办理所有权转移登记手续优先 均未受领交付，也未办理所有权转移登记，先行成立合同优先
不动产	有效	先行办理过户登记取得所有权

5.1.2 买卖合同当事人的义务

(1) 出卖人的主要义务

1）交付标的物并向买受人转移标的物所有权。交付标的物并向买受人转移标的物所有权是出卖人的主要合同义务，其包括两项内容：一是交付标的物，二是向买受人转移标的物所有权。一般的动产买卖合同，交付即发生标的物所有权转移；但不动产买卖合同，交付并不导致标的物所有权转移，所有权的转移以过户登记为准；而动产所有权保留买卖合同，交付也不导致标的物所有权转移，所有权的转移以双方合同约定时间为准。

①交付标的物。我国民法理论认为交付属于法律行为，既包括客观上占有的转移，又包括主观上转移所有权的意思。根据标的物客观上是否发生转移，交付标的物可分为现实交付和观念交付两大类。现实交付是对物直接占有的转移。观念交付则是在观念上的转移而非现实中的转移。其中，现实交付又分为送货上门、上门提货以及代办托运（即货交第一承运人）三种方式；观念交付包括简易交付（即先占后买）、指示交付（即返还请求权的让与）以及占有改定（即先卖后借）三种方式。

②转移标的物所有权：

A. 动产买卖合同标的物所有权转移。《民法典》第 224 条规定："动产物权的设立和转让，自交付时发生效力，但是法律另有规定的除外。"因此，动产买卖合同标的物自交付时转移所有权。

B. 不动产买卖合同标的物所有权转移。《民法典》第 209 条规定："不动产物权的设立、变更、转让和消灭，经依法登记，发生效力；未经登记，不发生效力，但是法律另有规定的除外。"因此，不动产买卖合同标的物自依法登记时转移所有权。

C. 动产所有权保留买卖合同标的物所有权转移。《民法典》第 641 条规定："当事人可以在买卖合同中约定买受人未履行支付价款或者其他义务的，标的物的所有权属于出卖人。"该规定属于动产买卖合同交付转移标的物所有权的例外情形，合同双方另行约定标的物所有权转移时间，一般是约定买受人支付了所有价款后转移标的物所有权，其作用是为了担保出卖人的价款债权实现，这一所有权保留制度本质上属于一种非典型动产担保制度。

《民法典》和《买卖合同司法解释》都对动产所有权保留买卖合同作出了详细规定，具体包括以下几个方面。第一，出卖人先行交付标的物，但约定买受人价款付清之前所有权不转移。第二，出卖人对标的物保留的所有权，未经登记不得对抗善意第三人。第三，买受人未能按约定支付价款，或者未按照约定完成特定条件，或者将标的物出卖、出质或者作出其他不当处分的，出卖人可以行使标的物取回权；但是买受人已经支付标的物总价款 75％以上的，出卖人不得行使取回权。第四，出卖人取回标的物后，买受人在双方约定的或者出卖人指定的合理回赎期限内消除取回标的物事由的，可以行使标的物回赎权；买受人在回赎期限内没有赎回标的物的，出卖人可以以合理价格出售标的物，出卖所得价款扣除原买受人未支付的价款以及必要费用仍有剩余的，应当返还原买受人，不足部分由原买受人清偿。

标的物的知识产权权属。《民法典》第 600 条规定："出卖具有知识产权的标的物的，除法律另有规定或者当事人另有约定外，该标的物的知识产权不属于买受人。"标的物的知识产权与所有权可以分离，知识产权是独立的无形权利，其客体并非其物质载体。知识产权具有独立的财产价值，除非法律另有规定或当事人另有约定，否则出卖人通过买卖合同转让的是标的物的所有权，但不包括知识产权。

2）瑕疵担保义务。出卖人的瑕疵担保义务包括物的品质瑕疵担保义务和权利瑕疵担保义务。

①物的品质瑕疵担保义务。《民法典》第 615 条规定："出卖人应当按照约定的质量要求交付标的物。出卖人提供有关标的物质量说明的，交付的标的物应当符合该说明的质量要求。"第 617 条规定："出卖人交付的标的物不符合质量要求的，买受人可以依据本法第五百八十二条至第五百八十四条的规定请求承担违约责任。"

买卖合同的有偿性决定了出卖人应当承担标的物品质瑕疵担保义务，担保其交付的标的物符合合同约定的或者法律规定的质量标准。根据《民法典》的相关规定，出卖人交付的标的物不符合质量标准的，应当承担违约责任。对违约责任没有约定或者约定不明的，也不能达成补充协议或者按照合同有关条款以及交易习惯仍不能确定的，受损方根据标的物的性质以及损失的大小，可以合理选择请求修理、更换、重作、减价或者退货。因质量不符合约定造成其他损失的，受损方有权请求赔偿损失。此外，除法律另有规定外，买受人要求出卖人承担标的物品质瑕疵的违约责任时，应当以及时向出卖人通知标的物不符合质量标准为条件。

②权利瑕疵担保义务。《民法典》第 612 条规定："出卖人就交付的标的物，负有保证第三人对该标的物不享有任何权利的义务，但是法律另有规定的除外。"因此，出卖人应当对所交付的标的物承担权利瑕疵担保义务。但是，根据《民法典》第 613 条、第 614 条的规定，买受人订立合同时知道或者应当知道第三人对买卖的标的物享有权利的，出卖人不承担权利瑕疵义务；买受人有确切证据证明第三人对标的物享有权利的，可以中止支付相应的价款，但是出卖人提供适当担保的除外。

此外，《民法典》第 618 条规定："当事人约定减轻或者免除出卖人对标的物瑕疵承担的责任，因出卖人故意或者重大过失不告知买受人标的物瑕疵的，出卖人无权主张减轻或者免除责任。"

3）回收义务。《民法典》第 625 条规定："依照法律、行政法规的规定或者按照当事人的约定，标的物在有效使用年限届满后应予回收的，出卖人负有自行或者委托第三人对标的物予以回收的义务。”基于《民法典》的绿色原则，出卖人负有对标的物在有效使用年限届满后自行或委托他人予以回收的义务。

4）从给付义务。出卖人的交付义务既包括主给付义务，也包括从给付义务。主给付义务是指出卖人向买受人交付标的物或交付提取标的物的物权凭证，从给付义务是指出卖人向买受人交付物权凭证以外的有关单证和资料。

《民法典》第 599 条规定：“出卖人应当按照约定或者交易习惯向买受人交付提取标的物单证以外的有关单证和资料。”若出卖人没有履行或不当履行从给付义务，致使买受人不能实现合同目的，买受人有权依据《买卖合同司法解释》第 19 条规定主张解除买卖合同。

（2）买受人的主要义务

1）支付价款。根据合同约定向出卖人支付价款是买受人的主要义务。《民法典》第 626 条、第 627 条、第 628 条规定，买受人应当按照约定的数额和支付方式、约定的地点、约定的时间支付价款。根据《民法典》的相关规定，买受人应当按照合同约定的数额、地点和时间支付价款，没有约定或者约定不明确的，可以补充协议。不能达成补充协议的，应当按照合同有关条款或者交易习惯确定。如仍不能确定，支付价款数额、地点和时间按下列方式确定。

①支付价款数额。应当按照订立合同时履行地的市场价格履行，依法应当执行政府定价或者政府指导价的，按照规定履行；当事人约定执行政府定价的，在合同约定的交付期限内政府价格调整时，按照交付时的价格计价。逾期交付标的物的，遇价格上涨时，按照原价格执行；价格下降时，按照新价格执行；逾期提取标的物或者逾期付款的，遇价格上涨时，按照新价格执行；价格下降时，按照原价格执行。

②支付价款地点。买受人应当在出卖人的营业地支付，但双方约定支付价款以交付标的物或交付提取标的物的单证为条件的，在交付标的物或者提取标的物单证的所在地支付。

③支付价款时间。买受人应当按照同时履行原则在收到标的物或提取标的物的单证的同时支付。买受人迟延支付价款的，不但有义务继续支付价款本金，而且还有义务支付迟延利息。

2）接受标的物。按照合同约定或者交易惯例及时接收标的物是买受人的义务。但是，《民法典》第 610 条规定：“因标的物不符合质量要求，致使不能实现合同目的的，买受人可以拒绝接受标的物或者解除合同。买受人拒绝接受标的物或者解除合同的，标的物毁损、灭失的风险由出卖人承担。”此外，如果出卖人不按合同约定的条件交付标的物，例如多交付、提前交付等，买受人有权拒绝接受。

对于出卖人多交付标的物的情形，买受人可以拒绝接受，也可以接受。买受人接受的，应当按照约定支付价款；买受人拒绝接受的，应当及时通知出卖人。买受人拒绝接受多交部分标的物的，可以代为保管并可以主张出卖人承担代为保管的合理费用。此外，买受人拒绝接受多交部分标的物并代为保管的，出卖人应自行承担代为保管期间非因买受人故意或者重大过失造成的损失。

3）检验标的物。《民法典》第 620 条规定：“买受人收到标的物时应当在约定的检验期限内检验。没有约定检验期限的，应当及时检验。”

买受人有义务在收到标的物时进行及时检验。根据《民法典》的规定，约定了检验期限的，应当按照约定期限检验，没有约定检验期限的，应当及时检验。约定检验期限的，买受人应当在检验期限内将标的物的数量或者质量不符合约定的情形通知出卖人。买受人怠于通知的，视为标的物的数量或者质量符合约定。没有约定检验期限的，买受人应当在发现或者应当发现标的物的数量或者质量不符合约定的合理期限内通知出卖人。买受人在合理期限内未通知或者自收到标的物之日起二年内未通知出卖人的，视为标的物的数量或者质量符合约定；但是，对标的物有质量保证期的，适用质量保证期，不适用该二年的规定。出卖人知道或者应当知道提供的标的物不符合约定的，买受人不受前述规定的通知时间的限制。约定的检验期限过短，根据标的物的性质和交易习惯，买受人在检验期限内难以完成全面检验的，该期限仅视为买受人对标的物的外观瑕疵提出异议的期限。约定的检验期限或者质量保证期短于法律、行政法规规定期限的，应当以法律、行政法规规定的期限为准。当事人对检验期限未作约定，买受人签收的送货单、确认单等载明标的物数量、型号、规格的，推定买受人已经对数量和外观瑕疵进行检验，但是有相关证据足以推翻的除外。出卖人依照买受人的指示向第三人交付标的物，出卖人和买受人约定的检验标准与买受人和第三人约定的检验标准不一致的，以出卖人和买受人约定的检验标准为准。

5.1.3　标的物的风险负担以及孳息归属

(1) 标的物的风险负担

买卖合同标的物的风险是指合同订立后，标的物因不可归责于任何一方当事人的事由而导致的毁损、灭失的损失。其包括主观和客观两个构成要件，主观要件是因不可归责于任何一方当事人的事由，客观要件是实际发生了标的物损毁、灭失的损失。标的物风险负担属于任意性规定，当事人另有约定的，从其约定；当事人没有约定的，由法律补充规定。

《民法典》第 604 条规定："标的物毁损、灭失的风险，在标的物交付之前由出卖人承担，交付之后由买受人承担，但法律另有规定或者当事人另有约定的除外。"该条款原则性规定买卖合同标的物风险负担采用"交付主义"，即以标的物的交付作为风险转移的时间标准，标的物交付之前由出卖人承担风险，交付之后由买受人承担风险，法律另有规定或者当事人另有约定的除外。针对不同的标的物类型和交付方式，具体的适用规则如下：

1）动产买卖风险分担。无论是动产普通买卖合同，还是动产所有权保留买卖合同，标的物风险分担原则上一律采用"交付主义"，均以交付为标志转移风险。针对不同交付方式的具体规则为：

①现实交付的风险分担。出卖人送货上门交付，出卖人在指定地点交付时风险转移；买受人自提交付，买受人在指定地点提货时风险转移；代办托运交付，货交第一承运人时风险转移。

②观念交付的风险分担。在简易交付、指示交付、占有改定等各类观念交付方式下，均适用交付主义风险负担原则，即各自完成观念交付时出卖人转移风险给买受人。

值得注意的是，动产所有权保留买卖合同通常会出现标的物所有权人与风险分担人不是同一人的情形，原因在于标的物先行交付，其风险已转移给买受人，但标的物所有权自买受人付清全部价款时才发生转移；而试用买卖合同则会发生占有人与风险分担人不是同一人的情形，原因在于试用期间出卖人已将标的物交与买受人占有，但试用买卖合同尚未生效，当然也未完成交付，所以未发生风险转移，直至买受人同意购买使得买卖合同生效、发生简易交付后标的物风险才转移给买受人。

此外，《民法典》第 609 条规定：“出卖人按照约定未交付有关标的物的单证和资料的，不影响标的物毁损、灭失风险的转移。”单证和资料主要包括发票、产品合格证、质量保证书、使用说明书、装箱单等。出卖人履行了主交付义务即发生标的物风险转移的效果。

2）不动产买卖风险分担。不动产标的物应当在不动产所在地完成交付，风险自不动产交付时转移。以商品房买卖合同为例，根据《商品房买卖合同司法解释》第 8 条的规定，对房屋的转移占有视为房屋的交付使用，当事人另有约定的除外。房屋毁损、灭失的风险在交付使用前由出卖人负担，交付使用后由买受人负担。因此商品房买卖合同风险转移仍然以房屋实际交付为标志，产权过户登记时间并非风险转移时间，故不动产买卖合同也可能出现风险负担人与所有权人并非同一人的情形。

3）交付主体风险负担原则的例外情形。买卖合同交付主体风险负担原则是基本规则，但实务中仍存在以下例外情形：

①在途买卖合同。在途买卖是指出卖人将标的物交由承运人后，在运输途中再寻找买受人订立买卖合同。《民法典》第 606 条规定：“出卖人出卖交由承运人运输的在途标的物，除当事人另有约定外，毁损、灭失的风险自合同成立时起由买受人承担。”因此，在途货物在买卖合同成立时风险即由买受人承担，与是否交付没有必然关系。但是，根据《买卖合同司法解释》第 10 条的规定，在途货物买卖合同订立之前，出卖人在合同成立时知道或者应当知道标的物已经毁损、灭失却未告知买受人，标的物的风险仍应当由出卖人承担。

②一方违约在先。买卖合同一方如果违约在先，则应当由违约方承担标的物风险。具体情形包括：

A. 根据《民法典》第 605 条的规定，因买受人的原因致使标的物未按照约定期限交付的，买受人应当自违反约定时起承担标的物毁损、灭失的风险。

B. 根据《民法典》第 608 条的规定，出卖人已经将标的物置于交付地点，买受人违反约定没有收取的，标的物毁损、灭失的风险自违反约定时起由买受人承担。特别需要注意的是关于种类物的风险识别，根据《买卖合同司法解释》第 11 条的规定，当事人对风险负担没有约定，标的物为种类物，出卖人未以装运单据、加盖标记、通知买受人等可识别的方式清楚地将标的物特定于买卖合同，买受人可主张不负担标的物毁损、灭失的风险，风险仍应当由出卖人负担。

C. 根据《民法典》第 610 条的规定，标的物不符合质量要求，致使不能实现合同目的，买受人拒绝受领或者解除合同的，其风险由出卖人承担。

（2）标的物的孳息归属

就标的物的孳息归属，《民法典》第 321 条规定：“天然孳息，由所有权人取得；既有所有权人又有用益物权人的，由用益物权人取得。当事人另有约定的，按照其约定。”同时，买卖合同项下标的物孳息交付转移。《民法典》第 630 条规定：“标的物在交付之前产生的孳息，归出卖人所有；交付之后产生的孳息，归买受人所有。但是，当事人另有约定的除外。”即买卖合同标的物的孳息归属与风险负担一样，也采用“交付主义”，“谁承担标的物风险，谁享有标的物孳息”，孳息永远跟着风险走。

值得注意的是，依据物权的基本原理，标的物的孳息所有权应当随着原物的所有权转移而转移。但买卖合同属于转移标的物所有权合同，孳息的归属与风险的负担都遵循“交付主义”同一原则。由于动产普通买卖合同的标的物所有权转移也采用“交付主义”，故通常标的物的所有权转移与风险负担转移也是一致的。但是在动产所有权保留买卖合同与不动产买卖合同中，标的物的所有权转移并不遵循“交付主义”，而是由当事人约定或者依不动产登记转移所有权，所以可能出现标的物原物与标的物孳息不归同一人所有的情形。

（3）交付的所有权转移、风险负担以及孳息归属的关系

买卖合同的标的物所有权转移、风险负担以及孳息归属均与交付存在密切联系，也基本上由交付决定。对于不同种类的标的物，交付与标的物所有权转移、风险负担转移以及孳息归属转移的关系见表 5-2。

表 5-2 交付与标的物所有权转移、风险负担转移以及孳息归属转移的关系

标的物类型	所有权转移	风险负担转移	孳息归属转移
动产普通买卖合同	交付	交付	交付
动产所有权保留买卖合同	当事人约定时间	交付	交付
不动产买卖合同	过户登记	交付	交付

总之，除法律另有规定或者当事人另有约定外，对于动产普通买卖合同，标的物的所有权、风险负担以及孳息归属的转移均由交付决定；对于动产所有权保留买卖合同，标的物的所有权转移由当事人约定时间决定，但风险分担、孳息归属的转移仍然由交付决定；而对于不动产买卖合同，标的物的所有权转移由过户登记决定。

5.1.4 特殊买卖合同

《民法典》合同编除规定了普通买卖合同之外，也规定了几类特殊买卖合同，其特别之处在于合同订立方式、合同生效条件、交付方式、付款方式、质量标准等方面不同于一般买卖合同。

（1）分期付款买卖合同

分期付款买卖合同是指买受人于一定期限内分多次支付价款的买卖合同。根据《买卖合同司法解释》第 27 条的规定，“分期付款”系指买受人将应付的总价款在一定期限内至少分三次向出卖人支付。

分期付款合同交易中出卖人处于不利的地位，因此《民法典》综合平衡了买卖双方的权益，对双方都规定了相应的特殊保护规则。

1）对出卖人的特殊保护。《民法典》第 634 条规定：“分期付款的买受人未支付到期价款的数额达到全部价款的五分之一，经催告后在合理期限内仍未支付到期价款的，出卖人可以请求买受人支付全部价款或者解除合同。”出卖人选择请求买受人支付全部价款的，属于单方变更合同，即改变原合同的分期付款约定，改为要求买受人支付全部价款；出卖人选择解除合同的，属于单方解除合同，根据《民法典》第 634 条的规定，出卖人解除合同后还可以请求买受人支付标的物的使用费。

2）对买受人的特殊保护。《民法典》第 634 条关于五分之一的未支付价款比例规定属于法律强制性规定，如果支付到期价款的数额未达到全部价款的五分之一，则出卖人无权要求买受人支付全部价款或者解除合同。同时《买卖合同司法解释》第 27 条规定，双方不得另行约定低于这一比例，否则约定无效。

（2）试用买卖合同

试用买卖合同是指出卖人在合同成立时交付标的物给买受人试用，买受人在试用期间内决定是否购买的合同。试用买卖合同属于“体验式营销”，本质上属于一种附条件生效的买卖合同，买受人同意购买是试用买卖合同的生效条件。根据《民法典》第 638 条的规定，买受人同意购买可以通过明示行为、默示行为或者推定来确认。买受人以明示行为同意购买的，应采用书面或口头形式通知出卖人；买受人以默示行为同意购买的，试用期届满未作表示即为同意；买受人在试用期内已支付部分价款或对标的物实施了出卖、出租、设立担保物权等行为的推定同意购买。

《民法典》第 637 条、第 639 条、第 640 条关于试用买卖合同的主要规则包括：

1）试用期。如果合同双方有约定，从其约定；如果无约定，试用期由出卖人确定。

2）使用费。如果合同双方有约定，从其约定；如果无约定，使用费由出卖人承担。

3）风险负担。标的物在试用期内毁损、灭失的风险由出卖人承担。

买卖合同存在不属于试用买卖的情形。《买卖合同司法解释》第 30 条规定，以下情形不属于试用买卖：约定标的物经过试用或者检验符合一定要求时，买受人应当购买标的物；约定第三人经试验对标的物认可时，买受人应当购买标的物；约定买受人在一定期限内可以调换标的物；约定买受人在一定期限内可以退还标的物。

（3）样品买卖合同

样品买卖合同又称货样买卖合同，是指双方当事人约定一定的样品，出卖人交付的标的物必须与样品品质相同的买卖合同，其实质上是出卖人向买受人提供的一种质量担保。《民法典》关于样品买卖合同的主要规则为：

1）样品标准认定。根据《民法典》第 635 条的规定，样品买卖合同当事人应当封存样品，并可以对样品质量予以说明。出卖人交付的标的物应当与样品及其说明的质量相同。如果样品封存后外观和内在品质未发生变化，但与文字说明不一致，双方当事人不能达成合意时，应以样品为准；如果样品封存后外观和内在品质发生变化或双方当事人对是否发生变化不能达成合意且无法查明时，应以文字说明为准。

2）对买受人的特殊保护。根据《民法典》第 636 条的规定，样品买卖合同的买受人不知道样品有隐蔽瑕疵的，即使交付的标的物与样品相同，出卖人交付的标的物的质量仍然应当符合合同种物的通常标准。

5.2 国内货物买卖合同重点条款

买卖合同除了当事人、标的、数量、质量、价款、履行期限、履行地点和方式、违约责任和争议解决等合同应当具有的一般条款外，还应当包含包装方式、检验标准和方法、结算方式、合同使用的文字及其效力等其他特殊条款。每个买卖合同的具体情况不同，合同条款的内容也不尽相同。

通常而言，国内货物买卖合同一般包括以下重点条款：

（1）首部条款

首部条款主要是合同主体条款。为了确定合同的当事人，在合同中明确双方当事人的名称或者姓名，是买卖合同成立的必要条件。法人或者其他组织作为买卖合同当事人的，应当在合同中明确写明当事人的名称；自然人作为买卖合同当事人的，应当在合同中写明当事人的姓名。合同实践中，通常以“甲方”和“乙方”指代双方当事人，并可以称为“买方”和“卖方”，或者“买受人”和“出卖人”。

（2）标的物条款

标的物条款的主要内容包括标的物的名称、种类或者品种。

买卖合同的标的物，是指合同当事人权利义务所共同指向的对象，即作为民事法律关系客体之一的物，包括动产与不动产，可以由合同当事人实际支配，具有一定的经济价值。在买卖合同中将标的物的具体名称、品种等描述清楚，才不会引起误解，产生分歧。否则，合同履行就难以得到保证，容易产生纠纷。对于机电设备，除需要载明主机的名称、规格外，还应当明确约定随主机的辅机、配件、附件、易损耗备品和安装修理工具等的名称、规格等内容。

（3）品质条款

标的物的品质是指质量标准和规格。质量是检验标的物的内在品质和外观形态优劣的综合反映。合同必须明确标的物的品质，此为合同最主要的条款之一，也是最容易引起纠纷的问题。产品的质量标准在合同中约定不明确的，有国家标准的按国家标准执行；没有国家标准而有行业标准的，按行业标准执行；没有国家标准、行业标准的，按照通常标准或者符合合同目的的特定标准履行。

买卖双方应当在合同中写明执行的品质标准代号、编号和标准名称。没有上述标准的，或虽有上述标准但买受人有特殊要求的，按买卖双方在合同中商定的技术条件、样品或补充的技术要求执行。对成套产品，在合同中应明确规定附件的质量要求。在实践中，确定标的物的品质条款时一般应当采用通用的商业习惯和用语，通常确定标的物质量的方式有：

1）以样品确定标的物的质量。

2）以规格、等级或标准确定标的物的质量。

3）凭品牌、商标确定标的物的质量。

4）凭商品说明书确定标的物的质量。

5）以良好平均品质作为依据确定标的物的质量。

（4）数量条款

买卖双方应当在合同中约定标的物的数量，并且应当以通用的计量单位明确表示，或者以行业、交易习惯认可的计量单位表示。数量可以在合同中约定为一个确定的量，也可以约定为一个可变的量，但是可变的量在履行时应当是可以确定的。双方可以在合同中对计量方式、允许的误差范围等内容作出明确的约定。

（5）价款条款

1）价款的数额。支付价款是买卖合同买受人的主要义务，合同应当对价款的数额作出明确的约定。当事人约定的价款可以是一种确定的数额，也可以是可执行的计算方式，在履行时根据数量、质量和计算方式计算出具体的价款数额。

2）价款的支付方式。合同双方通常约定的支付方式有电汇、支票、汇票、本票等。

3）价款的支付进度。合同双方约定根据进度付款的，应当就每次付款的时间、数额等达成一致；未约定价款的支付进度的，应当认为是一次付清价款。

（6）交付条款

1）交付时间。买卖合同的交付期限是出卖人的交货时间，条款是确定双方按时履行和延迟履行义务的客观标准，可以按日、月、季度或年度计算。履行期限有履行日期和履行期间两种。履行日期是指履行时间不可分割，如“××××年9月1日交货”；履行期间指履行时间为一个时间区间，分始期和终期，如“××××年9月1日至30日间的任意一天交货”。根据履行期限的不同，合同可分为即时履行合同、定时履行合同和分期履行合同。

2）交付地点。交付地点是指出卖人交付货物或买受人提取货物的地点。双方对交付地点的约定具有重要意义，是确定货物验收地点的依据，也是运输费用由谁负担的依据，又是确定货物所有权和风险转移的依据。实践中，合同约定由出卖人送货的，交付地点为买受人所在地；出卖人代办托运的，交付地点一般为货物的发运地，货交第一承运人即完成交付；买受人自提货物的，交付地点为货物提货地。不动产买卖合同的交付地点则为不动产所在地。

3）交付方式。交付方式是指出卖人的交货方式和货物验收方式。实践中，可以选择出卖人送货或代办托运、买受人自提货物等方式。此外，双方还应约定运输工具以及运输路线等。

（7）包装条款

异地交付的合同必然存在运输及包装问题。包装不善可能导致货物受损，包装条款应规定货物安全交付买受人。

1）包装标准。货物包装应当按国家标准或行业标准规定执行，没有国家标准或行业标准的，可按承运人和托运人双方约定的标准进行包装。

2）包装材料。应明确约定木箱、纸箱等包装材料。

3）包装方式。应说明包装的内装数量。

4）包装费用。除国家另有特殊规定外，包装费用应当由出卖人承担，不应另向买受人收取包装费用。

5）包装标识。包装外面应当用醒目的字体注明货物名称、重量、体积、产地、目的地、装卸注意事项等。

6）包装物的回收。可以多次使用的包装物，合同双方可约定包装物回收条款。

（8）验收条款

验收是指买受人在接受出卖人交付的货物时，对标的物数量和质量进行检验、接收的行为。

1）验收时间和地点。买受人验收标的物的时间、地点一般与出卖人交货的时间、地点一致。买受人通常应当在货物到达目的地或卸货后的约定期限内进行检验，这个期限就是买受人提出异议的期限，也是买受人提出索赔的期限。

2）验收方法。合同双方可约定采用抽样检验、全面检验、凭样品验收等方式。对产品质量的验收、检验方法，按照国家有关规定执行，没有规定的由双方当事人协商确定。买卖双方当事人可根据需要商定检验机构。对货物质量的检验，尤其当双方对质量有异议时，需要由专门的产品检验机构来检验。

（9）支付条款

支付条款是对合同规定的价款以及实际支付的运杂费和其他费用的支付方式。当事人双方应在合同中规定开户银行、账户名称和账号。除国家允许使用现金履行义务的情形外，必须通过银行转账或者使用票据结算。此外，还应约定结算的货币种类。在国内买卖合同中，当事人应以人民币结算。

(10) 违约责任条款

违约责任是指当事人双方在合同中规定任何一方违反合同规定或者不按照合同规定履行时应承担的法律责任，一般违约责任的承担方式有继续履行、采取补救措施、赔偿损失、支付违约金、执行定金罚则等。当事人可以约定一种或多种违约责任承担方式，但违约金与定金不能一并主张，只能择其一主张。当事人也可以在合同中明确对货物实行修理、更换、折价、退货等责任。

(11) 担保条款

合同双方可以选择保证、履约保证金、抵押、质押等履约担保方式。

(12) 争议解决条款

合同争议的解决办法包括协商、调解、仲裁或诉讼。双方一般约定发生合同争议时，先行协商或通过第三方调解；协商或调解不成的，提交仲裁或诉讼最终解决。但仲裁和诉讼条款不能同时选择，当事人选择仲裁条款时，应当明确约定仲裁机构的名称。

(13) 合同生效条款

合同一般约定双方授权代表签字或签章后合同即行生效。双方也可约定附加生效条件，如合同在买受人收到出卖人的履约担保后生效等。

(14) 尾部条款

合同尾部条款一般包括当事人的名称或者姓名、住所、签章以及合同签订日期、地点等。

5.3　招标采购国内货物买卖合同管理

《民法典》第 644 条规定："招标投标买卖的当事人的权利和义务以及招标投标程序等，依照有关法律、行政法规的规定。"招标投标是订立合同的一种特殊方式，因此，招标采购买卖合同除具有买卖合同的一般特点之外，还应当符合招标投标法律法规的相关规定，体现招标采购合同的特殊性质。

通常而言，招标采购买卖合同管理工作应当关注如下要点：

(1) 招标采购买卖合同是要式合同

根据合同的成立是否需要特定的形式，可将合同分为要式合同与不要式合同。要式合同，是指法律、行政法规规定，或者当事人约定应当采用书面形式的合同。前者称为法定之要式合同，后者称为约定之要式合同。

《招标投标法》第 46 条规定："招标人和中标人应当自中标通知书发出之日起三十日内，按照招标文件和中标人的投标文件订立书面合同。"因此，通过招标投标方式订立的合同属于法定之要式合同。

《民法典》第 469 条规定："书面形式是合同书、信件、电报、电传、传真等可以有形地表现所载内容的形式。以电子数据交换、电子邮件等方式能够有形地表现所载内容，并可以随时调取查用的数据电文，视为书面形式。"目前中标合同采用的书面形式应当指合同书形式，应当由招标人、中标人双方当事人签字或者盖章订立。

(2) 招标采购货物买卖合同的主体是法人或者非法人组织

《招标投标法》第 8 条规定："招标人是依照本法规定提出招标项目、进行招标的法人或者其他组织。”第25条规定：“投标人是响应招标、参加投标竞争的法人或者其他组织。依法招标的科研项目允许个人参加投标的，投标的个人适用本法有关投标人的规定。”而《民法典》第2条又将民事主体划分为自然人、法人和非法人组织。因此，根据《民法典》的规定，招标采购货物买卖合同的买受人（即招标人）和出卖人（即中标人）都应当是法人或非法人组织，特殊情况下才允许自然人投标。

（3）招标采购货物买卖合同不能进行转让

根据《民法典》的规定，债权人可以将合同的权利全部或者部分转让给第三人，但有下列情形之一的除外：

1）根据债权性质不得转让。

2）按照当事人约定不得转让。

3）依照法律规定不得转让。

《招标投标法》第48条规定：“中标人应当按照合同约定履行义务，完成中标项目。中标人不得向他人转让中标项目，也不得将中标项目肢解后分别向他人转让。”故招标采购合同属于《民法典》规定的依照法律规定不得转让的合同。

因此，招标采购货物买卖合同在签订后，除非发生被兼并、重组等法定情形，当事人不能任意将合同转让。否则，将构成非法转包，违反招标投标的基本规则，使招标投标程序失去意义。

（4）审核和确认合同当事人主体相关信息

合同主体信息包含当事人的名称、住所、法定代表人或者单位负责人、资格与资信等方面内容。合同主体信息影响合同履行的全过程，应当重点进行审查与确认，必要时可以进行实地考察。资格审查的目的是确认当事人是否具备订立合同的资格，并核实当事人是否具有实际履行的能力。审核内容主要包括资格证明文件，如营业执照、银行资信证明等。

（5）审核合同内容的完备性和严谨性

签署要素全面、内容完备严谨的买卖合同是确保合同当事人顺利履行合同义务的重要保障，因此，合同当事人应当重视合同的签订管理，确保合同的完备性和严谨性。签订货物买卖合同时应重点注意如下问题：

1）合同应当载明标的物的全称以及具体规格、型号等；标的物的数量、价款应当明确，包括计量单位、单价、总价及币种等。

2）合同应明确约定标的物的质量要求，以便于验收，并避免产生歧义和纠纷。如果约定标的物附有说明书，则交付的标的物应符合说明书的质量要求。

3）合同应当约定采取足以保护标的物的包装方式，以免发生货损，引起纠纷；未作约定的，应当采取通用的包装方式。

4）因合同履行期限关系着买受人合同目的的实现，也影响着出卖人延期供货违约责任的承担，为此，合同当事人应对合同履行期限作明确具体的约定。

5）因合同标的物的交付影响着货物所有权以及风险的转移，为此，合同当事人应明确约定交付的时间、地点及方式。

（6）重视货物验收与单据管理

合同的检验条款应当具体约定检验的时间、地点、标准和方法，以及买受人发现质量问题提出异议的时间、出卖人答复的时间、发生质量争议的鉴定机构等。买受人收取标的物后应当在合同约定的检验期间内对标的物进行检验，发现标的物的数量或质量与合同不符的，应在检验期内通知出卖人；买受人怠于通知的，视为所交货物符合约定。合同没有约定检验期间的，买受人应及时检验，并在发现问题的合理期间内通知出卖人。另外，在货物的检验、交付过程中，应签署并保管好验收单、移交单等单据。

(7) 确保结算支付的安全性

订立货物买卖合同时应明确结算支付的方式。结算货款过程中，应审核、查验票据是否与合同一致，以及票据的真实性。

(8) 其他注意事项

1）应保证合同当事人名称首尾一致，加盖的公章或合同专用章的名称与合同当事人名称一致，法定代表人或者单位负责人、委托代理人的姓名与真实姓名一致。此外，应确认代理人签订合同时具有合法有效的代理权；非法定代表人签订合同时，应审查其授权情况，包括授权范围、授权期限等。

2）防范合同欺诈。合同欺诈的情况比较复杂，但在订立合同时如果能进行积极的事前防范，如要求对方当事人提供履约担保等，可以有效地避免合同风险。此外，当合同履行出现纠纷时应注意妥善保留证据，积极应对，必要时可以积极行使诉权，通过司法救济保护自己的权利。

3）使用标准合同范本。订立合同时应尽量参照国家有关部门颁布的标准合同范本，以保证合同的规范性和严谨性，并可结合具体交易情况适当调整合同部分条款内容。此外，必要时可以咨询有招标经验的专业人员和专业律师，以保证合同的合法性和专业性。

5.4 案例分析

【案例 5-1】委托采购电机项目中的付款义务承担

(1) 案例背景

甲公司与乙公司签订委托合同，由甲公司委托乙公司采购某型号 100 台电机，并预先支付购买电机的费用 50 万元。乙公司经考察发现 A 市 X 区的丙公司有一批质优价廉的名牌电机，遂以自己的名义与丙公司签订了一份电机买卖合同，双方约定：乙公司从丙公司购进 100 台电机，总价款 130 万元，乙公司先行支付 30 万元定金；由丙公司负责送货，将全部电机运至 B 市 Y 区，货到验收后一周内乙公司付清全部款项。丙公司在发货时，工作人员误发成 102 台。在运输途中，由于被一车追尾，20 台电机遭到不同程度的损坏。乙公司在 Y 区合同约定地点清点了货物，并将电机多发 2 台以及损坏 20 台的情况通知了丙方及甲方，甲方不同意接收多送的电机，后乙方将 100 台电机交付甲公司。由于电机滞销，甲公司一直拒付货款，导致乙公司一直无法向丙公司支付货款。交货 2 个星期后，乙公司向丙公司披露了是受甲公司委托代为购买电机的情况。

(2) 问题

1）丙公司事先并不知晓乙公司系受甲公司委托购买电机，知悉这一情况后，丙公司能否要求甲公司支付货款？

2）乙公司与丙公司订立的合同中的定金条款效力如何？

3）甲公司是否有权拒收多送的 2 台电机？

4）如果追尾的肇事车辆逃逸，20 台受损电机的损失应由谁承担？

5）如果丙公司以乙公司为被告提起诉讼，在诉讼过程中，丙公司认为要求甲公司支付货款更为有利，能否改为主张由甲公司履行合同义务？

（3）案例分析

1）丙公司可以要求甲公司支付货款。受托人以自己名义与第三人订立合同时，因委托人的原因对第三人不履行义务，受托人向第三人披露委托人后，第三人可以选择受托人或者委托人作为相对人主张其权利。（《民法典》第 926 条规定："受托人因委托人的原因对第三人不履行义务，受托人应当向第三人披露委托人，第三人因此可以选择受托人或者委托人作为相对人主张其权利，但是第三人不得变更选定的相对人。"）

2）合同中的定金条款部分无效。因为定金数额不得超过合同标的的 20%，超出部分无效。（《民法典》第 586 条规定："定金的数额由当事人约定；但是，不得超过主合同标的额的百分之二十，超过部分不产生定金的效力。"）

3）甲公司有权拒收多送的电机。（《民法典》第 629 条规定："出卖人多交标的物的，买受人可以接收或者拒绝接收多交的部分。买受人接收多交部分的，按照约定的价格支付价款；买受人拒绝接收多交部分的，应当及时通知出卖人。"）

4）损失应由丙公司承担。标的物交付前发生的损失应由出卖人承担。（《民法典》第 604 条规定："标的物毁损、灭失的风险，在标的物交付之前由出卖人承担，交付之后由买受人承担，但是法律另有规定或者当事人另有约定的除外。"）

5）丙公司不能改为主张由甲公司履行合同义务。因为第三人选定了相对人后，不能变更选定的相对人。（《民法典》第 926 条规定："受托人因委托人的原因对第三人不履行义务，受托人应当向第三人披露委托人，第三人因此可以选择受托人或者委托人作为相对人主张其权利，但第三人不得变更选定的相对人。"）

【案例 5-2】无权代理签订采购合同的效力与责任承担

（1）案例背景

甲公司委派业务员王某去乙公司采购钢材，王某持盖章空白合同书以及采购钢材授权委托书前往。甲公司、乙公司于 3 月 1 日签订钢材买卖合同，约定由乙公司代办托运，货交承运人丙公司后即视为完成交付。钢材总价款为 100 万元，货交丙公司后甲公司付 50 万元货款，货到甲公司后再付清余款 50 万元。双方还约定，甲公司向乙公司交付的 50 万元货款中包含定金 20 万元，如果任何一方违约，需要向守约方赔付违约金 30 万元。

王某在签订钢材买卖合同时，发现乙公司尚有部分水泥要出售，认为时值水泥销售旺季，遂于 2010 年 3 月 1 日擅自决定与乙公司再签订一份水泥买卖合同，总价款为 100 万元，仍由乙公司代办托运，货交丙公司后即视为完成交付。其他条款与钢材买卖合同的约定相同。同年 4 月 1 日，乙公司按照约定将钢材和水泥交给丙公司，甲公司将 50 万元钢材货款和 50 万元水泥货款汇付给乙公司。按照运输合同，丙公司应在十天内将钢材和水泥运至甲公司。

同年 4 月 5 日，甲公司、丁公司签订以 120 万元价格转卖钢材的合同。同年 4 月 7 日因钢材价格大涨，甲公司又以 150 万元价格将钢材卖给戊公司，并指示丙公司将钢材运交戊公司。同年 4 月 8 日，丙公司运送钢材过程中，因山洪暴发钢材全部毁损。戊公司因未收到货物拒不付款，甲公司因未收到戊公司货款拒绝支付乙公司钢材尾款 50 万元。

后水泥行情暴涨，丙公司以自己的名义按 130 万元价格将水泥转卖给不知情的己公司，并迅即交付，但尚未收取货款。甲公司得知后，拒绝追认丙公司行为。

（2）问题

1）钢材运至丙公司时，所有权归谁？

2）甲公司与丁公司、戊公司签订的转卖钢材合同的效力如何？

3）钢材在运往戊公司途中毁损的风险由谁承担？

4）甲公司能否以未收到戊公司的钢材货款为由，拒绝向乙公司支付尾款？

5）乙公司未收到甲公司的钢材尾款，可否同时要求甲公司承担定金责任和违约金责任？

6）甲公司与乙公司签订的水泥买卖合同的效力如何？

（3）案例分析

1）钢材运至丙公司时，所有权归甲公司。因为钢材是动产，除合同有特别约定外，以交付作为其所有权转移的标志。甲公司和乙公司约定，钢材交给丙公司时视为完成交付，故此时甲公司是钢材所有权人。

2）甲公司与丁公司、戊公司签订的转卖钢材的合同有效。钢材在交付之前，甲公司仍有所有权，享有处分权，出卖人就同一标的物订立的多重买卖合同，合同的效力相互之间是不排斥的。

3）钢材在运往戊公司途中毁损的风险由戊公司承担。在途货物的买卖，自买卖合同签订之日起，标的物意外毁损、灭失的风险由买方承担。故钢材毁损、灭失的风险由买方戊公司承担。(《民法典》第 606 条规定：“出卖人出卖交由承运人运输的在途标的物，除当事人另有约定外，毁损、灭失的风险自合同成立时起由买受人承担。”)

4）甲公司不能以未收到戊公司的钢材货款为由，拒绝向乙公司支付尾款。因为合同具有相对性，甲公司、乙公司是钢材买卖合同的当事人，甲公司不能因为第三人戊公司的原因拒付尾款。

5）乙公司未收到甲公司的钢材尾款，不能同时要求甲公司承担定金责任和违约金责任。因为甲公司和乙公司钢材买卖合同中既约定定金又约定违约金，乙公司只能选择适用违约金或者定金。(《民法典》第 588 条规定：“当事人既约定违约金，又约定定金的，一方违约时，对方可以选择适用违约金或者定金条款。”)

6）甲公司与乙公司签订的水泥买卖合同有效。因为甲公司向乙公司支付 50 万元水泥货款的行为，表示其已对王某无权代理行为进行了追认。(《民法典》第 171 条规定：“行为人没有代理权、超越代理权或者代理权终止后，仍然实施代理行为，未经被代理人追认的，对被代理人不发生效力。”《民法典》第 172 条规定：“行为人没有代理权、超越代理权或者代理权终止后，仍然实施代理行为，相对人有理由相信行为人有代理权的，代理行为有效。”《民法典》第 503 条规定：“无权代理人以被代理人的名义订立合同，被代理人已经开始履行合同义务或者接受相对人履行的，视为对合同的追认。”)

【案例 5-3】空调采购合同标的物毁损的责任承担

（1）案例背景

A 市的甲公司与 B 县的乙公司于同年 7 月 3 日签订一份空调买卖合同，约定甲公司向乙公司购进 100 台空调，每台空调单价 2000 元，乙公司负责在 B 县代办托运，甲公司于货到后立即付款，同时约定若发生纠纷由合同履行地的法院管辖。乙公司于同年 7 月 18 日在 B 县的火车站发出了该 100 台空调。甲公司由于发生资金周转困难，于同年 7 月 19 日传真告知乙公司自己将不能履行合同。乙公司收到传真后，努力寻找新的买家，于同年 7 月 22 日与 C 市的丙公司签订了该 100 台空调的买卖合同。合同约定：丙公司买下 100 台托运中的空调，每台单价 1900 元，丙公司于订立合同时向乙公司支付 10000 元定金，在收到货物后 15 天内付清全部货款；在丙公司付清全部货款前，乙公司保留对空调的所有权；如有违约，违约方应承担合同总价款百分之二十的违约金。乙公司同时于当日传真通知甲公司解除与甲公司签订的合同。铁路运输公司在运输过程中于同年 7 月 21 日遇上泥石流，30 台托运中的空调毁损。丙公司于同年 7 月 26 日收到 70 台完好无损的空调后，又与丁公司签订合同准备将这 70 台空调全部卖与丁公司。同时丙公司以其未能如约收到 100 台空调为由拒绝向乙公司付款。

（2）问题

1）乙公司在与甲公司的合同履行期届满前解除合同的理由是什么？在此解除合同的情形下，乙公司能否向甲公司主张违约责任？

2）假设甲公司以乙公司解除合同构成违约为由向法院起诉，何地法院有管辖权？

3）遭遇泥石流而毁损的空调的损失应由谁承担？

4）乙公司认为丙公司拒绝付款构成违约，决定不返还其定金，还要求其支付 38000 元的违约金，其主张能否得到支持？

（3）案例分析

1）乙公司在与甲公司的合同履行期届满前解除合同的理由是预期违约。在此解除合同的情形下，乙公司可以向甲公司主张违约责任。（《民法典》第 578 条规定：“当事人一方明确表示或者以自己的行为表明不履行合同义务的，对方可以在履行期限届满前请求其承担违约责任。”）

2）B 县人民法院有管辖权。因为双方的协议管辖有效，合同的履行地为货物发运地 B 县，所以 B 县人民法院有管辖权。（《民法典》第 511 条第 3 项规定：“履行地点不明确，给付货币的，在接受货币一方所在地履行；交付不动产的，在不动产所在地履行；其他标的，在履行义务一方所在地履行。”）

3）遭遇泥石流而毁损的空调的损失应由甲公司承担。因为本案例中货物运输模式为代办托运，风险自交付第一承运人时转移，乙公司已经完成交付，因此风险应由甲公司承担。（《民法典》第 604 条规定：“标的物毁损、灭失的风险，在标的物交付之前由出卖人承担，交付之后由买受人承担，但是法律另有规定或者当事人另有约定的除外。”）

4）乙公司的违约金主张不能得到支持。本案中乙公司既主张定金又主张违约金，根据《民法典》第 588 条：“当事人既约定违约金，又约定定金的，一方违约时，对方可以选择适用违约金或者定金条款。”违约金和定金不能并用，因此违约金主张不能得到支持。

第 6 章　国际货物买卖合同管理

与国内货物买卖相比，国际贸易的买卖双方分处不同的国家或地区，货物交接、国际运输与保险安排、支付工具选用、进出口手续办理等问题均与国内货物买卖活动显著不同，需要在相对复杂的交易条件下达成一致。因此，国际货物买卖合同管理的任务更为复杂，面临的风险和不确定性更高。本章将对国际货物买卖合同的特点、相关法律制度、国际货物买卖合同的重点条款以及国际货物买卖合同的管理要点进行逐一介绍。

6.1　国际货物买卖合同的特点

国际货物买卖合同又被称为外贸合同或进出口贸易合同，即营业地处于不同国家或地区的当事人就商品买卖所发生的权利和义务关系而达成的书面协议。

国际货物买卖合同除具备货物买卖合同的一般性质外，还具有以下特点：

（1）合同适用规则的特殊性

国际货物买卖合同具有涉外因素，调整国际货物买卖合同的法律涉及不同国家的法律制度、国际经济条约或国际商业惯例。概括起来，国际货物买卖合同适用的规则除了合同约定之外，还包括：

1）国内法。包括《民法典》《对外贸易法》《出口管制法》《海商法》《票据法》《海关法》《最高人民法院关于审理信用证纠纷案件若干问题的规定》等。

2）国际经济条约。条约分为双边条约和多边条约。其中，占主导地位的是多边条约，各国在缔结多边条约时可以作出保留性声明，如 1980 年颁布的《联合国国际货物销售合同公约》等。

3）国际商业惯例。如《2020 年国际贸易术语解释通则》《跟单信用证统一惯例》（UCP600）等。

4）国际上有约束力的其他规则。

（2）合同主体的特殊性

国际货物买卖合同的主体具有跨境和国际性，其认定标准是订立国际货物买卖合同的当事人的营业地是否在不同的国家，而非合同当事人的国籍。

（3）合同标的物的特点

国际货物买卖合同的标的物是货物，即有形动产。股票、债券、投资证券、流通票据等，以及不动产和提供劳务的交易都不属于国际货物买卖合同的标的物。

（4）合同内容的特殊性

国际货物买卖合同具有涉外因素，当事人的营业地处于不同的国家或地区，合同的订立及履行有可能在不同的国家或地区境内完成。同时，合同标的货物的跨国移动涉及的国际运输、保险、进出口海关、商检手续、国际支付工具、许可证及工业知识产权保护等方面的问题比较复杂，风险也比较高，合同双方当事人要与政府、生产厂家、港口、代理商、运输公司、船主、保险公司、仓管、担保公司或银行发生法律关系。长距离运输可能遇到各种风险，使用外汇支付货款和采用国际结算方式，可能发生汇率风险。此外，还涉及有关政府对外贸易法律和政策的改变。买卖合同本是相对简单的当事人权利、义务、风险责任的综合体，国际货物买卖合同是当事人权利、义务和责任的多方关联综合体。

（5）争议解决方式的特殊性

通常情况下，由于一国法院判决缺乏在另一国的执行力或者合同主体对他国法院的管辖缺乏信心，国际货物买卖合同较多选择并使用基于《纽约公约》的国际商事仲裁作为争议解决的手段。同时，由于不同国家和地区的仲裁机构、仲裁制度、仲裁员群体以及仲裁的理念存在差异，对国际货物买卖合同的争议风险管理也极具挑战。

6.2 国际货物买卖相关法律制度

6.2.1 1980 年《联合国国际货物销售合同公约》

联合国国际贸易法委员会于 1978 年完成了《联合国国际货物销售合同公约》（以下简称《货物销售合同公约》）的起草工作，1980 年在维也纳外交会议上讨论并通过了此项公约，公约于 1988 年 1 月 1 日正式生效，分 4 部分，共 101 条。我国于 1986 年批准加入该公约，同年 12 月 11 日交存核准书。公约的主要内容包括适用范围、合同的订立、货物销售以及最后条款等。

（1）《货物销售合同公约》的适用范围

1）《货物销售合同公约》的主体适用范围。根据公约第 1 条的规定，公约适用于营业地在不同国家的当事人之间所订立的货物销售合同，这些国家是缔约国，或国际私法规则导致适用某一缔约国的法律。该条款包括两层含义：

①《货物销售合同公约》规定的国际货物销售合同的国际因素以当事人的营业地位于不同国家为标准，而不考虑当事人的国籍。例如，营业地在中国的中国籍 A 公司与营业地在德国的中国籍 B 公司订立的货物买卖合同可以适用《货物销售合同公约》，而营业地在中国北京的中国籍 C 公司与营业地在中国南京的德国籍 D 公司订立的货物买卖合同原则上不能适用《货物销售合同公约》。

②如果合同双方或者一方当事人的营业地不在缔约国，但依据国际私法规则应适用缔约国法律的，《货物销售合同公约》也适用于双方订立的货物销售合同。该条款即为《货物销售合同公约》允许反致的规定，但我国在司法实践中不承认反致，因此我国在加入《货物销售合同公约》时对此提出了保留。

2）《货物销售合同公约》的客体适用范围。《货物销售合同公约》在界定货物买卖的范围时，采用了排除法，以下种类的货物买卖鉴于交易性质、交易方法及标的物的特殊性，不在该公约适用范围之内：

①购买供私人、家人或家庭使用的货物的销售。个人消费品买卖合同涉及消费者权益保护问题，不同国家的规定差异较大且大多数具有强制性，因此《货物销售合同公约》排

除了个人消费品的适用。

②经由拍卖的销售。拍卖属于比较特殊的交易方式，《货物销售合同公约》认为应当由各国国内法管辖此类交易。

③根据法律执行令状或其他令状的销售。此类交易属于公权力介入的特殊情形，《货物销售合同公约》认为应当适用各国国内法管辖。

④公债、股票、投资证券、流通票据或货币的销售。部分国家不承认该类标的物为货物，不是通常的国际货物买卖，因此《货物销售合同公约》排除了其适用。

⑤船舶、船只、气垫船或飞机的销售。此类特殊动产的交易应当履行过户登记手续，但不同国家关于过户登记的规定差异较大，因此公约排除了其适用。

⑥电力的销售。因电力具有不可触及的物理特性，在部分国家不被视为货物，因此公约排除了其适用。

此外，《货物销售合同公约》第 3 条还排除了对大部分义务是提供服务的合同的适用。大部分义务是提供货物的买卖合同适用公约；大部分义务是提供服务的买卖合同不适用公约；合同由买卖和劳务两部分组成的，公约仅适用于买卖合同部分。

3）《货物销售合同公约》适用的任意性。公约第 6 条规定，合同双方当事人可以约定不适用《货物销售合同公约》，或者减损公约的任何规定或改变其效力。因此，公约的适用具有任意性，而不具有强制性，主要表现为：

①双方当事人可以约定准据法而完全排除公约的适用。准据法是指经冲突规范指定援用来具体确定民商事法律关系当事人权利与义务的特定的实体法。当事人可以在买卖合同中约定选择其他法律而排除适用公约。例如，营业地在中国的 A 公司与营业地在德国的 B 公司订立买卖合同，合同条款约定适用《民法典》，该约定将完全排除公约的适用。

②双方当事人可以约定国际贸易术语而部分排除公约的适用。当事人可以在买卖合同中约定部分地适用公约，或对公约内容进行改变。例如，双方在合同中约定选用 CIF（成本、保险费加运费）贸易术语，则贸易术语的内容应优先适用，贸易术语没有涉及而公约规定的内容，不因贸易术语的选用而被排除。

4）我国对《货物销售合同公约》适用的保留。我国在核准公约时，曾经提出了两项保留：

①合同形式保留。我国在 2013 年已撤回该项保留，即我国不再要求国际货物买卖合同必须采用书面形式订立。

②私法适用保留。公约第 1 条规定允许通过国际私法的引用而使公约适用于非缔约国。我国在核准公约时对这项提出了保留，即我国仅同意对合同双方的营业地所在国均为缔约国的当事人订立的国际货物买卖合同才适用《货物销售合同公约》。

5）《货物销售合同公约》未涉及的法律问题。由于不同国家的法律制度差异较大，为吸纳更多的国家加入公约，公约并未对所有涉及国际货物买卖合同的法律问题都进行规定，主要未涉及以下几方面的法律问题：

①合同的效力。不同国家对订立国际货物买卖合同的主体和标的的规定差异较大，公约无法统一规定。而合同的主体和标的都是影响合同效力的要件，故《货物销售合同公约》回避了合同的效力问题。但是公约对合同的成立有明确规定，公约规定国际货物买卖

合同的成立适用要约、承诺制度，承诺生效时合同成立。因此，《货物销售合同公约》虽然不调整合同的效力，但是调整合同的成立。

②合同货物的所有权转移。国际货物买卖合同的货物所有权转移方式依货物的运输方式不同而不同。例如：由于各国法律均规定海运提单具有物权凭证效力，故海运方式下移交提单即为货物的所有权转移；而如果采用航空运输，由于航空运单不具有物权凭证效力，故航空运输方式下货物所有权随实际交付而转移，并非随移交运单而转移。因此公约没有规定货物的所有权何时从卖方转移到买方。但是应当注意，公约对货物的所有权担保义务有明确规定，要求卖方对货物具有完全的所有权或者合法的处分权。

③合同货物的产品侵权责任。国际货物买卖合同的货物引起的人身伤亡责任在性质上属于侵权问题，而《货物销售合同公约》仅调整合同之债，不调整侵权之债，因此公约对货物引起的死亡或伤害责任问题没有作出规定。但是，公约明确规定了卖方的质量担保义务，要求卖方保证交付的货物与合同约定或者公约规定相符。因此，公约虽然不调整产品侵权责任问题，但是调整质量担保事项。

(2)《货物销售合同公约》不同于《民法典》对国际货物买卖合同双方义务的特殊规定

公约对国际货物买卖合同双方权利和义务的绝大部分规定与我国《民法典》相同，但是公约对买卖双方合同义务也有个别特殊规定：

1）对卖方义务的特殊规定。

①交单义务。公约第34条规定，如果卖方有义务移交与货物有关的单据，其应当按照合同约定的时间、地点和方式移交。如果卖方提前交单，则可以享有在交单时限届满前纠正单据错误的权利，但该项权利的行使不得使买方遭受不合理的不便利或承担不合理的开支，否则买方有权要求卖方进行损害赔偿。

②知识产权担保义务及免责。由于知识产权具有鲜明的地域性，要求卖方承担全世界范围的知识产权担保义务有失公平。因此，公约第42条仅要求卖方承担涉及两处地域的知识产权担保义务：一是买方营业地；二是合同预期的转售或使用地。此外，公约第42条还规定了卖方的知识产权担保义务的两种免责情形：一是买方订立合同时知道或者不可能不知道此项知识产权权利要求；二是此项知识产权权利或要求的发生是由于卖方需要遵照买方所提供的技术图样、图案、款式或规格供货。

2）对买方义务的特殊规定。

①接收货物义务及免责。《货物销售合同公约》第60条规定了买方接收货物的两项义务：一是采取一切理应采取的行动，以期卖方能够交付货物；二是应提取货物，否则应当承担因未按时提取而扩大的损失或由此产生的费用。特别应当注意的是，即使卖方交付的货物存在质量瑕疵，买方也应当接收货物，不得拒收；但是，接收不等于接受，质量瑕疵构成根本违约的，买方即使接收了货物也不影响其退换货物的权利。此外，公约第52条还规定了买方免于接收义务，即有权拒收的两种情形：一是卖方提前交货；二是卖方多交货时买方有权拒收多交的部分。

②检验货物。《货物销售合同公约》对买方检验货物的时限、地点以及声明货物不符的时限等都有明确规定：

A. 检验货物的时限。《货物销售合同公约》第38条规定，买方必须在按情况实际可行的最短时间内检验货物或者由他人检验货物。

B. 检验货物的地点。《货物销售合同公约》第 38 条第 2 款和第 3 款规定，如果合同涉及货物的运输，检验可以推迟到货物到达目的地后进行；如果货物在运输途中改运或者买方须再发运货物，没有合理的机会进行检验，而卖方在订立合同时就已经知道或者应当知道这种改运或再发运的可能性，则检验可以推迟到货物到达新目的地后进行。

C. 声明货物不符的时限。《货物销售合同公约》第 39 条规定，买方对货物不符合合同约定的权利主张，必须在发现或者应当发现不符情形后的合理时间内通知卖方，说明不符合同情形的性质，否则就丧失了声称货物不符合同的权利。无论如何，如果买方没有在实际收到货物之日起两年内将货物不符合同情形通知卖方，买方就丧失了声称货物不符合同的权利，除非这一时限与合同规定的保证期限不符。因此，除非合同双方另有约定，买方声明货物不符合同的最长时限为接收货物起两年。

6.2.2 《2020 年国际贸易术语解释通则》

国际贸易术语是用来表示国际货物买卖的交货条件和价格构成因素的专门用语。了解国际贸易中现行的各种贸易术语及其相关的国际贸易惯例，不仅有利于正确约定交货条件和合理确定成交价格，而且也有利于在履约过程中正确运用贸易术语和按国际贸易惯例行事。

（1）贸易术语的概念与类别

贸易术语是在长期的国际贸易实践中逐渐产生和发展起来的。在国际贸易中，确定一种商品的成交价，不仅依据其本身的价值，还要考虑到商品从产地运至最终目的地的过程中，有关的手续由谁办理、费用由谁负担以及风险如何划分等一系列问题。贸易术语具有两重性：一方面，它可以用来确定交货条件，即说明买卖双方在交接货物时各自承担的风险、责任和费用；另一方面，又可以用来表示该商品的价格构成因素。这二者是紧密相关的。

国际商会为了统一对各种贸易术语的解释制定了《2020 年国际贸易术语解释通则》(INCOTERMS 2020，以下简称《贸易术语通则》）“国际贸易术语解释通则”原文为 International Rules for the Interpretation of Trade Terms (INCOTERMS)，《贸易术语通则》包含 11 种术语，按不同类别分为 E、F、C、D 四个组。E 组只包括一种贸易术语——EXW，这是在商品产地交货的贸易术语。F 组包含 FCA、FAS 和 FOB 三种术语，按这些术语成交，卖方须将货物交给买方指定的承运人，从交货地至目的地的运费由买方负担。C 组包括 CFR、CIF、CPT、CIP 四种术语，采用这些术语时，卖方要订立运输合同，但不承担从装运地启运后所发生的货物损坏或灭失的风险及额外费用。D 组包括 DPU、DAP 和 DDP 三种术语，按照这些术语达成交易，卖方必须负担将货物运往指定的进口国交货地点的一切风险、责任和费用。

（2）E 组贸易术语

E 组只包括一种贸易术语，即 EXW，英文全称是 Exchange Works (... named place)，即工厂交货（……指定地点）。这一贸易术语代表在商品的产地或所在地交货。在 EXW 术语后面要注明产地名称，如对外报价或签约时，报出某种商品的价格为 USD6.45 per doz. EXW ×× Factory，Shanghai。这就说明，双方约定在上海的××工厂交货。

按照 EXW 术语，成交、交货地点、风险划分界限、买卖双方各自承担的主要责任和费用以及其适用的运输方式等问题可归纳如下：

1）货物的交付。卖方在合同中约定的时间，在商品的产地或所在地（如工厂、仓库）将合同规定的货物置于买方的处置之下时，完成交货。

2）风险的转移。卖方在合同规定的时间、地点完成其交货义务时，风险转移。

3）通关手续的办理。买方自负风险和费用，取得出口和进口许可证或其他官方批准证件，并且办理货物出口和进口所需的一切海关手续。

4）主要费用的划分。卖方承担交货之前的一切费用，买方承担受领货物之后所发生的一切费用，包括将货物从交货地点运往目的地的运输、保险和其他各种费用，以及办理货物出口和进口的一切海关手续所涉及的关税和其他费用。

5）适用的运输方式。EXW 术语适用于各种运输方式。

(3) F 组贸易术语

本组包括三种贸易术语：FCA、FAS 和 FOB。它们都是由买方负责订立从交货地点至目的地的运输合同，并承担有关费用。

1）FCA 术语。FCA 的全称是 Free Carrier（... named place），即货物承运人（……指定地点）。卖方要在规定的时间、地点把货物交给买方指定的承运人完成其交货义务。例如，中国 A 公司与美国 B 公司按照 FCA 条件订立了一份货物买卖合同，合同中的价格条款约定：USD8.60 per piece FCA Dalian Airport。这就是约定卖方在大连的机场交货。采用 FCA 术语成交时，买卖双方的义务和适用的运输方式可概括如下：

①货物的交付。卖方在合同中约定的时间和地点，将合同中规定的货物交给买方指定的承运人或其他人，完成交货。

②风险的转移。卖方承担将货物交给承运人控制之前的风险，买方承担货物交给承运人控制之后的风险。

③通关手续的办理。卖方自负风险和费用，取得出口许可证或其他官方批准证件，并且办理货物出口所需的一切海关手续；买方自负风险和费用，取得进口许可证或其他官方批准证件，并且办理货物进口所需的一切海关手续。

④主要费用的划分。卖方承担在交货地点交货前所涉及的各项费用，包括办理货物出口所应交纳的关税和其他费用；买方承担在交货地点交货后所涉及的各项费用，包括办理货物进口所涉及的关税和其他费用。此外，买方要负责签订从指定地点承运货物的合同，支付有关的运费。

⑤适用的运输方式。FCA 术语适用于各种运输方式。

2）FAS 术语。FAS 的全称是 Free Alongside Ship（... named port of shipment），即船边交货（……指定装运港）。

FAS 术语通常称作装运港船边交货。例如，中国 A 公司与美国 B 公司按照 FAS 条件订立了一份货物买卖合同，合同中的价格条款约定：USD8.60 per piece FAS Tianjin。这就是说，卖方要在合同规定的天津装运港船边交货。采用 FAS 术语时，买卖双方的义务和适用的运输方式可概括如下：

①货物的交付。卖方在合同规定的时间和装运港口，将合同规定的货物交到买方所派船只的旁边，完成交货。

②风险的转移。卖方在装运港将货物交到买方所派船只的旁边时，风险转移。

③通关手续的办理。卖方自负风险和费用，取得出口许可证或其他官方批准证件，并且办理货物出口所需的一切海关手续；买方自负风险和费用，取得进口许可证或其他官方批准证件，并且办理货物进口所需的一切海关手续。

④主要费用的划分。卖方承担交货之前的一切费用，包括办理货物出口所应交纳的关税和其他费用；买方承担受领货物之后所发生的一切费用，包括装船费用、将货物从装运港运往目的港的运输和其他各种费用，以及办理货物进口所涉及的关税和其他费用。

⑤适用的运输方式。FAS 术语适用于水上运输方式。

FAS 与 FCA 相比较，在买卖双方的义务划分上，有许多相似之处，主要区别在于交货地点和风险转移的界限。FCA 在合同约定的地点交货，风险在货交承运人时转移；FAS 在装运港交货，风险在货物交到船边时转移。另外，FCA 适用于各种运输方式，而 FAS 仅适用于水上运输方式。

3）FOB 术语。FOB 的全称是 Free On Board（... named port of shipment），即船上交货（……指定装运港），习惯称为装运港船上交货。装运港船上交货是国际贸易中常用的贸易术语之一。例如，中国 A 公司与美国 B 公司按照 FOB 条件订立了一份货物买卖合同，合同中的价格条款约定：USD6.40 per piece FOB Tianjin。这就是约定由买方负责派船到装运港天津，卖方在天津港口的船上交货。采用 FOB 术语时，买卖双方的义务和适用的运输方式可概括如下：

①货物的交付。卖方在合同中约定的时间和装运港，将合同规定的货物交到买方指派的船上，完成交货，并及时通知买方。

②风险的转移。货物灭失或损坏的风险在货物交到船上时转移。

③通关手续的办理。卖方自负风险和费用，取得出口许可证或其他官方批准证件，并且办理货物出口所需的一切海关手续；买方自负风险和费用，取得进口许可证或其他官方批准证件，并且办理货物进口所需的一切海关手续。

④主要费用的划分。卖方承担交货前所涉及的各项费用，包括办理货物出口所应交纳的关税和其他费用；买方承担交货后所涉及的各项费用，包括从装运港到目的港的运费，以及办理进口手续时所应交纳的关税和其他费用。

⑤适用的运输方式。FOB 术语适用于水上运输方式。

FOB 与 FAS 相比较，二者都是在装运港交货，都只适用于水上运输方式。主要区别在于：FAS 是在装运港船边完成交货，FOB 则是在船上完成交货；FAS 在船边转移风险，而 FOB 是在货物交到船上时转移风险。

（4）C 组贸易术语

1）CFR 术语。CFR 的全称是 Cost and Freight（... named port of destination），即成本加运费（……指定目的港）。成本加运费，又称运费在内价，也是国际贸易中常用的贸易术语之一。例如，中国 A 公司与美国 B 公司按照 CFR 条件订立了一份货物买卖合同，合同中的价格条款约定：USD8.60 per piece CFR San Francisco。CFR 之后所加注的旧金山为目的港。采用 CFR 术语时，买卖双方的主要义务及运输方式可概括如下：

①货物的交付。卖方在合同中约定的时间和装运港，将合同规定的货物交到卖方自己

所派船只的船上完成交货。

②风险的转移。货物在装运港装船时，货物灭失或损坏的风险在货物交到船上时转移。

③通关手续的办理。卖方自负风险和费用，取得出口许可证或其他官方批准证件，并且办理货物出口所需的一切海关手续；买方自负风险和费用，取得进口许可证或其他官方批准证件，并且办理货物进口所需的一切海关手续。

④主要费用的划分。卖方承担交货前所涉及的各项费用，包括需要办理出口手续时所应交纳的关税和其他费用。卖方需要支付从装运港到目的港的运费和相关费用；买方承担交货后所涉及的各项费用，包括办理进口手续时所应交纳的关税和其他费用。

⑤适用的运输方式。CFR 术语适用于水上运输方式。

CFR 与 FOB 术语相比较，均是在装运港交货，风险划分均以货物灭失或损坏的风险在货物交到船上时转移，都适用于水上运输方式，均由卖方负责办理出口手续，买方负责办理进口手续。它们的主要区别在于办理从装运港至目的港的运输责任和费用的承担主体不同。

2）CIF 术语。CIF 的全称是 Cost，Insurance and Freight（... named port of destination），即成本、保险费加运费（……指定目的港）。CIF、CFR 和 FOB 同为装运港交货的贸易术语，是国际贸易中常用的三种贸易术语。例如，中国 A 公司与美国 B 公司按照 CIF 条件订立了一份货物买卖合同，合同中的价格条款约定：USD8.60 per piece CIF San Francisco。这里的旧金山也是目的港。采用 CIF 术语时，买卖双方的义务和运输方式可概括如下：

①货物的交付。卖方在双方约定的时间和装运港，将合同规定的货物交到卖方自己所派船只的船上，完成交货。

②风险的转移。货物在装运港装船时，货物灭失或损坏的风险在货物交到船上时转移。

③通关手续的办理。卖方自负风险和费用，取得出口许可证或其他官方批准证件，并且办理货物出口所需的一切海关手续；买方自负风险和费用，取得进口许可证或其他官方批准证件，并且办理货物进口所需的一切海关手续。

④主要费用的划分。卖方承担交货前所涉及的各项费用，包括需要办理出口手续时所应交纳的关税和其他费用。卖方还要支付从装运港到目的港的运费和相关费用，并且承担办理水上运输保险的费用。买方承担交货后所涉及的各项费用，包括办理进口手续时所应交纳的关税和其他费用。

⑤适用的运输方式。CIF 术语适用于水上运输方式。

CIF 与前述的 CFR 和 FOB 术语相比，会发现它们有诸多相似之处。比如交货地点、风险划分界限、适用的运输方式，以及办理出口和进口手续等。主要区别在于办理从装运港至目的港的运输和保险的责任和费用方面。

3）CPT 术语。CPT 的全称是 Carriage Paid To（... named place of destination），即运费付至（……指定目的地）。例如，中国 A 公司与美国 B 公司按照 CPT 条件订立了一份货物买卖合同，合同中的价格条款约定：USD8.60 per piece CPT San Francisco。这里的旧金山即为指定的目的地。采用 CPT 术语时，买卖双方的义务和适用的运输方式可概括如下：

①货物的交付。卖方在约定的时间和地点，将合同中规定的货物交给卖方自己指定的承运人或第一承运人，完成交货。

②风险的转移。卖方承担将货物交给承运人控制之前的风险，买方承担将货物交给承

运人控制之后的风险。

③通关手续的办理。卖方自负风险和费用，取得出口许可证或其他官方批准证件，并且办理货物出口所需的一切海关手续；买方自负风险和费用，取得进口许可证或其他官方批准证件，并且办理货物进口所需的一切海关手续。

④主要费用的划分。卖方承担在交货地点交货前所涉及的各项费用，包括需要办理出口手续时所应交纳的关税和其他费用。此外，卖方要负责签订从指定地点承运货物的合同，并支付有关的运费。买方承担在交货地点交货后所涉及的各项费用，包括办理进口手续时所应交纳的关税和其他费用。

⑤适用的运输方式。CPT 术语适用于各种运输方式。

4）CIP 术语。CIP 的全称为 Carriage and Insurance Paid to（... named place of destination），即运费保险费付至（……指定目的地）。例如，中国 A 公司与美国 B 公司按照 CIP 条件订立了一份货物买卖合同，合同中的价格条款约定：USD9.10 per piece CIP San Francisco。旧金山即为指定的目的地。采用 CIP 术语时，买卖双方的义务和适用的运输方式可概括如下：

①货物的交付。卖方在合同中约定的时间和地点，将合同中规定的货物交给卖方自己指定的承运人或第一承运人，完成交货。

②风险的转移。卖方承担将货物交给承运人控制之前的风险，买方承担将货物交给承运人控制之后的风险。

③通关手续的办理。卖方自负风险和费用，取得出口许可证或其他官方批准证件，并且办理货物出口所需的一切海关手续；买方自负风险和费用，取得进口许可证或其他官方批准证件，并且办理货物进口所需的一切海关手续。

④主要费用的划分。卖方承担在交货地点交货前所涉及的各项费用，包括需要办理出口手续时所应交纳的关税和其他费用，负责签订从指定地点承运货物的合同，支付有关的运费，办理货运保险，承担保险费；买方承担在交货地点交货后所涉及的各项费用，包括办理进口手续时所应交纳的关税和其他费用。

⑤适用的运输方式。CIP 术语适用于各种运输方式，包括公路、铁路、江河、海洋、航空运输以及多式联运。

（5）D 组贸易术语

1）DAP 术语。DAP 的全称是 Delivered At Place（... named place of destination），即目的地交货（……指定目的地）。例如，位于中国北京的 A 公司与美国 B 公司按照 DAP 条件订立了一份货物买卖合同，合同中的价格条款约定：USD9.35 per piece DAP San Francisco Seaport。旧金山港即为目的地。采用 DAP 术语时，买卖双方的义务与适用的运输方式可概括如下：

①货物的交付。卖方在约定的日期或期限内，将货物放在已抵达约定卸货目的地的运输工具上交由买方处置，完成交货。

②风险的转移。卖方在目的地运输工具上完成交货后，风险由卖方转移给买方。

③通关手续的办理。卖方自负风险和费用，取得出口许可证或其他官方批准证件，并且办理货物出口和交货前从他国过境运输所需的一切海关手续；买方自负风险和费用，取

得进口许可证或其他官方批准证件，并且办理货物进口所需的一切海关手续。

④主要费用的划分。卖方承担在目的地运输工具上完成交货之前的一切费用，包括交货前发生的货物出口所需的海关手续费用、出口应缴纳的一切关税和其他费用，以及货物从他国过境运输的费用；买方承担在目的地运输工具上受领货物之后所发生的一切费用，包括从到达目的地的运输工具上卸货的一切费用，以及办理货物进口所涉及的关税和其他费用。

⑤适用的运输方式。DAP 术语可适用于各种运输方式。

2）DPU 术语。DPU 的全称是 Delivered at Place Unloaded（... named place of destination)，即目的地交货＋卸下（……指定目的地）。例如，位于中国北京的 A 公司与美国 B 公司按照 DPU 条件订立了一份货物买卖合同，合同中的价格条款约定：USD9.35 per piece DAP San Francisco Seaport。旧金山港即为目的地。采用 DPU 术语时，买卖双方的义务与适用的运输方式可概括如下：

①货物的交付。卖方在约定的日期或期限内，将货物放在约定卸货目的地并卸下货物，完成交货。

②风险的转移。卖方在目的地完成交货后，风险由卖方转移给买方。

③通关手续的办理。卖方自负风险和费用，取得出口许可证或其他官方批准证件，并且办理货物出口和交货前从他国过境运输所需的一切海关手续；买方自负风险和费用，取得进口许可证或其他官方批准证件，并且办理货物进口所需的一切海关手续。

④主要费用的划分。卖方承担在目的地卸下货物完成交货之前的一切费用，包括交货前发生的货物出口所需的海关手续费用、出口应缴纳的一切关税和其他费用，以及货物从他国过境运输的费用；买方承担在目的地受领货物之后所发生的一切费用，以及办理货物进口所涉及的关税和其他费用。

⑤适用的运输方式。DPU 术语可适用于各种运输方式。

3）DDP 术语。DDP 的全称是 Delivered Duty Paid（... named place of destination)，即完税后交货（……指定目的地）。例如，中国 A 公司与美国 B 公司按照 DDP 条件订立了一份货物买卖合同，B 公司的意图是要求 A 公司将有关货物海运到旧金山卸货后，办理货物进口的海关手续，再通过陆运至加州的萨克拉门托，在那里完成交货。合同中的价格条款约定：USD8.60 per piece DDP Sacramento。萨克拉门托即为双方约定的目的地。采用 DDP 术语时，买卖双方的义务与适用的运输方式可概括如下：

①货物的交付。卖方在合同规定的时间，在进口国（地区）境内的指定地点将货物交给买方处置时，完成交货。

②风险的转移。卖方在进口国内交货地点完成交货时，风险由卖方转移给买方。

③通关手续的办理。卖方自负风险和费用，取得出口和进口许可证或其他官方批准证件，并且办理货物出口和进口所需的一切海关手续。

④主要费用的划分。卖方承担在进口国内指定地点完成交货之前的一切费用，包括办理货物出口和进口所涉及的关税和其他费用；买方承担受领货物之后所发生的各种费用。

⑤适用的运输方式。DDP 术语适合于各种运输方式。

以上 11 种贸易术语的归纳对比见表 6-1。

表 6-1　《贸易术语通则》中 11 种贸易术语的归纳对比

贸易术语	交货地点	风险转移界限	出口报关的责任、费用负担者	进口报关的责任、费用负担者	适用的运输方式
EXW	商品产地、所在地	货交买方处置时	买方	买方	任何方式
FCA	出口国内地、港口	货交承运人处置时	卖方	买方	任何方式
FAS	装运港口	货交船边后	卖方	买方	水上运输
FOB	装运港口	货交船上时	卖方	买方	水上运输
CFR	装运港口	货交船上时	卖方	买方	水上运输
CIF	装运港口	货交船上时	卖方	买方	水上运输
CPT	出口国内地、港口	货交承运人处置时	卖方	买方	任何方式
CIP	出口国内地、港口	货交承运人处置时	卖方	买方	任何方式
DAP	目的地	货交买方处置时	卖方	买方	任何方式
DPU	目的地	卸下货物交买方处置时	卖方	买方	任何方式
DDP	进口国内	买方在指定地点收货后	卖方	卖方	任何方式

轻　　卖方责任　　重

E 组术语→F 组术语→C 组术语→D 组术语

重　　买方责任　　轻

(6) 选用贸易术语应考虑的主要因素

贸易术语是确定买卖合同交易的重要因素。因此，在签订合同时，要准确理解贸易术语的含义。选用贸易术语应主要考虑以下因素：

1）运输条件。运输条件是决定采用何种贸易术语的主要因素之一。在自身有足够运输能力且经济上又可行的情况下，可争取按自行安排运输的条件成交，如按 F 组术语进口，按 C 组术语出口；反之，则应争取按由对方安排运输的条件成交，如按 F 组术语出口，按 C 组术语进口。

2）运输风险。国际贸易货物一般需要长途运输，运输环境复杂，途中的风险较大。因此，买卖双方应根据不同时期、不同地点、不同运输路线和运输方式的风险情况选用适当的贸易术语。

3）包装和检验。国际贸易中的大多数货物需要一定的包装，包装方式因商品性质和采用运输方式的不同有着很大差异。为了切实起到保护货物的作用，避免事后的争端，《贸易术语通则》在每一术语的卖方义务第 9 条中都规定卖方必须自负费用，提供按照卖方在订立合同前已知的有关该货物运输（如运输方式、目的地）所要求的包装（除非按照相关行业惯例，合同项下的货物通常无须包装)。包装应作适当标记，这一规定只限于在订立合同前卖方已知有关运输条件的情况。《货物销售合同公约》对此也有类似的规定，即卖方交付的货物必须与合同所规定的数量、质量和规格相符，并须按照合同所规定的方式装箱或包装。关于货物的检验问题，《贸易术语通则》中规定货物在装运前的检验费用由买方负担，这也是出于买方利益考虑。但出口国的有关当局强制进行的检验，则除在 EXW 条件下仍由买方承担检验费用外，在其他术语下，检验费用由卖方负担。

4）货源情况。国际贸易货物的不同特点决定了运输的要求和难易程度不同，以及运费的差异。此外，成交量也会直接影响运输安排以及贸易术语的选用。因此，货源情况是选用贸易术语应考虑的因素。

5）结关手续。不同国家对办理结关手续当事人的规定存在差异。如某些国家规定结关手续只能由结关所在国的当事人安排或代为办理，有些国家则无此限制。因此，如果买方不能办理出口结关手续，则不宜采用 EXW 术语，而应选用 FCA 等术语成交；如果卖方不能办理进口结关手续，则不宜采用 DDP 术语，而应选用 D 组的其他术语成交。

综上所述，贸易术语的选用要综合考虑贸易术语的不同特点、风险转移与费用承担等各种因素。在充分掌握贸易术语惯例内容的基础上，正确选择和合理运用贸易术语，保障合同顺利履行。

6.3 国际货物买卖合同的重点条款

国际货物买卖合同与国内货物买卖合同相比，具有合同主体涉外、合同内容复杂、履约信用风险高、适用法律及惯例特殊等特点。在合同订立过程中，需要关注的重点条款如下：

6.3.1 主体条款

当事人应将合同买卖双方的主体名称和营业地址分别准确列明在合同首页的“买方”和“卖方”项下。如果双方或者一方有代理人，应当在“买方代理人”“卖方代理人”项下列明代理人主体名称和营业地址。签订主体条款应注意：

1）国际货物买卖合同的国际因素以当事人的营业地位于不同国家为标准，而不考虑当事人的国籍。因此，买卖双方必须是营业地分别位于不同国家的主体，否则即使双方国籍不同，也不能成为国际货物买卖合同的适格主体。

2）主体名称应当列明全称，不应使用简称，以避免履行合同可能引起的歧义和障碍。

3）在代理买卖合同的情形下，代理人分为直接代理和间接代理两种类型，直接代理的代理人以委托人的名义签订买卖合同，其名称以“买方代理人”或“卖方代理人”作为合同主体。间接代理又分两种情形：情形之一为显名间接代理，即代理人直接以“买方”或“卖方”主体名义与相对方订立合同，但在合同中披露委托人，相对方据此知道委托人和受托人的代理关系；情形之二为隐名间接代理，即代理人直接以“买方”或“卖方”主体名义与相对方订立合同，但在合同中不披露委托人，相对方不知道委托人和受托人的代理关系。因此，代理买卖合同应区分不同代理类型，正确约定合同主体条款。

6.3.2 标的物条款

标的物条款主要内容包括标的物的名称、种类或者品种。签订标的物条款应注意标的物的具体名称、品种等应当描述具体、清晰、准确，以免引起歧义。否则，合同履行时如果错误交付标的物，往往造成根本违约，甚至不能实现合同目的。

6.3.3 品质条款

当事人应根据标的物的特点约定品名，描述标的物的品种、等级、型号等内容。品质可凭样品表示或凭说明表示。凭样品表示时，除列明商品品名外，还应说明样品的编号，必要时还要列出寄送日期；凭说明表示时，应明确规定商品的品名、规格、等级、标准、品牌及产地等。签订品质条款应注意，品质条款要约定明确，避免使用“大约”等笼统描述。采用品质机动幅度或品质公差的商品，应规定幅度的上下限或公差的允许值。

6.3.4 数量条款

数量条款主要包括标的物的数量和计量单位。签订数量条款应当明确约定计量单位。按重量成交的商品一般按净重计算；按件数成交的商品，数量应当与包装件数相匹配。数量不宜采用“大约”等模糊描述。根据《跟单信用证统一惯例》的规定，“大约”或类似词语应解释为信用证金额或数量或单价有不超过10%的增减幅度。

此外，为使大宗商品交易数量有一定范围的灵活性和便于履行合同，买卖双方可合理约定数量机动幅度，即适用溢短装条款，主要内容有溢短装百分比、溢短装选择权、溢短装部分的作价等。

6.3.5 包装条款

包装条款一般包括包装材料、包装方式、包装规格、包装标志和包装费用的负担等内容。签订包装条款应注意：①应考虑商品特点和运输方式的要求；②包装规定应明确具体，一般不宜采用“海运包装”“习惯包装”等用语；③应明确规定包装提供者及包装费用由谁负担。包装费用一般包含在货价内，但也有规定由买方另行支付的情况。

6.3.6 装运条款

(1) 装运时间

装运时间是买卖合同的主要交易条件，条款应具体明确，并注意船货衔接问题，以免造成有货无船或有船无货的情况。装运时间通常有以下几种规定方式：

1) 明确规定装运时间。如规定某年某月装运，卖方有一定时间进行备货和安排运输。这种规定方式应用较广。

2) 规定收到信用证后一定时间内装运。针对买方国家外汇管制较严，或者为买方定制的特殊商品的情况，卖方可采用这种规定方法。

3) 笼统规定近期装运。如“立即装运”“尽速装运”等，由于在国际上无统一的解释，应尽量避免使用，以免发生不必要的纠纷。

(2) 装运地和目的地

装运地是指货物起始装运的地点。装运地一般由卖方提出，经买方同意后确定。目的地是指货物到达后卸货的地点。目的地一般由买方提出，经卖方确认后确定。

装运地和目的地应明确具体，注意选择的具体条件，港口不宜过多，并尽量在一条航线上。

(3) 分批装运和转运

1) 分批装运（Partial Shipment）。分批装运指一个合同项下的货物分若干次装运。若货物数量较大，且受运输、市场、资金等条件限制，则可以规定分批装运条款。《跟单信用证统一惯例》规定，运输单据表面上已注明使用同一运输工具装运并经同一航程运输，即使运输单据上注明的装运日期不同和/或装运港、接受监管地或发运地点不同，但只要运输单据注明是同一目的地，将不视为分批装运；如果信用证规定在指定的期限内分期付款或分期装运，任何一期未按信用证所规定的期限支付或装运时，信用证对该期及以后各期均告失效。因此，卖方应当严格遵守此类条款。

2）转运（Transshipment）。转运指货物从装运地到目的地的运输过程中，从一个运输工具卸下，再装上同一运输方式的另一个运输工具；或者在不同运输方式下，从一种运输方式的运输工具卸下，再装上另一种运输方式的运输工具的行为。买卖双方应当在合同中明确约定是否接受分批装运和转运。

（4）装运通知

装运通知（Shipping Advice）是为了明确买卖双方的责任，促使双方相互配合，共同做好船货衔接工作。例如，在 FOB 交易条件下，买方应按照合同规定的时间将船名、船期等信息通知给卖方，卖方装船后应及时通知买方以便办理保险。

（5）滞期和速遣

在承租船运输条件下，合同通常规定滞期、速遣条款。如果租船人未能在合同规定的装卸时限内完成装卸作业，给船方造成经济损失，应当向船方支付一定的罚金，称为滞期费（Demurrage）；反之，如果租船人提前完成了装卸，为船方节约了船期，船方应给予租船人一定金额的奖励，称为速遣费（Dispatch Money）。速遣费通常为滞期费的一半。

6.3.7 保险条款

保险条款主要包括保险投保人、保险险别、保险金额及保险费率、保险公司的约定等事项。

（1）保险投保人的约定

每笔交易的货运保险的投保人取决于买卖双方约定的交货条件和所使用的贸易术语。由于每笔交易的交货条件和所使用的贸易术语不同，对投保人的规定也相应有别。

（2）保险险别的约定

按 CIF 或 CIP 条件成交时，运输途中的风险本应由买方承担，但一般保险费则约定由卖方负担，即货价中包括保险费。买卖双方约定的险别通常为平安险、水渍险、一切险三种基本险别中的一种。但有时也可根据货物特性和实际情况加保一种或若干种附加险。如果约定采用英国伦敦保险协会货物保险条款，也应根据货物特性和实际需要约定该条款的具体险别。在双方未约定险别的情况下，按惯例卖方可按最低的险别予以投保。

（3）保险金额及保险费率的约定

按 CIF 或 CIP 条件成交时，因保险金额关系到卖方的费用负担和买方的切身利益，故买卖双方有必要将保险金额在合同中具体订明。根据保险市场的习惯做法，保险金额一般都是按 CIF 价或 CIP 价加成计算，即按发票金额再加一定的百分率。此项保险加成率，主要是作为买方的预期利润。按国际贸易惯例，预期利润一般按 CIF 价或 CIP 价的 10%估算。因此，如果买卖合同中未规定保险金额，习惯上是按 CIF 价或 CIP 价的 110%投保。

实际操作中，保险费率通常需要综合货物性质、运输方式、目的地或国家风险等级、包装方式等因素确定，并据以计算保险费。

(4) 保险公司的约定

在按 CIF 或 CIP 条件成交时，保险公司的资信情况与卖方关系不大，但与买方却有较大的利害关系。因此，买方一般要求在合同中限定保险公司和所采用的保险条款，以利于日后保险索赔工作的顺利进行。例如，我国按 CIF 或 CIP 条件出口时，买卖双方在合同中通常都订明："由卖方向中国人民保险公司投保，并按该公司的保险条款办理。"但是，若买方要求按伦敦保险协会制定的《协会货物条款》办理，卖方也可酌情接受。

6.3.8 价格条款

价格条款一般包括商品的单价和总价两项内容。单价通常由计量单位、单位价格金额、计价货币和贸易术语四个部分组成。例如，每吨 CIF 上海港 1000 美元。总价是单价与数量的乘积。国际货物买卖合同的作价方法主要有固定价格、非固定价格以及部分固定、部分不固定价格等。

(1) 固定价格

合同价格一经买卖双方协商确定，任何一方不得擅自更改。固定价格是最普遍采用的作价方法。

(2) 非固定价格

非固定价格具体做法分以下几种：

1) 合同中只规定作价方式，具体作价待以后确定。如"按照提单日期的国际市场价格计算"。

2) 合同中暂定初步价格，作为买方开立信用证及预付款的依据，待以后确定最终价格后进行清算，多退少补。

3) 合同在规定基础价格的同时，还规定浮动价格。如，针对加工周期较长的成套设备，为避免原料、劳动力成本的变动风险，买卖双方在合同中规定基础价格的同时，还规定交货时原料、劳动力成本变动超过一定比例时，可对价格进行调整。

(3) 部分固定、部分不固定价格

对于长期、分批交货合同，双方可约定近期交货部分采用固定价格，其余采用不固定价格。

6.3.9 支付条款

(1) 支付方式分类

国际货物买卖合同常用的支付方式有汇付、托收和信用证三种。

1) 汇付。如"买方应于收到合同货物后××日内，将全部货款用电汇（或信汇、票汇）方式对卖方付款"。

2) 托收。有关托收的主要条款包括：

①即期付款交单条款。如"买方应凭卖方开具的即期跟单汇票，于见票时立即付款，付款后交单"。

②远期付款交单条款。如"买方应凭卖方开具的跟单汇票，于汇票出票日后××天付款，付款后交单"。

③承兑交单条款。如“买方对卖方开具的见票后××天付款的跟单汇票，于提示时即承兑，并应于汇票到期日付款，承兑后交单”。

3）信用证。有关信用证的条款主要包括如下两个方面：①即期信用证条款，如“买方应通过××银行于合同生效后××天开立不可撤销即期信用证”；②远期信用证条款，如“买方应通过××银行于合同生效后××天开立不可撤销见票后30天付款信用证”。

（2）支付方式的选用

通常合同只选择一种支付方式，但有时根据实际需要，也可以把两种或多种支付方式结合起来使用，常用的结合方式有三种：

1）信用证与汇付结合。通常合同部分货款用信用证支付，预付款或余款用汇付方式结算。例如，双方约定信用证规定凭装运单据先支付发票金额的若干比例，待货物到达目的地后，根据检验结果，按实际品质或重量计算出准确的金额，另用汇付方式支付。

2）信用证与托收结合。通常合同部分货款用信用证支付，余款用托收方式结算。卖方一般开立两张汇票，使用信用证支付部分的货物凭光票付款，而全套单据附在托收部分汇票项下，以即期或远期付款交单方式托收，且规定发票金额全部付清后才可交单。

3）汇付、托收与信用证结合。在成套设备等类型交易中，因合同金额较大，设备生产周期长，一般按工程进度和交货进度分若干期支付货款，即分期付款或延期付款。在这种情况下，一般采用汇付、托收与信用证三种方式结合的支付方式。

6.3.10 检验条款

国际货物买卖合同中检验条款的主要内容包括检验的时间和地点、检验机构、检验标准和方法以及检验证书等。

（1）检验的时间和地点

有关检验时间和地点的规定，主要包括以下三种：

1）出口国检验。出口国检验包括产地检验和装运地检验。产地检验即货物离开生产地点之前，由卖方或其委托的检验机构人员或买方的验收人员对货物进行检验或验收。装运地检验即以离岸质量、数量为准。货物在装运地装运前，由双方约定的检验机构对货物进行检验。

2）进口国检验。进口国检验包括目的地（港）检验和最终用户所在地检验。目的地（港）检验以到岸质量、数量为准，在货物运抵目的地（港）卸货后的一段时间内，由检验机构进行检验。最终用户所在地检验即将检验时间和地点延伸至货物运抵最终用户所在地，由检验机构进行检验。

3）出口国检验、进口国复验。货物在装运地（港）的检验机构进行检验后，出具的检验证书作为卖方收取货款的依据。货物运抵目的地（港）后由双方约定的检验机构复验，并出具证明作为在货物不符合合同规定时买方可能向卖方提出异议和索赔的依据。这种做法既承认卖方所提供的检验证书的有效性，又保留买方的复验权，比较公平合理，在我国的进出口贸易中被普遍采用。

（2）检验机构

商品检验通常由专业检验机构负责办理。确定检验机构时，应考虑有关国家的法律法规、商品性质、交易条件和交易习惯等因素。规定在出口国检验时，应由出口国检验机构进行检验；在进口国检验时，由进口国检验机构进行检验。但在某些情况下，双方也可约定由买方派出检验人员到产地或出口地点验货，或者约定由双方派员进行联合检验。

我国国家质量监督检验检疫总局是主管全国出入境卫生检验、动植物检疫、商品检验、鉴定、认证和监督管理的行政执法机关，其设在各地的出入境检验检疫直属机构负责管理所辖地区内的出入境检验检疫工作。根据我国《商检法》的规定，商检机构在进出口商品检验方面的基本任务有三项：实施法定检验，办理检验鉴定业务，对进出口商品检验工作实施监督管理。

（3）检验标准和方法

根据《商检法》的规定，列入目录的进出口商品，应按照国家技术规范的强制性要求进行检验；无国家技术规范强制性要求的，可以参照国家商检部门指定的国外有关标准进行检验。法律、行政法规规定由其他检验机构实施检验的进出口商品或检验项目，依照有关法律、行政法规的规定办理。此外，买卖合同的质量、数量和包装条款也是进出口商品检验的重要依据。

商品检验的方法主要包括感官检验、化学检验、物理检验和微生物检验等。

（4）检验证书

检验证书的作用是可以作为买卖双方交接货物的依据，作为索赔和理赔的依据，作为结算货款的依据，以及作为海关验关放行的依据等。常用的检验证书包括品质检验证书、重量检验证书、数量检验证书、兽医检验证书、卫生检验证书、消毒检验证书、植物检验证书、价值检验证书、产地检验证书等。买卖双方应根据商品的种类、性质、交易习惯以及政府有关法律法规确定适用的检验证书种类。

6.3.11　索赔条款

国际货物买卖合同索赔条款一般采用“异议与索赔条款”和“违约金条款”两种：

（1）异议与索赔条款

异议与索赔条款一般是针对卖方交货质量、数量或包装不符合规定而订立的，主要内容包括索赔依据、索赔期限等。

1）索赔依据。索赔依据包括法律依据和实施依据两个方面，主要规定索赔时必须具备的证明文件以及出具机构。

2）索赔期限。索赔期限有约定与法定之分。约定的索赔期限是指双方在合同中明确规定索赔期限；法定索赔期限是指根据有关法律或国际公约，受损害的一方有权向违约方要求赔偿的期限。

（2）违约金条款

违约金条款主要约定一方未按合同规定履行义务时，应当向对方支付一定数额的违约金，以补偿对方的损失。

违约金条款一般适用于一方当事人延迟履约的情况，例如卖方延期交货、买方延迟开立信用证等违约行为。违约金的数额通常取决于违约时间的长短，并受到最高限额的限制。

6.3.12 不可抗力条款

不可抗力是合同履行中特别的一类事件，也是可以归于免责的情形，其主要约定包括不可抗力的范围、不可抗力的处理、不可抗力的通知和证明等。

（1）不可抗力的范围

一般包括概括式、列举式、综合式三种规定方法。概括式对不可抗力范围只作笼统规定；列举式是将不可抗力事件逐一列出；综合式在列举经常可能发生的不可抗力事件（如战争、地震、洪灾、火灾、暴风雨、雪灾等）的同时，再加上“以及双方同意的其他不可抗力事件”，既明确具体，又有一定的灵活性，是在实务中经常采用的方式。

（2）不可抗力的处理

不可抗力发生后通常导致解除合同或者延期履行两种后果。具体处理方式应当依据不可抗力事件发生的原因、性质以及对履行合同的实际影响程度而定。

（3）不可抗力的通知和证明

不可抗力发生后，当事人一方因不能按合同规定履约而主张免责权利时，应当及时通知对方，并在合理时间内提供必要的证明文件，以减轻可能给对方造成的损失。为防止发生争议，不可抗力条款应明确约定具体的通知以及提交证明文件的期限和方式。不可抗力事件证明一般由当地的商会或公证机构出具。

6.3.13 仲裁条款

仲裁条款的内容至少应当表明将争议提交仲裁的意愿，同时常见的内容还包括仲裁地、仲裁范围（事项）、仲裁机构或仲裁员、仲裁规则、仲裁语言、仲裁裁决效力等。

（1）仲裁地

国际货物合同属于涉外合同，合同争议解决条款约定的仲裁地直接影响到仲裁裁决的国籍，也影响到仲裁适用的规则和仲裁相关事项的确定，因此仲裁条款非常重要。合同双方可约定在一方所在国仲裁，或者约定在第三国仲裁。

（2）仲裁事项

基于国际货物买卖交易的复杂性，不同的事项引发的争议可能牵涉不同的事实和法律关系。根据商业交易的必要性，选择将某类特定地或笼统地将全部争议事项纳入仲裁范围，有助于划定将来仲裁管辖的内容。通常情况下，为了更有效地解决争议，一般笼统约定即可。但在连续货物买卖交易分别订立合同或者对仲裁地法律适用存有保留的需要下，亦可以对仲裁范围（事项）进行特别的约定。

（3）仲裁机构

许多国家、地区和一些国际性、区域性组织设有仲裁机构，如中国国际经济贸易仲裁委员会、北京仲裁委员会/北京国际仲裁院、国际商会仲裁院、瑞典斯德哥尔摩商会仲裁院、香港国际仲裁中心、新加坡国际仲裁中心、深圳国际仲裁院以及其他地方的仲裁机构等，合同当事人可以自行约定及选择。

（4）仲裁规则

仲裁规则包括申请仲裁、指定仲裁员、审理和作出裁决、规定裁决效力等程序和具体做法。仲裁机构通常都制定仲裁规则，一般都按该仲裁机构制定的仲裁规则进行仲裁，但也允许当事人自由选用其他仲裁规则。《中国国际经济贸易仲裁委员会仲裁规则》规定，凡当事人同意将争议提交中国国际经济贸易仲裁委员会仲裁的，均视为同意按照该仲裁规则进行仲裁，但当事人另有约定且不存在抵触的，从其约定。

(5) 仲裁语言

仲裁的管理和推进都涉及特定语言的使用，且不同语言的使用意味着争议解决过程的风险和成本也会产生显著的不同，例如证据材料是否需要翻译、是否需要聘请不同语言能力的代理律师方面都需要慎重决策。因此，在仲裁条款中约定仲裁语言也较为常见。国际化程度较高的仲裁机构都具备提供多语种仲裁管理服务的能力。例如北京仲裁委员会/北京国际仲裁院仲裁规则第 72 条规定，仲裁庭可以提供不同语种乃至双语种的仲裁服务。

(6) 仲裁裁决效力

根据仲裁地法律的不同，仲裁结果即仲裁裁决是否具备一裁终局的效力不同。因此，为了保证仲裁能够切实高效地解决争议，防止因为仲裁地法律不同导致后续诉讼的发生，在国际货物买卖合同的仲裁条款中单独约定一裁终局的内容也较为常见。

6.3.14 适用法律条款

在涉外民事诉讼中，涉及相关法律规范的确定，我国确立了适用国际条约优先原则。如在涉外民商事案件管辖权问题上，《民事诉讼法》第 271 条规定："中华人民共和国缔结或者参加的国际条约同本法有不同规定的，适用该国际条约的规定，但中华人民共和国声明保留的条款除外。"

在国际货物买卖过程中，若发生法律纠纷，也需要遵循条约优先原则。营业地位于缔约国，当事人之间的买卖合同首先适用《货物销售合同公约》的相关条款。当事人亦可在合同中约定适用某国的国内法，即明确选择了准据法。例如，我国进口商与外商订立的进口贸易合同约定适用《民法典》，且明确排除适用国际公约，则在此情形下，将完全排除《货物销售合同公约》以及其他任何国家的国内法的适用。最高人民法院在《全国法院涉外商事海事审判工作座谈会会议纪要》第 19 条中指出："营业地位于《联合国国际货物销售合同公约》不同缔约国的当事人缔结的国际货物销售合同应当自动适用该公约的规定，但当事人明确约定排除适用该公约的除外。人民法院应当在法庭辩论终结前向当事人询问关于适用该公约的具体意见。"

如果当事人在合同中未约定选择准据法，且当事人双方或一方所在的营业地国家不是《货物销售合同公约》的缔约国，由于我国对公约扩大主体适用范围进行了保留，不承认反致的规定，即不承认依国际私法规则应当适用缔约国法律的将优先适用公约的规则，所以我国认为只有当事人双方营业地所在国均为《货物销售合同公约》缔约国时，合同才适用公约。

此外，应当特别注意的是，当事人在国际货物买卖合同中对国际贸易术语的选用只能部分排除公约的适用。在合同适用《货物销售合同公约》时，国际贸易术语未能涵盖的合同要素仍然属于公约的调整范围。

6.4 国际货物买卖合同的管理要点

在国际货物买卖中，当买卖双方通过协商对某项商品的各项交易条件达成一致协议时，合同即告成立。合同依法有效成立后，双方当事人就必须履行合同规定的义务。诚实信用以及全面履行是履行合同的基本原则。根据《货物销售合同公约》和我国《民法典》的规定，卖方的主要义务是交付货物，移交与货物有关的单据并转移货物所有权，买方的主要义务是支付货款和收取货物。

相对于国内货物买卖合同，国际货物买卖合同的交易条件更为复杂，履行合同风险更大。因此，应当对合同签订和履行过程进行科学管理、严防风险。

6.4.1 合同的订立

交易磋商是订立国际货物买卖合同的重要环节。交易磋商的一般程序包括询盘、发盘、还盘和接受四个步骤。其中，发盘和接受相当于《民法典》中规定的要约和承诺，是订立合同必不可少的法定步骤。当一方的发盘经另一方接受后，合同即告成立。我国《民法典》规定，依法成立的合同，自成立时生效，对当事人具有法律约束力，并受法律保护。订立合同应当做到内容完备、条款明确、文字严谨、条款间相互衔接且与磋商内容一致，以利合同的履行。

以国际招标方式订立货物买卖合同，还应当符合招标投标法律法规的相关规定，遵从国际招标采购合同的订立程序规定。《招标投标法》第 46 条规定："招标人和中标人应当自中标通知书发出之日起三十日内，按照招标文件和中标人的投标文件订立书面合同。"因此，通过招标投标方式订立的合同属于法定之要式合同。此外，国际招标采购货物买卖合同在签订后不能任意进行转让，否则，将导致中标结果的变更，违反招标投标的基本规则，使招标投标程序失去意义。

（1）合同成立的时间和地点

《货物销售合同公约》和我国《民法典》均规定，合同于接受即承诺生效时而成立。《民法典》合同编还进一步规定："当事人采用合同书形式订立合同的，自当事人均签名、盖章或者按指印时合同成立。在签名、盖章或者按指印之前，当事人一方已经履行主要义务，对方接受时，该合同成立。"

（2）合同的形式

订立国际买卖合同应当注意合同的形式符合法定要求。《货物销售合同公约》规定，销售合同无须以书面订立或书面证明，在形式上也不受任何其他条件的限制，销售合同可以用包括人证在内的任何方式证明。

我国《民法典》规定："当事人订立合同，可以采用书面形式、口头形式或者其他形式。书面形式是合同书、信件、电报、电传、传真等可以有形地表现所载内容的形式。以电子数据交换、电子邮件等方式能够有形地表现所载内容，并可以随时调取查用的数据电文，视为书面形式。"此外，法律、行政法规规定采用书面形式以及当事人约定采用书面形式的，应当采用书面形式。对于国际贸易买卖合同而言，最好采用书面形式，因为书面合同可以作为合同成立的证据，有时可作为合同生效的条件，以及可以作为合同履行的依据。

实践中，国际贸易买卖合同主要使用合同和确认书两种形式，经买卖双方签署的合同和确认书均为法律上有效的文件，对买卖双方具有同等的约束力。

(3) 合同的内容

订立国际买卖合同应当重视合同内容的完整性。合同的内容通常包括首部条款、正文部分条款和尾部条款三个部分。首部条款一般包括合同名称、合同编号、缔约双方的名称和地址、电话、联系方式、合同签订的日期和地点等内容，通常还载明双方订立合同的意愿和履行合同的保证。正文部分条款是合同的主要组成部分，一般包括品名、质量规格、数量、包装、价格、交付、保险、支付、检验、索赔、不可抗力、仲裁或诉讼等条款。尾部条款通常包括合同使用的文字及其效力、合同的份数、附件及其效力、合同当事人的签字等内容。

6.4.2 进口合同的履行

以采用 FOB 或 FCA 贸易术语和信用证支付方式签订的进口合同为例，买方应当按照合同规定支付货款并收取货物。合同履行的一般程序包括：开立及修改信用证，洽租运输工具及接运货物，办理保险，审单付款，报关、接货及检验，进口索赔等。

(1) 开立及修改信用证

买方应按照合同规定时间通过开证行办理开证手续，开证申请书的内容应当以买卖合同为依据。开证后，如果卖方要求修改信用证条款，买方应当视具体情况决定是否接受。如果同意修改，买方应当及时通知开证行办理修改手续；如果不同意修改，也应及时通知卖方按原证条款履行。

(2) 洽租运输工具及接运货物

买方依据合同负责租船订舱时，通常委托货代向船公司或其代理人办理。办妥后，应按照规定的期限将船名、船期等通知给卖方，以便备货装船；卖方在装船后也应及时向买方发出装船通知，以便买方办理保险和接货。

(3) 办理保险

买方可根据实际情况采用预约保险或逐笔投保方式向保险公司办理货运保险。

(4) 审单付款

卖方交货后，按信用证规定将全套单据提交开证行或付款行。经审核，如果单据与信用证相符，开证行或付款行须按信用证规定付款；如果单据表面上与信用证不符，则可以拒绝付款。根据《跟单信用证统一惯例》(UCP600) 的规定，如果银行决定拒付，应当在收到单据次日起 5 个银行工作日内提出。开证行在审单无误对外付款的同时，即通知买方向开证行付款赎单。

(5) 报关、接货及检验

货物抵达目的港后，承运人或货代公司向收货人发出到货通知书。收货人持正本提单和到货通知书向承运人或货代公司换取提货单后，向海关办理进口报关手续。海关查验货证后在提货单上签章放行。在代理进口业务中，代理公司提货后，向委托人拨交货物或委托运输企业将货物转运内地并交付给委托人。相关进口环节税和内陆运杂费由运输企业向代理公司结算后，代理公司再向委托人结算。对于法定检验的进口货物，买方应当在入境前或入境时向出入境检验检疫机构办理报检手续。未经检验的货物不得销售和使用。

（6）进口索赔

买方收到货物后，经检验发现货物与买卖合同规定不符时，应及时向有关责任方进行索赔。索赔的对象根据造成损失的原因而定，主要有卖方、承运人和保险公司。

若发生货物原装数量不足、货物的质量、规格与合同规定不符、延迟交货或拒不交货等情况，应当向卖方索赔，并且应当与货代公司、运输企业、检验检疫机构等密切配合，做到索赔证据充分、索赔金额合理、索赔期限合法、补救措施得当。

6.5 案例分析

【案例 6-1】买方迟延收货引发索赔

（1）案例背景

2022 年 5 月，中国某进口商 B 公司与法国某出口商 A 公司签订出口大米若干吨的合同。该合同规定：规格为水分最高 20%，杂质最高为 1%，以法国商品检验机构的检验证明为最后依据；单价为每吨××美元，贸易术语为 FOB 马赛港，麻袋装，每袋净重××千克，买方须于 2022 年 6 月派船只接运货物。合同生效后，B 公司并没有按期派船前来接运，直至 2022 年 9 月底才派船到马赛港接货。当大米运到中国目的地后，B 公司发现大米生虫，于是委托中国当地检验机构进行了检验，并签发了虫害证明。B 公司据此向 A 公司提出索赔 20%货款的损失赔偿。A 公司接到对方的索赔后，不仅拒赔，而且要求 B 公司支付延误派船期间 A 公司支付的大米仓储保管费及其他费用。此外，保存在法国商品检验机构的检验货样至争议发生后仍然完好，未生虫害。

（2）问题

1）A 公司要求 B 公司支付延误时期的大米仓储保管费及其他费用能否成立？请说明理由。

2）B 公司的索赔要求能否成立？请说明理由。

（3）案例分析

1）A 公司的要求能够成立。因为根据《贸易术语解释通则》，按 FOB 条件，由买方指定船只并订立运输合同，如果买方指定的船只不能在规定日期到达，则应由买方负担一切由此而产生的额外费用。在本案中，B 公司并没有按期派船前来接运，造成逾期提货，违反了双方之间的合同约定，应当对延误期间 A 公司支付的大米仓储保管费及其他费用负责。

2）B 公司的索赔不能成立。因为根据《贸易术语解释通则》，按 FOB 条件，买方承担货物自装运港货交船上以后的一切风险。A 公司只能保证大米在交货时的品质，对运输途中所产生的大米品质变化不承担责任。而且合同约定以法国商品检验机构的检验证明为最后依据，而保存在法国商品检验机构的检验货样至争议发生后仍然完好，未发生虫害，因此可以肯定卖方 A 公司交货时的品质是完好的。

【案例 6-2】贸易术语风险转移节点

（1）案例背景

中国江苏省南京市某企业 A 公司采用 FOB 上海港贸易术语从印度某出口商 B 公司进口货物一批，以集装箱方式装运，装运期为 5 月份。B 公司 4 月 26 日收到 A 公司发来的装船通知，告知载货船舶将于 5 月 15 日到达装运港。为了及时装运，B 公司于 5 月 10 日将货物运至孟买码头仓库，不料货物因当夜仓库发生火灾而全部损失。

（2）问题

1）货物损失应该由谁承担？为什么？

2）若采用 FCA 孟买交货，该损失应该由谁承担？为什么？

3）采用 FCA 贸易术语和 FOB 贸易术语在交货地点、运输方式和单据等方面存在哪些不同？

（3）案例分析

1）货物损失应该由 B 公司承担。因为根据《贸易术语解释通则》，按 FOB 条件，卖方承担货物自装运港置于买方指定的船上以前的一切风险。FOB 孟买港的风险转移点在孟买装运港船上，而该损失发生在货物置于买方指定的船舶之前，因此货物损失风险应当由卖方承担。

2）若采用 FCA 孟买交货，该损失应该由 A 公司承担。因为 FCA 孟买的风险转移点在孟买货交于承运人处，具体到本案例所涉交易中，货物损失发生在卖方将货物运至孟买码头仓库之后，此时风险已由卖方转移至买方。

3）采用 FCA 贸易术语和 FOB 贸易术语在交货地点、运输方式和单据等方面存在的不同之处见表 6-2。

表 6-2　FCA 贸易术语和 FOB 贸易术语的区别

对比项	FCA	FOB
交货地点	货交承运人处	装运港买方指定船上
运输方式	各种运输方式	水运
运输单据	依运输方式而定	海运提单

【案例 6-3】信用证兑付条件

（1）案例背景

中国 A 公司从加拿大 B 公司以 CIF 贸易术语进口一批检测设备，合同规定 4 月份装运。A 公司于 4 月 10 日按照 UCP600 的规定开具不可撤销信用证。信用证规定装运期不得晚于 4 月 15 日。B 公司接收信用证后，已来不及办理租船订舱，立即发邮件要求 A 公司将装期延至 5 月 15 日。随后 A 公司邮件回复同意展延船期及信用证有效期一个月。B 公司于 5 月 10 日装船，提单签发日为 5 月 10 日，并于 5 月 14 日将全套符合信用证规定的单据交银行办理议付。

（2）问题

B公司是否有权取得货款？请说明理由。

（3）案例分析

B公司不能顺利取得货款。因为信用证是一项自足文件，一经开出，即独立于合同之外，开证申请人和受益人的权利和义务皆以信用证规定为准。B公司与A公司磋商展延船期，只停留在合同层面，并没有修改信用证中的对应条款。议付银行在审核信用证议付单据时，一旦发现单证不符就会拒付，而不取决于买卖双方之间如何约定。

【案例6-4】货物灭失之开证行付款义务履行

（1）案例背景

2022年10月，中国A公司（买方）与法国B公司（卖方）在上海订立了200台计算机买卖合同，单价每台CIF上海港1000美元，以不可撤销的议付信用证支付，2022年12月马赛港交货。2022年11月15日，中国银行上海分行（开证行）根据A公司指示，向B公司开出了金额为20万美元的不可撤销的议付信用证，委托马赛的一家法国银行通知并议付此信用证。2022年12月20日，B公司将200台计算机装船，并获得信用证要求的提单、保险单、发票等单据后，即到议付行议付。因单证相符，议付行即将20万美元支付给B公司。与此同时，载货船离开马赛港10天后，由于在航行途中遇上特大暴雨和暗礁，货船及货物全都沉入大海，此时开证行已收到了议付行寄来的全套单据，A公司也已得知所购货物全都灭失的信息。中国银行上海分行拟拒绝偿付议付行已经议付的20万美元的货款，理由是其客户不能得到所期待的货物。

（2）问题

1）这批货物的风险自何时起由卖方转移给买方？

2）开证行能否由于这批货物全部灭失而免除其所承担的付款义务？

3）买方的损失如何得到补偿？

（3）案例分析

1）根据CIF贸易术语的条件，这批货物的风险自2022年12月马赛港货交船上起由卖方转移给买方。

2）开证行不能由于这批货物全部灭失而免除其所承担的付款义务。UCP600规定，开证行指定另一家银行或允许任何银行议付，或者授权、要求另一家银行加以保兑，开证行授权上述银行凭表面上符合信用证条款的单据办理付款、承兑汇票或议付，并保证按本条规定对上述银行予以偿付。

本案中，议付行已经议付了信用证，根据上述规定，开证行中国银行上海分行只有在法国银行没有在单证一致的情况下付款时，方可拒绝向议付行偿付。如果只以客户不能得到所期待的货物为由拒绝偿付，开证行应对议付行承担责任。信用证独立于货物买卖合同，信用证款项的支付以单证相符为前提，与货物无关。

3）买方的损失可以通过卖方提交的保险单向保险公司索赔。

第 7 章　服务合同管理

招标采购活动包括对工程、货物及服务的采购，服务合同本身即是招标采购活动所形成的成果文件，包括工程咨询合同、物业服务合同、监理合同等。从这一角度看，服务合同是合同当事人所追求的项目标的及合同各方权利义务的外化。另外，在开展招标采购活动的过程中，招标采购人也需要与相关服务供应商订立服务合同，如招标采购代理合同。服务合同也是招标采购活动顺利开展、引入第三方专业机构提供专业服务的重要保障，招标采购人员有必要充分掌握服务合同的类型、特点、内容及其管理要点。

本章所介绍的服务合同主要包括招标采购代理合同、监理合同、工程咨询合同、物业服务合同等。

7.1　招标采购代理合同

招标采购代理合同是指招标采购人将项目招标采购工作委托给具有招标采购业务能力的代理机构实施招标采购活动而订立的合同。一般情况下，招标采购代理合同属于委托合同。

7.1.1　招标采购代理合同的特点

(1) 招标采购代理合同受多部门法的调整

鉴于招标采购代理工作的范围涉及多个调整对象，招标采购代理合同的订立及履行亦受多个部门法的调整。招标采购代理合同订立过程中，招标采购人既可以采用招标方式，也可以采用直接委托方式选择招标采购代理机构，任何单位和个人不得以任何方式为招标采购人指定招标采购代理机构。以上过程体现了招投标法律私法的要素，即民法意思自治的基本原则。招标采购代理合同订立后，招标采购人与招标采购代理机构应当按照《招标投标法》《招标投标法实施条例》《政府采购法》《政府采购法实施条例》等相关规定依法进行招标采购活动，接受有关部门的监督，以上过程体现了招投标法律公法的要素，即招标采购人和招标采购代理机构的活动不能侵犯公法所保护的国家利益和社会公共利益。

(2) 招标采购代理合同应当采用书面形式

依据《招标投标法实施条例》第 14 条：“招标人应当与被委托的招标代理机构签订书面委托合同，合同约定的收费标准应当符合国家有关规定。”因此在招标投标活动中，招标人应当与被委托的招标代理机构签订书面合同。

依据《政府采购法实施条例》第 16 条规定：“政府采购法第二十条规定的委托代理协议，应当明确代理采购的范围、权限和期限等具体事项。采购人和采购代理机构应当按照委托代理协议履行各自义务，采购代理机构不得超越代理权限。”从该条规定对采购代理合同内容要素的要求来看，采购代理协议也宜采用书面形式。

从上述行政法规层面要求出发，招标采购代理合同为要式合同，应当采用书面形式。

(3) 招标采购代理机构具有专业能力要求

虽然现行法律法规中，工程建设项目招标代理机构资格认定已经被取消，但是招标代理机构仍应具备提供招标代理业务的专业能力。《招标投标法》第 13 条规定："招标代理机构是依法设立、从事招标代理业务并提供相关服务的社会中介组织。招标代理机构应当具备下列条件：（一）有从事招标代理业务的营业场所和相应资金；（二）有能够编制招标文件和组织评标的相应专业力量。"

《政府采购法实施条例》第 12 条规定将采购代理机构明确为采购代理机构及从事采购代理业务的中介机构两类。《政府采购法实施条例》第 13 条规定："采购代理机构应当建立完善的政府采购内部监督管理制度，具备开展政府采购业务所需的评审条件和设施。采购代理机构应当提高确定采购需求，编制招标文件、谈判文件、询价通知书，拟订合同文本和优化采购程序的专业化服务水平，根据采购人委托在规定的时间内及时组织采购人与中标或者成交供应商签订政府采购合同，及时协助采购人对采购项目进行验收。"对采购代理机构的专业能力提出了相应要求。

总体而言，招标采购代理机构需要具备以下专业能力：第一，机构应具备一定数量的专业人才；第二，机构应具备类似业绩以达到佐证服务能力，进一步拓展业务的目的；第三，机构应具备一体化，能够满足个性化需求的电子招标系统；第四，机构应具备整合各项资源的能力，更好地为委托人创造价值。

7.1.2　招标采购代理合同文本

关于招标采购代理合同文本，目前有原建设部、原国家工商行政管理总局于 2005 年联合发布的《工程建设项目招标代理合同示范文本》(GF—2005—0215)，通知明确规定："《示范文本》由《协议书》、《通用条款》和《专用条款》组成。其中《通用条款》应全文引用，不得删改。《专用条款》可根据工程建设项目的实际情况进行修改和补充，但不得违反公正、公平原则。"

7.1.3　招标采购代理合同的重点条款与起草要点

一般情况下，招标采购代理合同的条款内容主要包括：合同主体条款、权利义务条款、招标代理费支付条款、违约责任条款、合同变更、解除、终止条款及争议解决条款。其中，权利义务条款是招标采购代理合同的核心，也是界定合同当事人工作范围与内容的基础条款，故本文将重点介绍权利义务条款。

鉴于招标采购工作具有较强的专业性，招标采购需求方应当结合项目的具体情况以及招标采购业务能力，合理确定招标采购代理机构的工作范围和合同义务。招标采购代理机构的义务主要包括：拟订招标采购方案；编制和出售资格预审文件、招标文件；组织审查投标人资格；澄清和修改；接受投标，组织开标、评标，协助招标采购人定标；协助处理异议投诉；草拟合同。同时，招标采购人还应当考虑自身的专业能力，明确招标采购人保留由自己完成的招标采购工作的范围和内容，以此将招标采购人和代理机构的工作界面与权利义务划分清楚，以避免产生争议。

另外，招标采购人和代理机构在约定工作范围和权利义务时，应当考虑招投标采购的流程要求，尽可能地细化和明确，准确衔接各阶段的招标采购工作，使双方的履约工作具有明确的依据，保证招标采购工作的顺利开展。

（1）招标采购代理机构的主要义务

1）拟订招标采购方案。招标采购方案基于招标采购策划及市场调研得出，对整个招标采购过程具有重要的指导作用。招标采购人和代理机构应当约定招标采购方案编写的范围和内容、招标采购方案提交的方式和时间、招标采购人对招标采购方案确认或提出异议的程序等。招标采购方案的内容一般包括：项目概况、招标采购内容、标段划分方案、招标方式、招标组织形式、资格审查方式、项目特点、难点分析、投标响应人资格条件、评标办法、工作进度计划、项目组人员构成及分工、项目风险分析及应对措施等。

《招标投标法实施条例》第 8 条规定："国有资金占控股或者主导地位的依法必须进行招标的项目，应当公开招标；但有下列情形之一的，可以邀请招标：（一）技术复杂、有特殊要求或者受自然环境限制，只有少量潜在投标人可供选择；（二）采用公开招标方式的费用占项目合同金额的比例过大。"

2）编制和出售资格预审文件、招标文件。编制招标文件是招标采购代理机构最重要的职责之一。招标文件是招标采购过程中必须遵守的文件，是投标响应人编制投标响应文件、招标采购代理机构接受投标、组织开标、评标委员会评标、招标采购人确定中标人和签订合同的依据。招标文件编制的优劣将直接影响招标采购活动的质量和成败，也是体现招标采购代理机构服务水平高低的重要标志。根据项目需要，招标采购人可要求招标采购代理机构编制资格预审文件。资格预审文件和招标文件经招标采购人确认后，方可由招标采购代理机构对外发售。资格预审文件和招标文件发出后，招标采购代理机构还要负责有关澄清和修改等工作。

3）组织审查投标人资格。招标采购代理机构负责组织资格审查委员会或评标委员会，根据资格预审文件或招标文件的规定，组织审查潜在投标人或投标人的资格。审查投标人资格分为资格预审和资格后审两种方法。资格预审是在投标前对潜在投标人进行的资格审查；资格后审一般是在开标后对投标人进行的资格审查。

4）澄清和修改。招标采购代理机构应根据《招标投标法》《招标投标法实施条例》等法律法规以及招标文件的规定，收集投标人针对招标文件的疑问和异议，编制澄清和修改文件发给所有招标文件的潜在投标人，必要时应当组织召开投标预备会。

5）接受投标，组织开标、评标，协助招标人采购定标。招标采购代理机构应按招标文件的规定，接受投标，组织开标、评标等工作。根据评标委员会的评标报告，协助招标采购人确定中标人，进行候选人公示，并向中标人发出中标通知书，向未中标人发出招标结果通知书。

6）协助处理异议投诉。《招标投标法》第 65 条规定："投标人和其他利害关系人认为招标投标活动不符合本法有关规定的，有权向招标人提出异议或者依法向有关行政监督部门投诉。"

招标项目中，投标人等提出异议及投诉的，招标代理机构根据招标采购人委托的范围及工作内容进行处理。需要协助处理异议、投诉的，招标代理机构应当认真审查异议、投诉内容，有必要的还应当组织评标专家进行复核或论证。

7）草拟合同。招标采购代理机构可以根据招标采购人的委托，依据招标文件和中标人的投标文件拟订合同，组织或参与招标采购人和中标供应商之间的合同谈判，签订合同。

（2）招标采购人的主要义务

招标采购人应向招标采购代理机构提供保证招标工作顺利完成的各种条件，合同双方当事人可以在合同中明确约定招标采购工作需要的应由招标采购人提供的具体条件。招标采购人应当为招标采购代理机构提供在从事编制资格预审文件、招标文件等招标采购代理业务时所需要的前期资料（如立项批准手续、规划许可）、资金落实情况资料、招标采购代理业务所需的全部技术资料和图纸等。其中需要交底的，招标采购人须向招标采购代理机构详细交底，并对提供资料的真实性、完整性、准确性负责。

（3）委托代理报酬与收取

国家发展改革委于 2015 年 3 月 1 日施行的《关于进一步放开建设项目专业服务价格的通知》第 1 条规定，招标代理费实行市场调节价。另外 2016 年 1 月 1 日发布的《国家发展和改革委员会关于废止部分规章和规范性文件的决定》中废止了 2002 年 10 月 15 日原国家计划委员会发布的《招标代理服务收费管理暂行办法》。因此，委托代理报酬不再适用政府指导价模式。

招标采购人和招标采购代理机构可以按照合同约定的代理业务范围，约定委托代理报酬的计算方法、金额、币种、汇率和支付方式、时间。招标采购代理机构需要外出考察的，其外出人员数量、费用及支付期限，同样需要在合同中明确约定。此外，合同中应明确约定招标采购代理业务范围内所发生的费用，如评标会务费、评标专家的差旅费、劳务费、公证费等费用及支付期限。招标采购代理机构完成招标采购人委托的代理工作范围以外的附加服务项目，经双方协商应签订补充协议约定收取的费用及支付期限。

招标采购人应当按照招标采购代理合同约定的支付方式和时间，向代理机构支付委托代理报酬。如果招标采购代理合同约定由中标人支付委托代理报酬，则应由中标供应商支付。

（4）其他重点条款

1）招标采购人询问及建议权条款。招标采购代理合同履行过程中，招标采购人有权向招标采购代理机构询问招标工作进展情况和相关内容，有权审查招标采购代理机构编制的各种文件，并提出修改意见，但是招标采购人提出的建议不得违反法律法规等规定。为此，合同双方当事人在进行约定招标采购人询问及建议权条款时，应尽量明确招标采购人就哪些事项可以提出建议，以免影响招标采购代理工作的正常进行。

2）招标采购代理机构拒绝权条款。招标采购人提出的要求违反法律规范时，招标采购代理机构享有拒绝权并向招标采购人作出解释。招标采购代理机构作为专业咨询机构，应了解法律规范的各种禁止性规定，对于招标采购人提出的违反法律规范的各种要求，招标采购代理机构应明确拒绝。

3）招标采购代理机构更换代理工作人员条款。招标采购代理机构接受招标采购人的委托后，应组成专门工作小组负责完成委托项目的招标采购代理工作，代理工作人员应具有专业技术与职业操守。招标采购代理工作进行时，如果招标采购人发现代理工作人员不能够依法称职地完成其委托的工作，有权建议招标采购代理机构更换不称职的工作人员。

合同双方当事人可以在招标采购代理合同中约定更换代理工作人员的具体情形，以免产生争议。同时，为保证招标采购代理工作的前后衔接，招标采购人和招标采购代理机构可以在合同中约定有利于保持代理工作人员稳定性的条款。如，招标代理机构未经招标采购人同意不得随意更换代理工作人员。

4）廉洁自律条款。为保证招标采购工作公平、公正、诚实信用地进行，招标采购人与招标采购代理机构可以在招标采购代理合同中约定清廉条款。如，招标采购代理机构不得私下接触投标人，不得收受投标人的财物或者其他好处等。

7.1.4　招标采购代理合同管理要点

顺利签订招标采购代理合同，全面管理和控制招标采购代理合同的风险，继而控制招标采购项目的风险，是招标采购人和招标采购代理机构管理合同的共同目的。另外，招标采购代理合同作为招标采购人对代理机构提出的具体工作要求以及衡量其工作质量的依据也极为重要，具体表现在委托代理的工作事项、授权权限、关注目标要求等。

招标采购人和招标采购代理机构在合同签订过程中应注重合同的合法性和完整性，并坚持准确、合理与谨慎的原则。只有对招标采购代理合同的履行行为进行科学有效的管理，才能控制整个招标采购工作的进程与质量，进而保证招标采购工作的顺利完成和招标采购项目的顺利实施。

从合同管理的目的和效率出发，招标采购代理合同管理要点包括工作范围和职权管理、人员管理、计划管理、数据管理、违约管理等。

（1）工作范围和职权管理

招标采购代理合同的工作范围和职权管理包括工作交底、明确人员与授权以及工作任务分解等三个方面。

招标采购代理合同属于委托合同，是招标采购代理机构受招标采购人委托，在合同授权及法律规定的范围内，行使招标采购人权利的合同。在委托代理机构组织招标采购工作的形式下，招标采购工作通常需要由招标采购人和代理机构共同完成。因此，双方应当明确了解招标采购代理合同中约定的各自工作任务和工作职责，并对各自有关人员予以工作交底。

《招标投标法》及《招标投标法实施条例》均规定，招标采购代理机构应当在招标采购人的委托范围内开展代理业务。在合同履行过程中，招标采购人应当严格按照合同约定的职权，要求代理机构完成其工作任务。招标采购人可以要求代理机构制订招标计划作为开展各项工作的基础，并按照授权报送招标采购人审核。双方应当将工作范围内各自的工作任务予以分解，并制订明确的工作职责，以保证严格按照招标采购代理合同的约定，全面、及时地完成各自工作范围内的工作。

（2）人员管理

招标采购代理合同的人员管理主要包括人员稳定性管理、人员资格管理和人员职业规范管理等方面。

为保证招标采购工作的顺利开展，招标采购人和代理机构需要在合同中明确约定代理工作中的项目负责人，即负责合同履行的代表。代理机构应当根据委托工作范围选择有足够经验的专职技术经济人员担任代理项目负责人。

招标采购工作专业性较强，对从业人员的综合素质要求较高。招标采购代理机构应当根据委托工作范围，选派具备招标采购专业技术岗位工作相应水平、能力以及职业操守的人员，协助项目负责人完成招标采购工作。同时，鉴于招标采购代理属于依赖从业人员专业能力和经验的委托工作，代理机构未经招标采购人同意不能任意更换其管理人员尤其是项目负责人，应当确保其人员队伍的稳定性。同时招标采购人和代理机构在合同履行过程中均应根据相关法律法规及单位规章制度加强对从业人员的考核和监督管理。

另外，招标采购人和代理机构均应当对其派出的人员进行岗位培训，包括技术培训、法律培训和廉洁自律培训，防止出现利用职权牟取非法利益的事件。

（3）计划管理

招标采购代理合同的计划管理是指代理工作事项的进度、程序和资源配置管理活动，其核心即为控制工作时间，确保招标采购项目的顺利推进。招标采购工作通常包括拟订招标采购方案、编制和出售资格预审文件和招标文件、组织审查投标人资格、组织潜在投标人踏勘现场、组织答疑、接受投标、组织开标、评标、协助招标采购人定标、草拟合同等诸多工作内容。上述各项工作并非各自独立，而是前后衔接、环环相扣的。因此，招标采购代理机构必须根据招标采购代理合同约定的各项工作目标制订详细的招标计划，并应根据实际招标采购工作的完成情况及时对招标采购计划进行偏差分析和提出改进措施，在与招标采购人商定后进行调整，以保证招标采购工作始终处于可控状态。

（4）数据管理

招标采购代理合同的数据管理包括信息沟通机制的建立、数据信息的搜集和处理、数据信息的归档、数据信息的保密四个方面。

招标采购代理机构的代理工作是基于招标采购人委托产生的，招标采购工作应体现招标采购人的意志，也应当实现招标采购人的招标采购目的。招标采购人和代理机构除了进行全面、准确的交底及相关项目基础资料的互通之外，在合同履行过程中还应建立双向、顺畅、高效的沟通机制，保证招标采购人及时掌握招标采购工作进展，保障代理机构及时获得来自招标采购人的指示。如：及时将投标人反映的异议和情况反馈至招标采购人，并及时根据招标采购人的决定修改或澄清招标文件，及时调整评标办法；对招标采购人的不合理做法应当及时沟通和明示，并避免从事违法招标采购等。

另外，数据信息的收集和归档也是数据管理的重要环节，尤其在推行电子招标的招标采购项目中，更应当注重电子招标信息的采集和处理。评标过程中的信息公开事宜，应当严格按照法律规定进行。需要注意的是，招标采购过程中，对于数据信息的管理与使用，招标采购人和代理机构应当注意保密，必要时可以要求投标人明确授权相关数据信息的使用方式、范围及时间，以此避免不必要的争议纠纷。

（5）违约管理

违约管理主要包括违约行为的防范、违约行为的制止、及时行使抗辩权以及减少损失的告知等。常见的招标采购代理合同中容易出现的违约行为包括招标采购人迟延支付代理服务费、代理机构未及时尽到告知义务、违法串通、干预评标等方面。所以，在合同管理过程中应加强对合同严肃性和约束性的理解，从实现招标采购目的的角度防范违约行为的发生，减少不必要的履约成本。

7.2 监理合同

监理合同是指发包人与监理人签订的，委托其在工程建设实施阶段对建设工程的质量、进度、造价进行控制，对合同、信息进行管理，对工程建设相关方的关系进行协调，履行建设工程安全生产管理法定职责，并明确双方权利义务的协议。其中，发包人为委托人，监理人为受托人。

7.2.1 监理合同的法律性质和特点

监理合同在工程建设项目采用施工总承包模式时，具有以下性质和特点，如果采用工程总承包模式，则应当根据标准设计施工总承包合同文本和项目实际情况进行相应调整。

（1）监理合同属于委托合同

监理工作是监理人接受发包人的委托，凭借其专业知识、经验、技能，对建设工程质量、进度、造价进行控制，对合同、信息进行管理，对工程建设相关方的关系进行协调，并履行建设工程安全生产管理法定职责的服务活动。《民法典》第 796 条规定："建设工程实行监理的，发包人应当与监理人采用书面形式订立委托监理合同。发包人与监理人的权利和义务以及法律责任，应当依照本编委托合同以及其他有关法律、行政法规的规定。"因此，监理合同的法律性质为委托合同。委托合同是在委托人与受托人相互信任的基础上订立的，发包人与监理人的相互信任也是监理合同订立的基础。

（2）监理合同的主体具有特定性

监理人必须具有与合同工作范围相应的资质要求。《建设工程质量管理条例》第 12 条规定："实行监理的建设工程，建设单位应当委托具有相应资质等级的工程监理单位进行监理，也可以委托具有工程监理相应资质等级并与被监理工程的施工承包单位没有隶属关系或者其他利害关系的该工程的设计单位进行监理。"以及根据《工程监理企业资质管理规定》，从事建设工程监理活动的企业，应当取得工程监理企业资质，并在工程监理企业资质证书许可的范围内从事工程监理活动。工程监理企业资质分为综合资质、专业资质和事务所资质。其中，专业资质按照工程性质和技术特点划分为若干工程类别。综合资质、事务所资质不分级别。专业资质一般分为甲级、乙级，其中房屋建筑、水利水电、公路和市政公用专业资质可设立丙级。

但是，2020 年 11 月 11 日国务院常务会议审议通过的《建设工程企业资质管理制度改革方案》对上述工程监理资质进行了简化合并，取消工程监理专业资质中的水利水电工程、公路工程、港口与航道工程、农林工程资质，保留其余 10 类专业资质；取消事务所资质。综合资质不分等级，专业资质等级压减为甲、乙两级。

（3）特定项目强制监理

《建筑法》第 30 条规定："国家推行建筑工程监理制度。国务院可以规定实行强制监理的建筑工程的范围。"《建设工程质量管理条例》第 12 条规定："实行监理的建设工程，建设单位应当委托具有相应资质等级的工程监理单位进行监理，也可以委托具有工程监理相应资质等级并与被监理工程的施工承包单位没有隶属关系或者其他利害关系的该工程的设计单位进行监理。"根据前述法律法规以及《建设工程监理范围和规模标准规定》的规定，有五类建设工程项目实行强制监理，包括：

1）国家重点建设工程。所谓国家重点建设工程，是指根据《国家重点建设项目管理办法》所确定的对国民经济和社会发展有重大影响的骨干项目。

2）大中型公用事业工程。所谓大中型公用事业工程，根据《建设工程监理范围和规模标准规定》，是指项目总投资额在 3000 万元以上的下列工程项目：第一，供水、供电、供气、供热等市政工程项目；第二，科技、教育、文化等项目；第三，体育、旅游、商业等项目；第四，卫生、社会福利等项目；第五，其他公用事业项目。

3）成片开发建设的住宅小区工程。根据《建设工程监理范围和规模标准规定》："建筑面积在 5 万平方米以上的住宅建设工程必须实行监理；5 万平方米以下的住宅建设工程，可以实行监理，具体范围和规模标准，由省、自治区、直辖市人民政府建设行政主管部门规定。为了保证住宅质量，对高层住宅及地基、结构复杂的多层住宅应当实行监理。"

4）利用外国政府或者国际组织贷款、援助资金的工程项目。根据《建设工程监理范围和规模标准规定》，该类必须监理的项目包括：使用世界银行、亚洲开发银行等国际组织贷款资金的项目；使用国外政府及其机构贷款资金的项目；使用国际组织或者国外政府援助资金的项目。

5）国家规定必须实行监理的其他工程。根据《建设工程监理范围和规模标准规定》，必须实行监理的其他工程，是指项目总投资额在 3000 万元以上的关系社会公共利益、公众安全的基础设施项目，以及学校、影剧院、体育场馆项目。"关系社会公共利益、公众安全的基础设施项目"包括：第一，煤炭、石油、化工、天然气、电力、新能源等项目；第二，铁路、公路、管道、水运、民航以及其他交通运输业等项目；第三，邮政、电信枢纽、通信、信息网络等项目；第四，防洪、灌溉、排涝、发电、引（供）水、滩涂治理、水资源保护、水土保持等水利建设项目；第五，道路、桥梁、地铁和轻轨交通、污水排放及处理、垃圾处理、地下管道、公共停车场等城市基础设施项目；第六，生态环境保护项目；第七，其他基础设施项目。

另外需要关注的是，上海、广州等地区对部分社会投资小型项目不再强制要求进行工程监理。例如，上海市住房和城乡建设管理委员会于 2018 年 3 月 20 日施行的《关于进一步改善和优化本市施工许可办理环节营商环境的通知》第三条规定，在本市社会投资的"小型项目"和"工业项目"中，不再强制要求进行工程监理。建设单位可以自主决策选择监理或全过程工程咨询服务等其他管理模式。鼓励有条件的建设单位实行自管模式。鼓励有条件的建设项目试行建筑师团队对施工质量进行指导和监督的新型管理模式。此外，广东省工程建设项目审批制度改革工作领导小组办公室于 2021 年 11 月 26 日发布的《关于深化社会投资简易低风险等工程建设项目审批分类改革的指导意见》规定，社会投资简易低风险项目，即单体建筑面积不大于 10000 平方米、建筑高度不超过 24 米且功能单一、技术要求简单的新建、改扩建仓库和厂房等工业建筑。建设单位具备工程项目管理能力的，可以不委托工程监理单位实施监理，实行自行管理，并承担工程监理的法定责任和义务。

（4）监理合同应采用书面形式

《民法典》第 796 条规定："建设工程实行监理的，发包人应当与监理人采用书面形式订立委托监理合同。发包人与监理人的权利和义务以及法律责任，应当依照本编委托合同以及其他有关法律、行政法规的规定。"发包人与其委托的工程监理单位应当订立书面委托监理合同。

（5）监理人义务法定

1）监理人应当在法定的工作范围内提供监理服务，即在其资质等级许可的监理范围内，承担工程监理业务。同时，监理人在承担监理业务时应受到法定限制，即《建设工程质量管理条例》规定："工程监理单位与被监理工程的施工承包单位以及建筑材料、建筑构配件和设备供应单位有隶属关系或者其他利害关系的，不得承担该项建设工程的监理业务。"

2）监理人应当代表发包人依法对建设工程的设计要求和施工质量、工期和资金等方面进行监督。《建筑法》规定："建筑工程监理应当依照法律、行政法规及有关的技术标准、设计文件和建筑工程承包合同，对承包单位在施工质量、建设工期和建设资金使用等方面，代表建设单位实施监督。"

3）监理人若违反法律规定，需要承担民事赔偿责任、行政责任和刑事责任。《建筑法》第 69 条规定："工程监理单位与建设单位或者建筑施工企业串通，弄虚作假、降低工程质量的，责令改正，处以罚款，降低资质等级或者吊销资质证书；有违法所得的，予以没收；造成损失的，承担连带赔偿责任；构成犯罪的，依法追究刑事责任。"《刑法》第 137 条规定："建设单位、设计单位、施工单位、工程监理单位违反国家规定，降低工程质量标准，造成重大安全事故的，对直接责任人员，处五年以下有期徒刑或者拘役，并处罚金；后果特别严重的，处五年以上十年以下有期徒刑，并处罚金。"

7.2.2　监理合同标准文本与示范文本

为规范建设工程监理活动，维护建设工程监理合同当事人的合法权益，有关行政主管部门相继制定颁布了监理合同文本，主要包括：

（1）《标准监理招标文件》（2017 版）

国家发展改革委等九部委发布《标准监理招标文件》。《标准监理招标文件》中的"投标人须知"（投标人须知前附表和其他附表除外）"评标办法"（评标办法前附表除外）"通用合同条款"，应当不加修改地引用。

招标人可根据招标项目的具体特点和实际需要，在"专用合同条款"中对《标准监理招标文件》中的"通用合同条款"进行补充、细化和修改，但不得违反法律、行政法规的强制性规定，以及平等、自愿、公平和诚实信用原则，否则相关内容无效。

（2）《建设工程监理合同（示范文本）》（GF—2012—0202）

2012 年，住房和城乡建设部与原国家工商行政管理总局联合发布了《建设工程监理合同（示范文本）》（GF—2012—0202）。该工程监理合同适用于包括房屋建筑、市政工程等 14 个专业工程类别的建设工程项目，在通用条件中明确了 22 项工程监理基本工作内容，细化了酬金计取及支付方式，考虑了监理的工作范围、时间变化，使酬金得以动态调整，强化了总监责任制，增加了监理合同终止的条件规定等。

（3）《水利工程施工监理合同示范文本》（GF—2007—0211）

2007 年，水利部与原国家工商行政管理总局联合印发了《水利工程施工监理合同示范文本》（GF—2007—0211）。该监理合同文本是在《水利工程建设监理合同示范文本》（GF—2000—0211）的基础上修订形成的，包括监理合同书、通用合同条款、专用合同条款、合同附件四个部分。该合同文本着重规范了委托人与监理人的权利与义务以及合同双方纠纷处置方式，进一步明确了监理人在质量、进度、投资和安全生产目标控制的职责，有利于理顺委托人与监理人之间的关系，充分发挥监理人的主观能动作用，提高水利工程建设管理水平。

7.2.3　监理合同的重点条款与起草要点

监理合同的重点条款包括监理合同主体、监理范围、监理工作要求、监理报酬及支付、合同变更与终止等条款，具体如下：

(1) 监理合同主体条款

作为监理合同的主体，监理人应当依法具有相应的资质和条件。依据《建筑法》相关规定，监理人应当具备的条件包括：

1）有符合国家规定的注册资本。

2）有与其从事的建筑活动相适应的具有法定执业资格的专业技术人员。

3）有从事相关建筑活动所应有的技术装备。

4）法律、行政法规规定的其他条件。

另外，监理合同中应当明确监理人的单位名称、住所、联系方式、电子邮箱等，同时应当列明总监理工程师的相关信息。

(2) 监理范围条款

发包人作为委托人首先应当与监理人明确工作范围，并授予监理人相应的权利。监理范围条款应当明确约定监理工作范围，可以包括前期准备阶段、施工阶段、竣工验收阶段和工程保修阶段等全部阶段的监理工作，也可以包括其中若干个阶段的监理工作。除了明确监理工作的内容外，监理范围条款也应当约定监理工作的时间期限。

(3) 监理工作要求条款

1）监理人作为建设工程中重要的一方主体，应当依法履行其法定的义务。《建筑法》第32条规定，建筑工程监理的法定义务主要是代表建设单位，监督承包单位在施工质量、建设工期和建设资金使用等方面的情况。《建设工程安全生产管理条例》第14条规定：“工程监理单位应当审查施工组织设计中的安全技术措施或者专项施工方案是否符合工程建设强制性标准。工程监理单位在实施监理过程中，发现存在安全事故隐患的，应当要求施工单位整改；情况严重的，应当要求施工单位暂时停止施工，并及时报告建设单位。施工单位拒不整改或者不停止施工的，工程监理单位应当及时向有关主管部门报告。工程监理单位和监理工程师应当按照法律、法规和工程建设强制性标准实施监理，并对建设工程安全生产承担监理责任。”根据法律规定，监理人的工作要求包括监督施工质量安全、建设工期和资金使用等。监理人应当选派具备相应资格的总监理工程师和监理工程师进驻施工现场。

2）监理人应当按照发包人授权委托要求，履行其合同义务。如，发包人要求监理人报送所委派的总监理工程师及其监理机构的主要成员名单、监理规划，完成监理合同中约定的监理工程范围内的监理业务。当总监理工程师需要调整时，监理人应征得发包人同意并书面通知发包人。监理人不得从事所监理工程的施工和建筑材料、构配件以及建筑机械、设备的经营活动。

3）监理人在工作中应符合勤勉和保密要求。监理人在履行合同的义务期间，应运用合理的方式与专业的技能，为发包人提供与其监理水平相适应的咨询意见，认真、勤奋地工作，帮助发包人实现合同预定的目标，公正地维护各方的合法权益。监理人与承包人串通，为承包人谋取非法利益，给发包人造成损失的，应当负赔偿责任。监理人员必须严格遵守监理工作职业规范，公正、及时地处理监理事务，不得利用职权谋取不正当利益。监理合同期内或合同终止后，未征得资料所有人同意，不得泄露与工程和合同业务活动有关的保密资料。

(4) 监理报酬及支付条款

监理报酬，是指监理人接受委托，提供建设工程的质量、进度、费用控制管理和安全生产监督管理，以及合同信息等方面协调管理等服务收取的费用。监理人在为发包人提供服务的同时，发包人应当向监理人支付相应的服务费用。监理费用与监理人的监理工作范围、工作时间、工作强度等相关，监理费用可以按阶段计费，也可以按照正常工作费用和附加工作费用的标准进行计取。监理费用的支付方式由发包人与监理人在合同中约定，可以一次性支付，也可以分阶段分次支付。

(5) 合同变更与终止条款

由于建设工程项目周期较长且经常发生变化，监理服务的时间和范围也会随之发生改变。因此，在监理合同中应当约定关于变更和终止的条款，以便当需要变更或终止合同的情况发生时，双方可以尽量避免争议。按照法律规定，监理合同作为委托合同，合同当事人原则上可以随时解除合同。为维护合同严肃性以及项目正常建设，监理合同当事人解除监理合同应遵循法律和合同约定。当事人一方要求解除合同的，应当及时通知另一方。因一方要求解除合同而造成另一方受到损失的，除依法或者依约可以免除相应赔偿责任外，应由责任方承担赔偿责任。通常情况下，在承包人与发包人办理竣工验收或工程移交，并签订工程保修责任书，监理人收到监理费用尾款后，监理合同即告终止。保修期间的监理责任，发包人和监理人可以在合同条款中另行约定。

7.2.4 监理合同管理要点

建设工程实行监理制度的主要目的是确保工程建设的质量和安全，提高工程建设的效率，同时使建设效果满足发包人的需求。而监理合同承载了发包人和监理人的主要权利义务，是监理工作开展的主要依据之一。发包人和监理人对监理合同进行科学有效的管理有利于监理作用的发挥和监理合同目的的实现。

监理人凭借自身的知识、经验、技能，接受发包人的委托监督和管理建设工程合同的履行。同时，监理合同管理过程中，还应结合监理人义务法定、监理人地位特殊等特点综合考虑，才能保证监理合同得到全面、适当的履行，进而保障与工程建设有关的其他合同顺利履行，最终推进工程建设各项目标的达成。考虑到合同管理的目的和效率，监理合同管理工作要点包括工作范围管理、监理人员管理、监理费用管理、工作计划管理、工作实施管理等。

(1) 工作范围管理

监理合同的工作范围管理主要包括工作交底、明确人员与授权两方面。对于监理的授权范围，以及监理人与发包人代表、发包人聘请的第三方咨询人员的职权之间的权限划分，发包人应当予以释明，并以书面形式通知承包人、监理人及其他相关方。

根据《建筑法》的规定，监理人应当根据发包人的委托，客观、公正地执行监理工作。监理人实施监理工作实际上是在行使发包人的部分权利，而这部分发包人权利是通过合同约定和法律规定来明确的，发包人和监理人应当对监理合同中各自的工作范围及职权进行充分的理解，并向有关人员说明。同时，监理人进场前，发包人应当将委托的监理人、监理的内容及监理权限，书面通知被监理对象。由于在建设工程施工合同履行过程中，承包人不仅需要面对发包人，还需要面对监理人，为了确保施工合同的顺利履行，发包人应当将监理人的工作范围及相应职权对承包人进行说明，以使其充分了解相关工作程序及审批权限，确保项目建设顺利进行。

（2）监理人员管理

由于监理人提供工程质量、工期等监督管理服务，监理人派驻工程现场人员的素质、经验等直接决定着监理服务的质量。因此，在监理合同的履行中，对监理人员的管理显得尤为重要。监理合同的人员管理主要包括人员资格管理、人员稳定性管理和人员的执业规范管理。

发包人授予监理人对工程实施监理的权利，并由监理人派驻施工现场的监理人员行使，监理人员一般包括总监理工程师和监理工程师。根据《建设工程质量管理条例》的规定，监理人应当选派具备相应资格的总监理工程师和监理工程师进驻施工现场。因此，总监理工程师和监理工程师均需要具备监理工程师执业资格，总监理工程师还需要具备与工程规模和标准相适应的监理执业经验。另外，由于监理工作的专业性很强，监理人应当注重对监理人员的日常业务培训，尤其是与项目相关的合同内容、新颁布的法律法规及标准规范、新的施工工艺等方面的培训，以保证监理工作质量。同时，为了保证监理工作的顺利开展，监理人未经发包人同意不得随意更换监理人员，尤其是总监理工程师，应当确保其人员的稳定性。

由于监理工作自身的特殊性，其执业规范管理是合同管理中不可或缺的一环，监理人应当通过制度建设等方式加强监理人员的执业规范管理，开展廉洁自律教育。廉洁公正是所有监理人员基本的职业道德，监理人员必须严格按照合同约定及法律规定行使监理权利并履行相应的义务。在开展监理工作时，监理人员应当坚持公正的立场和实事求是的原则，对发包人与承包人之间的争议进行公正处理。

（3）监理费用管理

监理费用是监理合同中的重要内容。目前，我国关于监理费用的价格从实行政府指导价和市场调节价双轨制变更为实行市场调节价的机制，由合同当事人依据服务成本、服务质量和市场供求状况等协商确定。

（4）工作计划管理

监理工作一般具有工作周期长、任务繁杂等特点，需要进行有效的计划管理，以保证各项监理目标的完成。监理合同的计划管理是指根据具体项目的实际情况，依据法律规定和合同约定，对即将开展监理工作的进度、程序和资源进行优化配置的管理活动。监理计划应当结合监理合同的要求以及监理工作范围内各类工程技术施工的特点，按照计划层级清晰、计划机构统一的原则进行制订，并且监理计划制定后应当报送给发包人。监理计划实施过程中，会受到诸多因素的影响，监理人需要建立相应的动态监控管理制度，根据监理工作的完成情况和工程实际情况，及时对监理计划进行偏差分析和提出改进措施。

（5）工作实施管理

监理人接受发包人委托，对承包人在施工质量、建设工期和建设资金使用等方面实施监督。在监督过程中，监理人应当在法律规定及发包人授权的范围内行使权利和履行义务，不得超越权限擅自作出相关审批或者决定，必须按照相关时限的要求将需要发包人审批或者决定的事项报送发包人。鉴于工程施工的特点，发包人审批或者决定的事项繁杂，监理人应当注意及时、真实、全面地向发包人传递信息，以协助发包人作出正确的审批或者决定。

为保证施工的顺利进行，监理人要保证与承包人的及时沟通，使相关指示及时送达承包人。监理人应特别注意与承包人之间建立收发文件制度，确保每一份指示均有效送达。此外承包人通常会将部分专业工程以及劳务交由分包人完成，监理人在发出相关指示时切忌绕开承包人而直接向分包人送达。

7.3　工程咨询合同

工程咨询合同是委托人与专业咨询人就咨询事项签订的书面合同。咨询活动是相关专业人员遵循独立、公正、科学的原则，利用专业知识、经验、现代科学技术以及与咨询事项相关的各种信息资料所进行的综合性研究开发活动。咨询活动产生的智力劳动综合效益是决策者的顾问、参谋和外脑。工程咨询既可以就工程的全过程进行咨询，也可以只就某一专项工作进行咨询。工程咨询是知识密集型的高级智力服务活动，咨询人员包括建筑师、建造师、造价工程师、会计师或其他具有专门知识的人员。

7.3.1　工程咨询合同的种类和特点

工程建设领域的咨询合同主要包括项目前期咨询合同、工程造价咨询合同、设计咨询合同、项目管理咨询合同以及工程法律咨询合同等。总体来说，工程咨询合同具有以下特点：

（1）咨询人需要具备相应的专业知识和能力

工程咨询人包括工程咨询单位和工程咨询人员，除非特别说明的事项，工程咨询人通常情况下应理解为工程咨询单位。工程咨询人是利用专业知识、经验以及现代科学技术、管理方法为委托人提供咨询服务的专业性机构，应当具有提供咨询服务所需要的专业知识和能力，主要体现在拥有一定数量的具有相应资质的专业人员、先进的技术设备、类似咨询服务经验等方面。如果法律法规要求咨询人需要具备相应的资格证书，则咨询人在从事相关咨询服务前还应当依法取得资格证书，并在资格证书规定的范围内开展咨询业务。

（2）咨询成果具有创造性

工程咨询活动是通过智力劳动创造相应的智力成果，具有知识产权的客体特征。咨询合同产生的智力成果具有创造性，须通过法律规定予以保护。由于智力成果的非物质性，对其占有主要表现为加工和使用。因此，咨询合同须明确具体地约定知识产权的授权使用情形以及侵权情形，以便有效地对知识产权加以保护。

7.3.2　咨询合同文本

国际咨询工程师联合会（FIDIC）于 1990 年编制了《业主/咨询工程师标准服务协议书》，包括协议书、标准条件、特殊应用条件和附注。《业主/咨询工程师标准服务协议书》可用于投资前研究、可行性研究、设计及施工管理、项目管理等，其中部分内容与我国监理合同有共同之处。这种协议书及合同条件同样适用于国内协议。

住房和城乡建设部与原国家工商行政管理总局于 2015 年 08 月 24 日联合印发了《关于印发〈建设工程造价咨询合同（示范文本）〉的通知》（GF—2015—0212）。该示范文本由协议书、通用条件和专用条件三部分组成。其中协议书集中约定了合同当事人基本的合同权利义务。通用条件是合同当事人根据法律法规的规定，就工程造价咨询的实施及相关事项，对合同当事人的权利义务作出的原则性约定。专用条件是对通用条件原则性约定的细化、完善、补充、修改或另行约定的条件。合同当事人可以根据不同建设工程的特点及发承包计价的具体情况，通过双方的谈判、协商对相应的专用条件进行修改补充。合同当事人可以通过对专用条件的修改，满足具体工程的特殊要求，避免直接修改通用条件。

7.3.3 项目前期咨询合同

项目前期咨询合同是指在建设项目开展前期立项工作时，委托人委托工程咨询单位对建设项目进行专题研究、编制和评估项目建议书或者可行性研究报告，以及其他与建设项目前期工作有关的咨询服务而签订的书面合同。项目前期咨询是专业的工程咨询单位运用工程技术、科学技术、经济管理和法律法规等多学科的知识和经验，在项目前期为委托人或其他客户提供工程建设项目决策和管理咨询的智力服务活动。

(1) 项目前期咨询合同的特点

除一般工程咨询合同的特点外，项目前期咨询合同还具有以下特点：

1）项目前期咨询合同主体的专业性。项目前期咨询合同主体为委托人和工程咨询单位。工程咨询单位是指接受委托对建设项目投资计划研究、项目建议书和可行性研究报告的编制或评估等提供专业咨询服务的企业，必须具有为建设项目开展前期咨询服务活动相适应的专业知识和能力。

2）前期咨询合同标的的特殊性。前期咨询合同的标的为工程项目的评估和可行性研究，在建设项目开展之前，委托人需要考虑拟投入资本和收益目标、项目政策环境、实现项目的技术条件以及社会效益等。项目的前期预测会对委托人的决策产生重大影响，因此项目前期咨询提供的项目评估与可行性研究报告对委托人的决策具有重要意义。

3）前期咨询合同服务方式的特殊性。前期咨询合同的服务内容主要是工程咨询单位通过调查研究，为委托人提供项目的评估或者可行性报告，对项目的前景进行预测和风险提示，帮助委托人进行决策。具体而言，项目前期咨询服务包括建设项目投资策划、编制项目建议书与可行性研究报告等相关咨询服务。

(2) 项目前期咨询合同的重点条款

项目前期咨询合同的重点条款主要包括主体条款，工作范围、工作内容条款与咨询服务成果条款、咨询服务收费条款、知识产权及保密条款等。

1）主体条款。项目前期咨询合同的主体包括委托人和工程咨询单位。建设项目前期工作咨询服务应遵循自愿原则，委托方自主决定选择工程咨询，工程咨询单位自主决定是否接受委托。一般情况下，项目前期咨询合同履行过程中，工程咨询单位不得更换从业人员。为保证项目前期咨询合同的顺利履行以及各种合同文件的有效送达，合同主体条款应尽可能详细准确，具体内容可以包括委托人和工程咨询单位加盖公章要求、法定代表人签字要求、委托代理人签字要求、单位住所地址、邮政编码、电子邮箱、固定电话与传真。此外，为了保证合同款项支付准确无误，主体条款中应加上合同双方单位开户银行与账户等账户信息条款。

2）工作范围、工作内容与咨询服务成果条款。建设项目前期工作的咨询服务，包括建设项目专题研究、编制和评估项目建议书或者可行性研究报告，以及其他与建设项目前期工作有关的咨询服务。

委托人应当根据建设项目所处的建设阶段、前期工作开展的需要以及建设项目的实际情况，如地理位置、建设规模、用途等，确定工程咨询单位的工作范围和工作内容。鉴于前期咨询服务成果一般需要提交相关主管部门审批或者备案，委托人应当在项目前期咨询合同中就工程咨询人的工作范围、工作内容以及需要提交的阶段性咨询服务成果、最终咨询服务成果均作出具体和明确的约定，以避免因约定不清造成咨询服务成果不符合要求。

3）咨询服务收费条款。工程咨询收费标准由工程咨询单位与委托人协商确定，同时双方可以约定当工程咨询单位所提交的咨询成果达不到合同规定标准时的相关安排，即通常由工程咨询单位负责完善咨询成果，但委托人不另外支付咨询费用。

4）知识产权及保密条款。工程咨询单位在项目前期咨询合同的履行过程中，根据委托人提供的与咨询事项相关的材料，利用自身的专业知识和经验以及现代科学技术，通常会创造出一定的智力成果。依据《民法典》第 885 条规定："技术咨询合同、技术服务合同履行过程中，受托人利用委托人提供的技术资料和工作条件完成的新的技术成果，属于受托人。委托人利用受托人的工作成果完成的新的技术成果，属于委托人。当事人另有约定的，按照其约定。"双方应约定知识产权归属并保护对方的知识产权，未经对方同意，任何一方均不得对对方的资料及文件擅自修改、复制或向第三方转让或用于合同项目以外的项目。如果发生以上情况，泄密方应承担由此引发的后果并承担赔偿责任。

（3）项目前期咨询合同管理要点

对项目前期咨询合同进行科学有效的管理，有助于项目前期咨询活动的顺利开展，有助于形成高质量的项目前期咨询成果文件，为委托人的项目决策提供有效的参考依据。项目前期咨询合同管理主要包括工作范围和工作内容管理、计划管理、人员管理和支付管理等。

1）工作范围和工作内容管理。工程咨询单位的工作范围和工作内容是工程咨询单位开展具体咨询服务工作的基础，也是委托人向工程咨询单位提出具体工作要求的依据。委托人应当要求工程咨询单位按照合同约定的工作范围和内容，全面、恰当、及时地完成相应的咨询服务工作，包括咨询服务方式，咨询服务成果提交的方式、时间以及咨询成果的质量标准等。

为达到上述目的，委托人应当保持与工程咨询单位良好的沟通，明确传达其意向和要求，以避免合同履行过程中产生争议。

2）计划管理。项目前期咨询服务是一个复杂的服务过程，需要服务团队走访众多与项目相关的机构，采集大量的信息来完成最终的咨询工作。因此，工程咨询工作计划安排的制定尤为重要。委托人可以要求工程咨询单位制定详细和可行的咨询工作计划安排。首先，工程咨询单位应组建为该项目提供咨询服务的团队和人员；其次，通过工作计划安排使得咨询服务团队明确工作顺序和工作内容；最后，在计划工作安排中确定相应的走访对象或需要提供配合工作的主体，提前通知需要提供配合工作的单位或机构，使其有充分的时间了解、准备需要配合的内容。

3）人员管理。项目前期咨询合同的人员管理主要包括人员稳定性管理、人员资格管理等。在项目前期咨询合同的履行过程中，工程咨询单位要注重服务团队的管理，尤其要保持团队人员的稳定性。工程咨询单位应根据委托人对项目的服务要求，组织有经验和能力的服务团队完成咨询工作。通常情况下，该服务团队的组成应事先得到委托人的审核同意。未经委托人同意，咨询机构不得擅自变更经批准的服务团队组成人员，尤其是项目负责人；确需更换或委托人依据合同约定提出调换要求的，工程咨询单位新委派人员的从业资历及专业能力不得低于被调换人员，并且新委派人员的名单需要得到委托人的认可。

4）支付管理。委托人在项目前期咨询合同的履行过程中，应当注意服务费用支付的管理。一方面，委托人在与工程咨询单位签订项目前期咨询合同时，应当将服务费的支付与咨询服务的工作情况和工作成果的提交相关联，约定服务费的支付比例和支付时间，以确保工程咨询单位在提供咨询成果之后，委托人再支付全部的服务费用。这样可以通过服务费用的支付进度来约束工程咨询单位按时完成服务成果。另一方面，委托人也应当按照合同的约定，按时足额支付服务费，避免遭受承担违约责任的风险。

7.3.4 工程造价咨询合同

工程造价咨询合同是指委托人委托工程造价咨询单位对建设项目投资、工程造价的确定与控制等提供专业咨询服务而签订的合同。工程造价咨询合同产生的成果是项目决策的依据，是制订投资计划和控制投资的依据，同时也是筹集建设资金的依据。

（1）工程造价咨询合同的特点

除一般工程咨询合同的特点外，工程造价咨询合同还具有以下特点：

1）工程造价咨询合同标的的特殊性。工程造价咨询合同的标的为工程建设项目的造价。工程建设项目的建设周期长，委托人对工程建设项目的认识和要求是一个逐渐深化的过程，用以确定和控制造价的图纸在不同建设阶段的深度也不一致。因此，工程造价具有分阶段形成的特点，如项目可行性研究阶段的投资估算、初步设计阶段的设计概算、施工图阶段的施工图预算以及竣工阶段的竣工结算等。

2）工程造价咨询合同服务阶段和服务内容的多样性。工程造价咨询合同的服务内容可以是全过程服务，即建设项目各阶段工程造价的确定、控制及合同管理，也可以是某一阶段的服务。具体来说，全过程工程造价咨询服务包括编制或审核建设项目投资估算、工程概算、预算、竣工结（决）算；编制或审核工程量清单、招标控制价、投标报价；工程费用索赔、工程造价鉴定、工程造价信息咨询及其他相关咨询服务。

（2）工程造价咨询合同重点条款

工程造价咨询合同条款主要包括主体条款、工作范围和工作内容条款、任意解除权条款、造价咨询服务收费条款、造价咨询成果文件条款、造价咨询人赔偿责任条款、委托人迟延支付条款、价格调整条款、奖励条款、造价咨询企业禁止行为条款、造价咨询人忠诚勤勉义务条款以及造价咨询人职业责任险条款等，下文对其中的重点条款予以介绍。

1）主体条款。造价咨询合同的主体包括委托人和造价咨询单位。一般情况下，造价咨询合同的履行过程中，造价咨询企业不得更换从业人员。为保证造价咨询合同的顺利履行以及各种合同文件的有效送达，合同主体条款应尽可能详细准确，具体内容包括委托人和咨询人单位加盖公章要求、法定代表人签字要求、委托代理人签字要求、单位住所地址、邮政编码、电子邮箱、固定电话与传真。同时为了保证合同款项支付准确无误，主体条款中应加上合同双方单位开户银行与账户等银行账户信息。

2）工作范围和工作内容条款。依据《工程造价咨询企业管理办法》的规定，工程造价咨询业务范围一般包括以下几个方面。第一，建设项目建议书及可行性研究投资估算、项目经济评价报告的编制和审核。第二，建设项目概预算的编制与审核，并配合设计方案比选、优化设计、限额设计等工作进行工程造价分析与控制。第三，建设项目合同价款的确定，包括招标工程工程量清单和标底、投标报价的编制和审核；合同价款的签订与调整及工程款支付，包括工程变更、工程洽商和索赔费用的计算，工程结算及竣工结（决）算报告的编制与审核等。第四，工程造价经济纠纷的鉴定和仲裁的咨询。第五，提供工程造价信息服务等。

委托人可以与工程造价咨询企业约定对建设项目的组织实施进行全过程或者若干阶段的管理和服务。委托人与造价咨询企业在约定造价咨询企业的工作范围和工作内容时，应当根据委托人以及建设项目的实际需要确定。一般情况下，委托人应当要求造价咨询企业在未取得委托人同意的情况下，不得擅自在对外的造价类文件（如经济类的洽商签证、变更以及结算文件等）中签字或盖章。

3）造价咨询服务收费条款。工程造价咨询服务应当遵循公开、公平、自愿有偿的原则。通常情况下，应由委托人支付咨询服务费，当事人另有约定的，从其约定。工程造价咨询服务的内容、方式、计价模式、收费金额与支付方式等，由委托人与工程造价咨询企业在工程造价咨询合同中约定。

4）造价咨询成果文件条款。为了加强行业的自律管理，规范工程造价咨询成果文件的格式、工作深度和质量标准，提高工程造价咨询成果的质量，依据国家的有关法律法规和规范性文件，中国建设工程造价管理协会于 2008 年印发了《工程造价咨询成果文件质量检查暂行办法》，并于 2012 年编制了《建设工程造价咨询成果文件质量标准》（CECA/GC 7—2012），对投资估算编制、设计概算编制、施工图预算编制、工程量清单编制、招标控制价编制、竣工结算审查、全过程造价管理咨询及工程造价经济纠纷鉴定等工程造价咨询成果均设置了质量标准。工程造价咨询企业和从业人员在承担建设工程造价咨询业务时，应认真按照该标准的有关要求执业和从业，并须接受相关建设工程造价管理协会及各专业委员会的质量检查。

5）价格调整条款。在工程造价咨询实践中，鉴于建设周期较长、设计变更的存在以及造价咨询工作的复杂性，造价咨询企业通常需要承担造价咨询合同约定范围之外的工作，客观上形成“附加服务”。因此，为避免产生争议，委托人与造价咨询企业制订造价咨询企业义务条款时，应当尽可能明确“正常服务”“附加服务”的具体范围，并在合同中明确约定工作量增加导致酬金增加的计算方法及支付时间等详细内容。

6）造价咨询企业禁止行为条款。依据《工程造价咨询企业管理办法》相关规定，工程造价咨询企业不得有下列行为：第一，涂改、倒卖、出租、出借资质证书，或者以其他形式非法转让资质证书；第二，超越资质等级业务范围承接工程造价咨询业务；第三，同时接受招标人和投标人或两个以上投标人对同一工程项目的工程造价咨询业务；第四，以给予回扣、恶意压低收费等方式进行不正当竞争；第五，转包承接的工程造价咨询业务；第六，法律法规禁止的其他行为。除法律法规另有规定外，未经委托人书面同意，工程造价咨询企业不得对外提供工程造价咨询服务过程中获知的当事人的商业秘密和业务资料。

7）造价咨询人忠实勤勉义务条款。除委托人书面同意外，造价咨询企业及咨询专业人员不应接受建设工程造价咨询合同约定以外的与工程造价咨询项目有关的任何报酬，不得参与可能与合同约定的与委托人利益相冲突的任何活动。造价咨询合同最大的特点在于专业性，造价咨询人员能否忠实、勤勉地履行咨询义务、行使相关权利直接关系着造价咨询成果文件的客观公正性。忠实义务即忠心诚实地服务于委托人，造价咨询企业应当以委托人的利益为自己的最高行为准则；勤勉义务即合理谨慎地履行义务，造价咨询人员在从事造价咨询工作中应当像管理自己的财产一样审慎勤勉地履行相关义务。

（3）工程造价咨询合同管理要点

对工程造价咨询合同进行科学有效的管理，有助于造价咨询工作的顺利开展，保证造价咨询成果文件的质量，达到预期的投资控制目标。工程造价咨询合同的服务内容可以是全过程服务，即建设项目各阶段工程造价的确定、控制，也可以是某一个或某几个阶段的服务。本书主要介绍招投标及签约、施工以及竣工结算阶段造价咨询合同的管理要点，具体包括计价依据管理、服务方式及成果管理、档案管理以及执业规范管理等方面。

1）计价依据管理。工程造价咨询合同的计价依据管理主要是指，对施工合同、委托人要求、设计文件、市场价格及人材机造价信息、定额、相关法律法规以及国家和地方颁布的造价规范性文件等计价依据进行的收集、整理、更新、应用等管理活动。

在要约承诺阶段，委托人应当充分利用造价咨询人的专业实力和丰富经验，对招标文件中的报价要求、计价原则、计价依据的种类及范围等进行清晰、准确的规定，以减少后续施工及竣工结算阶段的造价争议。

在施工以及竣工结算阶段，造价咨询人应当全面理解和掌握施工合同的内容，就其中不明确的条款应与委托人进行充分的沟通和澄清，理解委托人的要求。在此基础上，应当根据施工合同的约定明确具体项目所需的计价依据，及时获取计价所需的各种信息，尤其是对时效性较强的市场价格一般应当通过询价等方式获得第一手直接信息，以确保计价的准确性和权威性。

2）服务方式及成果管理。造价咨询合同从履行过程来看是一种典型的提供服务合同，具有周期长、专业性强等特点，更重要的是通常情况下造价咨询服务的内容比较多，包括编制招标文件中的商务条款、编制招标工程量清单、招标控制价、标底、施工过程中的期中计量计价及变更与索赔管理、竣工后审核、编制竣工结算等。基于上述特点，服务方式的选择和确定就显得十分重要，将直接关系到合同目标能否实现。委托人和造价咨询企业应当在合同中明确各阶段造价咨询企业提供服务的具体方式，除了常规的出具成果文件、提供咨询等服务方式外，造价咨询企业还应当通过参与委托人与承包人的商务谈判、定期到现场进行计量计价及参与变更与索赔管理等方式提高服务水平和质量。

造价成果性文件直接体现造价咨询企业的服务水平，影响合同目标的实现，因此委托人和造价咨询企业应重点关注造价成果性文件的质量管理。在招投标及签约阶段，造价咨询企业应当准确把握工程量清单、招标控制价或者标底编制及审核的工作量，统筹安排土建、装饰、给排水、暖通、电气等各专业工程造价人员，同时根据各专业工程进度调整人员安排，保证满足编制进度及招标工作的时间要求。相关造价文件初稿编制完成后，一般要经过审核与审定两道程序才能形成最终造价成果文件。在施工及竣工结算阶段，造价咨询企业与委托人要严格按照合同约定的原则和办法处理计量计价以及索赔与变更，各项计价活动均应有合法、有效的依据作为支撑。

3）档案管理。造价咨询合同的档案管理主要是指对工程造价相关文件，如招投标文件、合同、变更及索赔文件以及结算资料等进行的收集、整理、归档等管理活动。

对工程造价文件进行有效的档案管理，不仅可以还原造价咨询合同实际履行情况，使各项造价成果文件有据可循，而且档案文件还可以作为委托人和承包人进行结算和处理造价争议的重要依据。所以无论对于委托人还是造价咨询人而言，该项管理活动均具有十分重要的意义。

在提供造价咨询服务的过程中，招标人和造价咨询人应当做好各自的工程造价文件管理工作。工程造价文件管理应当坚持以下原则：遵循工程造价文件的形成规律，保持各项文件之间的系统联系；确保文件的真实性和充分性；文件的整理应当规范，审批和签章手续完备，文件材料的制作和书写必须规范、清晰，易于长期保存和查阅。

4）执业规范管理。无论是委托人的造价人员还是造价咨询企业，均肩负着合理使用建设资金的职责，对于造价咨询人来说还具有维护委托人合法权益的职责，因此双方均应当不断加强造价从业人员的执业规范管理。具体来说：首先，应当建立健全从业人员的监督制约机制；其次，加强教育培训，提高职业道德修养，建立优胜劣汰制度；最后，加强法律学习，不断增强法律意识和风险防范意识。

7.3.5 设计咨询合同

设计咨询合同是指建设单位委托专业机构对建设项目的设计成果提出评价和优化意见，以及为设计工作提供相关技术服务的合同。工程设计咨询工作一般应在设计文件审查、施工图交付施工之前进行。

一般情况下，设计咨询合同与设计合同较容易混淆。设计合同的工作成果是设计文件，而设计咨询合同是对设计成果的评价和优化；设计合同的签订与执行须严格按照《建设工程勘察设计管理条例》《工程建设项目勘察设计招标投标办法》《建筑工程设计招标投标管理办法》《建设工程勘察设计资质管理规定》等规定，而设计咨询合同一般不需要设计咨询单位达到法定资质要求。

(1) 设计咨询合同的特点

1）设计咨询活动具有较强的专业属性。如，对铁路大中型建设项目预可行性研究、可行性研究、初步设计和施工图各阶段进行勘察设计咨询工作，咨询单位应当同时具备三项条件：具有甲级铁路勘察设计资质或甲级铁路工程咨询资质；独立完成过同类型、同规模项目的工程勘察设计或咨询；未承担该项目的勘察设计工作。对于其他设计咨询项目而言，鉴于法律法规没有对工程设计咨询合同主体资质作出特殊要求，实践中委托人主要围绕设计咨询主体性质、同类业绩要求等选择专业机构开展设计咨询工作。

2）工程设计咨询合同的标的物具有特殊性。工程设计咨询合同的标的物是设计成果，表现为通过对设计成果文件进行复核及审查，纠正设计成果的偏差和错误，提出优化建议，对设计过程中的关键问题提出咨询意见，最终出具咨询报告。

3）设计咨询工作服务具有综合性。设计咨询服务要求咨询单位具备综合性经验与能力，咨询单位不仅需要对设计成果的技术性进行评价和优化，而且还需要对设计成果的经济性、社会性、环境生态影响等提出专业咨询意见。因此，设计咨询工作服务具有较强的综合性。

(2) 设计咨询合同重点条款

设计咨询合同条款主要包括主体条款、工作依据条款、工作范围和工作内容条款、设计咨询团队要求条款、委托专家论证条款、咨询报告提交原设计单位条款、修改原设计文件条款、委托人注意义务条款、设计咨询人勤勉忠诚义务条款、保密条款、收费条款、奖励条款以及知识产权条款等，下文对其中的重点条款予以介绍。

1）主体条款。设计咨询合同的主体包括委托人和设计咨询人。为了保证设计咨询合同的顺利履行以及各种合同文件的有效送达，合同主体条款应尽可能详细准确，具体内容可以包括委托人和咨询人单位加盖公章要求、法定代表人签字要求、委托代理人签字要求、单位住所地址、邮政编码、固定电话与传真信息填写要求，为便捷联络，还可增加电子邮箱地址等条款。同时在主体条款中应加上合同双方单位开户银行与账户等账户信息条款，以保证合同款项支付的准确无误。

鉴于设计咨询合同的标的为设计成果，即咨询单位对已经先由设计单位出具的设计成果进行了二次审核与校正，这就对设计咨询主体专业综合能力提出了更高的要求。通常情况下，设计咨询单位需要具有一定的权威性，拥有专业能力很强的专家队伍。只有这样，才足以对先前做出的设计成果进行全面评价，纠正其偏差，编制出高质量的咨询报告。

目前法律法规没有明确规定建设工程设计咨询主体的资质要求。实践中，为保证设计咨询成果的质量，委托人与设计咨询人可以参照《建设工程勘察设计资质管理规定》的内容，在设计咨询合同中约定完成某项设计咨询工作所需要的资质，设计咨询单位应当具备咨询业务以及双方合同约定要求的资格。

2）工作依据条款。设计咨询人的工作依据是其开展设计咨询工作的基础，委托人与设计咨询人应当明确相关工作依据的具体范围和内容，以及委托人提供依据的方式和时间。

3）工作范围和工作内容条款。设计咨询工作的主要内容和重点内容为检查预可行性研究，可行性研究以及设计文件编制的内容、深度和质量是否达到法律法规和有关规范、规定的要求，并按照委托人的要求和预期目的提出评价和改进意见。

在可行性研究阶段，设计咨询合同的主要服务内容包括检查项目建议书批复意见执行情况、建设规模、主要技术标准、主要技术设备设计原则、主要工程数量、建设工程、投资估算、经济评价等。

在初步设计阶段，设计咨询合同的主要服务内容包括检查可行性研究报告批复意见执行情况、局部方案比选、特殊工点技术措施、工程数量、主要设备数量、主要材料数量、用地及拆迁数量、防火设施、节能措施、环境保护与水土保持措施、施工过渡措施、施工组织、设计概算、设计文件的总体性和专业间的衔接等。

在施工图设计阶段，设计咨询合同的主要服务内容包括检查初步设计批复意见执行情况，核查特殊结构计算是否正确，局部方案和工程措施是否需要优化，特殊工点技术措施是否可靠，防火、节能、环保、水土保持措施是否落实，施工过渡措施是否合理，标准设计图选用是否合理，设计图表及说明能否满足施工需要。

此外，设计文件中违反国家有关法律法规、政策和强制性技术标准的，设计咨询人负责提出改正意见。

委托人应当主要从建设项目的实际需要出发确定设计咨询人的工作范围和工作内容，其中特别需要注意与前期咨询单位和设计单位在工作范围上的衔接，既避免交叉也避免脱节，使各方能够密切合作，达到委托人的利益最大化并顺利推进项目建设。

4）设计咨询团队要求条款。设计咨询合同中，当事人应约定能够胜任设计咨询工作的专业设计咨询团队以及设计咨询团队应具备设计咨询合同约定的资质要求，保证工作成果符合合同约定，达到委托人的咨询目的。

5）咨询报告提交原设计单位条款。设计咨询人按照合同约定提交咨询工作成果后，委托人应及时将咨询报告交原设计单位查看，原设计单位应对咨询报告认真研究。如果原设计单位不同意咨询报告的意见，可以向委托人提出不同意采纳该意见的理由。实践中，原设计单位通常以书面形式提出不同意的理由。因此，委托人与设计咨询人在约定将咨询报告提交原设计单位条款时，应对原设计单位不同意采纳的意见及理由作出具体约定，避免产生争议。

6）修改原设计文件条款。设计咨询人发现原设计文件不符合工程建设强制性标准、合同约定的质量要求或者存在进一步优化的可能的，应当报告委托人，委托人有权要求原设计单位对设计文件进行补充、修改。原设计文件已经审查批准，经专业设计咨询人员根据设计咨询合同的约定审查后认为尚需作出重大修改的，委托人应当报经原审批机关批准后，方可修改。此外，经原设计单位书面同意，委托人也可以委托其他具有相应资质的设计单位修改原设计文件，修改单位对修改的设计文件承担相应责任。

7）委托人注意义务条款。为保证设计咨询合同合法有效，委托人应承担相应的注意义务。如：委托人不得以任何理由要求咨询方从事违反法律法规、政策和有关强制性技术标准的工作；不得授意咨询人提出不真实的咨询意见等。因此，委托人与设计咨询人可以在咨询合同中将委托人应尽的注意义务明确作出规定，以保护设计咨询人的合法权益。

8）设计咨询人勤勉忠诚义务条款。设计咨询人应当为了委托人的利益，以约定的或者合理的方式勤勉尽职地履行职责。设计咨询人必须公正诚信地从事咨询工作，对咨询报告的客观性和准确性负责。在合同约定的一定期限内，未经委托人同意，设计咨询人不得就同类技术项目与委托人的竞争者订立设计咨询合同，不得利用其身份从事不正当活动，更不得从事违背委托人利益的工作。

9）保密条款。委托人可以与设计咨询人签订保密条款，约定设计咨询人应当在约定的范围和期限内对委托人提供的技术资料和数据予以保密。此外，应设计咨询人要求，委托人对设计咨询人提供的技术资料和数据，按照合同约定同样应予以保密。

10）收费条款。设计咨询合同收费实行市场调节价，当事人双方根据实际情况自由约定合同价格。此外，合同中可以对设计咨询费的增加或者减少作出具体约定。因委托人原因造成咨询工作量增加时，委托人应向设计咨询人支付补偿费用。但是若设计咨询人因工作失误未完成合同约定的工作目标时，可酌情减收甚至免收咨询费；给委托人造成损失的，设计咨询人应按合同约定承担相应的赔偿责任。

(3) 设计咨询合同管理要点

设计咨询合同的科学有效管理有利于设计咨询工作的顺利进行，最终提出高质量的设计咨询成果文件。设计咨询合同的管理主要包括职责管理、制度建设管理、设计咨询服务团队管理。

1）职责管理。依据项目复杂程度，作为委托人的项目业主或建设单位以及设计咨询人均可以成立专门的设计咨询管理机构，明晰职责，专门或牵头进行设计咨询管理。

委托人的职责应当包括如下方面：

第一，根据咨询合同约定，要求设计咨询人按时限进行设计文件审核，提交咨询报告；对咨询报告的深度、完整性、准确性进行评估。

第二，对咨询意见持异议的，应当组织设计人和咨询人双方进行协调沟通，努力将问题解决在咨询阶段。经协调沟通不能解决的问题，由委托人组织专家论证，涉及变更初步设计批复意见的，应报当地规划部门审定后方可修改设计。

第三，督促设计人根据咨询审核意见对设计文件进行补充和修改。

第四，对咨询人及其工作实行统一管理，进行监督检查和考核。监督和考核应当以咨询合同为主要依据，可就咨询人在人员履约情况（如人员配置、人员资质、机构设置等）、设计审核情况（如设计文件审核、审核进度、审核记录、咨询报告、复审和补充报告等）和综合管理情况（如制度建设、信息管理等）等方面设置考核标准，将考核结果与支付咨询费用挂钩。考核标准以及考核处理措施应当详尽地规定在咨询合同中，以避免纠纷。

咨询人的职责包括如下方面：

第一，编制本咨询项目的“设计咨询大纲”和“咨询实施细则”，“设计咨询大纲”通常应报委托人批准后实施。

第二，主要咨询人员调整应事先征得委托人同意，亦应按委托人要求及时更换不称职的咨询人员。

第三，依照约定时限完成设计文件审核，提交咨询报告；对咨询报告的深度、完整性、准确性负责。

第四，重大咨询意见须及时与委托人沟通。

第五，委托人需要对咨询合同约定的设计咨询范围、咨询内容、咨询进度和服务期限进行调整时，咨询人应予接受，且不应降低设计咨询整体质量。必要时可签订补充咨询合同。

第六，设计咨询人根据咨询合同的约定或者委托人的要求跟踪咨询意见的落实情况。

2）制度建设管理。设计咨询人为按照咨询合同约定的标准完成咨询工作，应建立以下服务质量保障制度：

第一，设计咨询报告制度。设计咨询报告是设计咨询工作的主要成果，设计咨询人应在咨询报告编制完成且经内部审查程序批准后，及时将成果提交给委托人。根据需要，也可先提交阶段咨询报告，最后再提交总体咨询报告。报告应有规定的格式、组成、内容和形式，不得随意更改。

第二，设计文件审查签认制度。设计文件审查意见由符合设计咨询资格的人员提出并签认，经内部核准程序签认后，才能正式发出。

第三，设计咨询进度控制制度。设计咨询人应按与委托人签订的咨询合同的要求（或咨询实施细则的规定），按时提交咨询报告，并督促设计人及时提交设计文件，以满足建设进度需要。

3）设计咨询服务团队管理。设计咨询人应根据委托人对项目的服务要求，组织有经验和有能力的服务团队完成咨询工作。通常情况下，该服务团队的组成应事先得到委托人的审核同意。未经委托人同意，设计咨询人不得擅自变更经批准的服务团队组成人员，尤其是项目负责人。确需更换的，或委托人依据合同约定提出调换要求的，设计咨询人新委派人员的从业资历及专业能力不得低于被调换的人员，并应经委托人认可。除委托人同意外，主要设计咨询人员应全程参加设计咨询工作及相关汇报。

7.3.6 项目管理咨询合同

项目管理咨询合同是指从事项目管理的企业接受委托，运用专门的知识、技能和方法，对工程建设全过程或分阶段进行专业化管理和服务活动而签订的合同。

(1) 项目管理咨询合同的特点

除具备工程咨询合同的一般特点外，项目管理咨询合同还具有以下特点：

1）项目管理咨询合同主体的专业属性。从事项目管理咨询工作的企业应当具备与所提供的咨询事项相适应的专业人员和技术装备，以有效地开展工作，实现委托人的目的。

2）项目管理咨询合同标的特殊性。项目管理咨询合同的标的是项目管理，项目管理由多个阶段和部分的管理活动有机组合而成，活动较为复杂，不可预测因素较多，受到投资、时间、质量等多种约束条件的严格限制。其中任何一个阶段或部分出现问题，就会影响到整体项目目标的实现，增加项目管理的不确定因素。

3）项目管理咨询合同的创造性。项目管理咨询合同履行过程中，项目管理企业必须从实际出发，结合项目的具体情况，因地制宜地处理和解决工程项目实际问题，及时进行恰当的项目决策。因此，项目管理就是将此前总结的建设知识和经验创造性地运用于工程管理实践中。

(2) 项目管理咨询合同重点条款

在整个工程建设管理中，项目管理咨询活动主要围绕工程建设最重要的投资、进度和质量等目标进行。项目管理咨询企业的管理活动应当紧紧围绕项目目标进行，同时必须严格地以项目管理咨询合同为依据。项目管理咨询合同条款主要包括主体条款、工作范围和工作内容条款、管理费条款、奖励条款、服务期延长条款以及合同终止条款等，下文对其中的重点条款予以介绍。

1）主体条款。依据《建设工程项目管理试行办法》相关规定："项目管理企业应当具有工程勘察、设计、施工、监理、造价咨询、招标代理等一项或多项资质。"委托人与项目管理企业在项目管理咨询合同中应明确项目所需的资质要求。

鉴于项目管理活动的复杂性，项目管理团队需要集成多学科知识，形成完备的跨学科知识理论体系，并且综合使用各种科学有效的方法进行项目管理。《建设工程项目管理试行办法》规定："从事工程项目管理的专业技术人员，应当具有城市规划师、建筑师、工程师、建造师、监理工程师、造价工程师等一项或者多项执业资格。"所以，委托人与项目管理企业可以在合同中约定项目管理团队人员应具备的执业资格要求，以保证能够提供高质量的项目管理活动。

2）工作范围和工作内容条款。工程项目管理咨询业务范围主要包括：第一，协助委托人进行项目前期策划，经济分析、专项评估与投资确定；第二，协助委托人办理土地征用、规划许可等有关手续；第三，协助委托人提出工程设计要求、组织评审工程设计方案、组织工程勘察设计招标、签订勘察设计合同并监督实施，组织设计单位进行工程设计优化、技术经济方案比选以及投资控制；第四，协助委托人组织工程监理、施工、设备材料采购招标；第五，协助委托人与工程总承包企业或施工企业及建筑材料、设备、构配件供应等企业签订合同并监督实施；第六，协助委托人提出工程实施用款计划，进行工程竣工结算和工程决算，处理工程索赔，组织竣工验收，向委托人移交竣工档案资料；第七，生产试运行及工程保修期管理，组织项目后评估；第八，项目管理咨询合同约定的其他工作等。

委托人可以视项目实际情况及管理需要，委托项目管理企业就工程建设全过程或某一阶段签订项目管理咨询合同。项目管理咨询活动可以分为以下几个阶段：

①项目前期。该阶段项目管理咨询企业的工作范围主要包括协助委托人进行项目策划与项目计划。项目管理企业在协助委托人进行项目策划时，应判断投资项目有无建设必

要，进行充分的经济、技术论证分析，确定能否筹集到足够资金，分析可行性报告，提出各种备选方案等。项目计划工作中，项目管理企业可以协助委托人编制项目成本计划、质量计划、工期计划等各种计划。

②项目建设期。该阶段项目管理咨询企业应按照委托人的要求，对项目实施工作按计划步骤具体实行。实施阶段的核心是做好项目控制工作，项目管理企业可以进一步将控制工作划分为成本、质量和工期等管理控制工作，制定各种切实可行的控制标准。项目管理企业还应当按照委托人的要求，协助委托人组织工程勘察、设计、监理、施工、设备材料采购等的招标，并且协助委托人与工程建设项目各参与方签订合同等。

③项目后期。该阶段项目管理咨询企业应按照委托人的要求，做好工程各种收尾工作，协助委托人为完成项目办理相关手续，办理工程结算与决算事宜，组织竣工验收、移交工程，并且协助做好试运行与保修工作。

3）管理费条款。委托人与项目管理咨询企业依据市场需求自行确定合同价格。一般情况下，工程项目管理服务收费应当根据受委托工程项目的规模、范围、内容、深度和复杂程度等确定，且工程项目管理服务收费应在工程概算中列支。在工程项目管理服务实践中，项目管理企业收费可以参照两个标准，即管理实施型与咨询服务型。管理实施型项目管理企业通常需要对项目相关事宜负责，取费相对较高；而咨询服务型项目管理只需要出具顾问意见即可，不必保证顾问意见引起的实施后果，所以取费相对较低。合同当事人在签订项目管理咨询合同时，应将工作范围与收费条款对应起来，力求做到权利义务对等，科学合理取费。

4）奖励条款。委托人可以与项目管理咨询企业在合同中明确约定合理化建议奖励条款。合同双方当事人可以约定，如果项目管理咨询企业提出合理化建议，落实后确实节省了项目总投资额，委托人可以按照相应节省投资额的一定比例给予奖励。

5）服务期延长条款。在工程建设项目实施过程中，经常出现各种原因导致工期顺延。如，设计变更导致工程量增加，发包人未按约定日期支付预付款、工程款或进度款导致工期延误，停水、停电、停气造成停工，采购供货不及时延误工期，不可抗力等。项目管理咨询合同服务期限与工期息息相关，工期顺延大多数会导致项目管理企业服务期相应延长，因此有必要在项目管理咨询合同中设置服务期延长条款，约定何种情形下服务期延长、延长到什么程度、需要增加多少服务费等内容。一般情形下，因委托人或第三人原因造成服务期顺延的，需要增加服务费用；因项目管理企业原因造成的服务期顺延则不应增加服务费用，给委托人造成损失的，还需要赔偿委托人的损失。

（3）项目管理咨询合同管理要点

建设工程项目实行专业化管理是深化建设工程项目实施方式、保证建设工程质量和投资效益、规范建筑市场秩序的重要举措。委托人和项目管理企业在签订项目管理咨询合同的过程中，应注重对合同的合法性和完整性进行审查，并对项目管理咨询的履行行为进行科学有效的管理。项目管理咨询合同的管理要点主要包括目标管理、工作范围和职权管理、施工合同管理、计划管理、代建制项目管理等。

1）目标管理。委托人委托项目管理企业对建设工程项目实行专业化的管理，是为了借助项目管理企业的专业知识和项目管理经验，实现工期、质量、投资控制等目标。通常情况下，委托人对建设工程项目管理的内涵并不十分了解，造成委托方只看结果不重过程，不愿承担因自身原因所造成的风险及责任。为保障建设工程项目圆满实现专业化管理目标，委托人和项目管理企业在签约和履约阶段均要把目标管理放在首要位置。在签约阶段，双方要对项目建设各项目标进行专业化的、科学务实的分析；项目管理企业要以客观、诚信的态度向委托人阐明观点，使其在充分了解建筑行业特征、专业流程以及工程项目内外部环境和条件的基础上接受科学、合理的管理目标。在履约阶段，项目管理企业应当制订确保各项目标达成的管理措施并予以严格执行，对于可能影响目标实现的事件应当及时向委托人披露，共同商定改进措施。

2）工作范围和职权管理。项目管理企业应合理行使项目管理咨询合同所赋予的权利，按委托人的授权范围为委托人服务，执行委托人的合法决策。因此，双方在合同中必须明确项目管理企业协助委托人的职责和义务，委托人及其驻建设工程现场代表的职责和义务、各自的授权范围。项目管理企业在合同履行过程中决不能越权行事，更不能代替委托人行使决策权，否则有可能造成越权管理的失误风险和责任，进而造成委托方与项目管理企业在日后纠纷处理时相互指责和推诿。

3）施工合同管理。建设施工合同约定的事项与权利义务是项目管理的依据。施工合同的内容直接决定着工程项目管理企业在实施自身项目管理合同过程中的风险大小。施工阶段的项目管理企业是代表委托人与承包人的直接对话者，所以项目管理企业应当比委托人更加关注、更加重视建设工程施工总承包合同的内容，更加需要借助施工合同在保护委托人合法利益的同时，保护自身的合法权益不受侵害，最大限度地合理规避委托人及自身的风险。

4）计划管理。由于工程管理活动具有周期长、专业多、涉及多方利益主体等特点，为应对项目管理过程中可能出现的各种情况，在开展项目管理活动之前必须制定详细的工程管理计划，使得质量、进度、成本、安全管理方案得以顺利实施。

计划管理是项目管理企业项目管理活动有序、顺利推进的保障，项目管理企业可根据经委托人审批的施工组织设计和进度计划中的时间节点编制相应的工程管理计划。

5）代建制项目管理。工程建设实行代建制管理的，其实质是项目管理活动，建设单位可以采用全过程委托代建方式，即由代建单位对代建项目进行从项目建议书批复后开始，经可行性研究、设计、施工、竣工验收，直至保修期结束的全过程管理；也可以采用分阶段的代建方式，将代建项目分为前期和实施两阶段委托代建单位进行管理。但是，委托人与代建人在约定合同工作范围内容时应注意代建制实质上仍然为项目管理委托合同，代建人在履行合同时只是代行项目投资主体资格，并不真正具有业主方的主体资格。

7.4　物业服务合同

物业服务合同是物业服务单位在物业服务区域内，为业主提供建筑物及其附属设施的维修养护、环境卫生和相关秩序的管理维护等物业服务，业主支付物业费的合同。

7.4.1　物业服务合同的特点

（1）物业服务合同属于委托合同

《民法典》第 284 条规定，业主可以委托物业服务企业或者其他管理人管理建筑物及其附属设施。因此，物业服务合同属于特殊的委托合同。另外，业主有权依法更换建设单位聘请的物业服务企业或者其他管理人。

(2) 物业服务合同采用书面形式

《民法典》第 938 条规定:“物业服务合同应当采用书面形式。”《物业管理条例》第 34 条规定:“业主委员会应当与业主大会选聘的物业服务企业订立书面的物业服务合同。”因此物业服务合同为要式合同,应采用书面形式。

(3) 国家鼓励通过市场竞争机制选择物业服务企业

为保证物业管理市场的公平竞争,在物业服务企业的选择上,国家鼓励通过引入市场竞争机制,采取包括公开招标等招标采购方式确定合适的物业服务企业。如《物业管理条例》第 3 条规定:“国家提倡业主通过公开、公平、公正的市场竞争机制选择物业服务企业。”第 24 条规定:“国家提倡建设单位按照房地产开发与物业管理相分离的原则,通过招投标的方式选聘物业服务企业。住宅物业的建设单位,应当通过招投标的方式选聘物业服务企业;投标人少于 3 个或者住宅规模较小的,经物业所在地的区、县人民政府房地产行政主管部门批准,可以采用协议方式选聘物业服务企业。”

同时《前期物业管理招标投标管理暂行办法》第 3 条规定:“住宅及同一物业管理区域内非住宅的建设单位,应当通过招投标的方式选聘具有相应资质的物业管理企业;投标人少于 3 个或者住宅规模较小的,经物业所在地的区、县人民政府房地产行政主管部门批准,可以采用协议方式选聘具有相应资质的物业管理企业。国家提倡其他物业的建设单位通过招投标的方式,选聘具有相应资质的物业管理企业。”因此,在业主、业主大会选聘物业管理企业之前,由建设单位通过招标方式选择物业服务企业实施前期物业管理。

7.4.2 物业服务合同的重要条款与起草要点

物业服务合同的重点条款主要包括物业管理事项、服务质量、服务费用、专项维修资金、业主任意解除权、物业管理用房的使用及移交等内容。

(1) 物业管理事项条款

物业管理事项是物业服务合同的核心,也是物业服务企业的工作范围与内容。根据《物业管理条例》的规定,物业管理是指业主通过选聘物业服务企业,由业主和物业服务企业按照物业服务合同约定,对房屋及配套的设施设备和相关场地进行维修、养护、管理,维护物业管理区域内的环境卫生和相关秩序的活动。因此,当事人应在物业服务合同中明确约定,物业管理区域的具体范围、界限及相应的管理行为。

(2) 服务质量条款

服务质量是评价物业服务企业履行物业管理活动的标尺,也是物业管理工作的具体要求。当事人应在合同中明确约定,物业服务企业维修、养护、清理等物业管理活动应达到的质量标准。《民法典》第 287 条规定:“业主对建设单位、物业服务企业或者其他管理人以及其他业主侵害自己合法权益的行为,有权请求其承担民事责任。”因此如果物业服务活动不符合服务质量,业主有权向物业服务企业主张民事责任。

(3) 服务费用条款

服务费用是物业服务企业提供服务的相应对价。根据《民法典》944 条的规定,业主应当按照约定向物业服务单位支付物业费。物业服务单位已经按照约定和有关规定提供服务的，业主不得以未接受或者无须接受相关物业服务为由拒绝支付物业费。

同时，国家发展改革委、原建设部于 2003 年 11 月 13 日发布的《关于印发物业服务收费管理办法的通知》规定，物业服务收费应当区分不同物业的性质和特点分别实行政府指导价和市场调节价。物业服务收费实行政府指导价的，有定价权限的人民政府价格主管部门应当会同房地产行政主管部门根据物业管理服务等级标准等因素，制定相应的基准价及其浮动幅度，并定期公布。具体收费标准由业主与物业服务企业根据规定的基准价和浮动幅度在物业服务合同中约定。实行市场调节价的物业服务收费，由业主与物业管理企业在物业服务合同中约定。

(4) 专项维修资金条款

专项维修资金是专项用于住宅共用部位、共用设施设备保修期满后的维修、更新和改造的资金。在物业服务合同中，当事人可以对专项维修资金的使用及划转程序作出约定。建设部（已撤销）、财政部于 2008 年 2 月 1 日发布施行的《住宅专项维修资金管理办法》规定，物业服务企业提出专项资金使用方案，使用方案应当包括拟维修和更新、改造的项目、费用预算、列支范围、发生危及房屋安全等紧急情况以及其他需临时使用住宅专项维修资金的情况的处置办法等。业主大会依法通过使用方案，物业服务企业持有关材料向业主委员会提出列支住宅专项维修资金并向专户管理银行发出划转住宅专项维修资金的通知等。

建筑物及其附属设施的维修资金，按照《民法典》第 281 条规定属于业主共有，经业主共同决定，可以用于电梯、屋顶、外墙、无障碍设施等共有部分的维修、更新和改造。建筑物及其附属设施的维修资金的筹集、使用情况应当定期公布。

(5) 业主任意解除权条款

物业服务合同中，双方可以约定解除合同的具体情形。《民法典》第 946 条规定了业主的任意解除权，即业主依照法定程序共同决定解聘物业服务人的，可以解除物业服务合同。同时双方可以在合同中约定解除通知的期限。如无特殊约定，业主应提前六十日书面通知物业服务企业。业主任意解除合同造成物业服务企业损失的，除不可归责于业主的事由外，业主应当赔偿损失。

(6) 物业管理用房的使用及移交

建设单位应当按照法律规定在物业管理区域内配置必要的物业管理用房。《物业管理条例》第 37 条规定：“物业管理用房的所有权依法属于业主。未经业主大会同意，物业服务企业不得改变物业管理用房的用途。”在物业服务合同中，当事人应当对物业管理用房的归属、使用、管理及移交等作出明确约定。

此外，物业服务合同终止时，物业服务企业应当将物业管理用房交还给业主委员会。业主大会选聘了新的物业服务企业的，物业服务企业之间应当做好交接工作。

7.5 案例分析

【案例 7-1】招标签约及履约合规性管理

(1) 案例背景

2023 年 7 月，A 市甲国有建设单位与乙招标代理公司签订了《委托招标代理合同》，由乙招标代理公司负责甲国有建设单位 H 办公楼的工程设计、监理和施工招标，H 写字楼总建筑面积约 55 万平方米，总投资约 60 亿元。2023 年 8 月，甲国有建设单位与乙招标代理公司又就 H 办公楼工程招标代理事宜签订了《建设工程编制最高投标限额文件协议书》，对双方的权利义务、违约责任作了约定，约定甲国有建设单位向乙招标代理公司另外支付编制最高投标限额文件的酬金，酬金按中标价的 1.8‰计取。在 H 办公楼工程招标过程中，发生以下事件：

事件 1：在监理评标过程中，因实质性响应招标文件的投标单位不足三家，乙招标代理公司重新组织监理招标。

事件 2：在施工招标过程中，因甲国有建设单位确定的最高投标限额过低导致流标，为了确保后续招标顺利进行，甲国有建设单位要求第二次招标采用邀请招标方式。

事件 3：在施工评标过程中，评标委员会由五人组成，其中一名专家在评标过程中因食物中毒住院，乙招标代理公司按照其他四位评标委员会成员的意见确定丁施工单位中标。

（2）问题

1）在事件 1 中，乙招标代理公司的做法是否正确？具体依据是什么？

2）在事件 2 中，甲国有建设单位的要求是否合理？具体依据是什么？

3）试分析乙招标代理公司在事件 3 中的做法是否正确？

（3）案例分析

1）乙招标代理公司的做法正确。《评标委员会和评标方法暂行规定》第 23 条规定：“评标委员会应当审查每一投标文件是否对招标文件提出的所有实质性要求和条件作出响应。未能在实质上响应的投标，应当予以否决。”该暂行规定第 27 条同时规定，评标委员会根据第 23 条的规定否决不合格投标后，因有效投标不足三家，使得投标明显缺乏竞争的，评标委员会可以否决全部投标。投标人少于三个或者所有投标被否决的，招标人在分析招标失败的原因并采取相应措施后，应当依法重新招标。本项目应先经“招标人在分析招标失败的原因并采取相应措施后”，依法重新招标。

2）不合理。本项目为使用国有企业单位资金，并且该资金占控股或者主导地位的项目，《必须招标的工程项目规定》（国家发展改革委令第 16 号）第 2 条规定：“全部或者部分使用国有资金投资或者国家融资的项目包括：（一）使用预算资金 200 万元人民币以上，并且该资金占投资额 10％以上的项目；（二）使用国有企业事业单位资金，并且该资金占控股或者主导地位的项目。”以及第 5 条规定：“本规定第二条至第四条规定范围内的项目，其勘察、设计、施工、监理以及与工程建设有关的重要设备、材料等的采购达到下列标准之一的，必须招标：（一）施工单项合同估算价在 400 万元人民币以上……”故本案施工合同依法应当公开进行招标。

本案因甲国有建设单位确定的最高投标限额过低导致流标，以上结果已证明目前的最高投标限额存在问题，且流标也是大多数投标人理性思考的结果，体现出最高投标限额不符合市场规律。建议调整最高投标限额至合理范围后重新公开招标，通过充分的市场竞争选择合适的供应商。

3）招标代理公司在事件 3 中的做法不正确。依据《招标投标法实施条例》第 48 条规定：“评标过程中，评标委员会成员有回避事由、擅离职守或者因健康等原因不能继续评标的，应当及时更换。被更换的评标委员会成员作出的评审结论无效，由更换后的评标委员会成员重新进行评审。”事件 3 中，招标代理公司按照其他四位评标委员会成员的意见确定中标单位的做法错误，应当及时更换评标委员会成员，重新进行评审。

【案例 7-2】依法必须招标的工程项目中的监理合同管理

（1）案例背景

2022 年 4 月，甲工程监理公司与乙大学协商签订建设工程委托监理合同，工程内容为乙大学宿舍楼项目。合同约定：工程建筑面积按 5 万平方米计（依竣工结算实际面积计算调整），监理费共计 60 万元，在 2022 年 6 月底前支付监理费的 50%，其余费用待工程竣工验收合格后按竣工实际面积调整监理费用，一次性结清。在合同履行过程中出现以下事件：2022 年 7 月，乙大学为保证 2023 年 6 月 1 日投入使用，要求施工单位于 2023 年 5 月 15 日前完工，并指示甲工程监理公司督促施工单位缩减混凝土构件的支模时间，以节约工期。

（2）问题

1）甲工程监理公司与乙大学签订监理合同的程序是否合法？

2）乙大学要求缩减支模时间的做法是否正确？甲工程监理公司应如何处理？

3）结合本案例分析：监理合同管理过程中应当注意哪些要点？

（3）案例分析

1）签订监理合同的程序合法。《必须招标的工程项目规定》（国家发展改革委令第 16 号）第 5 条规定：“本规定第二条至第四条规定范围内的项目，其勘察、设计、施工、监理以及与工程建设有关的重要设备、材料等的采购达到下列标准之一的，必须招标：（一）施工单项合同估算价在 400 万元人民币以上；（二）重要设备、材料等货物的采购，单项合同估算价在 200 万元人民币以上；（三）勘察、设计、监理等服务的采购，单项合同估算价在 100 万元人民币以上。同一项目中可以合并进行的勘察、设计、施工、监理以及与工程建设有关的重要设备、材料等的采购，合同估算价合计达到前款规定标准的，必须招标。”因此，即使在考虑项目性质及资金来源的情况下，本案例中监理合同的估算价也在 100 万元以下，不属于依法必须招标的项目，双方可以直接协商签署合同。

2）乙大学的做法不正确。监督建筑工程的质量和安全是监理单位的法定义务。甲工程监理公司应当按照国家法律和工程建设的强制性标准等法律规范开展监理工作，对于乙大学发布的缩减混凝土构件支模时间的错误指令，甲工程监理公司应当拒绝，并要求其改正。

3）结合本案例，在监理合同的管理中，第一，了解甲工程监理单位的工作范围，充分了解相关工作程序及审批权限，确保项目建设顺利进行。第二，监理人员管理工作。完成对项目上的人员资格管理、人员稳定性管理和人员的执业规范管理。第三，监理费用管理。在合同双方依据服务成本、服务质量和市场供求状况协商确定时，甲工程监理公司应提供必要的协助。第四，工作计划管理。招标采购人员需要根据监理工作的完成情况和工程实际情况，及时对监理计划进行偏差分析和提出改进措施。第五，工作实施管理。招标采购人员需要维护甲工程监理公司与乙大学之间的沟通制度，确保甲工程监理公司及时、真实、全面地向乙大学传递信息，以协助乙大学作出正确的审批或者决定。

第 8 章　其他相关合同

除第 4 章至第 7 章介绍过的四大类合同外，从业人员也需要关注招标采购实务中经常涉及的其他相关合同。本章主要对特许经营协议、项目运营过程中可能签署的具有担保性质的合同、保险合同以及土地使用权出让合同进行介绍。其中特许经营协议由特许经营者与政府订立，运营周期较长，项目运营期届满还涉及项目移交等问题，在招标采购阶段合同管理任务较重。具有担保性质的合同类型众多，需要招标采购人员识别后处理。保险合同管理中需要关注金额条款、费率条款、保险赔偿或保险金的给付条款。土地使用权出让合同在关注合同权利义务安排的同时，需要严格遵守《土地管理法》《土地管理法实施条例》等土地管理相关法律法规要求。

8.1　特许经营协议

8.1.1　特许经营协议的概念及种类

特许经营协议有商业特许经营与基础设施和公用事业特许经营之分。商业特许经营协议是对注册商标、企业标志、专利、专有技术以及其他可经营资源设立特别许可事项并进行相应经营的合同。基础设施和公用事业特许经营协议，是指政府采用公开竞争方式依法选择中华人民共和国境内外的法人或者其他组织作为特许经营者，明确权利义务和风险分担，约定其在一定期限和范围内投资建设运营基础设施和公用事业并获得收益，提供公共产品或者公共服务的合同。本节所称特许经营协议，是指基础设施和公用事业特许经营协议。

特许经营协议主要约定政府和特许经营者在特许经营项目开发建设和运营过程中的权利与义务。其中，政府授予特许经营者在特许经营期内建设和运营基础设施或其他公共资源的权利，特许经营者则就特许经营项目进行投融资、建设、运营和维护，并提供相应的公共产品或者公共服务。

特许经营协议种类较多，其中普遍采用的模式主要为 BOT 模式。在实践中，除 BOT 模式以外，还有 TOT、ROT、BOOT、DBFOT 等模式。

(1) BOT 模式

BOT（Build-Operate-Transfer）模式，即“建设—运营—移交”模式，是指通过签订特许经营协议，政府授予特许经营者特定项目的融资、建设、运营和维护的特许经营权，在合同约定的特许经营期限内，通过项目运营向使用者收取费用以收回投资并获取收益，特许经营期届满后将项目移交政府的模式。BOT 是实践中特许经营项目最典型的融资运作模式。

采用 BOT 模式的工程项目，通常是具有资本密集和技术密集等特点的基础设施和大型建设项目，主要集中在市政、道路、交通、电力、通信、环保等方面。在我国，政府通过与社会投资主体签订特许经营协议的方式，吸引其投入国内基础设施建设和公共资源运营，其中较为典型的 BOT 项目包括广西来宾某电厂、成都自来水六厂及广州地铁 11 号线等。

（2）TOT 模式

TOT（Transfer-Operate-Transfer）模式，即“转让—运营—移交”模式，是指政府将已经建成的基础设施项目转让给特许经营者，并赋予其一定期限的特许经营权，由特许经营者在特许经营权期限内经营和维护，并获取合理的回报，特许经营期届满后，政府无偿收回项目。TOT 是 BOT 模式的衍生模式，是一种应用于已建成的特许经营项目的融资运作模式。

（3）ROT 模式

ROT（Renovate-Operate-Transfer）模式，即“改建—运营—移交”模式，是指特许经营者在获得特许经营权的基础上，对过时、陈旧基础设施项目的设施、设备进行改造更新，在此基础上由特许经营者经营约定年限后再转让给政府。ROT 与 TOT 的主要区别是特许经营项目是否需要修复更新。

（4）BOOT 模式

BOOT（Build-Own-Operate-Transfer）模式，即“建设—拥有—运营—移交”模式，是指政府授予特许经营者特定项目建设、持有、经营和维护的权利，特许经营者通过项目运营收回投资并获取收益，特许经营期届满后，政府无偿收回项目权益。在 BOOT 模式中，特许经营者在特许经营项目建成后，享受项目的经营权和所有权；而在 BOT 模式中，项目建成后，特许经营者通常仅享有项目的经营权。

（5）DBFOT 模式

DBFOT（Design-Build-Finance-Operate-Transfer）模式，即“设计—建设—融资—运营—移交”模式，是指由特许经营者统一负责项目的设计、施工建设和融资，建设完成以后再进行一定期限的经营并获取经营开发收益，特许经营期结束后向政府方完成移交。DBFOT 模式的重点环节在于融资，其创新性的融资模式成为产业地产持续资金供应的重要保证。

关于特许经营与 PPP 的关系。Private Public Partnership 模式，简称 PPP 模式，在我国被称为政府和社会资本合作模式，是指政府为增强公共产品和服务的供给能力，提高供给的效率和质量，与社会资本建立的利益共享、风险分担及长期合作的关系。2023 年 11 月 3 日，国家发展改革委、财政部《关于规范实施政府和社会资本合作新机制的指导意见》的通知明确，政府和社会资本合作应实施“使用者付费”模式，根据项目实际情况，合理采用建设—运营—移交（BOT）、转让—运营—移交（TOT）、改建—运营—移交（ROT）、建设—拥有—运营—移交（BOOT）、设计—建设—融资—运营—移交（DB-FOT）等具体实施方式，并在合同中明确约定建设和运营期间的资产权属，清晰界定各方权责利关系。

8.1.2　特许经营协议相关法律规范

与特许经营相关的法律规范主要包括《收费公路管理条例》《基础设施和公用事业特许经营管理办法》《市政公用事业特许经营管理办法》《关于规范实施政府和社会资本合作

新机制的指导意见》《经营性公路建设项目投资人招标投标管理规定》等。[⊖]

为指导特许经营项目开展及特许经营协议编制，国家发展改革委办公厅于 2024 年 3 月 20 日发布《政府和社会资本合作项目特许经营方案编写大纲（2024 年试行版）》，此后于 2024 年 5 月 21 日发布《政府和社会资本合作项目特许经营协议（编制）范本（2024 年试行版）》，以部门规范性文件形式对特许经营相关法律法规、政府规章内容进行进一步延伸。

8.1.3 特许经营协议的应用特点

特许经营协议涉及政府相关部门，且合同中有关条款涉及政府机构的行政许可，因此其在合同主体、合同标的、合同授予程序、合同内容等方面，具有不同于一般民事合同的特点。

（1）合同主体的特定性

特许经营协议主体的特定性主要表现为合同主体资格的特定性。特许经营协议是在政府作为行政主体实施行政管理活动的过程中形成的，其签订、履行、终止和解除与行政主体的活动息息相关。特许经营协议中，一方主体是具有行政主体资格的行政机关或其下属部门，另一方为具有一定管理经验、专业能力、融资实力以及信用状况良好的法人或者其他组织，包括国有企业、民营企业、外资企业等。因特许经营项目的技术密集与资本密集特点，且特许经营事关公共利益和公用事业的利益，《基础设施和公用事业特许经营管理办法》第 19 条对特许经营者的一般条件和选择作出了规定。

根据特许经营项目运作方式和特许经营者参与程度的不同，政府在特许经营项目中所承担的风险与具体职能也不同。简言之，特许经营项目中政府主要承担两种职责：一方面，作为公共事务的管理者，政府负有向公众提供优质且价格合理的公共产品和服务的义务，承担特许经营项目的规划、采购、管理、监督等行政管理职能，并在行使上述行政管理职能时形成与特许经营者之间的行政法律关系；另一方面，作为公共产品或服务的购买者，或者购买者的代理人，政府将按照特许经营协议的约定行使权利和履行义务。

（2）特许经营项目的特定性

特许经营协议由政府以行政许可方式授予特许经营者在特许经营期限内经营特许经营项目的权利，特许经营项目具有特定性。

1）特许经营项目为提供公共产品和公用事业服务的项目。

2）特许经营项目是政府履行审核、监督和管理的项目。

3）特许经营项目通常存在一定的收费及可经营性。

根据《基础设施和公用事业特许经营管理办法》第 2 条的规定，特许经营活动包括中

⊖ PPP 新机制出台后，财政部于 2023 年 11 月 16 日发布了《财政部关于废止政府和社会资本合作（PPP）有关文件的通知》，废止了《财政部关于进一步做好政府和社会资本合作项目示范工作的通知》《财政部关于规范政府和社会资本合作（PPP）综合信息平台项目库管理的通知》等与政府和社会资本合作（PPP）有关的 11 部文件；同时于 2024 年 01 月 25 日发布了《财政部关于公布废止和失效的财政规章和规范性文件目录（第十四批）的决定》，废止了《财政部关于推进政府和社会资本合作规范发展的实施意见》《财政部关于印发〈政府和社会资本合作（PPP）项目绩效管理操作指引〉的通知》《关于进一步推动政府和社会资本合作（PPP）规范发展、阳光运行的通知》等文件。

国境内的交通运输、市政工程、生态保护、环境治理、水利、能源、体育、旅游等基础设施和公用事业领域的特许经营活动。

根据《收费公路管理条例》有关规定，经营性公路实行特许经营的范围是经批准依法收取车辆通行费的公路（含桥梁和隧道）项目。

（3）合同订立程序的法定性

特许经营协议的订立需要遵循法定的程序，政府作为特许经营协议的一方主体，需要严格按照法定程序选择特许经营者。

特许经营者的选择程序须公平公开。根据《基础设施和公用事业特许经营管理办法》第16条的规定，特许经营实施机构根据经审定的特许经营方案，应当通过招标、谈判等公开竞争方式选择特许经营者。特许经营项目建设运营标准和监管要求明确、有关领域市场竞争比较充分的，应当通过招标方式选择特许经营者。《关于规范实施政府和社会资本合作新机制的指导意见》要求在选择特许经营者时，应将项目运营方案、收费单价、特许经营期限等作为重要评定标准，并高度关注其项目管理经验、专业运营能力、企业综合实力、信用评级状况。选定的特许经营者及其投融资、建设责任原则上不得调整，确需调整的应重新履行特许经营者选择程序。特许经营实施机构应当在招标或谈判文件中载明是否要求成立特许经营项目公司，需成立项目公司的，项目实施机构应当与特许经营者签订协议。鼓励金融机构与参与竞争的法人或其他组织共同制订投融资方案。特许经营者选择应当符合内外资准入等有关法律、行政法规规定。依法选定的特许经营者，应当向社会公示。

特许经营项目优先选择民营企业参与。根据《关于规范实施政府和社会资本合作新机制的指导意见》，对于市场化程度较高、公共属性较弱的项目，应由民营企业独资或控股；关系国计民生、公共属性较强的项目，民营企业股权占比原则上不低于35%；少数涉及国家安全、公共属性强且具有自然垄断属性的项目，应积极创造条件、支持民营企业参与。对清单所列领域以外的政府和社会资本合作项目，可积极鼓励民营企业参与。外商投资企业参与政府和社会资本合作项目按照外商投资管理有关要求并参照上述规定执行。

此外，鉴于特许经营项目具备投资建设运营的多重项目特征，且吸引了众多承建类企业参与投资，因此在满足项目可行性条件的背景下，可以采取“两标并一标”模式。“两标并一标”是指在特许经营项目招标采购活动中，可以在开展投资人招标采购的同时，在招标文件中一并设定施工方面的招标条件和评价指标，竞争性选择具有投资建设运营能力的社会资本方。《招标投标法实施条例》第9条规定，已通过招标方式选定的特许经营项目投资人依法能够自行建设、生产或者提供，可以不进行招标。该规定对两标并一标模式具有直接的法律实践意义。

（4）合同内容特定性

特许经营协议属于行政协议，涉及对公共设施和公共资源的开发利用，政府对特许经营协议的内容通常有特定的要求。《基础设施和公用事业特许经营管理办法》和《关于规范实施政府和社会资本合作新机制的指导意见》规定，特许经营协议通常应主要包括以下内容：“（一）项目名称、内容；（二）特许经营方式、区域、范围和期限；（三）如成立项目公司，明确项目公司的经营范围、注册资本、股东出资方式、出资比例、股权转让等；（四）所提供产品或者服务的数量、质量和标准；（五）特许经营项目建设、运营期间的资产权属，以及相应的维护和更新改造；（六）监测评估；（七）投融资期限和方式；（八）收益取得方式，价格和收费标准的确定方法以及调整程序；（九）履约担保；（十）特许经营期内的风险分担；（十一）因法律法规、标准规范、国家政策等管理要求调整变化对特许经营者提出的相应要求，以及成本承担方式；（十二）政府承诺和保障；（十三）应急预案和临时接管预案；（十四）特许经营期限届满后，项目及资产移交方式、程序和要求等；（十五）实施环境变化、重大技术变化、市场价格重大变化等协议变更情形，提前终止及补偿；（十六）违约责任；（十七）争议解决方式；（十八）需要明确的其他事项。”

此外，国家发展改革委办公厅于 2024 年 5 月 21 日发布了《政府和社会资本合作项目特许经营协议（编制）范本（2024 年试行版）》（以下简称《特许经营协议范本》），主要基于国内“建设—运营—移交（BOT）”实施方式常见条款条件编制，分为 15 章共包含 90 条约定内容，涵盖了 2024 年第 17 号令和国办函〔2023〕115 号规定的特许经营协议条款内容，以供相关项目参考使用。

（5）项目投融资的特殊性

特许经营项目的投资与融资是特许经营项目的关键问题。首先，关于资本金筹集，原则上应当采用自有资金，严禁名股实债，并且应当符合国家关于项目资本金最低金额比例的要求；其次，关于特许经营项目的融资，应当符合项目融资的基本原则，以项目收费权等经营权益作为融资的基本条件，才能实质性满足以“使用者付费”为核心的项目本质特征。投资人应当承担投资责任，应当结合项目背景和各自条件设定相适应的风险边界。

8.1.4 特许经营协议的主要条款

根据《基础设施和公用事业特许经营管理办法》，并结合《关于规范实施政府和社会资本合作新机制的指导意见》《市政公用事业特许经营管理办法》《经营性公路建设项目投资人招标投标管理规定》以及《特许经营协议范本》等文件，特许经营协议主要条款通常涉及以下内容：

（1）特许经营方式、区域、范围条款

特许经营方式、区域、范围条款是特许经营协议的核心条款之一。特许经营方式是指特许经营的模式，如采用 BOT 模式或 TOT 模式；特许经营区域是指特许经营协议约定的特许经营者的服务区域；特许经营范围是指特许经营者被授权提供产品和服务的范围。

（2）特许经营期限条款

特许经营期限即政府许可特许经营者在项目建成后运营特许经营设施的期限。《关于规范实施政府和社会资本合作新机制的指导意见》以及《基础设施和公用事业特许经营管理办法》出台后，将原特许经营期限原则上不超过 30 年调整为原则上不超过 40 年，投资规模大、回报周期长的特许经营项目可以根据实际情况适当延长，法律法规另有规定的除外。

根据《收费公路管理条例》第 14 条的规定，政府还贷公路的收费期限，按照用收费偿还贷款、偿还有偿集资款的原则确定，最长不得超过 15 年。国家确定的中西部省、自治区、直辖市的政府还贷公路收费期限，最长不得超过 20 年。经营性公路的收费期限，按照收回投资并有合理回报的原则确定，最长不得超过 25 年。国家确定的中西部省、自治区、直辖市的经营性公路收费期限，最长不得超过 30 年。

(3) 产品或者服务的数量、质量和标准条款

特许经营者按照特许经营协议的约定，其主要合同义务是提供安全、合格的产品和优质、持续、高效的服务。特许经营协议应明确产品或者服务的数量、质量和标准，特许经营者应当按照特许经营协议约定的服务区域以及政府规划向消费者普遍地、无歧视地提供产品或者服务。通常而言，产品或者服务的数量、质量和标准条款包括生产规模或服务能力、运营技术标准或规范、产品或服务质量要求、安全生产要求、环境保护要求等内容。

(4) 投资融资与投资回报条款

特许经营项目中需要特许经营者履行项目投资与融资义务，特许经营者相应有权获得投资回报，因此项目投资融资与投资回报条款是特许经营协议的核心条款，也直接关系特许经营者投资目的的实现。相应条款通常包括以下内容：

1）项目总投资、投资计划和融资计划。

2）项目资本金与其他建设资金出资。

3）投融资违约事项。

4）收益计算方式与收益取得方式。

(5) 项目公司治理

特许经营项目投资、建设、运营全过程中，通常需要设立项目公司以承接并实施相应投融资、建设、运营维护、移交等工作，需要合同当事人对项目公司的出资、项目公司治理、利益分配等基本内容在特许经营协议中予以明确，通常包括以下内容：

1）项目公司的注册资本、出资方式、出资比例。

2）股东利益分配方式、分配比例。

3）项目公司治理机构与表决机制。

4）项目公司管理人员任免、项目公司资产、财务、经营管理事务管理安排。

5）对项目公司股权、经营行为的限制。

6）项目公司解散、清算。

(6) 投资回报方式以及确定、调价机制条款

投资回报方式以及确定、调整机制条款，即价格条款，至少应包括三个方面内容：

1）特许经营协议应约定特许经营者投资回报方式，如允许特许经营者对其提供的特许经营产品或者服务收费、政府授予与特许经营项目相关的其他开发经营权益或政府给予相应补贴等其他方式。

2）特许经营协议应不损害项目生存能力，鼓励项目公司改善服务，提高经营效率，明确价格的调整周期或调价触发机制等。

3）特许经营协议应当保护社会公共利益，明确定价调价的方法、程序，并明确超额收益的分享机制。关于投资回报方式，《关于规范实施政府和社会资本合作新机制的指导意见》明确了“政府和社会资本合作项目应聚焦使用者付费项目，明确收费渠道和方式，项目经营收入能够覆盖建设投资和运营成本、具备一定投资回报”，限定 PPP 项目的投资回报方式为使用者付费，并要求不得通过可行性缺口补助、承诺保底收益率、可用性付费等任何方式，使用财政资金弥补项目建设和运营成本。

(7) 特许经营项目建设及运营条款

特许经营项目建设及运营条款至少应包括项目设计、施工、融资、运营、维护等相关事项，该条款是特许经营协议的核心条款之一。通常而言，建设及运营条款应包括以下内容：

1）特许经营项目的设计要求、建造标准。

2）建设期限、建设计划与技术方案、建设资金安排。

3）运营期限、运营期资金安排、运营维护方式及费用承担。

4）特许经营项目运营安全及技术要求、运营报告、财务报告、环境监测报告等要求。

5）运营期绩效评价。

6）项目运营和维护严重不符合要求时，特许经营权授予方选择自行或指定第三方运营和维护的权利。

7）特许经营期内的风险分担。

8）与项目建设及运营相关的其他事项。

（8）项目移交条款

特许经营项目采取的模式涉及项目移交的，应在特许经营协议中对项目移交的方式及程序作出约定。项目移交条款中通常包括如下内容：

1）移交范围条款。根据项目的具体情况明确项目移交的范围，以免因项目移交范围不明确导致履行困难。

2）移交条件与标准条款。其主要包括项目他项权利清理、技术安全环保标准及后续可运营期限。

3）移交程序条款。其包括过渡期条款、评估测试条款、移交文件条款、验收条款。除此之外，由于税收节点与移交节点的互相影响，税费分配条款通常也是移交程序条款的重要组成部分。

4）转让条款。部分项目合同可能需要在项目移交后继续履行，故完善的合同转让、技术转让条款是项目顺利移交的保证。

5）风险转移条款。对移交过程中的风险承担作出安排，明确约定风险转移的时间点。

（9）政府承诺条款

政府作为特许经营权的授予主体，其承诺能否落实，直接影响特许经营协议能否顺利履行以及合同目的能否实现。因此，明确和细化政府承诺至为关键。通常情况下，特许经营协议的政府承诺可以涉及与特许经营项目有关的土地使用、相关基础设施和公用事业的提供、防止不必要的竞争性项目建设、必要合理的补贴、产品或者服务的政府采购等，但不得承诺固定投资回报、保底收益、回购安排以及法律规范禁止的其他事项。

（10）变更、提前终止及补偿条款

考虑到特许经营期限相对较长，因此有必要在特许经营协议中明确特许经营协议变更、提前终止及补偿条款，以保护合同双方以及社会公众的合法权益。

在变更条款中，应对确需变更特许经营协议的情形以及程序进行明确，涉及重大变更的，实施机关还应当在补充协议签订前报原实施方案审查部门同意。完成审批、核准或备案手续的项目如果发生变更建设地点、调整主要建设内容、调整建设标准等重大情形，应报请原审批、核准机关重新履行项目审核程序，必要时应重新开展特许经营模式可行性论证和特许经营方案审核工作。特许经营项目法人确定后，如果与前期办理审批、用地、规划等手续时的项目法人不一致，应依法办理项目法人变更手续。协议可能对特许经营项目的存续债务产生重大影响的，应当事先征求债权人同意。

在提前终止及补偿条款中，应明确政府提前收回或终止特许经营权的情形及程序，以及特许经营者提前终止特许经营协议的情形及程序。对于涉及政府提前收回或终止特许经营权的，还应明确相应的补偿原则及标准。此外，考虑到法律法规、规章或政府有关规划、服务标准和政策调整等因素，有可能导致特许经营协议无法继续履行，因此特许经营协议还应明确法律政策调整导致特许经营协议变更、提前终止的处理原则。特许经营期限届满或提前终止拟继续采取特许经营模式的，应按规定重新选择特许经营者，同等条件下可优先选择原特许经营者。特许经营期限内因改扩建等原因需要重新选择特许经营者的，同等条件下可优先选择原特许经营者。

8.1.5　特许经营协议管理要点

特许经营协议涉及基础设施、公用事业和公共资源的建设利用，且涉及公共服务和公共产品的提供。根据特许经营协议的这一显著特点，在合同管理过程中应重点关注以下事项：

（1）合同前期的立项审批管理

特许经营项目的立项除应遵守《行政许可法》《政府投资条例》《基础设施和公用事业特许经营管理办法》《政府和社会资本合作项目特许经营方案编写大纲（2024 年试行版）》《关于规范实施政府和社会资本合作新机制的指导意见》等法律规范，还应遵守项目所在地地方性法规的规定。如《北京市城市基础设施特许经营条例》第 8 条规定：“市发展改革部门确定市级实施特许经营的城市基础设施项目。重大项目应当报市人民政府批准。区、县人民政府在固定资产投资项目审批权限范围内确定本区、县实施特许经营的城市基础设施项目。”

特许经营项目的立项审批管理主要是对项目立项文件及特许经营方案的合法性审查，如应根据投资方式、投资规模以及用地规模确认审批主体是否具有相应的管理权限。属于政府采用资本金注入方式投资的特许经营项目，应当按照《政府投资条例》有关规定，履行审批手续；企业投资的特许经营项目，应当按照《企业投资项目核准和备案管理条例》有关规定，履行核准或者备案手续。实施机构应当协助特许经营者办理相关手续，同时需要确认项目是否具备土地、规划、环保、水土保持、文物、矿藏和军事等相应级别主管部门的批准文件。此外，涉及利用外资的，还应核对项目是否获得外汇管理部门和商务主管部门就投资项目和行业准入的批复。

关于特许经营方案，国家发展改革委办公厅于 2024 年 3 月 20 日发布《政府和社会资本合作项目特许经营方案编写大纲（2024 年试行版）》，明确特许经营方案应包含五部分内容：第一部分为概述，包括项目概况、项目实施机构等、特许经营主要内容、政府承诺和保障；第二部分为项目可行性分析，包括建设必要性、建设方案分析、要素保障条件、运营服务要求以及主要风险识别和分析；第三部分为特许经营模式可行性论证，包括项目属性分析、项目收费渠道和方式、项目盈利能力分析、比较优势分析、参与意愿分析、合法合规性分析和特许经营风险分析；第四部分为特许经营主要内容，包括特许经营范围，实施方式，特许经营期限和资产权属，特许经营主要原则和合作边界，特许经营者选择，交易结构与投融资结构，监督管理和运营评价，风险管控，政府承诺和保障，调整、变更等其他要求；第五部分为结论和建议，包括主要研究结论，问题与建议，附表、附图和附件。

(2) 特许经营者的选择及合同签约管理

合同准备及签约管理包括项目可行性论证、经济技术论证、特许经营方案编制、合同授予方式选择、特许经营者条件设置以及合同签约管理。其中项目可行性论证与特许经营方案编制尤为重要，需要做好当地区域经济分析、财政能力评估、项目施工技术难度、付费能力、投融资基础能力等方面的论证分析。特许经营方案是实施特许经营项目的纲领性文件，实施机构应根据特许经营方案开展特许经营者的选择、签约等各项准备工作。

在特许经营者的选择上，通常采用招标、谈判等公开竞争方式进行，通过对参选者的多项条件进行比对，最后公平择优选择出适格的特许经营者。根据《行政许可法》第 53 条的规定，对于有限自然资源开发利用、公共资源配置以及直接关系公共利益的特定行业的市场准入等需要赋予特定权利的事项，行政机关应当通过招标、拍卖等公平竞争的方式作出决定。《基础设施和公用事业特许经营管理办法》第 16 条规定："实施机构根据经审定的特许经营方案，应当通过招标、谈判等公开竞争方式选择特许经营者。"新机制下，PPP 项目要求应将项目运营方案、收费单价、特许经营期限等作为选择特许经营者的重要评定标准，并公平择优选择具有相应管理经验、专业运营能力、企业综合实力、信用评级状况良好的法人或者其他组织作为特许经营者。类似项目经验主要是指从事以往项目的性质、特点、投资规模、特许期、融资以及运营情况等方面与目前项目存在类似性。合同签约管理主要包括合同主体资格审查、合同文本审查、签约程序管理以及签约代表权限管理等。

(3) 合同履行过程动态管理

特许经营协议履行过程中的动态管理，主要包括项目建设管理、项目运营管理、价格调整管理、合同变更管理、合同终止管理以及争议解决管理。其中，项目建设管理重点监管项目建设质量、安全及进度；项目运营管理主要针对产品及服务质量、数量以及价格管理；价格调整管理主要结合市场情况、运营成本以及消费者承受能力等进行合理调整；合同变更管理主要针对特许经营范围、期限等进行管理；合同终止管理主要包括提前终止条件及程序管理、终止后的项目移交管理等；争议解决管理主要涉及对争议解决方式、争议解决机制、争议解决机构等的管理。

8.2 具有担保性质的合同

8.2.1 具有担保性质合同的概念及种类

(1) 具有担保性质合同的概念

担保合同是指为促使债务人履行其债务以保障债权人的债权得以实现，而在债权人和债务人之间，债权人与第三人之间，或在债权人、债务人、第三人之间协商形成的，当债务人不履行或无法履行债务时，以一定方式确保债权人债权得以实现的协议。

担保合同旨在明确担保权人和担保人之间的权利义务关系，保障债权人的债权得以实现。

(2) 具有担保性质合同的种类

我国《民法典》第 388 条规定的担保合同的种类包括抵押合同、质押合同和其他具有担保功能的合同。留置属于法定担保方式，无须签订合同。其他具有担保功能的合同作为非典型意定担保物权，包括融资租赁、保理、所有权保留买卖、差额补足、流动性支持等。广义上的担保合同除了物保以外，还包括保证合同和定金合同等具有担保性质的合同。以下就几种担保合同以及保函作分别介绍：

1）抵押合同。抵押合同是债务人或者第三人不转移其财产的占有，将该财产作为债权的担保，当债务人不履行债务时，债权人有权依照法律规定以该财产折价或者以拍卖、变卖该财产的价款优先受偿的担保合同。抵押合同通常具有以下特点：

①抵押物的法定性。《民法典》等法律明确规定了可以抵押的不动产、不动产用益物权及动产的种类，以及禁止抵押的财产。根据《民法典》有关规定，可以抵押的财产包括：建筑物和其他土地附着物；建设用地使用权；海域使用权；生产设备、原材料、半成品、产品；正在建造的建筑物、船舶、航空器；交通运输工具；法律、行政法规未禁止抵押的其他财产。禁止抵押的财产包括：土地所有权；宅基地、自留地、自留山等集体所有土地的使用权，但法律规定可以抵押的除外；学校、幼儿园、医疗机构等为公益目的成立的非营利法人的教育设施、医疗卫生设施和其他公益设施；所有权、使用权不明或者有争议的财产；依法被查封、扣押、监管的财产；法律、行政法规规定不得抵押的其他财产。

②抵押权生效的法定性。根据《民法典》第 401 条、第 402 条、第 403 条的规定，抵押权生效的情形分为以下两种。一是不动产抵押权自登记时生效。建筑物和其他土地附着物、建设用地使用权、海域使用权以及正在建造的建筑物抵押的，应当办理抵押登记，抵押权自登记时设立。二是动产抵押权自抵押合同生效时设立。以生产设备、原材料、半成品、产品、正在建造的船舶和航空器以及交通运输工具等动产抵押的，抵押权自抵押合同生效时设立；未经登记，不得对抗善意第三人。企业、个体工商户、农业生产经营者将现有的以及将有的生产设备、原材料、半成品、产品设立浮动抵押的，应当向抵押人住所地的工商行政管理部门办理登记，抵押权自抵押合同生效时设立；未经登记，不得对抗善意第三人。

③抵押合同应采用书面形式订立。《民法典》第 400 条规定：“设立抵押权，当事人应当采用书面形式订立抵押合同。”因此，根据《民法典》的规定，抵押合同必须以书面形式订立。抵押合同一般包括下列条款：被担保债权的种类和数额；债务人履行债务的期限；抵押财产的名称、数量等情况；担保的范围。

2）质押合同。质押合同是指债务人或者第三人将其动产或权利凭证移交债权人占有，将该动产或权利作为债权的担保而签订的协议。债务人不履行债务时，债权人有权依照法律规定以该质押财产折价或者以拍卖、变卖该财产的价款优先受偿。根据质押物不同，质押合同可以分为动产质押和权利质押两种类型。质押合同通常具有以下特点：

①质押合同标的物具有特定性。质押合同的一个重要特点是将质押物转移于质权人占有，因此出质物必须是能够移动和交付的，根据《民法典》相关规定，质押合同的标的物包括动产和权利。

②质押合同须采用书面形式订立。《民法典》第 427 条规定：“设立质权，当事人应当采取书面形式订立质权合同。”因此质押合同必须以书面形式订立。

③质押权生效的法定性。质押合同分为动产质押和权利质押，但这两类质押合同的生效时间是不同的。对于动产质押，质押权自质物移交于质权人占有时生效。对于权利质押，主要细分为以下几点。①以汇票、本票、支票、债券、存款单、仓单、提单出质的，质权自权利凭证

交付质权人时设立；没有权利凭证的，质权自有关部门办理出质登记时设立。法律另有规定的，依照其规定。②以基金份额、股权出质的，质权自办理出质登记时设立。③以注册商标专用权、专利权、著作权等知识产权中的财产权出质的，质权自有关主管部门办理出质登记时设立。④以应收账款出质的，质权自信贷征信机构办理出质登记时设立。

3）保证合同。保证合同是指保证人和债权人约定，当债务人不履行债务时或者发生当事人约定的情形时，保证人履行债务或者承担责任的合同。根据保证方式的不同，保证合同可以分为一般保证合同和连带责任保证合同。一般保证合同是指债务人不能履行债务时，由保证人承担保证责任的保证合同。一般保证合同的保证人在主合同纠纷未经审判或者仲裁，并就债务人财产依法强制执行仍不能履行债务前，可以对债权人拒绝承担保证责任。连带责任保证合同是指保证人与债务人对债务承担连带责任的保证合同。连带责任保证合同的债务人在主合同规定的债务履行期届满没有履行债务的，债权人既可以要求债务人履行债务，也可以要求保证人在其保证范围内承担保证责任。《民法典》第 686 条规定："当事人在保证合同中对保证方式没有约定或者约定不明确的，按照一般保证承担保证责任。

保证合同除具备担保合同的一般特点外，还具有以下特点：

①保证合同是无偿合同。在保证合同中，债权人享有担保债权却无须向保证人支付对价，保证人承担保证责任却不能从债权人处获得报酬，因此保证合同是无偿合同。当然，保证人愿意承担保证责任必定有一定的原因，有的保证人会从债务人处获得一定的报酬，但是债务人并非保证合同当事人，故该种给付行为并不影响保证合同属于无偿合同的性质。

②保证合同是诺成合同。保证合同属于比较典型的诺成合同，其成立无须保证人交付财产，只要双方当事人意思表示一致，合同即告成立。

4）定金合同。定金合同是当事人在合同订立或履行之前支付一定数额的金钱作为担保而订立的担保合同。定金合同一般具有以下特点：

①定金罚则法定性。根据《民法典》第 586 条和 587 条的规定，当事人可以约定一方向对方给付定金作为债权的担保。债务人履行债务后，定金应当抵作价款或者收回。给付定金的一方不履行约定的债务的，无权要求返还定金；收受定金的一方不履行约定的债务的，应当双倍返还定金。此种规定被称为定金罚则。

②定金合同当事人与主合同当事人一致性。定金合同中约定的交付定金一方必然是主合同的一方当事人，而收受定金的必然是主合同另一方当事人。因此定金合同的当事人和主合同当事人是一致的。而在保证合同中保证人是主合同当事人以外的第三人；在抵押合同和质押合同中，抵押人和质押人可以是主合同债务人也可以是主合同当事人以外的第三人。

③定金合同是实践合同。《民法典》第 586 条规定："定金合同自实际交付定金时生效。"因此，当事人仅签订定金合同而未交付定金的，定金合同并不生效，主合同一方当事人不履行主合同的，对方当事人无权根据定金合同主张适用定金罚则或者其他相关权利。实际交付的定金数额多于或者少于约定数额的，视为变更约定的定金数额。

④定金合同是双向担保合同。与保证合同、质押合同、抵押合同仅主合同一方当事人实现其债权担保不同，根据定金罚则，交付定金一方不履行主合同义务的无权收回定金，收受定金一方不履行主合同义务的须双倍返还定金，即定金合同具有双向担保的功能。

⑤定金合同的担保能力相对较弱。在保证合同中，债权人通常仅接受具有清偿主债务

能力的保证人；而在抵押合同和质押合同中，抵押物或者质押物的价值通常要等于或者大于主债务数额。但是在定金合同中，定金数额不得超过主合同金额的 20%。《民法典》第 586 条规定："定金的数额由当事人约定；但是，不得超过主合同标的额的百分之二十，超过部分不产生定金的效力。"因此定金合同的担保能力相对较弱。

5）保函。保函又称保证书，属于担保方式的一种，是指银行、保险公司、担保公司或个人应申请人的请求，向第三方开立的一种书面信用担保凭证，保证当申请人未能按双方协议履行责任或义务时，由担保人代其履行一定金额、一定期限范围内的某种支付责任或经济赔偿责任。实践中，保函包括独立保函和从属性保函。其中独立保函在国际工程、贸易、投资领域广泛适用，但独立保函在其兑付过程中区别于一般担保合同，其兑付相较具有独立性，且主合同无效不影响独立保函的有效性，与一般担保合同存在差异，以上差异在司法实践中的得到体现。《最高人民法院关于审理独立保函纠纷案件若干问题的规定》规定："当事人主张独立保函适用民法典关于一般保证或连带保证规定的，人民法院不予支持。"

根据兑付条件的不同，保函一般分为见索即付的保函和有条件的保函。根据国际商会《见索即付保函统一规则》（URDG758）的规定，见索即付的保函是指由银行、保险公司或其他非银行金融机构作为开立人，以书面形式向受益人出具的，同意在受益人请求付款并提交符合保函要求的书面索赔通知或保函可能规定的任何类似单据时，即向其付款的承诺。有条件的保函是指保证人向受益人付款是有条件的，只有在符合保函规定的条件时，保证人才予以付款。

我国保函的相关规则包括以下内容：

①各商业银行对保函业务的规定。

②《跨境担保外汇管理规定》。

③《境外外汇账户管理规定》。

④国际商会《见索即付保函统一规则》。

⑤《最高人民法院关于审理独立保函纠纷案件若干问题的规定》。

2021 年 2 月 27 日，《住房和城乡建设部关于印发工程保函示范文本的通知》发布，同时发布了《投标保函示范文本》（独立保函）、《投标保函示范文本》（非独立保函）、《履约保函示范文本》（独立保函）、《履约保函示范文本》（非独立保函）。该范本涵括了投标保函与履约保函、独立保函与非独立保函。

8.2.2　工程建设常见担保

鉴于建设工程投资规模大、建设周期长，实践中常采用工程担保的方式来规避风险，其中较为常见的担保种类具体如下：

(1) 投标担保

投标担保是在招标投标过程中，由投标人提交的用于保证其按照招标文件要求提供投标文件、履行投标文件相关义务、遵守招标投标相关规定所提供的保证，主要表现为投标保证金。

投标保证金是指在招标投标中，招标人为保证投标人在投标截止后不撤销投标文件、中标后无正当理由不与招标人订立合同等，要求投标人在提交投标文件时一并提交的担保。投标保证金除现金外，可以是银行出具的银行保函、保兑支票、银行汇票或现金支票，也可以是招标人认可的其他合法担保形式。《国家发展改革委等部门关于完善招标投标交易担保制度进一步降低招标投标交易成本的通知》规定："二、全面推广保函（保险）。鼓励招标人接受担保机构的保函、保险机构的保单等其他非现金交易担保方式缴纳投标保证金、履约保证金、工程质量保证金。投标人、中标人在招标文件约定范围内，可以自行选择交易担保方式，招标人、招标代理机构和其他任何单位不得排斥、限制或拒绝。鼓励使用电子保函，降低电子保函费用。任何单位和个人不得为投标人、中标人指定出具保函、保单的银行、担保机构或保险机构。"

需要注意的是，关于投标保证金数额限制，《招标投标法实施条例》第 26 条规定："招标人在招标文件中要求投标人提交投标保证金的，投标保证金不得超过招标项目估算价的 2%。投标保证金有效期应当与投标有效期一致。"

（2）履约担保

履约担保是指招标采购主体在招标采购文件中规定的要求供应商提交的保证履行合同义务的担保，常见的履约担保形式主要为银行保函。履约保证金是招标采购主体为防止供应商在合同履行过程中违反合同约定而设置的，目的是在投标人/供应商违约时弥补给招标采购主体造成的经济损失。《招标投标法实施条例》第 58 条规定："招标文件要求中标人提交履约保证金的，中标人应当按照招标文件的要求提交。履约保证金不得超过中标合同金额的 10%。"

投标保证金与履约保证金在应用场景和保证目的上都存在一定差异。其中，投标保证金主要在投标人向招标人提交投标书时提交，目的是避免因为投标人撤销投标给招标人带来的损失。履约保证金主要在投标单位中标后向招标人提交，在建设工程领域，其目的在于保护业主利益，避免因为承包商的违约而遭受损失。

（3）质量保证担保

工程建设领域，质量保证担保是指发包人与承包人在建设工程承包合同中约定，从应付的工程款中预留，用以保证承包人在缺陷责任期内对建设工程出现的缺陷进行维修的担保。设定质量保证担保的，发包人应当在招标文件中明确质量保证担保的具体形式、预留比例或金额、返还方式等内容，担保方式可以采用银行保函方式、资金预留方式以及其他担保方式。为保证发承包双方权利义务对等，质量保证金的预留金额与期限均应当有所规制。根据《建设工程质量保证金管理办法》的规定，质量保证金总预留比例或保函金额不能超过工程价款结算总额的 3%，缺陷责任期一般为 1 年，但不得超过 2 年。

缺陷责任期从工程通过竣工验收之日起计。缺陷责任期内，承包人对自身造成的缺陷不维修也不承担费用的，发包人可按合同约定从质保金中扣除，超出部分发包人可继续向承包人索赔。缺陷责任期到期后，承包人向发包人申请返还保证金，发包人应在法定期限内返还。

（4）农民工工资保证担保

为保障农民工工资支付、杜绝欠薪事件发生，有关部门专门设立了农民工工资担保制度加以保护。根据人力资源社会保障部等 7 部委制定的《工程建设领域农民工工资保证金规定》的规定，农民工工资保证金指施工总承包单位，包括直接承包建设单位发包工程的专业承包企业，在银行设立账户并按照工程施工合同额的一定比例存储，专项用于支付为所承包工程提供劳动的农民工被拖欠工资的专项资金。

农民工工资保证金存储方式为施工总承包单位在工程所在地的银行存储工资保证金或

申请开立银行保函。保函性质为不可撤销见索即付保函，有效期至少为 1 年并不得短于合同期。存储比例一般不低于工程施工合同额的 1%，不超过工程施工合同额的 3%，具体需要参考工程所在地人力资源或工程建设部门的有关规定。工资保证金专款专用，不得适用于除施工总承包单位所承包工程发生拖欠农民工工资之外的其他用途。拖欠农民工工资后承包人经行政机关责令清偿而拒不清偿的，由行政机关通知农民工工资保证金所在银行，经办银行需要在 5 个工作日内将工资支付给农民工本人。

(5) 预付款保函

在国内国际工程建设项目中，经常涉及预付款支付以及保函问题，预付款保函是为了确保预付款的正确使用，并不被挪用和转移。通常工程项目发包人与承包人签订工程施工合同后，发包人要向承包人支付工程预付款作为工程项目的启动费，发包人为了确保该预付款按合同约定使用而要求承包人提供预付款保函，并在后续的工程付款中按照约定予以扣减预付款保函的金额。

此外，在进出口货物买卖合同中，买方通常会向卖方支付一定的定金，而买方为确保支付定金后收到符合合同约定的货物，在支付该定金时一般会要求卖方提供一份预付款保函。

(6) 支付担保

支付担保是指为保证工程建设项目发包人履行合同约定的工程价款支付义务，由担保人为发包人向承包人提供的担保，以保证发包人支付工程价款。《保障农民工工资支付条例》第 24 条规定："建设单位应当向施工单位提供工程款支付担保。"同时规定了建设单位未依法提供工程款支付担保，导致拖欠农民工工资的法律后果，包括责令限期改正、责令项目停工、罚款、限制新建项目、记入信用记录、纳入国家信用信息系统进行公示等。

8.2.3 具有担保性质合同的应用特点

担保合同旨在明确担保权人和担保人之间的权利、义务关系，保障债权人的债权得以实现，主要有以下应用特点：

(1) 从属性

担保合同的从属性，又称附随性、伴随性，是指担保合同的成立和存在必须以一定的合同关系的存在为前提。根据《民法典》第 388 条的规定，担保合同是主合同的从合同，主债权债务合同无效的，担保合同无效，但是法律另有规定的除外。担保合同的订立目的是保障所担保的主合同的债务履行，保护交易安全和债权人利益。

担保合同的从属性主要表现在以下四个方面：一是成立上的从属性，即担保合同的成立应以相应的合同关系的发生和存在为前提，且担保合同所担保的债务范围不得超过主合同债权的范围；二是处分上的从属性，即担保合同应随主合同债权的移转而移转；三是消灭上的从属性，即主合同关系消灭，为其所设定的担保合同关系也随之消灭；四是效力上的从属性，担保合同的效力依主合同而定。

独立保函作为担保合同的一种，其兑付的实现与其他担保合同的从属性不同。

(2) 补充性

担保合同的补充性是指合同债权人所享有的担保权或者担保利益是对债权的补充。担保合同的补充性主要体现在以下两个方面：一是责任财产的补充，即担保合同一经有效成立，就在主合同关系的基础上补充了某种权利义务关系，从而使保障债权实现的责任财产得以扩张，或使债权人就特定财产享有了优先权，增强了债权人的债权得以实现的可能性；二是效力的补充，即在主合同关系因适当履行而正常终止时，担保合同中担保人的义务并不实际履行，只有在主债务不履行时，担保合同中担保人的义务才履行，使主债权得以实现。

8.2.4 具有担保性质合同的主要条款

根据《民法典》及有关法律的规定，担保合同主要包括以下内容：

(1) 主债权种类和数额

担保合同的目的在于担保主合同债权的实现，因此必须明确被担保主债权的种类和数额。被担保主债权的种类是指其性质或者类别，如建设工程施工合同中的工程价款、设备买卖合同中的设备款、借款合同中的借款等。主债权的数额则因主债权种类的不同而有不同的表现形式。对于金钱债权而言，其数额便是债权金额；而对于非金钱债权，其数额应当包括债务人履行债务的形式、数量和标准等。

(2) 债务人履行债务的期限

债务人履行债务的期限是指主合同约定的自合同生效至债务人最后履行债务的期间，该期间的终点既是确定债务人是否履行债务的时间点，也是计算保证期间的起点。债务人履行债务的期限是主合同的一个主要条款，同时也是担保合同的重点条款。担保权人要求担保人履行担保义务的前提是债务人到期不履行债务，如果不确定债务人履行债务的期限则担保权将无法行使。

(3) 担保期限

担保期限是指担保人承担担保责任的期间，自主债务履行期届满之日起算，超出该期间债权人未要求担保人承担担保责任的，担保人不再承担担保责任。就保证责任的保证期限安排，《民法典》第 692 条规定："债权人与保证人可以约定保证期间，但是约定的保证期间早于主债务履行期限或者与主债务履行期限同时届满的，视为没有约定；没有约定或者约定不明确的，保证期间为主债务履行期限届满之日起六个月。债权人与债务人对主债务履行期限没有约定或者约定不明确的，保证期间自债权人请求债务人履行债务的宽限期届满之日起计算。"

(4) 担保方式

担保方式主要包括保证担保、抵押担保、质押担保和定金等法律规定的方式，其中保证担保又可以进一步划分为一般保证担保和连带保证担保。在一般保证中保证人享有先诉抗辩权，即只有在主合同纠纷经审判或仲裁后并就债务人的财产强制执行后仍不能履行债务的，保证人才承担保证责任；而在连带保证中保证人不享有此权利，只要债务人到期未履行债务，债权人既可要求债务人履行债务，也可直接要求保证人承担保证责任。鉴于不同形式的保证对保证人责任的轻重有重要影响，保证合同中保证方式的约定非常重要。如果当事人在保证合同中对保证方式没有约定或者约定不明确的，根据《民法典》第 686 条的规定，保证人应按照一般保证承担保证责任。

(5) 担保范围

担保范围是指担保人对债务清偿承担担保义务的范围。《民法典》第 691 条、第 389 条分别规定了保证、担保物权的担保范围。担保的范围包括主债权及利息、违约金、损害赔偿金及实现债权和担保的费用。担保合同另有约定的，按照约定执行。

(6) 定金合同特殊条款

定金罚则是定金制度的一项重要规则，是定金制度的要旨所在。当事人应当在合同中明确约定适用定金罚则。如果未约定，则应明确主合同一方当事人交付的金钱为“定金”或至少约定具有定金的性质，否则根据《民法典合同编通则司法解释》第 67 条的规定，当事人交付留置金、担保金、保证金、订约金、押金或者订金等，但是没有约定定金性质，一方主张适用民法典第 587 条规定的定金罚则的，人民法院不予支持。但当事人约定了定金性质，未约定定金类型或者约定不明，一方主张为违约定金的，人民法院应予支持。

8.2.5 具有担保性质合同的管理要点

合同双方当事人在签订担保合同过程中应注重合同的合法性和完整性，并坚持准确、合理与谨慎的原则，对担保合同进行有效管理。担保合同的主要目的在于保障债权人的债权得以实现，故债权人应当对担保合同的管理给予更多关注。担保合同签订前通常应编制和落实担保方案，相应担保合同的管理也应结合担保方案的不同阶段采取对应的管理措施，具体而言包括合同前期担保方案及签约管理、主合同履行动态管理以及担保合同实施管理等。

(1) 合同前期担保方案及签约管理

担保合同签订前，债权人应当逐项落实担保方案，包括保证人的权限与资信审核，以及担保资产的名称、数量、价值和形态等，整理担保资产的权属凭证和证明文件，并在担保合同中落实担保方案。

对于应办理抵押或质押登记的担保资产，债权人应及时办理登记手续，尤其是土地使用权、房屋所有权等。根据《民法典》有关规定，以建筑物等土地附着物、建设用地使用权、海域使用权、在建工程等抵押的，应当办理抵押登记，抵押权自登记时设立。以生产设备、原材料、半成品、产品、交通运输工具、正在建造的船舶或航空器抵押的，抵押权自抵押合同生效时设立；未经登记，不得对抗善意第三人。

此外，在主合同债权债务已经确定的情况下，也可同时办理具有强制执行效力的公证债权文书。担保合同签订并生效后，债权人应将生效的合同文本、有强制执行力的公证债权文书、抵（质）押物权属凭证、质押物等一并完整移交给专门档案管理人员归档保存。

(2) 主合同履行动态管理

在债务人未全部履行主合同义务之前，债权人应当关注债务人及担保人的经营及财务变动情况，定期核实担保资产的价值变动及占管、使用情况，以确定担保资产的价值足以覆盖主合同债权，并确保担保资产的抵（质）押手续合法有效。如果担保方案涉及个人担保，债权人应当定期与担保人联系，确认担保人具有履行担保合同的资信实力。

如果在主合同履行过程中，债务人出现未按照合同履约的情况，债权人应当进行预案设计，必要时可以通过计划行使担保措施等方式督促债务人尽快履约并承担违约责任。如果主合同终止，债务人按约履行，担保合同当事人应当尽快办理担保合同解除手续，同时债权人应当及时办理抵（质）押物权属凭证与质物的返还以及有关法律手续。

(3) 担保合同实施管理

如果主合同债务人未履行合同义务，债权人应在法律规定期限内启动担保方案。根据

《民法典》第 401 条和 428 条的规定，即对于抵押担保，抵押权人在债务履行期限届满前，与抵押人约定债务人不履行到期债务时抵押财产归债权人所有的，只能依法就抵押财产优先受偿；对于质押合同，质权人在债务履行期限届满前，与出质人约定债务人不履行到期债务时质押财产归债权人所有的，只能依法就质押财产优先受偿。因此，即使担保资产办理了抵押或质押手续，债权人只能通过折价、拍卖等方式就担保财产优先受偿。

对于具有担保性质的合同，应特别关注保证期限的管理与救济。根据《民法典》第 692 条的规定，保证期间是保证人承担保证责任的期间，债权人可以与保证人约定保证期间。并根据《民法典》第 693 条的规定，债权人在保证期间对债务人提起诉讼或申请仲裁的，保证人将不再承担保证责任。对于签订保证合同提供连带保证责任等形式的担保的，应特别注意在合同中明确约定保证期限，债权人也应严格按照约定在保证期间内向保证人行使相应权利。

在权利救济上，如果债权人已经办理完毕可强制执行的公证债务文书，债权人可以直接向人民法院申请执行。此外，担保方案实施后，债权人应当将担保方案实施过程中发生的所有报表、资料、法律文书等一并完整移交给专门档案管理人员归档保存。

8.3 保险合同

8.3.1 保险合同概述

(1) 保险合同的定义

保险合同是投保人与保险人约定的投保人应当向保险人支付保险费，保险人则应当对合同约定的可能发生的事故发生后造成的财产损失，或当被保险人死亡、伤残、患疾以及达到合同约定的年龄、期限时，承担赔偿保险金责任。

(2) 保险合同的特点

保险合同作为一种特殊的民事合同，除具有一般合同的法律特征外，还具有如下法律特征：

1）保险合同是有偿合同。保险合同的有偿性体现在投保人通过支付保险费，获得保险人对保险利益的风险保障；而保险人通过承诺承担保险保障责任，获得投保人的保险费。

2）保险合同是射幸合同。射幸合同的效果在订立时是不确定的，合同当事人某些义务的实际履行带有偶然性。保险事件发生的偶然性，导致保险人根据保险合同约定向投保人支付保险金额的义务是不确定的，所以保险合同是一种典型的射幸合同。

3）保险合同是最大诚信合同。保险合同为最大诚信合同的含义是指保险人的危险补偿责任在很大程度上依赖于当事人的诚实信用，尤其是投保人和被保险人的诚实信用。之所以如此，是因为以下原因：

①保险合同的效力取决于投保人或者被保险人的信息披露程度。

②一般情况下保险标的由被保险人控制，被保险人的任何非善意行为将可能导致保险标的危险程度的增加或者促成保险危险的发生。

所以，法律对保险当事人尤其是投保人和被保险人的诚实信用程度的要求要远远高于对一般人的要求。

4）保险合同通常采用格式合同的形式订立。格式合同是指当事人为了重复使用而预先拟定，并在订立合同时未与对方协商的条款。对方只能表示接受或不接受，即订立或不订立合同，而不能就合同的条款内容与拟订方进行协商。保险合同均是保险人根据其经营保险业务的实际经验，在与投保人协商前预先拟定的合同。其特征是在订立保险合同时，投保人只能概括接受或者概括拒绝。保险合同的此种特征可能导致投保人处于极为不利的地位。为了对这种情形辅以权利的救济与平衡，《民法典》第 496 条规定："采用格式条款订立合同的，提供格式条款的一方应当遵循公平原则确定当事人之间的权利和义务，并采取合理的方式提示对方注意免除或者减轻其责任等与对方有重大利害关系的条款，按照对方的要求，对该条款予以说明。提供格式条款的一方未履行提示或者说明义务，致使对方没有注意或者理解与其有重大利害关系的条款的，对方可以主张该条款不成为合同的内容。"此外，《保险法》规定，对于保险合同的条款，保险人与投保人、被保险人或者受益人有争议时，人民法院或者仲裁机构应当作出有利于被保险人和受益人的解释。

(3) 保险合同的种类

保险合同根据不同的划分标准，可以分为如下类别。

1）财产保险合同与人身保险合同。按照保险标的分类，保险合同可分为财产保险合同与人身保险合同。

①财产保险合同：是指以财产及有关的利益为保险标的，投保人向保险人交纳保险费，在保险事故发生后造成所保财产或利益损失时，保险人在保险责任范围内承担赔偿责任，或在约定期限届满后，由保险人承担给付保险金的保险合同。财产保险合同可分为：财产损失保险合同、责任保险合同、信用保险合同。

②人身保险合同：是指以人的寿命和身体为保险标的，投保人向保险人交纳保险费，在被保险人死亡、伤残、生病或生存到约定的年龄、期限时，保险人根据约定承担给付保险金责任的保险合同。人身保险合同可分为：人寿保险合同、人身意外伤害保险合同、健康保险合同。

2）定值保险合同与不定值保险合同。保险价值是指保险标的在某一特定时期内以金钱估计的价值总额，是确定保险金额和确定损失赔偿的计算基础。由于人身无法以金钱估计价值，人身保险合同的保险价值无法衡定。财产保险合同按照保险价值在订立合同时是否确定，可以分为定值保险合同与不定值保险合同。

①定值保险合同：在订立保险合同时，投保人和保险人已确定保险标的的保险价值，并将其载明于合同中，如以农作物、货物运输为保险标的的财产保险合同。

②不定值保险合同：投保人和保险人在订立保险合同时，不预先约定保险标的的价值，仅载明保险金额作为保险事故发生后赔偿的最高限额。

3）单一风险合同、综合风险合同与一切风险合同。按照承担风险责任的方式分类，保险合同可以分为单一风险合同、综合风险合同与一切风险合同。

①单一风险合同：保险人只承保合同中列明的某一种特定风险责任。如农作物雹灾保险合同，只对冰雹造成的农作物损失负责赔偿。

②综合风险合同：保险人承保合同中列明的两种以上特定风险责任。

③一切风险合同：保险人承保除合同中列明的不承保风险之外的一切风险。

4）补偿性保险合同与给付性保险合同。按照合同的性质分类，保险合同可以分为补偿性保险合同与给付性保险合同。

①补偿性保险合同：是指保险人给付保险金的目的在于补偿被保险人因保险事故所受实际损失的保险合同。财产保险合同即属补偿性保险合同，因这种合同的目的是补偿被保险人的损失，故在保险事故发生后，保险人在保险金额的限度内，以评定实际损失为基础来确定保险金的数额。在财产保险合同中，即使定值保险合同所约定的保险价值在全损时低于实际损失，被保险人所获得的保险金也不失其补偿性，只是补偿的数额小于损失而已。

②给付性保险合同：是指保险人给付保险金不以补偿损失为目的的保险合同。大多数人身保险合同都属于给付性保险合同，因为人身保险的标的，即人的生命或健康是不能以价值来衡量的，保险事故发生后造成的损失无法以货币来评价。而且，有些人身保险并非以意外事故的发生作为给付保险金的条件，也无损失的存在，保险人依合同规定所给付的保险金只是为满足被保险人的特殊需要。在人身保险合同中，通常根据被保险人的特殊需要及承担保险费的能力确定一个保险金额。在危险事故发生或保险期限届满时，由保险人根据合同规定的保险金额承担给付义务。这个金额是固定的，不能任意增减，因此人身保险合同也被称为定额保险合同。

5）原保险合同与再保险合同。按照保险合同当事人分类，保险合同可分为原保险合同与再保险合同。

①原保险合同：保险人与投保人直接订立的保险合同，合同保障的对象是被保险人。

②再保险合同：是保险人将其所承保的危险责任的一部分或全部向其他保险人办理保险的保险合同，即保险的保险。

（4）保险合同的要素

1）保险合同的主体。保险合同的主体是签订保险合同，约定保险法律关系权利义务的主体。保险合同的主体包括：保险合同的投保人和保险人。

①保险合同的投保人。保险合同的投保人，是指与保险人订立保险合同并按照保险合同约定负有支付保险费义务的人。投保人既可以是自然人也可以是法人。投保人应当具备以下两个条件：第一，具备相应的民事行为能力；第二，投保人应当支付保险费用。此外，人身保险合同的投保人在投保时必须对保险标的具有保险利益。

②保险合同的保险人。保险合同的保险人是指与投保人订立保险合同，并承担赔偿或者给付保险金责任的保险公司。保险人具有以下三个法律特征：第一，保险人是保险业务的经营者，通过经营保险业务，在保险事故发生时依保险合同承担赔偿或者给付保险金责任；第二，保险人是履行赔偿损失或者给付保险金义务的保险公司；第三，保险人应是依法成立并取得经营保险业务相应许可的保险公司。由于保险事业涉及社会公众利益，因此设立保险公司经营保险业务必须符合法定条件，得到国家保险监督管理机构的批准，取得经营保险业务的许可证。

2）保险合同的客体。

①保险利益是保险合同的客体。保险合同的客体是投保人或者被保险人对保险标的具有的法律上承认的利益，即保险利益。具体而言，这种利益关系体现在两个方面：一是保险事故发生，投保人或者被保险人因保险标的遭受损失或伤害而受到损害；二是保险事故未发生，投保人或者被保险人因保险标的的安全而受益。保险利益对保险合同至关重要，甚至影响保险合同的效力。

②保险标的是保险利益的载体。保险标的是投保人申请投保的财产及其有关利益或者

个人的寿命和身体，是确定保险合同关系和保险责任的根据。财产保险标的的价值、危险程度直接影响保险人所承担的义务，决定着保险费率的高低；人身保险标的不同（人的年龄、职业、身体状况等），保险费、保险险种也不同。

3）保险合同的内容。保险合同的内容即保险合同当事人的权利和义务及相关事项。根据《保险法》有关规定，保险合同应当包括下列事项：

①保险人的名称和住所。

②投保人、被保险人的姓名或者名称、住所，以及人身保险的受益人的姓名或者名称、住所。

③保险标的。

④保险责任和责任免除。

⑤保险期间和保险责任开始时间。

⑥保险金额。

⑦保险费以及支付办法。

⑧保险金赔偿或者给付办法。

⑨违约责任和争议处理。

⑩订立合同的年、月、日。

按照保险条款对当事人的约束程度，保险条款可分为法定条款与任意条款。法定条款是指由法律规定的保险双方权利和义务的保险条款；任意条款是相对于法定条款而言的，它是指由保险合同当事人在法律规定的保险合同事项之外，就与保险有关的其他事项所作的约定。

（5）保险合同的形式

投保人提出保险要求，经保险人同意承保，保险合同成立。保险人应当及时向投保人签发保险单或者其他保险凭证。保险单或其他保险凭证应当载明当事人双方约定的合同内容。保险合同的书面形式主要包括：

1）保险单。保险单是由保险人向投保人签发的书面凭证，是最基本的保险合同形式。保险单的内容应完整、明确。

2）暂保单。暂保单又称“临时保单”，是在正式保险单出立之前先给予投保人的一种保险证明，内容比较简单，只记载保险标的等主要事项。如果有保险单以外的特别保险条件，必须在暂保单上注明，以作为将来的根据。暂保单的效力和正式保险单是一样的，一般情况下，当正式保单出立后，暂保单就自动失效。

3）保险凭证。保险凭证又称“小保单”，实际上是一种简化了的保险单，其内容仅包括保险金额、保险费率、险别、投保人、被保险人、保险期限等。保险凭证中未列入的内容，以同类正式保险单为准。如果正式保险单与保险凭证的内容有抵触或者保险凭证另有特定条款，则应以保险凭证为准。保险凭证通常在货物运输保险、机动车辆保险等业务中被采用。

4）其他书面形式。其他书面形式包括保险协议书、电报、电传、电子数据交换等，其中保险协议书是重要的形式。

（6）建设工程保险

建设工程保险通常是指以建设工程项目为保险标的的保险交易活动，一般以工期的长短作为确定保险责任期限的标准，保险人承保期间一般从开工之日起到竣工验收合格之日止。下面以建筑工程保险为例进行重点介绍。

1）建筑工程保险的责任范围。建筑工程保险的责任范围，主要包括如下四个方面：

①自然事件。建筑工程保险所承保的自然事件包括地震、海啸、雷电、飓风、台风、龙卷风、风暴、暴雨、洪水、水灾、冻灾、冰雹、地陷下沉、山崩、雪崩、火山爆发及其他人力不可抗拒的破坏力强大的自然现象。

②意外事故。建筑工程保险所承保的意外事故是指不可预见的以及被保险人无法控制并造成物质损失或人身伤亡的突发性事件，包括火灾、爆炸、飞机坠毁或物体坠落等。

③人为风险。建筑工程保险承保的人为风险有盗窃、工人或技术人员缺乏经验、疏忽、过失、恶意行为。

④第三者责任部分的保险责任。第三者责任部分的保险责任包括：在保险期间因建筑工地发生意外事故，造成工地及邻近地区第三者人身伤亡和财产损失，依法应由被保险人承担的赔偿责任；事先经保险人书面同意的被保险人因此而支付的诉讼费用和其他费用。

2）建筑工程保险的种类。建筑工程保险包括建筑工程一切险、安装工程一切险、雇主责任险和人身意外伤害险、信用保险、保证保险等险种，前三种险种在我国建筑工程领域相对较为普遍。

①建筑工程一切险。建筑工程一切险是对施工期间工程本身、施工机具或工具设备因自然灾害或意外事故所遭受的损失予以赔偿，并对因施工而对工地及邻近地区的第三者造成的物质损失或人员伤亡承担赔偿责任的一种工程保险。建筑工程一切险承保各类民用、工业和公共事业建筑工程项目，包括道路、水坝、桥梁、港口等。建筑工程一切险承保内容包括工程本身（永久工程、临时工程、存放于工地的施工材料、安装工程）、施工用设备、第三者责任、工地内现有的建筑物、业主或承包商停放于工地的财产等。

A. 关于投保人，建筑工程一切险的投保人可以是工程建设项目的发包单位，也可以是施工单位。《2017 版施工合同》通用条款约定：“除专用合同条款另有约定外，发包人应投保建筑工程一切险或安装工程一切险；发包人委托承包人投保的，因投保产生的保险费和其他相关费用由发包人承担。”

B. 关于被保险人，建筑工程一切险的被保险人范围较宽。工程进行期间，对该工程承担一定风险的有关各方（即具有保险利益的主体），均可作为被保险人，即建筑工程一切险的被保险人可以是业主或工程所有人、总承包人或分包人、业主或工程所有人雇用的工程师或管理人员。

C. 关于保险范围，建筑工程一切险的保险范围与前文介绍的“建筑工程保险的责任范围”基本一致，具体的保险内容依不同的保险人会有一定差别。在签订合同时，投保人应仔细审查保险范围。

D. 关于除外责任，建筑工程一切险的除外责任通常包括如下情形：

a. 军事行动、战争或其他类似事件、罢工、骚动、民众运动或当局下令停工等情况造成的损失。

b. 被保险人的严重失职或蓄意破坏而造成的损失。

c. 因违约而承担的违约金及其他非实质性损失。

d. 因施工机具本身原因及无外界原因情况下造成的损失，但因这些损失而导致的建筑事故则不属于除外情况。

e. 因设计错误（结构缺陷）而造成的损失。

f. 因纠正或修复工程差错（如因使用有缺陷或非标准材料而造成的差错）而增加的支出。

但是，各保险公司对保险责任的除外情形会有一些差别，投保人应在签订保险合同时仔细审核具体的除外情形。

②安装工程一切险。安装工程一切险主要承保机器设备安装、企业技术改造、设备更新等安装工程项目的物质损失和第三者责任。通常包括电气、通风、给排水以及设备安装等工作内容，工业设备及管道等通常也涵盖在安装工程的范围内。建筑安装工程包括：建筑给水、排水及采暖、建筑电气、智能建筑、通风与空调、电梯安装等分部工程。安装工程一切险包括物质损失和第三者责任险。安装工程一切险常与建筑工程一切险共同使用。

A. 关于投保人：与建筑工程一切险的投保人一致，一般约定由承包人投保。

B. 关于被保险人：安装工程一切险的被保险人一般有安装或指挥安装机器、设备或配件的制造商或供应商、安装工程承包人等。

C. 关于保险范围：

a. 物质损失责任。在保险期限内，在安装险保险单中列明的被保财产在列明的工地范围内，对因保险单除外责任以外的任何自然灾害和意外事故造成的物质损失与灭失保险人均负责赔偿。例如，洪水、暴雨、冻灾、地震、海啸、火灾、爆炸、空中运行物体坠落、超负荷、超电压等原因引起的其他财产的损失等。

b. 第三者责任。在保险期限内，因发生与保险单所承保工程直接相关的意外事故引起工地内及邻近区域的第三者人身伤亡、疾病或财产损失，依法应由被保险人承担的经济赔偿责任，保险人负责赔偿。

D. 关于除外责任，一般而言，安装工程一切险的除外责任通常包括如下内容：

a. 因设计错误、铸造或原材料缺陷或工艺不善引起的保险财产本身的损失，以及为置换、修理或矫正这些缺点错误所支付的费用。

b. 由于超负荷、超电压、碰线、电弧、漏电、短路、大气放电及其他电气原因造成电气设备或电气用具本身的损失。

c. 施工用机具、设备、机械装置失灵造成的本身损失。

d. 自然磨损、内在或潜在缺陷、物质本身变化、自燃、自热、氧化、锈蚀、渗漏、鼠咬、虫蛀、大气（气候或气温）变化、正常水位变化或其他渐变原因造成的被保险财产自身的损失和费用。

e. 维修保养或正常检修的费用。

f. 档案、文件、账簿、票据、现金、各种有价证券、图表资料及包装物料的损失。

g. 盘点时发现的短缺。

h. 领有公共运输行驶执照的，或已由其他保险予以保障的车辆、船舶和飞机的损失。

i. 除非另有约定，在被保险工程开始以前已经存在或形成的位于工地范围内或其周围的属于被保险人的财产的损失。

j. 除非另有约定，在保险单保险期限终止以前，保险财产中已由工程所有人签发完工验收证书或验收合格或实际占有或使用或接收的部分。

E. 下列损失、费用，保险人不负责赔偿：

a. 物质损失项下或本应在该项下予以负责的损失及各种费用。

b. 工程所有人、承包人或其他关系方或其所雇用的在工地现场从事与工程有关工作的职员、工人及上述人员的家庭成员的人身伤亡或疾病。

c. 工程所有人、承包人或其他关系方或其所雇用的职员、工人所有的或由上述人员所照管、控制的财产发生的损失。

d. 领有公共运输行驶执照的车辆、船舶、航空器造成的事故。

e. 被保险人应该承担的合同责任，但无合同存在时仍然应由被保险人承担的法律责任不在此限。

但是，各家保险公司对保险责任的除外情形存在差异。具体的除外情形，招标从业人员和投保人应在签订保险合同时予以关注。

③雇主责任险和人身意外伤害险。雇主责任险是雇主为其雇员办理的保险，以保障雇员在受雇期间因工作而遭受意外，导致伤亡或患有职业病后，将获得医疗费用、伤亡赔偿、工伤假期工资、康复费用以及必要的诉讼费用等。人身意外伤害险与雇主责任险的保险标的相同，但两者之间又有区别：雇主责任险由雇主为雇员投保，保费由雇主承担；人身意外伤害险的投保人可以是雇主，也可以是雇员本人。雇主责任险和人身意外伤害险构成的伤害保险，在国际上通常为强制性保险。

8.3.2 保险合同重点条款

保险合同有以下重点条款，需要在起草合同过程中进行规范：

(1) 合同主体及被保险人、受益人条款

因保险合同一般为格式合同，在该类格式合同中，保险人的名称、住所等信息通常都是已经填写好的。因此，就本条款而言，需要特别注意的是投保人、被保险人、受益人有关信息的填写，以及审查保险人信息的真实性。被保险人为多人时，需要在保险合同中一一列明被保险人；保险合同中除载明投保人外，若另有被保险人或受益人，应当加以说明。

货物运输保险合同包括指示式和不记名两种保险合同。在指示式货物运输保险合同中，除记载投保人的姓名外，还有“其他指定人”字样，并可由投保人背书转让第三人。在不记名式货物运输保险合同中，保险单无须记明投保人的姓名，随保险标的物的转移而一并同时转让第三人。

(2) 保险标的条款

保险标的是保险利益的载体，保险标的决定保险业务的种类，是投保人具备保险利益的判断标准，是保险金额、保险价值的确定根据，是保险费率的计算基础，是保险事故产生损失的核算范围。

财产保险中的保险标的是各种财产本身或其有关的利益或责任；人身保险中的保险标的是人的身体、生命等。

(3) 保险价值与保险金额条款

保险价值即保险标的的实际金钱价格，是保险事故发生后保险标的全损时被保险人的实际物质损失，是确定保险金额从而确定保险人赔偿责任的根据。

保险金额是指保险人计算保险费的根据和承担赔偿或者给付保险金责任的最高限额。保险金额与保险价值相等的是足额保险，被保险人可以得到与实际损失价值相等的保险金赔偿。保险金额低于保险价值的是不足额保险，采用比例赔偿的方式赔偿，即保险人按照保险金额与保险价值的比例承担赔偿责任。

保险金额不应超过保险财产的价格。如果投保人故意提高被保险财产价格，保险合同无效。被保险人不得获得超额的经济补偿，保险人应当将超过部分（即其未承担保险责任的部分）相应的保险费退还投保人。

（4）保险费和保险费率条款

保险费是根据保险金额与保险费率计算出来的。缴纳保险费是投保人应尽的基本义务。保险费是投保人为转移风险、取得保险人在约定责任范围内所承担的赔偿或给付责任而交付的费用，也是保险人为承担约定的保险责任而向投保人收取的费用。

保险费和保险费率条款决定着投保人的保险成本。因此，在签订保险合同时要审查所购保险需要缴纳的保险费、保险费率，以及保险费率是否调整、如何调整等事宜。

（5）保险赔偿或保险金的给付条款

保险赔偿或保险金的给付条款所载的内容是保险人在何种情况下向投保人赔偿、赔偿的程序、投保人应履行的义务等。以财产保险为例，保险赔偿条款一般包括如下内容：

1）对于保险事故造成的保险标的的损失，在合同规定的保险金额范围内承担赔偿责任。

2）被保险财产的损失，应由第三人负责赔偿的，如果投保人向保险方提出要求，保险方可以按照合同规定先予赔偿，但投保人应将追偿权转让给保险方，并协助保险方向第三者追偿。

3）投保人为了避免和减少保险责任范围内的损失而进行的施救、保护、整理、诉讼所支出的合理费用，以及为了确定保险责任范围内的损失所支出的对受损标的的检验、估价、出售的合理费用，按照合同规定，由保险方负责偿付，但最高以保险金额为限。

4）投保人要求保险方赔偿时，应当提供损失清单和施救等费用清单以及必要的账册、单据和证明。保险方收到投保人要求赔偿的凭证后，依法核定应否赔偿。

（6）保险期间条款

保险期间是指保险合同的有效期限，即保险合同从生效到终止的期间。保险期间是保险合同不可缺少的条款，在保险期间内，投保人按照约定交付保险费，保险人则按照约定承担保险责任。多数情况下保险期间的起始时间与保险责任的开始时间是一致的，但有时也不一致。需要注意的是，保险期间与一般合同中所规定的当事人双方履行义务的期限不同，保险人实际履行赔付义务可能不在保险期间内。

财产保险按保险期间的不同分为定期保险和不定期保险。定期保险以一定的时间标准即年、月、日、时来计算保险责任的开始与终止。其中，超过 1 年期的为长期保险，1 年期以下的为短期保险，相应确定不同的费率标准。保险期间一经确定，无特殊原因，一般不得随意更改。不定期保险的保险责任的开始与终止不是按确定的时间标准来确定，而是根据保险标的行动过程来确定，如船舶保险、货物运输保险均是如此。

（7）保险责任条款

保险责任是指保险人承担的经济损失赔偿或人身保险金给付的责任，即保险合同中约定的由保险人承担的危险范围，在保险事故发生时所负的赔偿责任，包括损害赔偿、责任赔偿、保险金给付、施救费用、救助费用、诉讼费用等。被保险人签订保险合同并交付保险费后，保险合同条款中约定的责任范围，即成为保险人承担的责任。在保险责任范围内发生财产损失或人身保险事故，保险人均要负责赔偿或给付保险金。保险人赔偿或给付保险金的条件为：损害发生在保险责任内，保险责任发生在保险期限内，以保险金额为限度。在规定风险范围的同时，保险合同通常还约定责任免除条款，即保险人不负赔偿或者给付保险金责任的情形。根据保险业的惯例，保险合同中一般都有在特定情况下免除保险人责任的条款，这在不违反公平原则的前提下，是法律所允许的。鉴于保险合同多为格式合同，为了让投保人充分了解其所购买的保险服务能否提供其需要的保险保障，要在合同签订过程中充分保护投保人的知情权。

《保险法》第 17 条规定："订立保险合同，采用保险人提供的格式条款的，保险人向投保人提供的投保单应当附格式条款，保险人应当向投保人说明合同的内容。对保险合同中免除保险人责任的条款，保险人在订立合同时应当在投保单、保险单或者其他保险凭证上作出足以引起投保人注意的提示，并对该条款的内容以书面或者口头形式向投保人作出明确说明；未作提示或者明确说明的，该条款不产生效力。"

保险合同中所谓"免除保险人责任的条款"，是指保险合同中载明的保险人不负赔偿或者给付保险金责任的范围的条款，具体为保险人提供的格式合同文本中的责任免除条款、免赔额、免赔率、比例赔付、给付等免除以及减轻保险人责任的条款。免责条款主要体现在保险单责任免除一栏，内容一般包括：战争或者军事行动所造成的损失；保险标的自身的自然损耗；被保险人故意行为造成的事故；其他不属于保险责任范围的损失等。除此之外，散见在保险单其他条款中的涉及部分免除保险人责任的条款等也属于"免除保险人责任的条款"。因此在签订保险合同时，对于免责条款，保险人应向投保人提示、说明。

关于说明和提示义务的方式和程度，《最高人民法院关于适用〈中华人民共和国保险法〉若干问题的解释（二）》第 11 条规定："保险合同订立时，保险人在投保单或者保险单等其他保险凭证上，对保险合同中免除保险人责任的条款，以足以引起投保人注意的文字、字体、符号或者其他明显标志作出提示的，人民法院应当认定其履行了保险法第十七条第二款规定的提示义务。保险人对保险合同中有关免除保险人责任条款的概念、内容及其法律后果以书面或者口头形式向投保人作出常人能够理解的解释说明的，人民法院应当认定保险人履行了保险法第十七条第二款规定的明确说明义务。"此外，如通过网络、电话等方式订立的保险合同，保险人以网页、音频、视频等形式对免除保险人责任条款予以提示和明确说明的，人民法院可以认定其履行了提示和明确说明义务。

（8）违约责任与争议处理条款

违约责任是指保险合同当事人因其过错致使保险合同不能履行或不能完全履行，或违反保险合同约定的义务而需要承担的法律责任。在保险合同中，对于违约责任的约定应该明确、清晰、合法、适当。保险合同的争议可以通过和解、调解、诉讼或仲裁方式予以解决。

8.3.3 保险合同管理要点

保险合同是较为典型的格式合同，保险合同应当在招标过程中得到体现，如保费是否计入总投资，合同是否纳入整体，先后顺序等。投保人不能就合同的条款和内容与保险人进行协商，故在保险事故发生后，投保人、受益人和保险人有可能会因为对保险条款理解不一致，或者因一方当事人未履行保险合同的特定义务而产生争议。为了避免产生上述争议，投保人应当加强保险合同管理工作，具体应从如下方面予以加强：

（1）全面理解合同内容

保险合同的条款大多为格式条款所拟定，由于专业知识的限制，对保险业务和保险合同条款不熟悉，加之对合同条款内容的理解也可能存在偏差、误解，由此可能导致被保险人、受益人在保险事故或事件发生后，得不到预期的保险保障。考虑到上述情况，《保险法》对保险人的释明义务作了特别的要求，订立保险合同采用保险人提供的格式条款的，保险人向投保人提供的投保单应当附格式条款，保险人应当向投保人说明合同的内容。对保险合同中免除保险人责任的条款，保险人在订立合同时应当在投保单、保险单或者其他保险凭证上作出足以引起投保人注意的提示，并对该条款的内容以书面或者口头形式向投保人作出明确说明；未作提示或者明确说明的，该条款不产生效力。

就对保险合同的有效管理而言，仅仅依赖保险人对保险条款的主动释明是不足够、不充分的。投保人在签署保险合同前应当对保险合同的内容有全面充分的理解，重点应当关注保险费如何收取，保险责任的范围，保险人免予承担保险责任的情形，投保人在保险合同项下应履行的义务等。如果投保人在审阅保险合同时对保险合同的内容有不理解之处，应主动请求保险人予以释明。

投保人只有全面理解了保险合同的内容，才能对拟购买的保险是否能够满足其投保需求作出准确判断，才能对是否需要一并购买其他类型的保险以最全面地涵盖风险作出准确判断，才能对己方在保险合同项下的主要义务予以明确，以避免因未全面、正确履行相关义务而丧失相应的权利。综上，为了充分实现投保人签署保险合同时拟实现的投保目的，投保人应在签署保险合同前对保险合同的条款予以全面审读和理解。

（2）投保人及被保险人应妥善维护保险标的的安全

保险的核心作用在于由保险人分担被保险人不确定发生的损失，同时，“风险发生的不确定性”也是保险人同意承保的重要原因。如果投保人、被保险人对保险标的不加以妥善的维护，使保险标的置于不安全的环境中，则保险标的发生损失的风险将大大增加。如果在此种情况下，仍要求保险人承担保险责任，则有失公允。为此，《保险法》对投保人及被保险人应承担的维护保险标的安全的义务作了特别规定：“被保险人应当遵守国家有关消防、安全、生产操作、劳动保护等方面的规定，维护保险标的的安全。保险人可以按照合同约定对保险标的的安全状况进行检查，及时向投保人、被保险人提出消除不安全因素和隐患的书面建议。投保人、被保险人未按照约定履行其对保险标的的安全应尽责任的，保险人有权要求增加保险费或者解除合同。保险人为维护保险标的的安全，经被保险人同意，可以采取安全预防措施。”

（3）投保人应正确履行保险合同中的告知及通知义务

投保人应正确履行如实告知义务。投保人在订立保险合同时应当将保险标的重要事实，以口头或书面形式向保险人作真实陈述。所谓保险标的重要事实是指对保险人决定是否承保及影响保险费率的事实。如实告知是投保人必须履行的基本义务，也是保险人实现其权利的必要条件。《保险法》实行“询问告知”的原则，即投保人对保险人询问的问题必须如实告知；而对询问以外的问题投保人没有义务告知；保险人没有询问到的问题，投保人不告知不构成对告知义务的违反。《保险法》规定："订立保险合同，保险人就保险标的或者被保险人的有关情况提出询问的，投保人应当如实告知。投保人故意或者因重大过失未履行前款规定的如实告知义务，足以影响保险人决定是否同意承保或者提高保险费率的，保险人有权解除合同。"

被保险人应正确且及时履行危险增加通知义务。被保险人在保险标的危险程度增加时，应及时通知保险人，保险人可以根据保险标的危险增加的程度，决定是否提高保险费或是否继续承保。被保险人未履行危险增加通知义务的，保险标的因危险程度增加而发生的保险事故，保险人不负赔偿责任。

投保人、被保险人或者受益人应及时履行保险事故发生后的通知义务。《保险法》规定："投保人、被保险人或者受益人知道保险事故发生后，应当及时通知保险人。故意或者因重大过失未及时通知，致使保险事故的性质、原因、损失程度等难以确定的，保险人对无法确定的部分，不承担赔偿或者给付保险金的责任，但保险人通过其他途径已经及时知道或者应当及时知道保险事故发生的除外。"《保险法》规定此义务的目的在于：首先，保险人得以迅速调查事实真相，不致因拖延时日而使证据灭失，影响责任的确定；其次，保险人及时采取措施，协助被保险人抢救保险财产，处理保险事故，不致扩大损失；最后，保险人拥有准备赔偿或给付保险金的必要时间。同时，履行保险事故发生通知义务，是被保险人或受益人获得保险赔偿或给付的必要程序。保险事故发生后的通知可以采取书面或口头形式，法律要求采取书面形式的应当采取书面形式。

（4）投保人、被保险人应重视证据资料的管理工作

保险事故发生后，请求保险公司承担保险责任是投保人或被保险人的损失得以弥补的途径。但是，保险公司的理赔必然不是仅凭投保人或被保险人的单方陈述即可办理的，完备的证据资料是保险公司理赔的一般要求。故为了充分实现投保人订立保险合同的目的，投保人以及被保险人在保险合同履行期间应特别重视对保险合同履行的相关证据的保存和管理。这些证据包括保险合同、保险费支付凭证、保险事故发生的证明、因保险事故所受的损失证明（如付款凭证、发票等）。

完备的证据资料不仅是请求保险公司理赔的一般要求，也是投保人、被保险人与保险公司发生争议引发仲裁或诉讼时，仲裁请求、诉讼请求得到支持的重要支撑。因此，投保人、被保险人在保险合同履行期间应重视证据资料的管理工作。

8.4 土地使用权出让合同

8.4.1 土地使用权出让合同概述

（1）土地使用权出让合同的概念

我国土地所有权分为国家土地所有权和集体土地所有权。城市市区的土地属于国家所有；农村和城市郊区的土地，除法律规定属于国家所有的以外，属于集体所有；宅基地、自留地和自留山同属于集体所有。

我国土地出让分为国有土地使用权出让和集体经营性建设用地出让。国有土地使用权出让是指国家以土地所有者的身份将国有土地使用权在一定年限内让与土地使用者，并由土地使用者向国家支付国有土地使用权出让金的行为。2019 年修订的《土地管理法》增加农村集体经营性建设用地出让的新规定，即农村集体经营性建设用地在符合规划、依法登记，并经三分之二以上集体经济组织成员同意的情况下，可以通过出让、出租等方式交由农村集体经济组织以外的单位或个人直接使用。《土地管理法》取消了我国多年来集体建设用地不能直接进入市场流转的二元体制。

国有土地使用权出让合同是指市、县人民政府自然资源主管部门作为出让方将国有土地使用权在一定年限内让与受让方、受让方支付国有土地使用权出让金的协议。国有土地使用权出让，必须通过合同形式予以明确。《城市房地产管理法》第 15 条规定："土地使用权出让，应当签订书面出让合同。土地使用权出让合同由市、县人民政府土地管理部门与土地使用者签订。"

集体土地使用权出让合同为农村集体经营性建设用地使用权人通过出让方式交由单位或者个人使用，受让人通过与农村集体经营性建设用地使用权人签订出让合同后，依法取得的集体经营性建设用地，在出让期限内享有占有、使用、收益和依法处置的权利，有权利用该土地依法建造符合相关规划的建筑物、构筑物及其附属设施，并合理使用。《土地管理法》第 63 条第一款规定："土地利用总体规划、城乡规划确定为工业、商业等经营性用途，并经依法登记的集体经营性建设用地，土地所有权人可以通过出让、出租等方式交由单位或者个人使用，并应当签订书面合同，载明土地界址、面积、动工期限、使用期限、土地用途、规划条件和双方其他权利义务。"该条第四款还规定了集体建设用地使用权的出让参照同类用途的国有建设用地执行。

(2) 土地使用权出让的方式

国有土地使用权的出让方式是指国家将国有土地使用权出让给土地使用者时所采取的方式或程序。根据法律规定，国有土地使用权的出让方式有划拨和出让两种，其中以出让方式出让土地使用权的，可以采取拍卖、招标或者协议的方式。《民法典》第 347 条明确规定："工业、商业、旅游、娱乐和商品住宅等经营性用地以及同一土地有两个以上意向用地者的，应当采取招标、拍卖等公开竞价的方式出让。"上述规定以外用途土地的供地计划公布后，同一宗地有两个以上意向用地者的，也应当采用招标、拍卖或者挂牌方式出让。《城市房地产管理法》第 13 条规定："土地使用权出让，可以采取拍卖、招标或者双方协议的方式。"《招标拍卖挂牌出让国有建设土地使用权规定》又明确了一种新的出让方式——挂牌出让。集体经营性建设用地出让方式，根据《土地管理法实施条例》第 41 条的规定，土地所有权人应当依据集体经营性建设用地出让、出租等方案，以招标、拍卖、挂牌或者协议等方式确定土地使用者。

我国现行国有建设用地使用权和集体经营性建设用地使用权的出让方式包括招标出让、拍卖出让、挂牌出让和协议出让四种，以下分别介绍。

1）招标出让。招标出让土地使用权，是指市、县人民政府土地行政主管部门或集体经营性建设用地所有权人发布招标公告，邀请特定或者不特定的法人、自然人和其他组织参加国有土地使用权投标，根据投标结果确定土地使用者的行为。在规定的期限内由符合受让条件的单位或者个人（受让方）根据出让方提出的条件，以密封书面投标形式竞投某地块的使用权，由招标小组经过开标、评标，最后择优确定中标者。投标需要响应的事宜由招标小组确定，可规定出标价，也可规定出标价与规划设计方案，开标、评标、决标须经公证机关公证。招标出让的方式主要适用于一些大型或关键性的发展计划与投资项目。

2）拍卖出让。拍卖出让土地使用权，是指出让人发布拍卖公告，由竞买人在指定时间、地点进行公开竞价，根据出价结果确定土地使用者的行为。拍卖出让方式引进了竞争机制，排除了人为干扰，政府也可获得最高收益，较大幅度地增加财政收入。这种方式主要适用于投资环境好、盈利多、竞争性强的商业、金融业、旅游业和娱乐业用地。

3）挂牌出让。挂牌出让国有土地使用权，是指出让人发布挂牌公告，按公告规定的期限将拟出让宗地的交易条件在指定的土地交易场所挂牌公布，接受竞买人的报价申请并更新挂牌价格，根据挂牌期限截止时的出价结果确定土地使用者的行为。挂牌出让具有招标、拍卖不具备的优势：一是挂牌时间长，且允许多次报价，有利于竞买人的理性决策和竞争；二是操作简便，便于开展；三是有利于土地有形市场的形成和运作。

4）协议出让。协议出让国有土地使用权，是指国家或集体经营性建设用地所有权人以协议方式将土地使用权在一定年限内出让给土地使用者，由土地使用者向国家或集体经营性建设用地所有权人支付土地使用权出让金的行为。国有土地出让时，市、县人民政府自然资源主管部门应当根据经济社会发展计划、国家产业政策、土地利用总体规划、土地利用年度计划、城市规划和土地市场状况，编制国有土地使用权出让计划。国有土地使用权出让计划公布后，需要使用土地的单位和个人可以根据国有土地使用权出让计划，在市、县人民政府自然资源主管部门公布的时限内，向市、县人民政府自然资源主管部门提出意向用地申请。在公布的地段上，同一地块只有一个意向用地者的，市、县人民政府自然资源主管部门方可按照本规定采取协议方式出让，但商业、旅游、娱乐和商品住宅等经营性用地除外。

以协议方式出让国有土地使用的出让金不得低于按国家规定所确定的最低价。协议出让最低价不得低于新增建设用地的土地有偿使用费、征地（拆迁）补偿费用以及按照国家规定应当缴纳的有关税费之和；有基准地价的地区，协议出让最低价不得低于出让地块所在级别基准地价的70%。市、县人民政府自然资源主管部门或集体经营性建设用地所有权人应当根据协议结果，与意向用地者签订《国有土地使用权出让合同》。

(3) 土地使用权出让合同的特点

对土地使用权出让合同的目的、形式、主体、权利义务、合同标的等特点进行介绍：

1）土地使用权出让合同的目的在于转移不动产物权。建设用地使用权是用益物权中的一项重要类型。出让人通过设立建设用地使用权，使建设用地使用权人对国家或集体所有的土地享有了占有、使用和收益的权利，建设用地使用权人可以利用该土地建造建筑物、构筑物及其附属设施。受让人签订出让合同是为了取得对特定的土地占有、使用和收益的权利。政府或农村集体经济组织签订出让合同是为了使国家土地所有权的权能发生分离，由受让人在支付出让金的前提下，获得部分土地所有权权能，实现用益目的。依据《民法典》等法律的规定，土地使用权自登记时发生转移效力。

2）土地使用权出让合同应采用书面形式订立。国有土地使用权出让，应当签订书面出让合同，同时向县级以上地方人民政府自然资源主管部门申请登记。如果未签订书面出让合同并未办理国有土地使用权登记，则国有土地使用权出让行为无效。集体经营性建设用地出让双方也应当签订书面合同，并报市、县人民政府自然资源主管部门备案。

3）合同主体具有特定性。针对国有建设用地，由于国家是国有土地的所有权人，因此国有土地使用权出让的一方只能是国家。《城市房地产管理法》第 15 条规定：“土地使用权出让合同由市、县人民政府土地管理部门与土地使用者签订。”表明市、县人民政府有权作为国有土地所有者的代表出让国有土地使用权。根据最高人民法院《关于审理涉及国有土地使用权合同纠纷案件适用法律问题的解释》的规定，开发区管理委员会不能作为国有土地使用权出让合同的出让方主体，开发区管理委员会与受让方订立的国有土地使用权出让合同，应当认定无效。国有土地使用权出让中的受让方是指土地使用者。《城镇国有土地使用权出让和转让暂行条例》第 3 条规定：“中华人民共和国境内外的公司、企业、其他组织和个人，除法律另有规定者外，均可依照本条例的规定取得土地使用权，进行土地开发、利用、经营。”由此规定可见，除法律另有规定外，受让方一般不受限制。

对于集体经营性建设用地来说，《土地管理法》规定了集体经营性建设用地的所有权属于农民集体所有，由村集体经济组织或者村民委员会（村小组）经营、管理。但对集体经营性建设用地出让主体并未作出具体规定。各省市对集体经营性建设用地入市主体的规定，相互之间并不一致，既有规定农民集体为入市主体的，也有规定村民委员会（村小组）和农村集体经济组织为入市主体的。2023 年《集体经营性建设用地使用权出让合同》示范文本（试点试行）使用说明中提到：“本合同中的出让人为出让农村集体经营性建设用地使用权的农村集体经济组织。未设立村集体经济组织的，村民委员会可以依法代行村集体经济组织的职能。”此外，根据《土地管理法》第 63 条的规定，集体经营性建设用地的出让还应当经本集体经济组织成员的村民会议三分之二以上成员或者三分之二以上村民代表的同意。

4）出让双方的权利与义务具有法定性。我国法律中明确规定了国有土地使用权出让合同双方当事人的权利义务。《城市房地产管理法》第 16 条和第 17 条分别规定了国有土地使用权出让双方的基本权利与义务。其中第 16 条规定：“土地使用者必须按照出让合同约定，支付土地使用权出让金；未按照出让合同约定支付土地使用权出让金的，土地管理部门有权解除合同，并可以请求违约赔偿。”第 17 条规定：“土地使用者按照出让合同约定支付土地使用权出让金的，市、县人民政府土地管理部门必须按照出让合同约定，提供出让的土地；未按照出让合同约定提供出让的土地的，土地使用者有权解除合同，由土地管理部门返还国有土地使用权出让金，土地使用者并可以请求违约赔偿。”而《土地管理法》第 5 条明确规定：“国务院自然资源主管部门统一负责全国土地的管理和监督工作。县级以上地方人民政府自然资源主管部门的设置及其职责，由省、自治区、直辖市人民政府根据国务院有关规定确定。”自然资源主管部门作为国有土地出让方和监督方，在签订和履行土地出让合同时都可以行使行政权力。土地使用者按照合同约定支付全部国有土地使用权出让金后，作为行政相对人向出让人申请办理土地登记，领取《国有土地使用证》，取得出让国有土地使用权。因此，国有土地使用权出让合同具有行政合同的法律性质。

此外，集体建设用地使用权出让双方的权利义务，《土地管理法实施条例》第 41 条和第 42 条规定，出让双方应当签订书面合同，载明土地界址、面积、用途、规划条件、使用期限、交易价款支付、交地时间和开工竣工期限、产业准入和生态环境保护要求，约定提前收回的条件、补偿方式、土地使用权届满续期和地上建筑物、构筑物等附着物处理方式，以及违约责任和解决争议的方法等。未依法将规划条件、产业准入和生态环境保护要求纳入合同的，合同无效；造成损失的，依法承担民事责任。集体经营性建设用地使用者应当按照约定及时支付集体经营性建设用地价款，并依法缴纳相关税费。

5）合同标的是国有土地使用权或集体经营性建设用地。国有土地使用权出让合同的标的是国有土地使用权，而不是国有土地所有权。根据我国《宪法》第10条的规定，我国实行土地公有制，只有两种土地所有权形式：国有土地所有权、农村集体土地所有权。任何组织和个人不得侵占、买卖或者以其他形式非法转让土地。但国有土地使用权可以依照法律的规定转让。需要说明的是，出让国有土地使用权的范围不包括该幅出让土地的地下资源、埋藏物和市政公用设施。

我国集体建设用地分为宅基地、公益性建设用地和经营性建设用地三类。《土地管理法》出台后，提出了“集体经营性建设用地”的概念，明确可以出让的范围为土地利用总体规划、城乡规划确定为工业、商业等经营性用途，并经依法登记的集体经营性建设用地。且并未限定要在集体内部流转，修改了原来“农民集体所有的土地的使用权不得出让、转让或者出租用于非农业建设”的规定。

6）出让年限特定性。出让国有土地使用权的最高使用年限，通常是指法律规定出让国有土地使用权的最高年限。国有土地使用权年限届满时，土地使用者可以申请续期，具体由出让方和受让方在签订合同时确定，但不能高于法律规定的最高年限。考虑到我国国民经济和社会发展过程中的一系列变化的因素，《城市房地产管理法》对国有土地使用权出让最高年限仅作了授权性的规定：“土地使用权出让最高年限由国务院规定。”

《城镇国有土地使用权出让和转让暂行条例》第12条按照出让土地的不同用途规定了各类土地使用权出让的最高年限：①居住用地70年；②工业用地50年；③教育、科技、文化、卫生、体育用地50年；④商业、旅游、娱乐用地40年；⑤综合或者其他用地50年。

8.4.2 土地使用权出让合同重点条款

2008年4月29日，原国土资源部和原国家工商行政管理总局联合发布《国有建设用地使用权出让合同》示范文本，自2008年7月1日起执行；2023年2月28日，自然资源部办公厅、市场监管总局办公厅发布《集体经营性建设用地使用权出让合同》示范文本（试点试行）。2008年国务院发布的《国务院关于促进节约集约用地的通知》明确规定：“土地出让合同和划拨决定书要严格约定建设项目投资额、开竣工时间、规划条件、价款、违约责任等内容。”土地使用权出让合同的主要条款具体如下：

（1）出让人和受让人

国有土地使用权的出让人是市、县人民政府自然资源主管部门。对于以招标、拍卖、挂牌出让国有土地使用权的，受让人是竞买人，是特定或者不特定的主体；对于以协议方式出让国有土地使用权的，受让人是特定的主体。集体经营性建设用地使用权出让人为出让农村集体经营性建设用地使用权的农村集体经济组织。未设立村集体经济组织的，村民委员会可以依法代行村集体经济组织的职能；受让人是以招标、拍卖、挂牌或者协议等方式确定的土地使用者。

(2) 出让人的权利义务

1) 出让人享有的权利主要有两项：

①受让人在签订土地使用权出让合同后，未在规定期限内支付全部土地使用权出让金的，出让人有权解除合同，并可请求违约赔偿。

②受让人未按土地使用权出让合同规定的期限和条件开发、利用土地的，国有土地出让管理部门有权予以纠正，并根据情节轻重给予警告、罚款，直至无偿收回国有土地使用权的处罚；集体经营性建设用地出让人可无偿或返还部分出让价款（扣除定金、土地闲置费等费用）后，收回集体经营性建设用地使用权。

2) 出让人应履行的义务主要有：

①按照土地使用权出让合同的规定提供出让的土地使用权。

②向受让人提供有关资料和使用该土地的规定。

(3) 受让人的权利义务

受让人根据法律规定和合同约定依法享有开发权、使用权、建设权、出租权等物权和债权。受让人应履行的义务主要有以下三项：

1) 在签订土地使用权出让合同以后的规定期限内，支付全部土地使用权出让金；在支付全部土地使用权出让金后，依规定办理登记手续，领取土地使用证。

2) 依土地使用权出让合同的规定和自然资源部门的要求开发、利用、经营土地。

3) 需要改变土地使用权出让合同规定的土地用途的，应该征得出让人同意并经主管的自然资源部门批准，依照规定签订土地使用权出让合同变更协议或重新签订土地使用权出让合同，调整土地使用权出让金并办理登记。

(4) 出让土地的空间范围

土地使用权出让时应当确定出让的范围。《民法典》第 345 条规定：“建设用地使用权可以在土地的地表、地上或者地下分别设立。”因此，建设用地使用权的设立不是一个平面的二维概念，而是一个空间的三维立体概念。

在签订土地使用权出让合同时，要填写宗地的平面界线和竖向界线。出让宗地的平面界线按宗地的界址点坐标填写；出让宗地的竖向界线，可以按照 1985 年国家高程基准为起算基点填写，也可以按照各地高程系统为起算基点填写。高差是垂直方向从起算面到终止面的距离。

(5) 出让土地的用途

土地用途是出让合同的重要内容。在土地用途的认定和填写上，必须把握以下方面：

1) 出让合同的土地用途并不是由出让人和受让人签订合同时临时约定的内容，而是在土地出让前由自然资源主管部门依据国土空间规划出具的规划条件确定的。包括土地用途、容积率等在内的规划条件，是宗地出让的前置条件，也是确定土地出让价款的基础。国有土地出让时，市、县自然资源主管部门根据规划条件拟定出让方案，报经市、县人民政府批准后，才能实施出让；集体土地出让的出让方案由土地所有权人依据规划条件、产业准入和生态环境保护要求编制，并经本集体经济组织成员的村民会议三分之二以上成员或者三分之二以上村民代表的同意后，由本集体经济组织形成书面意见，在出让、出租前不少于十个工作日报市、县人民政府。市、县人民政府认为该方案不符合规划条件或者产业准入和生态环境保护等要求的，应当在收到方案后五个工作日内提出修改意见。土地所有权人应当按照市、县人民政府的意见进行修改。

合同签订作为出让过程的最后一个环节，目的是将出让行为实施过程中所明确的权利义务以书面的形式固定下来。因此，出让人和受让人必须按照经批准的土地用途填写，未经批准的土地用途不得改变。

2）合同中的土地用途虽不是合同双方当事人约定的，但双方当事人必须共同遵守。也就是说，出让宗地的用途首先是依法确定的，并写入出让合同作为合同的重要内容。

3）市、县自然资源主管部门出让土地时，是按宗地设定规划条件，按宗地确定出让方案，按宗地实施出让的。因此，出让合同中也应按宗地填写土地用途。2007 年 8 月，国家发布了《土地利用现状分类》并于 2017 年 11 月 1 日进行了修订，双方当事人应按该分类标准规定的土地类别填写。同一宗地中包含两种或两种以上不同用途的，应当写明各类土地具体用途的出让年期及各类具体用途土地占宗地的面积比例和空间范围。

（6）出让合同标的物交付

出让土地的交付，指双方当事人出让合同标的物，即建设用地使用权的转移。根据《民法典》的基本原理，因交付产生的合同履行行为可以是一次性的，也可以是分次的；既可以是在一定时期内的，也可以是分期的。就出让土地来说，实践中各地方规定的交付时间包括：

①合同签订之日交地。

②发《交地通知书》之日交地。

③合同约定将来的某个时点前交地。

关于出让土地的交付条件，参考《闲置土地处置办法》第 21 条的规定："市、县国土资源主管部门供应土地应当符合下列要求，防止因政府、政府有关部门的行为造成土地闲置：（一）土地权利清晰；（二）安置补偿落实到位；（三）没有法律经济纠纷；（四）地块位置、使用性质、容积率等规划条件明确；（五）具备动工开发所必需的其他基本条件。"交付的土地应具备的条件在实际出让中也有差异，如根据不同土地的开发程度，有"三通一平""七通一平""九通一平"等做法。因此，有条件的地区完成拆迁安置和基础设施配套后再实施出让，符合土地的最大化利用，并在土地使用权出让合同中明确土地交付的时间和交付时应达到的土地条件。

（7）土地出让价款缴纳

出让价款的缴纳是出让合同的主要条款，是合同履行的关键。在土地使用权出让合同中，应明确约定土地出让价款缴纳的时间和方式。合同价款的履行期限涉及当事人的期限利益，也是确定合同如期履行还是迟延履行的客观依据。按照合同的一般原理，合同可以即期履行，也可以定期履行；可以在一定期限内一次性履行，也可以分期履行。

（8）出让宗地的规划条件

《城市房地产管理法》和《土地管理法实施条例》明确规定，国有土地使用权出让由市、县自然资源主管部门会同城市规划等部门拟订方案，报同级人民政府批准后，由市、县自然资源主管部门实施。2019 年实施的《城乡规划法》也规定："在城市、镇规划区内以出让方式提供国有土地使用权的，在国有土地使用权出让前，城市、县人民政府城乡规划主管部门应当根据控制性详细规划，提出出让地块的位置、使用性质、开发强度等规划条件，作为国有土地使用权出让合同的组成部分。未确定规划条件的地块，不得出让国有土地使用权。”“规划条件未纳入国有土地使用权出让合同的，该国有土地使用权出让合同无效。”市、县规划部门不得在建设用地规划许可证中擅自改变作为出让合同组成部门的规划条件。集体经营性建设用地出让方案和出让合同中也应当载明宗地的规划条件等内容。未依法将规划条件、产业准入和生态环境保护要求纳入合同的，合同无效；造成损失的，依法承担民事责任。

根据上述规定，签订土地使用权出让合同与规划条件确定之间的关系是：规划部门出具规划条件是土地使用权出让的前提条件，自然资源主管部门或农村集体经济组织需要根据所出具的规划条件出让土地。在出让土地时，将规划条件依法载入出让合同，由出让人、受让人、规划部门依法共同遵守。

在出让合同履行的整个过程中，无论是出让人、受让人还是规划部门，均不得改变法定规划条件。擅自改变规划条件的行为，既是违法行为，也是违约行为。

（9）建设项目的开竣工时间

《国务院关于促进节约集约用地的通知》明确规定，土地出让合同要严格约定建设项目开竣工时间等内容。2008 年《国有建设用地使用权出让合同》示范文本第 16 条以及 2023 年《集体经营性建设用地使用权出让合同》示范文本（试点试行）第 19 条对建设项目的开竣工时间进行了规定，要求填写建设项目的开工时间和竣工时间。

（10）关于不能按合同约定支付出让价款的违约处理

《土地管理法》第 55 条规定：“以出让等有偿使用方式取得国有土地使用权的建设单位，按照国务院规定的标准和办法，缴纳土地使用权出让金等土地有偿使用费和其他费用后，方可使用土地。”《城市房地产管理法》第 16 条规定：“未按照出让合同约定支付国有土地使用权出让金的，土地管理部门有权解除合同，并可以请求违约赔偿。”《城镇国有土地使用权出让和转让暂行条例》第 14 条规定：“土地使用者应当在签订土地使用权出让合同后六十日内，支付全部土地使用权出让金。逾期未全部支付的，出让方有权解除合同，并可请求违约赔偿。”

《国务院办公厅关于规范国有土地使用权出让收支管理的通知》规定：“土地出让合同、征地协议等应约定对土地使用者不按时足额缴纳土地出让收入的，按日加收违约金额 1%的违约金。”根据上述法律政策规定，2008 年《国有建设用地使用权出让合同》示范文本第 30 条约定，受让人应当按照本合同约定，按时支付国有建设用地使用权出让价款。受让人不能按时支付国有建设用地使用权出让价款的，自滞纳之日起，向出让人缴纳违约金，延期付款超过 60 日，经出让人催交后仍不能支付国有建设用地使用权出让价款的，出让人有权解除合同，受让人无权要求返还定金，出让人并可请求受让人赔偿损失。2023 年《集体经营性建设用地使用权出让合同》示范文本（试点试行）第 33 条，受让人同意按照本合同约定，按时支付集体经营性建设用地使用权出让价款。受让人不能按时支付出让价款的，自滞纳之日起，向出让人缴纳违约金，延期付款超过 60 日，经出让人催交后仍不能支付使用权出让价款的，出让人有权解除合同，并报市（县）人民政府自然资源主管部门。受让人无权要求返还定金，出让人并可请求受让人赔偿损失。

（11）关于出让人合同违约的规定

国有建设用地使用权出让合同由出让人和受让人共同签订，要求双方共同履行合同。出让人应当按照合同约定的时间和合同约定的土地条件交付土地。出让人未按照合同约定按时交付土地、不能交付土地或交付的土地不符合合同约定的，均属于违约，要承担违约责任。为此，2008 年《国有建设用地使用权出让合同》示范文本第 37 条规定，由于出让人未按时提供出让土地而致使受让人本合同项下宗地占有延期的，每延期一日，出让人应当按受让人已经支付的国有建设用地使用权出让价款的一定比例向受让人给付违约金，土地使用年期自实际交付土地之日起算。出让人延期交付土地超过 60 日，经受让人催交后仍不能交付土地的，受让人有权解除合同，出让人应当双倍返还定金，并退还已经支付国有建设用地使用权出让价款的其余部分，受让人可请求出让人赔偿损失。2008 年《国有建设用地使用权出让合同》示范文本第 38 条约定："出让人未能按期交付土地或交付的土地未能达到本合同约定的土地条件或单方改变土地使用条件的，受让人有权要求出让人按照规定的条件履行义务，并且赔偿延误履行而给受让人造成的直接损失。土地使用年期自达到约定的土地条件之日起算。"2023 年《集体经营性建设用地使用权出让合同》示范文本（试点试行）除了约定出让人延期交付土地的违约责任外，还约定了出让人原因造成土地闲置的违约责任。

（12）关于合同争议处理方式的规定

《民事案件案由规定》明确将"建设用地使用权出让合同纠纷"列入民事案件案由中。对于出让合同纠纷，出让人与受让人可以选择向人民法院起诉，通过诉讼方式来解决。2008 年《国有建设用地使用权出让合同》示范文本和 2023 年《集体经营性建设用地使用权出让合同》示范文本（试点试行）第 45 条规定了合同争议解决的三种方式，首先由争议双方协商解决，协商不成的，双方可以选择仲裁，也可以选择向人民法院起诉。

（13）关于合同生效时间的规定

根据现行法律政策规定，国有土地出让方案未经市、县人民政府批准，市、县自然资源主管部门不得签订出让合同，更不能出让土地。《土地管理法实施条例》虽然未直接规定集体经营性建设用地出让方案应经市、县人民政府批准，但是规定了出让方案经本集体经济组织形成书面意见后，在出让、出租前不少于十个工作日报市、县人民政府，市、县人民政府认为该方案不符合规划条件或者产业准入和生态环境保护等要求的，应当在收到方案后五个工作日内提出修改意见。土地所有权人应当按照市、县人民政府的意见进行修改。

2008 年《国有建设用地使用权出让合同》示范文本第 41 条规定，出让合同自出让人和受让人双方签订之日起生效。2023 年《集体经营性建设用地使用权出让合同》示范文本（试点试行）第 46 条约定了同样的生效条件。

8.4.3　土地使用权出让合同管理要点

土地使用权出让合同管理要点主要包括招、拍、挂条件评估管理，签约后合同履行管理以及土地使用权证管理。

（1）招、拍、挂条件评估管理

受让人应当对项目地块的招标、拍卖、挂牌的成立条件进行评估，在有可能的情况下，对潜在竞争对手进行合理商业分析，以便于对获取项目地块的可能性进行评估。

（2）签约后合同履行管理

土地使用权出让合同签订后，受让人应当严格按照合同履约，特别需要重点关注如下合同履约行为：按照合同约定及时缴纳土地出让金，避免承担逾期付款违约责任；按照土地出让合同中的规划条件进行建设，若受让人擅自改变规划条件，则最终无法办理竣工验收手续，建筑物也将被认定为违章建筑；按照合同约定时间开竣工，避免土地闲置等。

2008 年《国有建设用地使用权出让合同》示范文本和 2023 年《集体经营性建设用地使用权出让合同》示范文本（试点试行）对建设项目的开竣工时间均进行了明确约定，且《闲置土地处置办法》第 14 条对闲置土地的处理进行了明确规定："除本办法第八条规定情形外，闲置土地按照下列方式处理：（一）未动工开发满一年的，由市、县国土资源主管部门报经本级人民政府批准后，向国有建设用地使用权人下达《征缴土地闲置费决定书》，按照土地出让或者划拨价款的百分之二十征缴土地闲置费。土地闲置费不得列入生产成本；（二）未动工开发满两年的，由市、县国土资源主管部门按照《中华人民共和国土地管理法》第三十七条和《中华人民共和国城市房地产管理法》第二十六条的规定，报经有批准权的人民政府批准后，向国有建设用地使用权人下达《收回国有建设用地使用权决定书》，无偿收回国有建设用地使用权。闲置土地设有抵押权的，同时抄送相关土地抵押权人。"因此受让方应当合理规划，按照土地使用权出让合同约定，合理安排土地开发计划。

（3）土地使用权证管理

受让方按约缴纳土地出让金，方可取得项目地块的土地使用权证。鉴于国有土地使用权证对项目融资及后续物权手续的办理具有重要作用，受让方应当安排专人妥善保管国有土地使用权证。同时应当关注，土地使用权登记载明的使用期限事项。

8.5　案例分析

【案例】特许经营协议解除条件与程序

（1）案例背景

A 市人民政府与 B 高速公路开发有限公司签订了《C 高速公路特许经营协议书》，该协议约定了 B 高速公路开发有限公司开始建设的时间、开始投入项目建设资金的时间及数额。但自特许经营协议生效后，B 高速公路开发有限公司未按照协议约定的时间投入项目建设资金（含项目资本金）并开始建设高速公路，经 A 市人民政府多次催告后，B 高速公路开发有限公司仍然没有履行相关义务，致使 C 高速公路迟迟不能开工。于是，A 市人民政府向 B 高速公路开发有限公司发函要求解除特许经营协议。

（2）问题

A 市人民政府发函要求解除特许经营协议的做法是否合法？如合法，特许经营协议是何时解除的？B高速公路开发有限公司是否应当承担责任？应承担哪些责任？

（3）案例分析

1）A市人民政府发函要求解除特许经营协议的做法合法。在本案中，B高速公路开发有限公司未能按照特许经营协议的约定履行投入资金的义务，未能在合同约定的开工日期开始建设高速公路，且在A市人民政府多次催告的情况下，仍未能积极履行相应义务，因此导致合同目的不能实现乃至提前终止。《基础设施和公用事业特许经营管理办法》第41条规定："因特许经营者原因导致特许经营协议提前终止的，特许经营者应当按照特许经营协议约定履行有关资产移交、债务清偿、违约赔偿责任，并在清算移交期间配合政府维持有关公共服务和公共产品的持续性和稳定性。"A市人民政府有权要求解除合同。

同时《最高人民法院关于审理行政协议案件若干问题的规定》第27条规定："人民法院审理行政协议案件，可以参照适用民事法律规范关于民事合同的相关规定。"特许经营协议作为一类行政协议，其解除问题可以参照适用民事法律规定。对此《民法典》第563条规定："有下列情形之一的，当事人可以解除合同：……（三）当事人一方迟延履行主要债务，经催告后在合理期限内仍未履行……"从这一角度来看，A市人民政府发函要求解除特许经营协议的做法亦属合法。

2）特许经营协议在A市人民政府所发的解约函到达B高速公路开发有限公司时即告解除。《民法典》第565条规定："当事人一方依法主张解除合同的，应当通知对方。合同自通知到达对方时解除；……对方对解除合同有异议的，任何一方当事人均可以请求人民法院或者仲裁机构确认解除行为的效力。"

3）B高速公路开发有限公司应当向A市人民政府承担违约责任。如果特许经营协议中约定了明确的违约责任内容，B高速公路开发有限公司应当按照违约责任的相应约定向A市人民政府承担责任；如果特许经营协议中没有约定违约责任，则A市人民政府有权要求B高速公路开发有限公司承担因合同解除而遭受的损失。《民法典》第566条规定："合同解除后，尚未履行的，终止履行；已经履行的，根据履行情况和合同性质，当事人可以请求恢复原状或者采取其他补救措施，并有权请求赔偿损失。"赔偿损失的范围包括A市人民政府订立合同、准备履行合同和因恢复原状而支出的费用。

4）特许经营协议的解除也可能受到相关主管部门审批，以及法律法规对有关设施、资料、档案等的性能测试、评估、移交、接管、验收等手续的行政程序要求限制。

第 9 章　合同争议解决管理

合同争议解决管理是招标采购合同订立和履行过程中化解纠纷的重要环节，在促进交易活动高效开展、维护交易各方合法权益的过程中发挥关键作用，也是合同当事人处理争议问题的最终救济路径。本章将重点介绍合同争议的成因、类型、内容以及合同争议解决的原则与方式，以期招标采购人员在实务中能够根据项目类型以及潜在风险，正确选择合适的争议解决方式，正当高效解决招标采购合同争议。

9.1　合同争议概述

合同争议，是指合同当事人因合同的成立与效力、履行、变更、转让、终止以及违约等行为而引起的所有争议。合同争议的内容主要表现在争议主体对导致合同法律关系产生、变更、消灭的合同缔约、违约、解除或终止、责任分担等方面的分歧存在不同的理解和主张。因此，可能发生合同争议的范围涵盖了合同从成立到终止的整个过程。

9.1.1　合同争议的成因

合同争议成因繁多，可以从是否系因违约导致争议的角度加以分类。

(1) 违约成因

合同订立建立在当事人的自愿与平等协商的基础上，合同当事人应当严格根据合同的约定履行各自的义务。当事人违反合同约定是造成合同争议的重要原因。

违约行为一般包括不履行合同、履行不符合约定、预期违约以及广义违法行为等。例如，卖方将一批空调设备卖给买方并签署合同后，于交付之前又与第三方就同一批空调设备签署买卖合同并交付。卖方因无法向买方履行交付义务而可能产生争议。再如，甲方与乙方签订方案设计合同，约定乙方在合同签订后 30 日内交付书面成果文件及电子成果文件，后乙方因工作计划不合理，导致设计合同签订后第 37 天才向甲方提交电子成果文件。因乙方未能依约履行，甲、乙方之间可能产生争议。

(2) 非违约成因

非违约成因包括：缔约过失、约定不明、情势变更与不可抗力等。例如，施工合同的履行过程中发生地震，导致已完工工程毁损且无法继续施工。此时，发承包双方会面临合同解除及损失分担等问题，并很可能因此产生纠纷。再如，合同成立后，因不可归责于双方当事人的原因发生情势变更，此时若继续履行合同将导致对当事人一方明显不公，或者导致合同无法继续履行，当事人因此解除合同，在此情况下产生争议。

实践中，导致合同争议发生的因素可能有多方面，甚至可能同时涉及违约成因与非违约成因。因此，对于合同争议的成因应在个案中作出具体分析，准确把握合同争议成因是处理合同争议的关键。

9.1.2 合同争议的类型

根据争议内容的不同，可以将合同争议分为合同效力争议、合同履行争议、合同变更争议、合同转让争议、合同解除争议、合同工期争议、合同质量争议、合同价款争议及合同终止争议等。需要说明的是，合同争议中经常同时出现数项争议内容，如同时出现效力争议、价款争议或其他履行争议等。

根据争议是否具有涉外因素，可以将合同争议分为国内合同争议和涉外合同争议两类。国内合同争议是指合同当事人因订立和履行国内合同而发生的所有争议。涉外合同争议是指合同当事人因订立和履行涉外合同而发生的所有争议。涉外合同争议因具有涉外因素，解决纠纷时较国内合同更加复杂。涉外因素包括三个方面，即合同主体一方是外国的公民、法人或其他组织，或者合同法律关系发生在国外，或者合同标的位于国外，也可以是前述三项均涉外。解决涉外合同争议时，通常涉及法律适用问题、合同语言问题、解决纠纷管辖地问题等与一般国内合同争议不同的问题。

9.1.3 合同争议的内容

合同争议的内容主要包括合同效力、合同变更、合同转让、合同价款等方面的争议。

(1）合同效力争议

合同效力争议包括确认合同有效、确认合同无效、确认合同可撤销等争议。在其他类型的合同争议案件中，合同的效力问题也是首先需要解决的问题。如果合同有效，才涉及违约以及违约责任承担的问题，否则违约无从谈起。且只有在合同有效的情况下，才会涉及合同转让及合同解除的问题。因此，合同的效力问题是解决合同其他争议的基础性问题。

(2）合同变更争议

合同变更争议是指有关合同内容是否变更、变更的具体内容等事宜的争议。合同变更的争议一般不会单独作为一个争议而发生，通常伴随着合同的履行、合同转让等争议。

(3）合同转让争议

合同转让是指合同权利、义务的概括转让，即当事人一方将合同的权利或义务全部或部分转让给第三人的行为，亦即由新的债权人代替原债权人，或由新的债务人代替原债务人，不过债的内容保持同一性的一种法律现象。合同转让中，通常会因合同债务的承担、转让内容的确切性等问题发生争议。

(4）合同价款争议

合同价款争议是指因订立和履行合同而发生的价款事项争议，主要包括缔约损失争议、债权清算争议、违约赔偿争议、合同终止清算价款以及其他与合同价款有关的债权债务争议等。因合同债权债务涉及合同交易过程中最为重要的对价和利益，故该类争议最为常见，如建设工程合同中常见的进度款支付纠纷、工程结算价款纠纷、合同解除后的价款清算纠纷等。

以上是较为常见的合同争议，除此以外，其他与合同有关的方面也可能产生合同争议。

9.2　合同争议解决的原则

9.2.1　协商优先原则

在解决合同争议的各种方式中，协商和解是成本最低、效率最高的解决方式。因此在合同争议发生后，合同当事人应尽量选择和解的方式解决争议。以和解作为解决合同纠纷的优先选择项，不仅能够节约当事人的时间和社会资源，同时还能保持缔约双方良好的互信关系，继续推动交易的顺利进行，也有利于为未来继续合作积累基础。在实践中，争议解决条款也常含有“因本合同发生的争议，双方应当通过友好协商的方式解决”等类似内容。和解是当事人的法定权利，即便当事人不约定和解，商事合同发生争议之后，当事人一般先通过友好协商的方式解决争议。

9.2.2　继续履行原则

合同争议解决前，基于诚实信用原则和合同减损原则，合同当事人不应中止对合同义务的履行。相反，合同当事人仍应尽力促成合同目的的实现。如《标准施工招标文件》通用合同条款规定：“总监理工程师应将商定或确定的事项通知合同当事人，并附详细依据。对总监理工程师的确定有异议的，构成争议，按照第 24 条的约定处理。在争议解决前，双方应暂按总监理工程师的确定执行，按照第 24 条的约定对总监理工程师的确定作出修改的，按修改后的结果执行。”

需要说明的是，并非所有的合同在发生争议之后都应当绝对地坚持不中止履行或终止履行原则。争议的一方继续履行合同将会给自己造成更大损失的，该方当事人可以及时中止履行合同甚至终止合同。另外，如果争议一方符合行使同时履行抗辩权、先履行抗辩权及不安抗辩权情形的，该方当事人亦可以中止履行合同或终止合同。合同争议发生后，是否需要中止履行，应当综合多方面的因素考虑，如继续履行是否经济、是否符合法定的可以中止履行的情形、中止履行后是否会引起对方的反索赔等。因此，建议合同当事人在发生争议之后就是否中止履行或终止合同以及应当采取的措施等征求专业法律人员的意见。

9.2.3　合法性原则

合同争议发生之后，当事人应当通过和解、调解、争议评审、诉讼、仲裁等合法的途径和方式解决争议，避免以不合法的方式解决争议。在招标采购合同的履行中，常常出现当事人发生争议之后，围困施工项目部、破坏施工现场、殴打项目管理人员等情形。前述方式与现行法律规定相悖，不但无法得到法律支持，甚至可能构成犯罪。因此，当事人应当避免采用暴力的、非理性的、不合法的方式解决争议，否则，不仅正当的权利难以得到保护，还会受到法律严厉的制裁。

9.2.4 及时解决原则

合同争议发生之后，当事人应积极地、及时地采取措施加以解决。如果当事人拖延解决争议，一方面可能造成证据灭失，进而导致案件事实难以查清；另一方面可能会导致权利的丧失。例如，法定解除权作为形成权有其除斥期间，《民法典》第 564 条规定："法律规定或者当事人约定解除权行使期限，期限届满当事人不行使的，该权利消灭。法律没有规定或者当事人没有约定解除权行使期限，自解除权人知道或者应当知道解除事由之日起一年内不行使，或者经对方催告后在合理期限内不行使的，该权利消灭。"

此外，诉讼时效制度、撤销权行使的除斥期间制度等都要求当事人及时行使权利，否则超过法律规定的权利行使期限的，该等权利将失去法律保护。除法律规定外，合同条款也可以约定权利的行使期间。如，《标准施工招标文件》要求："承包人应在知道或应当知道索赔事件发生后 28 天内，向监理人递交索赔意向通知书，并说明发生索赔事件的事由。承包人未在前述 28 天内发出索赔意向通知书的，丧失要求追加付款和（或）延长工期的权利。"

9.3 合同争议解决的方式

根据《民法典》的规定，争议解决是合同一般应当包含的条款。尽管该规定并不意味着未约定争议解决条款的合同就是无效合同，但从合同的完备性角度考虑，合同当事人应当约定争议解决条款。合同当事人可以在签订合同时选择争议解决的方式，也可以在发生争议后就争议解决的方式及相关问题达成协议。根据法律规定和长期以来的实践，合同争议发生后，解决争议的方式通常包括和解、调解、争议评审、仲裁和民事诉讼五种方式。

9.3.1 和解

（1）和解的概念和特点

和解是指当事人在自愿互谅的基础上，就已经发生的争议进行协商并达成协议，是当事人自行解决争议的一种方式。在解决纠纷的各种方式中，和解是成本最低、效率最高的争议解决方式。和解的核心价值在于其一般不会破坏缔约双方的良好关系，能够促进交易的顺利推进。和解具有如下特点：

1）效率高。无论是诉讼还是仲裁，都要经过一个复杂的程序，且需要经历较长的时间。然而，和解仅需通过双方的磋商即可以实现，无须经历复杂且严格的程序。只要双方有和解的诚意，且都能够愿意作出让步，纠纷可以很快得到解决。

2）成本低。通过诉讼或仲裁解决争议的，当事人需要支付大量的费用，该等费用包括诉讼费、仲裁费、律师费、公证费、鉴定费等；而通过和解解决纠纷的，该些费用多数无须支付。因此，和解与诉讼或仲裁相比能够节省较多的费用开支。

保持良好的商事合作关系。双方当事人一旦通过仲裁或诉讼解决争议，通常存在剑拔弩张的情形，影响到当事人之间相对友好的气氛，争论、相互提防、相互指责接踵而至。

且在一般情况下，一旦开始仲裁或诉讼，双方通常也不会再有合作的前景。但在和解的情况下，双方是通过互谅互让的方式解决纠纷的，友好合作的气氛未被打破，双方仍然存在继续合作的较大可能。

和解协议不具有强制履行的效力。和解解决争议虽然便捷、高效，但与仲裁裁决书、法院判决书具有强制执行力不同，和解协议并不具有强制履行的效力。在和解协议达成之后，如果当事人不根据和解协议约定的内容履行各自义务，守约方不能依据和解协议向人民法院请求强制执行违约方。

(2）促成和解的注意事项

争议当事人能够达成和解依赖于诸多方面的因素，但是一般而言，要促成和解应当考虑以下事项：

1）合同各方存在和解诚意。和解的实现以双方当事人具有和解诚意为前提，任何一方没有和解的诚意，和解达成的可能性都会非常小，因此，争议当事人如果希望通过和解解决争议的，就应当向对方表现出和解的诚意。这种诚意表现在诸多方面，比如：对非原则性问题不予斤斤计较甚至寸土必争；不以和解为幌拖延履行义务的时间；不以敌意的态度与对方谈判等。

2）合同当事人存在让步意愿。和解并不必然以查清事实、分清是非、划清责任为前提。因此，为了和解目标的实现，争议当事人不应抱着有理寸步不让的态度。对于己方合理的且在事实上或法律上都能得到支持的事项，当事人亦可以适当作出让步。如，发承包双方达成了结算协议并约定了支付时间，但发包人未能在限定的时间向承包人支付工程款并进而形成争议。如果承发包双方拟通过和解方式解决该等争议，为实现和解的目标，承包人可作出适当让步。如允许发包人分期付款、放弃追究发包人支付逾期付款违约金的权利等。

3）及时锁定和解成果。尽管和解不需要经历复杂的程序，但并非所有和解都可以通过一次谈判实现。对于复杂的争议，通常需要多个阶段、多轮次的谈判才能最终达成和解。此种情况下，每一阶段的谈判都可能达成一定的共识。为了避免争议当事人事后反悔或对已达成一致意思的事项再生争议，当事人应当在每一共识达成之后及时以书面形式将合意的内容予以固定。

9.3.2　调解

(1）调解的概念和特点

调解是指双方或多方当事人就争议的事项，在人民法院、仲裁庭、人民调解委员会或有关组织的主持下，自愿进行协商，通过教育疏导，促成各方达成协议、解决纠纷的一种争议解决方式。按照调解主体的不同，调解可分为调解机构调解、仲裁机构调解、法院调解等。且与和解相比，仲裁机构调解和法院调解制作的调解协议或调解书与裁决书具有同等的法律效力。

调解具有如下特点：

1）调解以双方自愿为前提。无论是何种类型的调解，都需要以双方自愿为前提，任何一方不愿意接受调解的，则调解不能实现。《民事诉讼法》第 212 条规定：“当事人对已经发生法律效力的调解书，提出证据证明调解违反自愿原则或者调解协议的内容违反法律的，可以申请再审。经人民法院审查属实的，应当再审。”因此，争议双方自愿调解是调解能够进行的前提。同时，自愿也是确保调解协议有效性的重要因素。

2）调解应坚持合法性原则。所谓“合法”，是指调解活动应以法律为准绳，调解程序、调解方法和调解内容均不得违反法律，不得损害国家、集体和第三人的合法权益。《人民调解法》第3条规定，人民调解委员会调解民间纠纷，不应违背法律法规和国家政策。《民事诉讼法》第9条规定：“人民法院审理民事案件，应当根据自愿和合法的原则进行调解；调解不成的，应当及时判决。”调解只有合法，才能保证调解质量，真正使争议案结事了。对于强制调解、违法调解的，应当予以纠正，否则不仅不利于纠纷的彻底解决，甚至会激化矛盾或者增加新的矛盾。

3）调解具有高效性及解决纠纷的彻底性。与仲裁、诉讼相比，调解对程序的要求相对宽松，调解解决争议的效率也相对较高，争议双方不至于陷入诸多程序性问题，或诸多事实真伪的证明之中。

另外，争议双方通过调解解决争议的，不存在上诉的问题。而且，调解协议是在双方友好、互谅互让的基础上达成的，相对于判决或裁决，争议当事人本着诚信原则积极履行的可能性更大。且调解协议生效后，当事人无法申请再审。因此，与仲裁、诉讼相比，调解更有利于定纷止争，实质性化解争议。

（2）调解的分类

1）调解机构调解。调解机构调解包括人民调解和专业机构调解两类。

第一是人民调解。人民调解又称为“诉讼外调解”。《人民调解法》第2条规定：“本法所称人民调解，是指人民调解委员会通过说服、疏导等方法，促使当事人在平等协商基础上自愿达成调解协议，解决民间纠纷的活动。”该法第3条还规定：“人民调解委员会调解民间纠纷，应当遵循下列原则：（一）在当事人自愿、平等的基础上进行调解；（二）不违背法律法规和国家政策；（三）尊重当事人的权利，不得因调解而阻止当事人依法通过仲裁、行政、司法等途径维护自己的权利。”《人民调解法》第31条规定：“经人民调解委员会调解达成的调解协议，具有法律约束力，当事人应当按照约定履行。”

第二是专业机构调解。专业机构调解是指由专业领域内的调解机构调解员或当事人自行选定的专家，根据机构调解规则调解争议的一种方式。国内已经成立诸多专业的调解机构，如中国国际贸易促进委员会调解中心、北京仲裁委员会调解中心等。各调解中心一般都有制定调解规则，对调解的适用范围等问题作出规定。如《北京仲裁委员会调解中心调解规则》规定，平等主体的自然人、法人和其他组织之间发生的合同纠纷和其他财产权益纠纷，均可提交该中心调解。当事人同意将争议提交该中心调解的，适用该中心的调解规则。当事人就调解程序或者调解适用的规则另有约定的，从其约定。该规则规定，对于经过调解当事人达成一致意见的，签订和解协议。和解协议对各方当事人有约束力。

2）仲裁中调解。仲裁调解的表现形式为仲裁过程中调解，即指在仲裁庭的主持下，仲裁当事人在自愿协商、互谅互让基础上达成协议，从而解决纠纷的一种制度。我国《仲裁法》第51条规定：“仲裁庭在作出裁决前，可以先行调解。当事人自愿调解的，仲裁庭应当调解。调解不成的，应当及时作出裁决。”目前，在建设工程施工合同纠纷中，仲裁调解发挥的作用越来越大，越来越多的纠纷都通过仲裁中的调解得到了及时的解决。《仲裁法》第 51 条规定："调解达成协议的，仲裁庭应当制作调解书或者根据协议的结果制作裁决书。调解书与裁决书具有同等法律效力。"

3）诉讼中调解。法院调解的表现形式为诉讼中调解，是指在法院审判人员的主持下，双方当事人就民事权益在自愿、平等协商的基础上达成协议，进而解决纠纷的诉讼活动。《民事诉讼法》第 96 条规定："人民法院审理民事案件，根据当事人自愿的原则，在事实清楚的基础上，分清是非，进行调解。"因此，诉讼中调解是法院和当事人进行的诉讼活动。但是，对于调解不成的案件，法院应当及时判决。《民事诉讼法》第 100 条规定："调解达成协议，人民法院应当制作调解书。调解书应当写明诉讼请求、案件的事实和调解结果。调解书由审判人员、书记员署名，加盖人民法院印章，送达双方当事人。调解书经双方当事人签收后，即具有法律效力。"

（3）与调解有关的约定

对于人民调解，调解的开始并不以争议双方约定调解为前提。《人民调解法》第 17 条规定："当事人可以向人民调解委员会申请调解；人民调解委员会也可以主动调解。当事人一方明确拒绝调解的，不得调解。"因此，人民调解的启动方式不像司法程序那样采用不告不理原则，也没有那么严格的管辖程序，同时也摆脱了烦琐的申请、受理程序。既可以由当事人向人民调解委员会申请调解，又可以由人民调解委员会主动调解。

对于诉讼与仲裁调解，调解程序的启动也并不以双方约定调解条款为前提。《民事诉讼法》第 96 条规定："人民法院审理民事案件，根据当事人自愿的原则，在事实清楚的基础上，分清是非，进行调解。"《仲裁法》第 51 条规定："仲裁庭在作出裁决前，可以先行调解。当事人自愿调解的，仲裁庭应当调解。调解不成的，应当及时作出裁决。"因此，对当事人而言，法院或仲裁调解是当事人通过友好协商处分实体权利和诉讼权利的一种表现；对法院或仲裁庭而言，调解是法院、仲裁庭在充分尊重当事人行使处分权的基础上解决民事纠纷的一种职权行为，因此并不要求当事人在调解之前就接受调解达成一致意思。

需要特别说明的是，调解遵循以自愿为先的原则，当事人拟通过机构调解解决争议的，应当首先就是否愿意将争议提交机构进行调解达成一致，达成一致意见后方可进入调解程序。

9.3.3　争议评审

争议评审不同于和解与调解，是招标采购项目，尤其是工程建设项目常见的一种解决争议的方式，具有专业性、全过程解决争议的特点，同时机制也比较灵活。FIDIC 合同、《标准施工招标文件》《2017 版施工合同》等众多合同文本中均设置了争议评审制度。

（1）争议评审制度的概念

争议评审是通过合同当事人的自愿选择，由合同约定的争议评审小组对提交的争议作出评审决定，在合同当事人不提出异议的前提下，争议评审决定产生约束力的纠纷解决机制。该机制可以及时化解过程中分歧较小的争议，防止矛盾扩大造成工程拖延、损失和浪费，保障工程顺利进行。一般而言，建设工程争议评审可在工程开始或进行中，由合同当事人选择独立的评审专家，并约定相关评审规则。

（2）争议评审制度的适用范围

争议评审可根据当事人的约定在建设工程施工合同中适用，特别是对于那些时间跨度大、情况复杂的建设工程，因其产生各种纠纷的可能性更大，对专业、高效解决争议以保障合同顺利履行的需求更为迫切。在此类建设工程合同中，争议评审制度的优势才体现得更为充分和明显。如中国国际经济贸易仲裁委员会《建设工程争议评审规则》第 2 条规定："建设工程争议评审是当事人在履行建设工程合同发生争议时，根据约定，将有关争议提交争议评审组（以下简称评审组）进行评审，由评审组作出评审意见的一种争议解决方式。"

（3）争议评审条款起草要点

1）争议评审组的成立。就评审组的组成时间，发承包双方可以在合同中进行约定。一般而言，采用争议评审的，发包人和承包人应在开工日后的 28 天内或在争议发生后 14 天内协商成立争议评审组。争议评审组由有合同管理和工程实践经验的专家组成。

就评审组的人员组成，发承包双方可以约定争议评审组由一名或三名评审专家组成。评审组由一名评审专家组成的，由双方共同选定。选择三名争议评审员的，各自选定一名，第三名成员为首席争议评审员，由合同当事人共同确定或由合同当事人委托已选定的争议评审员共同确定，或由专用合同条款约定的评审机构指定第三名首席争议评审员。此外，发承包双方还可约定如果评审专家因特殊情况退出评审后，如何确定新的评审专家，以及新的评审专家产生前，拟退出的评审专家是否继续进行评审活动等。

就评审员的报酬，发承包双方可以在合同中约定分担比例。一般而言，由发承包双方各承担一半。

2）争议评审的程序。就评审规则，一般而言，双方在争议评审条款中即便约定了争议评审机构，也并不代表双方当然接受该机构的争议评审规则，除非双方在合同中明确约定适用该机构的争议评审规则，该规则才对双方具有约束力。就评审机构的评审规则，发承包双方也可以约定适用其中的全部或部分规则。

就评审意见的作出时间，发承包双方可以在合同中约定。一般而言，争议评审制度作为高效解决问题的一种选择，应当在较短时间内对争议事项作出决定。对此，《2017 版施工合同》通用条款明确："争议评审小组应秉持客观、公正原则，充分听取合同当事人的意见，依据相关法律、规范、标准、案例经验及商业惯例等，自收到争议评审申请报告后 14 天内作出书面决定，并说明理由。"中国国际经济贸易仲裁委员会发布的《建设工程争议评审规则》规定，评审组应当在评审程序开始之日起 84 天内出具评审意见。

3）争议评审的结果。《标准施工招标文件》明确，发包人和承包人接受评审意见的，由监理人根据评审意见拟定执行协议，经争议双方签字后作为合同的补充文件，并遵照执行；发包人或承包人不接受评审意见并要求提交仲裁或提起诉讼的，应在收到评审意见后的 14 天内将仲裁或起诉意向书面通知另一方，并抄送监理人，但在仲裁或诉讼结束前应暂按总监理工程师的决定执行。

《2017 版施工合同》通用条款明确："争议评审小组作出的书面决定经合同当事人签字确认后，对双方具有约束力，双方应遵照执行。任何一方当事人不接受争议评审小组决定或不履行争议评审小组决定的，双方可选择采用其他争议解决方式。"

对此，发承包双方可以在合同中就评审意见的效力进行约定。如《建设工程争议评审规则》第 37 条规定：“当事人对评审意见的结果有异议的，应当自收到评审意见之日起 14 天内向评审组和对方当事人书面提出，并说明理由。当事人在上述期限内未提出异议的，评审意见自上述期限届满之日起对各方当事人具有约束力，当事人应当遵照评审意见执行。当事人在上述期限内提出书面异议的，评审意见对当事人不产生约束力。评审意见的结果可以拆分成可独立执行的若干项而当事人只针对其中的一项或几项提出书面异议的，不影响其他各项评审结果的约束力。评审意见产生约束力的，在当事人通过将争议提交诉讼或者根据仲裁协议提交仲裁获得与评审意见不同的判决或裁决之前，或者在各方当事人就评审争议的解决另行作出不同于评审意见的约定之前，评审意见仍对当事人具有约束力。”

9.3.4　仲裁

仲裁是指争议各方依据在争议发生前或发生后签订的仲裁协议，自愿将其争议提交至仲裁机构进行审理，并接受该裁判约束的制度。仲裁机构通常是民间团体，其受理案件的管辖权来自合同各方的一致选择，否则仲裁机构无权受理案件。我国实行“或裁或审制”，即当事人只能选择仲裁和诉讼两种方式中的一种来解决争议。若当事人选择了以仲裁途径解决争议，就不能再选择诉讼方式。国际工程承包与国际贸易合同中，因涉及各国对他国法院判决的认定问题，通常合同当事人约定仲裁作为争议处理方式。

(1) 仲裁的特点

仲裁作为一种独立的争议解决方式，与诉讼相比具有诸多不同。仲裁的典型特点如下：

1）仲裁具有自愿性和灵活性。《仲裁法》第 4 条规定：“当事人采用仲裁方式解决纠纷，应当双方自愿，达成仲裁协议。没有仲裁协议，一方申请仲裁的，仲裁委员会不予受理。”

仲裁的自愿性是仲裁最突出的特点。一方面，提交仲裁解决争议的前提是当事人基于自愿签订了仲裁协议，如果无仲裁协议，则不能启动仲裁。另一方面，仲裁庭的组成、仲裁地、仲裁语言等均需要当事人在自愿的基础上协商确定。因此，仲裁是最能充分体现当事人意思自治原则的争议解决方式。

与诉讼相比，仲裁的规则能体现较为突出的灵活性，如当事人自行选择仲裁员、书面审理、仲裁程序等方面。此外，仲裁不实行地域管辖和级别管辖，且在审理时限和代理制度方面也存在很大的灵活性。

2）仲裁具有专业性。实践中，通常要求仲裁员具有法律知识，从事经济贸易等专业工作。通常来说，仲裁员多为某个领域具备专业知识的专家，如建设工程、知识产权、计算机信息技术、金融等方面的专家，以确保案件在审理裁判过程中的公平性。此外，仲裁员还通常在退休法官、律师、高校教师等群体中产生。

3）仲裁具有保密性。与诉讼不同，仲裁以不公开审理为原则，以公开审理为例外。《仲裁法》第 40 条规定：“仲裁不公开进行。当事人协议公开的，可以公开进行，但涉及国家秘密的除外。”该条规定充分体现了仲裁的保密性。仲裁的保密性还体现在有关的仲裁法律和仲裁规则规定了仲裁员及仲裁秘书人员的保密义务。因此当事人的商业秘密和贸易活动不会因仲裁活动而泄露，故仲裁表现出极强的保密性。

4）仲裁具有快捷性。《仲裁法》第 9 条规定："仲裁实行一裁终局的制度。裁决作出后，当事人就同一纠纷再申请仲裁或者向人民法院起诉的，仲裁委员会或者人民法院不予受理。"一裁终局制度的确立，不仅排除了所谓又裁又审的可能性，而且也否定了一裁一复议的可能性。即裁决作出后也不能向行政机关、其他仲裁机构申请复议，一次裁决即意味着该纠纷最终解决完毕。一裁终局制度有助于当事人之间的纠纷能够得以迅速解决。

5）仲裁具有经济性。仲裁的经济性主要表现在：时间上的快捷性使得仲裁所需费用相对较少；仲裁无须多审级收费，使得仲裁费通常低于诉讼费；仲裁的自愿性、保密性使当事人之间通常没有激烈的对抗，且商业秘密不必公之于世，对当事人之间今后的商业机会影响较小。

6）仲裁具有独立性。在机构设置上，仲裁机构不依附于任何机关和团体，仲裁庭在审理仲裁案件时，依法独立进行审理和作出裁决，不受任何机关、团体和个人的干涉。

7）仲裁具有国际性。随着经济全球化，仲裁案件的来源、当事人、仲裁庭的组成以及裁决执行的国际性因素越来越多，跨国仲裁已屡见不鲜。

（2）仲裁的适用范围

尽管仲裁是一种经济快捷的争议解决方式，但并非所有的争议都可以由仲裁解决。《仲裁法》对仲裁范围作出了明确具体的规定。

1）可以适用仲裁的争议。根据法律规定，平等主体的公民、法人和其他组织之间发生的合同纠纷和其他财产权益纠纷，可以仲裁。可以仲裁的争议应当具备三个基本条件：发生纠纷的当事人必须是民事主体，包括国内外法人、自然人和具有独立主体资格的其他合法组织；仲裁的争议事项应当是当事人有权处分的事项；争议纠纷属于合同纠纷或其他财产权益纠纷。

合同纠纷是指合同当事人因订立或履行合同而产生的纠纷，包括国内外主体地位平等的自然人、法人以及其他组织之间发生的各类经济合同纠纷、知识产权纠纷、房地产合同纠纷、期货和证券交易纠纷、保险合同纠纷、借贷合同纠纷、票据纠纷、抵押合同纠纷、运输合同纠纷等。

其他财产权益纠纷主要是指侵权纠纷，这类纠纷在海事、房地产、产品质量、知识产权领域较为多见，也可以通过达成仲裁协议的方式选择仲裁。

2）不能适用仲裁的争议。根据《仲裁法》第 3 条的规定，以下两类争议不能仲裁：

①婚姻、收养、监护、扶养、继承纠纷。这类纠纷虽然属于民事纠纷，也不同程度地涉及财产权益，但该类纠纷涉及当事人的身份关系，需要由法院作出判决或由政府机关作出决定，不属于仲裁机构的管辖范围。

②依法应当由行政机关处理的行政争议。行政争议是指国家行政机关之间，或者国家行政机关与企事业单位、社会团体以及公民之间，由于行政管理而引起的争议。我国法律规定这类纠纷应当依法通过行政复议或行政诉讼解决。

此外，《仲裁法》第 77 条规定："劳动争议和农业集体经济组织内部的农业承包合同纠纷的仲裁，另行规定。"

（3）仲裁协议

1）仲裁协议的概念。仲裁协议是指当事人双方约定将已经发生的或将来可能发生的纠纷提交仲裁机构进行裁决，并约定解决争议的仲裁机构、仲裁规则、仲裁地等内容的协议。仲裁协议是仲裁程序启动的先决条件，仲裁协议的内容直接决定着争议是否由某个仲裁委员会管辖，争议解决适用何种实体法、何种语言等。因此，仲裁协议对当事人争议的解决至关重要。

2）仲裁协议的内容，是双方当事人选择仲裁作为争议解决方式的意思表示。仲裁协议的内容决定着仲裁事项、仲裁机构等重要问题，是判定仲裁协议、仲裁条款是否成立的重要依据。仲裁协议的内容可以分为两类：一是法定内容，即法律规定仲裁协议必须具备的内容；二是约定内容，即法定内容外可由当事人自由约定的内容。

《仲裁法》第 16 条规定："仲裁协议应当具有下列内容：（一）请求仲裁的意思表示；（二）仲裁事项；（三）选定的仲裁委员会。"该三项内容也即仲裁协议的法定内容。在法定内容中，需要对"选定的仲裁委员会"作特别说明。

根据我国仲裁法的规定以及仲裁实践，合同当事人在仲裁协议中必须明确规定其争议解决的仲裁机构，以便该仲裁机构行使管辖权。当事人只需要选择明确具体的仲裁机构即可，至于仲裁员的选定则不是仲裁协议的法定内容。另外，《仲裁法》规定："仲裁协议对仲裁事项或者仲裁委员会没有约定或者约定不明确的，当事人可以补充协议；达不成补充协议的，仲裁协议无效。"可见，选定具体的仲裁委员会是我国仲裁协议有效的实质要件。而仲裁的意思表示和仲裁事项的约定则比较容易实现。在选择仲裁机构时，应注意如下问题：

①仲裁机构可以在合同争议解决条款中明确约定，也可以通过专门的仲裁协议书予以约定。

②仲裁机构的约定，应当明确且唯一。《最高人民法院关于适用〈仲裁法〉若干问题的解释》第 5 条规定："仲裁协议约定两个以上仲裁机构的，当事人可以协议选择其中的一个仲裁机构申请仲裁；当事人不能就仲裁机构选择达成一致的，仲裁协议无效。"为避免当事人无法在已经约定的两个仲裁机构中合意选定一个，进而导致仲裁协议无效的情形发生，当事人在签订仲裁协议时应约定唯一确定的仲裁机构。如合同争议解决条款约定："因本合同产生的争议，合同当事人可以提交到北京的仲裁机构裁决。"该条款中约定的仲裁机构是"北京的仲裁机构"。北京市至少有两家仲裁机构，包括北京仲裁委员会、中国国际经济贸易仲裁委员会、中国海事仲裁委员会。如此约定，不能导致选择的仲裁机构为明确唯一，需要合同当事人重新予以确认方可确定仲裁机构。

③合同当事人如果选择以仲裁方式解决争议，则不应既约定仲裁，又同时约定以诉讼方式解决争议，以避免仲裁协议无效的情形发生。《最高人民法院关于适用〈仲裁法〉若干问题的解释》第 7 条规定："当事人约定争议可以向仲裁机构申请仲裁也可以向人民法院起诉的，仲裁协议无效。但一方向仲裁机构申请仲裁，另一方未在仲裁法第二十条第二款规定期间内提出异议的除外。"

关于仲裁协议约定的内容，主要是指当事人可以在不违反法律规定的前提下约定一些事项，如涉外仲裁中适用实体法的问题。应当注意的是，在我国，一裁终局制，仲裁费用的负担，仲裁员的选定、指定方法，仲裁适用的仲裁规则等均由法律或仲裁机构规定，当事人在仲裁协议中可约定的内容很少。

3）仲裁协议的形式。根据仲裁协议订立的时间，仲裁协议可以分为事前仲裁协议和事后仲裁协议。其中，纠纷发生前订立的仲裁协议称为事前仲裁协议，纠纷发生后订立的仲裁协议称为事后仲裁协议。实践中，多数仲裁协议为事前仲裁协议。

根据仲裁协议的意思表示，仲裁协议可以分为明示仲裁协议和默示仲裁协议。明示仲裁协议，是当事人以口头或书面等形式明确、积极地表示将争议交付仲裁的意思而达成的仲裁协议。默示仲裁协议，是指当事人以实际行为表示仲裁意思而达成的仲裁协议。即双方当事人事先既无口头又无书面方式的仲裁协议，争议发生后，一方当事人向仲裁机构申请仲裁，另一方当事人未提出异议而应诉。在此种情形下，双方当事人都以实际行动接受了仲裁这一解决纠纷的方式，当事人之间就达成了一个默示的仲裁协议。

需要注意的是，我国仲裁法不承认默示仲裁协议，也不承认口头仲裁协议，只承认书面方式明示的仲裁协议。因此，当事人拟选择仲裁解决争议的，应当以书面形式签订符合仲裁法要求的仲裁协议。

在具体的实践中，符合仲裁法对仲裁协议形式要件要求的仲裁协议包括如下三种：

①典型规范的书面仲裁协议。此类仲裁协议包括约定在主合同中的仲裁条款以及在合同之外专门签订的仲裁协议两种。各仲裁机构都设有示范仲裁条款，如北京仲裁委员会示范仲裁条款为："因本合同引起的或与本合同有关的任何争议，均提请北京仲裁委员会/北京国际仲裁中心按照其仲裁规则进行仲裁。仲裁裁决是终局的，对双方均有约束力。"为避免当事人对仲裁协议的效力发生争议，当事人可以直接引用示范仲裁条款。

②存在于函电中的仲裁协议。此种仲裁协议与以上典型规范的书面仲裁协议的不同之处在于，后者是一个完整的合同，其载体是一份独立的文件；而存在于函电中的仲裁协议明显由要约和承诺两部分构成，这两部分通常存在于双方的信函之中，不处于同一份文件上。

③引用型书面仲裁协议。此种协议是指在合同有关条款引用的文件中，包含有关仲裁方面的内容，这些内容即视为当事人所订立的仲裁协议。应当注意的是，在引用型仲裁协议中，必须在所引用的文件中的确存在仲裁的有关内容。

4）涉外仲裁协议概述。涉外仲裁协议，是指涉外民商事案件的当事人约定将纠纷提交某仲裁机构并按该仲裁机构规则解决争议的书面协议。涉外仲裁协议也是仲裁机构受理涉外仲裁案件的唯一法律依据。涉外仲裁协议大致分为两类：

①合同中的"仲裁条款"。争议发生之前，双方当事人在合同中所订立的将有关合同争议交付仲裁的条款，是目前在涉外仲裁中普遍采用的一种形式。仲裁机构一般都有拟定自己的示范仲裁条款，推荐给当事人订立合同时采用。如中国国际经济贸易仲裁委员会的示范仲裁条款为："Any dispute arising from or in connection with this Contract shall be submitted to China International Economic and Trade Arbitration Commission（CIETAC）for arbitration which shall be conducted in accordance with the CIETAC's arbitration rules in effect at the time of applying for arbitration. The arbitral award is final and binding upon both parties."〈凡因本合同引起的或与本合同有关的任何争议，均应提交中国国际经济贸

易仲裁委员会（贸仲），按照申请仲裁时贸仲有效的仲裁规则进行仲裁。仲裁裁决是终局的，对双方均有约束力。〉

②单独订立仲裁协议。该种仲裁协议书是在争议发生之前或发生之后由当事人订立的表示同意将争议交付仲裁的一种专门协议。当事人在往来函电及其他有关文件中达成的将争议交付仲裁的特别约定，如通过信件、电传、电报、传真或其他电子传送系统达成的将争议交付仲裁的协议，也属这类仲裁协议。

签订涉外仲裁协议时应当注意如下问题：

①尽量选择本国常设仲裁机构。对于涉外争议，尽管当事人既可以选择中国的仲裁机构解决争议，也可选择国外的仲裁机构解决争议，如瑞典斯德哥尔摩商会仲裁院、英国伦敦国际仲裁院、国际商会仲裁院、美国仲裁协会等。但中国的当事人在与国外当事人订立仲裁协议时，应尽量争取选择中国的常设仲裁机构进行仲裁，如中国国际经济贸易仲裁委员会、北京国际仲裁院等。特殊情况下，也可约定新加坡国际仲裁中心、国际商会仲裁院等第三地仲裁机构。

②可以约定与仲裁有关的其他事项。在涉外仲裁协议中，当事人除需要约定解决争议的仲裁机构外，还可以对仲裁所适用的程序规则作出约定，如仲裁语言、仲裁规则、适用法律、仲裁地等。仲裁规则既可采用仲裁机构自己的程序规则，也可在当事人双方和仲裁机构同意的情况下，采用《联合国国际贸易法委员会仲裁规则》或其他的涉外仲裁或国际商事仲裁规则。

9.3.5　民事诉讼

(1) 民事诉讼概述

民事诉讼是指公民、法人或其他组织将因财产关系和人身关系产生的纠纷提交法院予以解决的争议解决方式。民事诉讼是解决民事纠纷最为普遍的一种方式，所有的民事纠纷，争议当事人都可以通过诉讼的方式寻求解决。但是，如果合同当事人已经约定通过仲裁解决纠纷，则应当将争议提交仲裁委员会解决。

民事诉讼作为解决民事争议的重要方式，具有如下特点：

1）典型的公权性。民事诉讼不同于其他解决纠纷方式，它是在国家审判权力介入之下，对民事纠纷通过国家的司法程序进行解决。

2）严格的规范性。民事诉讼活动必须严格根据民事实体法和程序法的要求进行。《民事诉讼法》第 211 条规定：“当事人的申请符合下列情形之一的，人民法院应当再审：……（六）原判决、裁定适用法律确有错误的；（七）审判组织的组成不合法或者依法应当回避的审判人员没有回避的；（八）无诉讼行为能力人未经法定代理人代为诉讼或者应当参加诉讼的当事人，因不能归责于本人或者其诉讼代理人的事由，未参加诉讼的；（九）违反法律规定，剥夺当事人辩论权利的；（十）未经传票传唤，缺席判决的；（十一）原判决、裁定遗漏或者超出诉讼请求的；（十二）据以作出原判决、裁定的法律文书被撤销或者变更的；（十三）审判人员审理该案件时有贪污受贿，徇私舞弊，枉法裁判行为的。”因此，人民法院在审理案件时违反民事实体法或程序法的，人民法院均应对该类违反规范性文件的案件启动再审，维护民事诉讼严格的规范性。

3）明显的阶段性。根据《民事诉讼法》的规定，民事诉讼活动分为一审阶段、二审阶段、执行阶段和审判监督阶段。每一个阶段又有严密完整的流程，前一阶段是后一阶段的基础和前提，后一阶段是前一阶段的继续和延伸。

（2）合同民事诉讼条款的约定

诉讼与仲裁的不同之处在于，诉讼的启动并不以双方约定诉讼条款为前提。基于诉讼的此种特点，当事人如果想要通过诉讼方式解决争议，可以在签订合同时一并约定诉讼条款。但是，这并不意味着约定诉讼条款不存在任何价值和意义，诉讼条款的价值体现在其对地域管辖的确定上。

民事诉讼中的管辖，是指各级法院之间和同级法院之间受理第一审民事案件的分工和权限。它是在法院内部具体确定特定的民事案件由哪个法院行使民事审判权的一项制度。确定争议应由哪一级法院管辖称为级别管辖，而确定争议由同一级别的哪一个法院管辖则称为地域管辖。级别管辖由法律规定，而地域管辖却可以由当事人约定。

对于合同争议，如果当事人未约定争议解决的管辖法院，根据《民事诉讼法》第 24 条的规定，应由被告住所地或者合同履行地人民法院管辖。若当事人约定争议管辖法院的，《民事诉讼法》第 35 条规定："合同或者其他财产权益纠纷的当事人可以书面协议选择被告住所地、合同履行地、合同签订地、原告住所地、标的物所在地等与争议有实际联系的地点的人民法院管辖，但不得违反本法对级别管辖和专属管辖的规定。"当事人可以在上述五个地点中选择一个作为管辖法院。当事人选择哪一法院作为解决争议的法院，主要应从解决纠纷的便利性、是否便于查明事实、与纠纷的关联性、是否便利执行等角度进行考虑。

需要注意的是，对于建设工程施工合同纠纷，《最高人民法院关于适用〈中华人民共和国民事诉讼法〉的解释》第 28 条规定，建设工程施工合同纠纷按照不动产纠纷确定管辖。该规定将工程施工合同纠纷纳入专属管辖的范围，由工程所在地法院管辖。

（3）涉外民事诉讼注意事项

1）涉外民事诉讼的概念。涉外民事诉讼是指具有涉外因素的民事诉讼。所谓涉外因素，主要是指在法律关系的诸多要素中至少有一个因素与外国有联系。如：诉讼当事人一方或各方是外国人、无国籍人、外国法人或其他组织；诉讼所涉的标的物在外国领域内；产生、变更或消灭民事权利义务关系的法律事实发生在国外。所谓涉外民事诉讼程序，是指人民法院受理、审判及执行具有涉外因素的民事案件时所适用的程序。

2）涉外民事诉讼的特殊规定。

①管辖问题。在合同纠纷或者其他财产权益纠纷中，若对方当事人在中华人民共和国领域内没有住所，但是合同在中华人民共和国领域内签订或履行，或者诉讼标的物在中华人民共和国领域内，或者该对方当事人在中华人民共和国领域内有可供扣押的财产，或者该对方当事人在中华人民共和国领域内设有代表机构，则该类民事诉讼可以由合同签订地、合同履行地、诉讼标的物所在地、可供扣押财产所在地、侵权行为地或者代表机构住所地人民法院管辖。

②法律适用问题。国际上一般公认，法院在审理涉外民事案件所涉程序问题方面，均依属地主义适用法院地法。我国《民事诉讼法》规定，在中华人民共和国领域内进行涉外

民事诉讼，适用本编规定。本编没有规定的，适用本法其他有关规定。中华人民共和国缔结或者参加的国际条约与《民事诉讼法》有不同规定的，除非作出保留声明，否则应优先适用该国际条约的规定。

③外国法律判决或仲裁裁决的承认与执行问题。对当事人申请或者外国法院请求我国人民法院承认和执行的外国法院判决或者仲裁裁决，我国人民法院应当依照我国法律，或者根据我国缔结或者参加的国际条约的规定进行审查，对裁定予以承认后，才具有效力，需要执行的，可依照我国《民事诉讼法》的规定予以执行。

④语言文字的选择问题。我国法律规定，人民法院审理涉外民事案件时，应当使用中华人民共和国通用的语言、文字，但可以根据当事人的要求提供翻译，翻译相关的费用由当事人承担。

9.4 案例分析

【案例 9-1】涉外仲裁条款的效力

（1）案例背景

英国甲公司与北京乙公司在北京朝阳签订中央空调设备买卖合同，英国甲公司在中国没有住所。该合同约定“双方应妥善解决合同履行中发生的争议，协商解决不成的，提交仲裁解决”。合同履行过程中，双方发生争议，北京乙公司欲采取法律救济措施。

（2）问题

1）本案中合同双方约定的仲裁条款是否有效？

2）如果仲裁条款无效，北京乙公司应向哪个法院起诉？

（3）案例分析

1）本案中双方合同约定的仲裁条款无效。《仲裁法》第 18 条规定：“仲裁协议对仲裁事项或者仲裁委员会没有约定或者约定不明确的，当事人可以补充协议；达不成补充协议的，仲裁协议无效。”虽然本案中的仲裁条款有发生争议通过仲裁解决的意思表示，且仲裁条款约定了解决争议所适用的准据法，但是，该仲裁条款并未对仲裁机构作出约定，无法确定争议应提交哪一仲裁机构仲裁，且双方当事人也未就仲裁条款达成补充协议。因此，案例中的仲裁条款无效。

2）鉴于仲裁条款无效，北京乙公司应向合同签订地北京市朝阳区人民法院起诉。《民事诉讼法》第 276 条规定：“因涉外民事纠纷，对在中华人民共和国领域内没有住所的被告提起除身份关系以外的诉讼，如果合同签订地、合同履行地、诉讼标的物所在地、可供扣押财产所在地、侵权行为地、代表机构住所地位于中华人民共和国领域内的，可以由合同签订地、合同履行地、诉讼标的物所在地、可供扣押财产所在地、侵权行为地、代表机构住所地人民法院管辖。”根据本案所述事实，英国甲公司在北京无住所，但合同签订地在北京，因此，北京乙公司可以向合同签订地北京市朝阳区人民法院起诉。如果英国甲公司有符合其他地域管辖条件的，北京乙公司也可以向该等符合管辖要求的法院起诉。

（4）约定涉外仲裁条款的注意事项

涉外合同发生争议时，合同当事人一般会约定通过仲裁予以解决。因此，涉外合同的仲裁条款对合同双方都非常重要。在约定涉外仲裁条款时，应当注意以下问题：

1）应当约定明确的仲裁机构。

2）应当约定仲裁所适用的法律。

3）应当约定仲裁所适用的语言，还可以对仲裁地作出约定。

【案例 9-2】事后签订的仲裁协议效力

（1）案例背景

甲工厂与乙公司签订了一份电锅炉安装合同，乙公司根据合同要求安装完毕电锅炉后，甲工厂认为乙公司的安装服务不合格，因此迟迟不付货款。乙公司多次请求甲工厂支付合同价款，并赔偿损失。但甲工厂始终以安装服务不合格为由坚持不予支付。后双方经协商达成书面仲裁协议。一周后，甲工厂向协议书约定的仲裁委员会申请仲裁，乙公司却向合同履行地人民法院提起诉讼，人民法院未予受理。

（2）问题

1）本案中双方在纠纷发生后达成的书面仲裁协议是否有效？为什么？

2）本案由法院还是仲裁委员会管辖？

3）如果乙公司提出仲裁协议无效，应由谁来裁定？

（3）案例分析

1）双方当事人在纠纷发生后达成的书面仲裁协议有效。《仲裁法》第 16 条规定："仲裁协议包括合同中订立的仲裁条款和以其他书面方式在纠纷发生前或者纠纷发生后达成的请求仲裁的协议。"因此，本案中双方当事人在纠纷发生后达成的书面仲裁协议是有效的。

2）本案应当由仲裁委员会管辖。因为《仲裁法》第 5 条规定："当事人达成仲裁协议，一方向人民法院起诉的，人民法院不予受理，但仲裁协议无效的除外。"本案双方当事人已达成有效的书面仲裁协议，因此人民法院对乙公司的起诉不予受理是正确的，本案由协议书约定的仲裁委员会管辖。

3）如果乙公司提出仲裁协议无效，可以向仲裁委员会或仲裁委员会所在地中级人民法院提出。《仲裁法》第 20 条规定："当事人对仲裁协议的效力有异议的，可以请求仲裁委员会作出决定或者请求人民法院作出裁定。"《最高人民法院关于适用〈仲裁法〉若干问题的解释》第 12 条规定："当事人向人民法院申请确认仲裁协议效力的案件，由仲裁协议约定的仲裁机构所在地的中级人民法院管辖。"因此，本案中若乙公司提出仲裁协议无效，可以向仲裁委员会或仲裁委员会所在地中级人民法院提出。

（4）仲裁协议管理注意事项

1）按照《仲裁法》规定，合同当事人可以在纠纷发生前或纠纷发生后约定仲裁条款。但在实践中，事后达成仲裁条款的情形较少。如果合同当事人拟通过仲裁解决合同纠纷，最好在签订合同时即约定有效的仲裁条款。

2）当事人对仲裁机构的选定应明确且应保证名称准确，避免使用类似"北京的仲裁委员会"或"北京市仲裁委员会"等不准确的描述。

附录　本书引用主要法源及简称

序号	生效时间	名称	效力层级	发文字号	颁布部门	简称
1	1959年6月7日	《承认及执行外国仲裁裁决公约》	国际条约		联合国国际商事仲裁会议	《纽约公约》
2	1988年1月1日	《联合国国际货物销售合同公约》	国际条约		联合国国际贸易法委员会	《货物销售合同公约》
3	1993年7月1日	《中华人民共和国海商法》	法律	主席令第64号	全国人大常委会	《海商法》
4	1999年10月1日	《中华人民共和国合同法》（现已失效）	法律	主席令第15号	全国人民代表大会	《合同法》
5	2001年1月17日	《建设工程监理范围和规模标准规定》	部门规章	建设部令第86号	建设部（已撤销）	
6	2001年3月10日	《铁路建设项目勘察设计咨询暂行办法》	部门规范性文件	铁建设〔2001〕21号	铁道部（已撤销）	
7	2002年1月1日	《水利工程建设项目招标投标管理规定》	部门规章	水利部令第14号	水利部	
8	2003年2月13日	《关于培育发展工程总承包和工程项目管理企业的指导意见》	部门规范性文件	建市〔2003〕30号	建设部（已撤销）	
9	2003年9月1日	《前期物业管理招标投标管理暂行办法》	部门规范性文件	建住房〔2003〕130号	建设部（已撤销）	
10	2004年1月1日	《关于印发物业服务收费管理办法的通知》	部门规范性文件	发改价格〔2003〕1864号	国家发展改革委（含原国家发展计划委员会、原国家计划委员会）	
11	2004年2月1日	《建设工程安全生产管理条例》	行政法规	国务院令第393号	国务院	
12	2004年8月28日	《中华人民共和国票据法》	法律	主席令第22号	全国人大常委会	《票据法》
13	2004年9月1日	《农业基本建设项目招标投标管理规定》	部门规范性文件	农计发〔2004〕10号	农业部（已撤销）	
14	2004年9月14日	《建设部关于印发城市供水、管道燃气、城市生活垃圾处理特许经营协议示范文本的通知》	部门规范性文件	建城〔2004〕162号	建设部（已撤销）	
15	2004年11月1日	《收费公路管理条例》	行政法规	国务院令第417号	国务院	
16	2004年12月1日	《建设工程项目管理试行办法》	部门规范性文件	建市〔2004〕200号	建设部（已撤销）	
17	2005年1月1日	《最高人民法院关于审理建设工程施工合同纠纷案件适用法律问题的解释》（已失效）	司法解释	法释〔2004〕14号	最高人民法院	
18	2005年10月1日	《工程建设项目招标代理合同示范文本》（GF—2005—0215）	部门规范性文件	建市〔2005〕90号	建设部（已撤销）、国家工商行政管理总局（已撤销）	
19	2006年3月1日	《北京市城市基础设施特许经营条例》	省级地方性法规	北京市人民代表大会常务委员会公告第42号	北京市人大（含常委会）	

（续）

序号	生效时间	名称	效力层级	发文字号	颁布部门	简称
20	2006年7月1日	《铁路建设项目物资设备管理办法》	部门规范性文件	铁建设〔2006〕83号	铁道部（已撤销）	
21	2006年12月17日	《国务院办公厅关于规范国有土地使用权出让收支管理的通知》	国务院规范性文件	国办发〔2006〕100号	国务院办公厅	
22	2007年6月1日	《水利工程施工监理合同示范文本》	部门规范性文件	水建管〔2007〕134号	水利部、国家工商行政管理总局（已撤销）	
23	2007年7月1日	《跟单信用证统一惯例》（UCP600）	国际惯例		国际商会	
24	2007年9月1日	《建设工程勘察设计资质管理规定》	部门规章	建设部令第160号	建设部（已撤销）	
25	2007年11月1日	《招标拍卖挂牌出让国有建设用地使用权规定》	部门规章	国土资源部令第39号	国土资源部（已撤销）	
26	2007年11月1日	《招标拍卖挂牌出让国有建设土地使用权规定》	部门规章	国土资源部令第39号	国土资源部（已撤销）	
27	2008年1月3日	《国务院关于促进节约集约用地的通知》	国务院规范性文件	国发〔2008〕3号	国务院	
28	2008年2月1日	《住宅专项维修资金管理办法》	部门规章	建设部、中华人民共和国财政部令第165号	建设部（已撤销）、财政部	
29	2008年5月1日	《标准施工招标文件》	部门规章	国家发展改革委、财政部、建设部、铁道部、交通部、信息产业部、水利部、民航总局、广电总局令第56号	国家发展改革委、财政部、建设部（已撤销）、铁道部（已撤销）、交通部（已撤销）、信息产业部（已撤销）、水利部、民航总局、广电总局（已撤销）	
30	2008年7月1日	《国有建设用地使用权出让合同》示范文本	部门规范性文件	国土资发〔2008〕86号	国土资源部（已撤销）、国家工商行政管理总局（已撤销）	
31	2008年9月24日	《工程造价咨询成果文件质量检查暂行办法》	行业文件	中价协〔2008〕013号	中国建设工程造价管理协会	
32	2009年4月27日	《最高人民法院关于正确适用〈中华人民共和国合同法〉若干问题的解释（二）服务党和国家的工作大局的通知》	司法解释	法〔2009〕165号	最高人民法院	
33	2010年7月1日	《见索即付保函统一规则》	国际惯例		国际商会	
34	2011年1月8日	《国家重点建设项目管理办法》	行政法规	国务院令第588号	国务院	
35	2012年3月27日	《建设工程监理合同（示范文本）》	部门规范性文件	建市〔2012〕46号	住房和城乡建设部、国家工商行政管理总局（已撤销）	

（续）

序号	生效时间	名称	效力层级	发文字号	颁布部门	简称
36	2012年5月1日	《关于印发简明标准施工招标文件和标准设计施工总承包招标文件的通知》	部门规范性文件	发改法规〔2011〕3018号	国家发展改革委、工业和信息化部、住房和城乡建设部、交通运输部、水利部、财政部、铁道部（已撤销）、中国民用航空局、广电总局（已撤销）	
37	2012年7月1日	《建设工程造价咨询成果文件质量标准》	行业文件	中价协〔2012〕011号	中国建设工程造价管理协会	
38	2013年5月1日	《工程建设项目货物招标投标办法》	部门规章	根据2013年3月11日国家发展改革委、工业和信息化部、财政部、住房城乡建设部、交通运输部、铁道部、水利部、广电总局、民航局令第23号修订	国家发展改革委、工业和信息化部、财政部、住房城乡建设部、交通运输部、铁道部（已撤销）、水利部、广电总局（已撤销）、民航局	
39	2013年5月1日	《评标委员会和评标方法暂行规定》	部门规章	根据2013年3月11日国家发展改革委、工业和信息化部、财政部、住房城乡建设部、交通运输部、铁道部、水利部、广电总局、民航局令第23号修订	国家发展改革委、工业和信息化部、财政部、住房城乡建设部、交通运输部、铁道部（已撤销）、水利部、广电总局（已撤销）、民航局	
40	2013年5月1日	《工程建设项目施工招标投标办法》	部门规章	根据2013年3月11日国家发展改革委、工业和信息化部、财政部、住房城乡建设部、交通运输部、铁道部、水利部、广电总局、民航局令第23号修正	国家发展改革委、工业和信息化部、财政部、住房城乡建设部、交通运输部、铁道部（已撤销）、水利部、广电总局（已撤销）、民航局	
41	2013年5月1日	《关于废止和修改部分招标投标规章和规范性文件的决定》	部门规章	国家发展改革委、工业和信息化部、财政部、住房城乡建设部、交通运输部、铁道部、水利部、广电总局、民航局令第23号	国家发展改革委、工业和信息化部、财政部、住房城乡建设部、交通运输部、铁道部（已撤销）、水利部、广电总局（已撤销）、民航局	

（续）

序号	生效时间	名称	效力层级	发文字号	颁布部门	简称
42	2013年5月1日	《工程建设项目勘察设计招标投标办法》	部门规章	根据2013年3月11日国家发展改革委、工业和信息化部、财政部、住房城乡建设部、交通运输部、铁道部、水利部、广电总局、民航局令第23号修订	国家发展改革委、工业和信息化部、财政部、住房城乡建设部、交通运输部、铁道部（已撤销）、水利部、广电总局（已撤销）、民航局	
43	2013年5月1日	《〈标准施工招标资格预审文件〉和〈标准施工招标文件〉暂行规定》	部门规章	根据2013年3月11日国家发展改革委、工业和信息化部、财政部、住房城乡建设部、交通运输部、铁道部、水利部、广电总局、民航局令第23号修订	国家发展改革委、工业和信息化部、财政部、住房城乡建设部、交通运输部、铁道部（已撤销）、水利部、广电总局（已撤销）、民航局	
44	2013年7月1日	《建设工程工程量清单计价规范》（2025年9月1日失效）	部门工作文件	住房和城乡建设部公告第1567号	住房和城乡建设部	
45	2014年2月1日	《政府采购非招标采购方式管理办法》	部门规章	财政部令第74号	财政部	
46	2014年3月15日	《中华人民共和国消费者权益保护法》	法律	主席令第7号	全国人大常委会	《消费者权益保护法》
47	2014年4月1日	《机电产品国际招标投标实施办法（试行）》	部门规章	商务部令2014年第1号	商务部	
48	2014年6月1日	《跨境担保外汇管理规定》	部门规范性文件	汇发〔2014〕29号	国家外汇管理局	
49	2014年7月1日	《通信工程建设项目招标投标管理办法》	部门规章	工业和信息化部令第27号	工业和信息化部	
50	2014年8月31日	《中华人民共和国政府采购法》	法律	主席令第14号	全国人大常委会	《政府采购法》
51	2014年8月31日	《全国人民代表大会常务委员会关于修改〈中华人民共和国保险法〉等五部法律的决定》	法律	主席令第14号	全国人大常委会	
52	2015年3月1日	《中华人民共和国政府采购法实施条例》	行政法规	国务院令第658号	国务院	《政府采购法实施条例》
53	2015年3月1日	《关于进一步放开建设项目专业服务价格的通知》	部门规范性文件	发改价格〔2015〕299号	国家发展改革委	
54	2015年4月24日	《中华人民共和国保险法》	法律	主席令第26号	全国人大常委会	《保险法》
55	2015年5月4日	《市政公用事业特许经营管理办法》	部门规章	根据住房和城乡建设部令第24号修正	住房和城乡建设部	
56	2015年5月29日	《境外外汇账户管理规定》	部门规范性文件	中国人民银行公告〔2015〕第12号	中国人民银行	

（续）

序号	生效时间	名称	效力层级	发文字号	颁布部门	简称
57	2015 年 6 月 24 日	《经营性公路建设项目投资人招标投标管理规定》	部门规章	交通运输部令 2015 年第 13 号	交通运输部	
58	2015 年 7 月 1 日	《关于印发建设工程设计合同示范文本的通知》	部门规范性文件	建市〔2015〕44 号	住房和城乡建设部、国家工商行政管理总局（已撤销）	
59	2015 年 10 月 1 日	《关于印发〈建设工程造价咨询合同（示范文本）〉的通知》	部门规范性文件	建标〔2015〕124 号	住房和城乡建设部、国家工商行政管理总局（已撤销）	
60	2016 年 1 月 1 日	《国家发展和改革委员会关于废止部分规章和规范性文件的决定》	部门规章	国家发展改革委令第 31 号	国家发展改革委	
61	2016 年 10 月 1 日	《中华人民共和国中外合资经营企业法（2016 修正）》（已失效）	法律	中华人民共和国主席令第 51 号	全国人大常委会	《中外合资企业法》
62	2016 年 12 月 1 日	《建设工程勘察合同（示范文本）》	部门规范性文件	建市〔2016〕199 号	住房和城乡建设部、国家工商行政管理总局（已撤销）	
63	2017 年 7 月 1 日	《建筑信息模型应用统一标准》（GB/T 51212—2016）	国家标准	住房和城乡建设部公告第 1380 号	住房和城乡建设部	
64	2017 年 2 月 1 日	《企业投资项目核准和备案管理条例》	行政法规	国务院令第 673 号	国务院	
65	2017 年 5 月 1 日	《建筑工程设计招标投标管理办法》	部门规章	住房和城乡建设部令第 33 号	住房和城乡建设部	
66	2017 年 10 月 1 日	《政府采购货物和服务招标投标管理办法》	部门规章	财政部令第 87 号	财政部	
67	2017 年 10 月 1 日	《建设工程施工合同（示范文本）》（GF—2017—0201）	部门规范性文件	建市〔2017〕214 号	住房和城乡建设部、国家工商行政管理总局（已撤销）	2017 版施工合同
68	2017 年 10 月 7 日	《建设工程勘察设计管理条例》	行政法规	国务院令第 687 号	国务院	
69	2017 年 11 月 1 日	《土地利用现状分类》（GB/T 21010—2017）	国家标准		国家质检总局、国家标准化管理委员会	
70	2017 年 11 月 5 日	《中华人民共和国中外合作经营企业法（2017 修正）》（已失效）	法律	主席令第 81 号	全国人大常委会	《中外合作经营企业法》
71	2017 年 11 月 5 日	《中华人民共和国文物保护法》	法律	主席令第 81 号	全国人大常委会	《文物保护法》
72	2017 年 12 月 28 日	《中华人民共和国招标投标法》	法律	主席令第 86 号	全国人大常委会	《招标投标法》
73	2017 年 12 月 28 日	《全国人民代表大会常务委员会关于修改〈中华人民共和国招标投标法〉、〈中华人民共和国计量法〉的决定》	修改、废止的决定	主席令第 86 号	全国人大常委会	

（续）

序号	生效时间	名称	效力层级	发文字号	颁布部门	简称
74	2018年1月1日	《关于印发〈标准设备采购招标文件〉等五个标准招标文件的通知》	部门规范性文件	发改法规〔2017〕1606号	国家发展改革委、工业和信息化部、住房城乡建设部、交通运输部、水利部、商务部、国家新闻出版广电总局（已撤销）、国家铁路局、中国民用航空局	
75	2018年3月11日	《中华人民共和国宪法（2018修正文本）》	法律	全国人民代表大会公告第1号	全国人民代表大会	《宪法》
76	2018年3月19日	《物业管理条例》	行政法规	国务院令第698号	国务院	
77	2018年3月20日	《关于进一步改善和优化本市施工许可办理环节营商环境的通知》	地方规范性文件	沪建建管〔2018〕155号	上海市住房和城乡建设管理委员会	
78	2018年6月1日	《必须招标的工程项目规定》	部门规章	国家发展改革委令第16号	国家发展改革委	
79	2018年6月6日	《必须招标的基础设施和公用事业项目范围规定》	部门规范性文件	发改法规规〔2018〕843号	国家发展改革委	
80	2018年9月28日	《关于修改〈房屋建筑和市政基础设施工程施工招标投标管理办法〉的决定》	部门规章	住房和城乡建设部令第43号	住房和城乡建设部	
81	2019年6月1日	《建筑工程设计信息模型制图标准》（JGJ/T448—2018）	国家标准	住房和城乡建设部公告2018年第312号	住房和城乡建设部	
82	2018年12月22日	《工程监理企业资质管理规定》	部门规章	住房和城乡建设部令第45号	住房和城乡建设部	
83	2018年12月22日	《住房和城乡建设部关于修改〈建筑业企业资质管理规定〉等部门规章的决定》	部门规章	住房和城乡建设部令第45号	住房和城乡建设部	
84	2018年12月29日	《中华人民共和国产品质量法》	法律	主席令第22号	全国人大常委会	《产品质量法》
85	2019年1月1日	《建筑工程施工发包与承包违法行为认定查处管理办法》	部门规范性文件	建市规〔2019〕1号	住房和城乡建设部	
86	2019年3月2日	《中华人民共和国招标投标法实施条例》	行政法规	国务院令第709号	国务院	《招标投标法实施条例》
87	2019年3月2日	《国务院关于修改部分行政法规的决定》	行政法规	国务院令第709号	国务院	
88	2019年3月13日	《房屋建筑和市政基础设施工程施工招标投标管理办法》	部门规章	住房和城乡建设部令第47号	住房和城乡建设部	
89	2019年4月23日	《中华人民共和国反不正当竞争法（2019修正）》	法律	主席令第29号	全国人大常委会	《反不正当竞争法》
90	2019年4月23日	《中华人民共和国建筑法》	法律	主席令第29号	全国人大常委会	《建筑法》
91	2019年4月23日	《建设工程质量管理条例》	行政法规	国务院令第714号	国务院	
92	2019年4月23日	《中华人民共和国城乡规划法》	法律	主席令第29号	全国人大常委会	《城乡规划法》

（续）

序号	生效时间	名称	效力层级	发文字号	颁布部门	简称
93	2019年4月23日	《中华人民共和国行政许可法》	法律	主席令第29号	全国人大常委会	《行政许可法》
94	2019年6月1日	《建筑信息模型设计交付标准》（GB/T 51301—2018）	国家标准	住房和城乡建设部公告2018年第345号	住房和城乡建设部	
95	2019年7月1日	《政府投资条例》	行政法规	国务院令第712号	国务院	
96	2019年11月8日	《全国法院民商事审判工作会议纪要》	司法解释性质文件	法〔2019〕254号	最高人民法院	
97	2019年12月31日	《招标代理服务规范》（GB/T 38357—2019）	国家标准		国家市场监督管理总局、国家标准化管理委员会	
98	2020年1月1日	《中华人民共和国土地管理法》	法律	主席令第32号	全国人大常委会	《土地管理法》
99	2020年1月1日	《中华人民共和国城市房地产管理法》	法律	主席令第32号	全国人大常委会	《城市地产管理法》
100	2020年1月1日	《中华人民共和国城市房地产管理法》	法律	主席令第32号	全国人大常委会	《城市地产管理法》
101	2020年1月1日	《2020年国际贸易术语解释通则》	国际惯例		国际商会	《贸易术语解释通则》
102	2020年2月19日	《工程造价咨询企业管理办法》	部门规章	住房和城乡建设部令第50号	住房和城乡建设部	
103	2020年3月1日	《房屋建筑和市政基础设施项目工程总承包管理办法》	部门规范性文件	建市规〔2019〕12号	住房和城乡建设部、国家发展改革委	
104	2020年5月1日	《保障农民工工资支付条例》	行政法规	国务院令第724号	国务院	
105	2020年11月29日	《城镇国有土地使用权出让和转让暂行条例》	行政法规	国务院令第732号	国务院	
106	2020年11月30日	《建设工程企业资质管理制度改革方案》	部门规范性文件	建市〔2020〕94号	住房和城乡建设部	
107	2020年12月1日	《中华人民共和国出口管制法》	法律	主席令第58号	全国人大常委会	《出口管制法》
108	2021年1月1日	《中华人民共和国民法典》	法律	主席令第45号	全国人民代表大会	《民法典》
109	2021年1月1日	《最高人民法院关于审理建设工程施工合同纠纷案件适用法律问题的解释（一）》	司法解释	法释〔2020〕25号	最高人民法院	《建工解释（一）》
110	2021年1月1日	《最高人民法院关于审理买卖合同纠纷案件适用法律问题的解释》	司法解释	法释〔2020〕17号	最高人民法院	《买卖合同司法解释》
111	2021年1月1日	《最高人民法院关于审理商品房买卖合同纠纷案件适用法律若干问题的解释》	司法解释	法释〔2020〕17号	最高人民法院	《商品房买卖合同司法解释》
112	2021年1月1日	《中华人民共和国档案法》	法律	主席令第47号	全国人大常委会	《档案法》
113	2021年1月1日	《民事案件案由规定》	司法解释	法〔2020〕347号	最高人民法院	

（续）

序号	生效时间	名称	效力层级	发文字号	颁布部门	简称
114	2021年1月1日	《建设项目工程总承包合同（示范文本）》	部门规范性文件	建市〔2020〕96号	住房和城乡建设部、国家市场监督管理总局	
115	2021年1月1日	《最高人民法院关于适用〈中华人民共和国保险法〉若干问题的解释（二）》	司法解释	法释〔2020〕18号	最高人民法院	
116	2021年1月1日	《最高人民法院关于审理独立保函纠纷案件若干问题的规定》	司法解释	法释〔2020〕18号	最高人民法院	
117	2021年1月1日	《最高人民法院关于适用〈中华人民共和国保险法〉若干问题的解释（二）》	司法解释	法释〔2020〕18号	最高人民法院	
118	2021年1月1日	《最高人民法院关于审理信用证纠纷案件若干问题的规定》	司法解释	法释〔2020〕18号	最高人民法院	
119	2021年3月1日	《住房和城乡建设部关于印发工程保函示范文本的通知》	部门规范性文件	建市〔2021〕11号	住房和城乡建设部	
120	2021年4月1日	《建设工程勘察质量管理办法》	部门规章	住房和城乡建设部令第53号	住房和城乡建设部	
121	2021年4月6日	《最高人民法院关于印发〈全国法院贯彻实施民法典工作会议纪要〉的通知》	司法文件	法〔2021〕94号	最高人民法院	
122	2021年4月29日	《中华人民共和国食品安全法》	法律	主席令第81号	全国人大常委会	《食品安全法》
123	2021年4月29日	《中华人民共和国海关法》	法律	主席令第81号	全国人大常委会	《海关法》
124	2021年4月29日	《中华人民共和国进出口商品检验法》	法律	主席令第81号	全国人大常委会	《商检法》
125	2021年6月1日	《中华人民共和国著作权法》	法律	主席令第62号	全国人大常委会	《著作权法》
126	2021年9月1日	《中华人民共和国安全生产法》	法律	主席令第88号	全国人大常委会	《安全生产法》
127	2021年9月1日	《中华人民共和国土地管理法实施条例》	行政法规	国务院令第743号	国务院	《土地管理法实施条例》
128	2021年11月26日	《关于深化社会投资简易低风险等工程建设项目审批分类改革的指导意见》	地方规范性文件	粤建改办〔2021〕3号	广东省工程建设项目审批制度改革工作领导小组办公室	
129	2022年3月1日	《最高人民法院关于适用〈中华人民共和国民法典〉总则编若干问题的解释》	司法解释	法释〔2022〕6号	最高人民法院	《民法典总则编司法解释》
130	2022年3月1日	《政府采购框架协议采购方式管理暂行办法》	部门规章	财政部令第110号	财政部	
131	2022年4月10日	《最高人民法院关于适用〈中华人民共和国民事诉讼法〉的解释》	司法解释	法释〔2022〕11号	最高人民法院	
132	2022年12月30日	《中华人民共和国对外贸易法》	法律	主席令第128号	全国人大常委会	《对外贸易法》

（续）

序号	生效时间	名称	效力层级	发文字号	颁布部门	简称
133	2023年1月6日	《国家发展改革委等部门关于完善招标投标交易担保制度进一步降低招标投标交易成本的通知》	部门工作文件	发改法规〔2023〕27号	国家发展改革委、工业和信息化部、住房城乡建设部、交通运输部、水利部、农业农村部、商务部、国务院国资委、广电总局、银保监会（已撤销）、能源局、铁路局、民航局	
134	2023年2月28日	《集体经营性建设用地使用权出让合同》示范文本（试点试行）	部门工作文件	自然资办发〔2023〕9号	自然资源部、国家市场监督管理总局	
135	2023年11月3日	《关于规范实施政府和社会资本合作新机制的指导意见》	国务院规范性文件	国办函〔2023〕115号	国务院办公厅	
136	2023年11月16日	《财政部关于废止政府和社会资本合作（PPP）有关文件的通知》	部门规范性文件	财金〔2023〕98号	财政部	
137	2023年12月5日	《最高人民法院关于适用〈中华人民共和国民法典〉合同编通则若干问题的解释》	司法解释	法释〔2023〕13号	最高人民法院	《民法典合同编通则司法解释》
138	2024年1月1日	《中华人民共和国民事诉讼法》	法律	主席令第11号	全国人大常委会	《民事诉讼法》
139	2024年1月1日	《中华人民共和国民事诉讼法》	法律	主席令第11号	全国人大常委会	《民事诉讼法》
140	2024年1月1日	《中国国际经济贸易仲裁委员会仲裁规则》	仲裁规则		中国国际经济贸易仲裁委员会	
141	2024年1月20日	《财政部关于公布废止和失效的财政规章和规范性文件目录（第十四批）的决定》	部门规章	财政部令第114号	财政部	
142	2024年2月4日	《房屋建筑和市政基础设施项目工程建设全过程咨询服务合同（示范文本）》	部门工作文件	建办市〔2024〕8号	住房城乡建设部、市场监管总局	
143	2024年3月1日	《中华人民共和国刑法》	法律	主席令第18号	全国人大常委会	《刑法》
144	2024年3月15日	《电子采购交易规范 非招标方式》（GB/T 43711—2024）	国家标准		国家市场监督管理总局、国家标准化管理委员会	
145	2024年3月20日	《政府和社会资本合作项目特许经营方案编写大纲（2024年试行版）》	部门工作文件	发改办投资〔2024〕227号	国家发展改革委	
146	2024年5月1日	《基础设施和公用事业特许经营管理办法》	部门规章	国家发展改革委、财政部、住房城乡建设部、交通运输部、水利部、中国人民银行令第17号	国家发展改革委、财政部、住房城乡建设部、交通运输部、水利部、中国人民银行	

（续）

序号	生效时间	名称	效力层级	发文字号	颁布部门	简称
147	2024年5月21日	《政府和社会资本合作项目特许经营协议（编制）范本（2024年试行版）》	部门工作文件		国家发展改革委	
148	2021年1月1日	《最高人民法院关于适用〈中华人民共和国民法典〉时间效力的若干规定》	司法解释	法释〔2020〕15号	最高人民法院	
149	2023年3月15日	《中华人民共和国立法法》	法律	主席令第3号	全国人民代表大会	《立法法》
150	2025年1月1日	《评标专家和评标专家库管理办法》	部门规章	国家发展改革委令第26号	国家发展和改革委员会	
151	2015年7月1日	《住房城乡建设部 工商总局关于印发建设工程设计合同示范文本的通知》	部门规范性文件	建市〔2015〕44号	住房城乡建设部、国家工商行政管理总局（已撤销）	
152	2015年1月1日	《建筑业企业资质标准》	部门规范性文件	建市〔2014〕159号	住房城乡建设部	
153	2004年10月20日	《建设工程价款结算暂行办法》	部门规范性文件	财建〔2004〕369号	财政部、建设部（已撤销）	
154	2022年8月1日	《财政部、住房城乡建设部关于完善建设工程价款结算有关办法的通知》	部门规范性文件	财建〔2022〕183号	财政部、住房城乡建设部	
155	2003年2月13日	《关于培育发展工程总承包和工程项目管理企业的指导意见》	部门规范性文件	建市〔2003〕30号	建设部（已撤销）	
156	2017年7月1日	《建设工程质量保证金管理办法》	部门规章	建质〔2017〕138号	住房城乡建设部、财政部	
157	2015年1月1日	《中华人民共和国环境保护法》	法律	主席令第9号	全国人大常委会	《环境保护法》
158	2017年2月21日	《国务院办公厅关于促进建筑业持续健康发展的意见》	国务院规范性文件	国办发〔2017〕19号	国务院办公厅	
159	2024年1月1日	《最高人民法院关于审理涉外民商事案件适用国际条约和国际惯例若干问题的解释》	司法解释	法释〔2023〕15号	最高人民法院	
160	2004年11月1日	《收费公路管理条例》	行政法规	国务院令第417号	国务院	
161	2021年11月1日	《工程建设领域农民工工资保证金规定》	部门规范性文件	人社部发〔2021〕65号	人力资源社会保障部、住房和城乡建设部、交通运输部、水利部、银保监会（已撤销）、铁路局、民航局	
162	2021年1月1日	《关于审理涉及国有土地使用权合同纠纷案件适用法律问题的解释》	司法解释	法释〔2020〕17号	最高人民法院	
163	2012年7月1日	《闲置土地处置办法》	部门规章	国土资源部令第53号	国土资源部（已撤销）	
164	2020年1月1日	《最高人民法院关于审理行政协议案件若干问题的规定》	司法解释	法释〔2019〕17号	最高人民法院	

（续）

序号	生效时间	名称	效力层级	发文字号	颁布部门	简称
165	2011 年 1 月 1 日	《中华人民共和国人民调解法》	法律	主席令第 34 号	全国人大常委会	《人民调解法》
166	2018 年 1 月 1 日	《中华人民共和国仲裁法》	法律	主席令第 76 号	全国人大常委会	《仲裁法》
167	2006 年 9 月 8 日	《最高人民法院关于适用〈中华人民共和国仲裁法〉若干问题的解释》	司法解释	法释〔2006〕7 号	最高人民法院	《最高人民法院关于适用〈仲裁法〉若干问题的解释》

参考文献

［1］白思俊．现代项目管理：升级版：上下册［M］．2版．北京：机械工业出版社，2019.

［2］梁慧星．民法总论［M］．6版．北京：法律出版社，2021.

［3］李永军．合同法［M］．6版．北京：中国人民大学出版社，2021.

［4］王利明．合同法通则［M］．北京：北京大学出版社，2022.

［5］韩世远．合同法学［M］．2版．北京：高等教育出版社，2022.

［6］宋春岩．建设工程招投标与合同管理［M］．5版．北京：北京大学出版社，2022.

［7］郭明瑞，房绍坤，张平华．担保法［M］．5版．北京：中国人民大学出版社，2017.

［8］国际商会（ICC）．国际贸易术语解释通则2010［M］．北京：中国民主法制出版社，2011.

［9］韩世远．合同法总论［M］．4版．北京：法律出版社，2018.

［10］李启明．建设工程合同管理［M］．3版．北京：中国建筑工业出版社，2018.

［11］侯吉建．特许经营体系设计与构建［M］．北京：中国人民大学出版社，2014.

［12］乔欣．仲裁法学［M］．3版．北京：清华大学出版社，2020.

［13］张卫平．民事诉讼法［M］．6版．北京：法律出版社，2023.

［14］李启明，邓小鹏．建设项目采购模式与管理［M］．北京：中国建筑工业出版社，2011.

［15］李启明．工程项目采购与合同管理［M］．北京：中国建筑工业出版社，2009.

［16］李启明．建设工程合同管理［M］．2版．北京：中国建筑工业出版社，2009.

［17］李启明．土木工程合同管理［M］．2版．南京：东南大学出版社，2008.

［18］李维华．特许经营学：理论与实务全面精讲［M］．北京：中国发展出版社，2009.

［19］高橋宏志．民事诉讼法重点讲义：导读版［M］．张卫平，许可，译．北京：法律出版社，2021.

［20］《建设工程施工合同（示范文本）GF—2017—0201使用指南：2017版》编委会．建设工程施工合同（示范文本）GF—2017—0201使用指南（2017版）［M］．北京：中国建筑工业出版社，2018.

［21］陈岩．国际贸易理论与实务［M］．5版．北京：清华大学出版社，2021.

［22］宋朝武．仲裁法学［M］．北京：北京大学出版社，2013.

［23］谭敬慧．建设工程疑难问题与法律实务［M］．北京：法律出版社，2016.

［24］王亚新，陈杭平，刘君博．中国民事诉讼法重点讲义［M］．2版．北京：高等教育出版社，2021.

［25］杨立新．民法典讲义［M］．北京：新星出版社，2024.

［26］王祖和．现代工程项目管理［M］．3版．北京：电子工业出版社，2020.

［27］最高人民法院民事审判第二庭，研究室．最高人民法院民法典合同编通则司法解释理解与适用［M］．北京：人民法院出版社，2023.

［28］肖林，马海倩．特许经营管理：城市基础设施存量资产资本化［M］．上海：格致出版社，2013.

［29］肖小文，肖永添，胡勇．特许经营法律理论与实务［M］．北京：中国人民大学出版社，2014.

［30］杨立新．合同法［M］．2版．北京：法律出版社，2024.

［31］杨玲．仲裁法专题研究［M］．上海：上海三联书店，2013.

［32］孙玉军．施工企业项目风险防范与合规管理指南［M］．北京：法律出版社，2021.

［33］江伟，肖建国．民事诉讼法［M］．9版．北京：中国人民大学出版社，2023.

［34］中国建筑业协会工程项目管理委员会，中国建筑第八工程局．工程总承包项目管理实务指南［M］．北京：中国建筑工业出版社，2006.

［35］邹小燕，张璇．银行保函［M］．北京：机械工业出版社，2013.